A Practical Guide to Docker Container Management

impress
top gear

コンテナ環境の構築・運用・活用

Docker

第2版

実践ガイド

古賀 政純 =著

インプレス

● 本書の利用について

◆ 本書の内容に基づく実施・運用において発生したいかなる損害も、株式会社インプレスと著者は一切の責任を負いません。

◆ 本書の内容は、2018 年 12 月の執筆時点のものです。本書で紹介した製品／サービスなどの名称や内容は変更される可能性があります。あらかじめご注意ください。

◆ Web サイトの画面、URL などは、予告なく変更される場合があります。あらかじめご了承ください。

◆ 本書に掲載した操作手順は、実行するハードウェア環境や事前のセットアップ状況によって、本書に掲載したとおりにならない場合もあります。あらかじめご了承ください。

● 商　標

◆ Docker は、米国およびその他の国における Docker, Inc. の商標です。

◆ Linux は、Linus Benedict Torvalds の米国およびその他の国における商標もしくは登録商標です。

◆ Red Hat および Red Hat をベースとしたすべての商標、CentOS マークは、米国およびその他の国における Red Hat, Inc. の商標または登録商標です。

◆ Kubernetes は、The Linux Foundation の米国およびその他各国における登録商標です。

◆ UNIX は、X/Open Co.,Ltd. の米国およびその他の国での商標です。

◆ その他、本書に登場する会社名、製品名、サービス名は、各社の登録商標または商標です。

◆ 本文中では、®、©、^{TM} は、表記しておりません。

はじめに

　現在、多くの企業において、大幅なコスト削減と新規ビジネス開拓による収益確保を同時に行う IT 戦略が必要になっています。しかし、戦略的な IT 基盤の必要性が高まる一方で、コンピュータの適用業務の範囲拡大に伴い、開発の遅延、データセンター設備の電気代の増大、メンテナンスやトラブルシューティングにかかる人件費増大といった、頭の痛い問題も同時に増加しています。また、研究所などで稼働する大規模なコンピュータシステムは、研究スピードの競争優位性を確保するために、求められる機能が従来に比べて格段に複雑化し、かつ、より高い処理能力が必要とされています。今や、世界中のさまざまな IT 基盤において、複雑な IT システムが簡単に利用可能で、かつ、限られた IT 資源の利用効率を大幅に高める必要に迫られていると言えるでしょう。

　Docker は、従来のハイパーバイザー型の仮想化基盤では手動で行っていた OS のインストールといった煩雑な人間の手作業をできるだけ省力化し、すぐにアプリケーションをコンテナとして稼働させる仕組みを提供します。また、アプリケーション環境の自動構築、複数コンテナの協調動作、ソフトウェアコンポーネントの廃棄、開発、本番環境構築の時間短縮など、従来の仮想化基盤と比較にならないレベルで高効率化を実現できる点も Docker が注目される理由の一つです。このように、Docker はその画期的な仕組みにより、運用を行う IT 部門だけでなく、開発部門の手間も劇的に低減させることができるため、世界中の先進企業で利用されています。そして、2013 年に始まった、いわゆる「コンテナ革命」は、6 年を経て、今や欧米において「ポスト仮想化」の大きな波に乗り、さまざまなベンダーが、Docker をベースとした周辺ソフトウェアの開発とサービスの提供にしのぎを削っています。

　しかし、コンテナ基盤の商用本番システムでの利用が欧米で急激に進んでいる一方で、Docker、および、Docker EE の採用に向けた導入前の検討項目、基盤設計、構築手順、運用管理手法、注意点などの具体的で実践的な情報は、国内において、あまり知られていないのが現状です。また、Docker EE を熟知した熟練技術者や、企業内の本番システムでの利用経験を元にしたベストプラクティスに関する情報も少ない状況が続いており、従来の仮想化基盤とはまったく異なる最適なコンテナ基盤の提案、構築、保守ができる技術者の育成も急務です。無償版の Docker に関する断片的な技術情報がインターネット上に数多く掲載されており、技術的な議論も活発に繰り広げられているものの、周辺ソフトウェア群の開発スピードが非常に速いため、ネット上に散在する情報を苦労して集めてみても、掲載されている技術情報が通用しないことも多く、本番システムを見据えた実践的な構築手順や使用法を短時間で効率良く入手することが難しい状況にあります。

　こうした現状を踏まえ、本書では、技術者だけでなく、IT 基盤の方向性の検討や戦略の立案、意思決定を行う立場の方が、導入前の検討を実践できる内容を盛り込みました。具体的には、コンテナの

特徴、導入時の検討項目、注意点などのチェックリストを設け、システム構成例などを解説図にまとめ、要点を把握しやすいようにしました。また、大規模データセンター向けのコンテナ基盤構築の経験がない技術者でも、その基礎を理解できるよう、Docker のインストール手順、使用法などを具体的に記載しています。

　また、今回出版される第 2 版では、新たに商用版 Docker EE の検討項目、構築手順、使用法、セキュリティ管理手法の掲載に加え、Docker を取り巻くエコシステムについて、2019 年時点での最先端のトピックを取り上げました。内容の詳細は目次を参照していただきたいのですが、コンテナの連携を行う Docker Compose、クラスタ化を実現する Docker Swarm、コンテナ向けの仮想化基盤を構築する Docker Machine、GUI 管理ツール、CRIU を使ったライブマイグレーション、コンテナ専用 OS の CoreOS と Rancher OS、コンテナ基盤におけるネットワーキング、周辺機器の使用例、インターネットに接続しない社内コンテナ環境の構築、そして、複数コンテナによるオーケストレーションを実現する人気の Kubernetes などの解説を網羅しています。新たな情報の追加が多かったため、初版の 5 割増のページ数（初版は 320 頁、第 2 版は 496 頁）となっています。

　Docker によるコンテナ基盤は、人工知能、IoT、ビッグデータなどのソフトウェア開発力がキーとなる分野に必須の要素技術とされています。世界の開発競争に打ち勝つためには、「柔軟性とスピードで革新をもたらす先進技術」の採用が絶対に不可欠です。欧米のオープンソースコミュニティや先進企業では、Docker のような革新的な IT を駆使し、自社の利益を生み出す努力を日々重ねています。彼らは、今までと同じ技術を使っていては、自分たちのビジネスの成長はあり得ないということを十分理解しています。

　日本は、2020 年の東京五輪、2025 年の大阪・関西万博を控え、人工知能、ビッグデータ、IoT などの最先端分野において、国際競争力のあるソフトウェア指向型の人材が必要とされています。そして、その最先端分野における基盤ソフトウェアの一つが Docker であり、今まさに、Docker で世界中の IT 基盤が大きく変わろうとしています。本書によって、日本の多くの方々が Docker を駆使し、大きな成果を出すことを願っています。

　最後に、本書の執筆機会をいただいた方々に、厚く御礼を申し上げます。

2019 年 1 月吉日
古賀 政純

本書が想定する読者対象

　本書は、IT 基盤の構築やシステム管理に携わる方々が、Docker コンテナの実行環境の構築手順と管理手法を、日々の業務で実践的に使えるレベルで習得することを目的としています。そのため、OS や Docker の各種コンポーネントの詳細な仕組みや厳密な仕様を網羅的に学ぶ構成ではありません。本書の主な読者対象は、サーバー技術者、IT 基盤のシステム管理者、コンテナの稼働を想定した IT 基盤の提案に携わるシステムエンジニア、コンテナで稼働するアプリケーションの開発者などです。Docker や仮想化技術の経験の有無は問いませんが、UNIX や Linux の基本的なコマンド操作、vi などのテキストエディタによるファイルの編集作業が最低限行えることが望ましいでしょう。

本書の構成

- ・第 1 章　　Docker とは？

　第 1 章では、Docker の概要、課題、コンテナに適した IT 基盤、Docker エンジンの稼働に必要な要素技術などを知ることができます。Docker をまったく知らない IT 基盤導入の意思決定にかかわる読者でも、Docker の導入可否や適用範囲、方向性を検討できます。

- ・第 2 章　　Docker 導入前の準備

　第 2 章では、Docker の導入前に必要な検討項目、動作環境、エディションの違い、コミュニティが提供する無償版の Docker エンジンと Docker 社が有償で提供する商用版の Docker エンジンの違いなどについて知ることができます。コンテナ基盤の導入を決定した CIO や IT 部門が、具体的に Docker を導入する際のソフトウェアコンポーネントを決定できます。

- ・第 3 章　　Docker Community Edition

　第 3 章では、無償版の Docker エンジン（Docker CE）をサーバーで稼働させる場合の留意点、インストール手順、基本操作、コンテナにおけるデータのバックアップやコンテナのセーブ、および、ロード手順、リソースの使用状況の確認方法などを知ることができます。Docker エンジンが提供する基本的なコマンドを操作することで、コンテナの挙動やデータの取り扱い方を学べます。

- ・第 4 章　　Dockerfile

　第 4 章では、Dockerfile の書式、Docker イメージの作成手順、そして、具体例として社員食堂の Web サイトの構築手順などを知ることができます。IT 運用部門におけるコンテナ基盤構築の自動化や開発部門におけるソフトウェア成果物の本番環境への埋め込みの省力化などを具体例で学べます。

- ・第 5 章　　ネットワーキング

　第 5 章では、1 台の物理サーバー上のコンテナ間通信を行うリンク機能、複数の物理サーバー上のコンテナ間通信を行う Docker Swarm を知ることができます。Docker Swarm におけるコンテナ専

用のネットワークの作成や、ホスト OS とコンテナを同一 LAN セグメントに所属させる Macvlan といったソフトウェア定義型ネットワークの基礎、docker stack を使った Docker Swarm クラスタ環境における複数サービスのグループ化などを学べます。

・第 6 章　資源管理

　第 6 章では、Docker コンテナの資源管理と、物理的な周辺機器の使用法について知ることができます。具体的には、CPU 資源、メモリ資源の制限、ディスク I/O、ネットワーク帯域幅の制限、DVD 機器、LAN 経由でのサウンド再生、Web カメラの使用法を学べます。

・第 7 章　管理ツール

　第 7 章では、Docker エンジンの周辺ソフトウェアについて知ることができます。複数のコンテナを 1 つの定義ファイルで管理する Docker Compose や、Docker エンジン入りの仮想マシンを簡単に作成する Docker Machine、Docker イメージの社内配信、集中管理を行う Docker Private Registry（DPR）、GUI 管理ツール、さらに、CRIU によるチェックポイントリストア機能を使った複数マシン間におけるコンテナのライブマイグレーション手順を学べます。

・第 8 章　CoreOS と RancherOS

　第 8 章では、コンテナ専用 OS である CoreOS と Rancher OS の特長や基本操作について知ることができます。コンテナ専用 OS を使った軽量なコンテナエンジンの構築を検討している IT 管理者は、コンテナ専用 OS 特有の設定ファイル、インストール手順、管理手法を知ることができます。アプリケーションとして、Web ブラウザを使った子供向けのプログラミング開発環境や Web サーバーをコンテナとして配備する例を掲載しています。

・第 9 章　Docker Enterprise Edition

　第 9 章では、商用版 Docker エンジン（Docker EE）と周辺ソフトウェアについて知ることができます。Docker EE の本体のインストールに加え、Docker EE で稼働する GUI ツールの Universal Control Plane（UCP）や Docker Trusted Registry（DTR）によるセキュリティ脆弱性チェックなど、エンタープライズ利用を想定したコンテナ基盤の管理手法を学べます。

・第 10 章　Kubernetes によるオーケストレーション

　第 10 章では、人気のコンテナオーケストレーションソフトウェアである Kubernetes について知ることができます。Kubernetes の基本コンポーネント、複数コンテナの協調動作、Kubernetes クラスタにおける永続的ストレージの利用方法などを学べます。

・付録

　付録には、docker クライアント、Dockerfile、Docker Swarm、Docker Compose、Docker Machine の主要コマンドを一覧表で掲載しています。各コマンドの機能、実行例も掲載していますので、現場で使い方をすぐに把握したい場合に有用です。

本書の表記

- 注目すべき要素は、太字で表記しています。
- コマンドラインのプロンプトは、「$」、「#」とノード名との組み合わせで示されます。
- 実行例に関する説明は、←のあとに付記しています。
- 実行結果の出力を省略している部分は、「...」で表記します。

例：

```
# systemctl get-default ←操作および設定の説明
multi-user.target 太字で表記
... 省略
```

- 本文内の補填情報がある場合は、†で示し、枠囲みで注釈を記しています。
- 参考文献、参考 URL など、情報元は、脚注に＊で記しています。

実行環境

◆ハードウェア

- HPE Apollo 4500
- HPE Apollo 6500
- HPE ProLiant DL385p Gen8 （HPE SmartArray P420i 搭載、追加 NIC なし）
- HPE ProLiant DL160 Gen9 （HPE SmartArray B140i 搭載、追加 NIC なし）
- HPE ProLiant SL4540 Gen8 （HPE SmartArray B120i および HPE SmartArray P420i 搭載、追加 NIC：Mellanox 社の 2 ポート 10GbE）

◆ソフトウェア

- Docker CE 17.06.2, 18.09.0
- Docker EE 18.09.1
- OS：CentOS 7.5.1804
- Docker Compose、Docker Swarm、Docker Machine
- Kubernetes、etcd、flannel
- RancherOS、CoreOS

必要に応じて、インターネットのリポジトリからソフトウェアを取得しています。

目次

はじめに 3

本書が想定する読者対象 5

本書の構成 5

本書の表記 7

第1章　Dockerとは？ 13

1-1　Dockerの誕生 14

1-2　Dockerのもたらす環境 16

1-3　新たなITインフラへの移行 18

1-4　Dockerに向くシステム、向かないシステム 24

1-5　Dockerの課題 24

1-6　Dockerコンテナのアーキテクチャ 27

1-7　名前空間とは？ 31

1-8　まとめ 36

第2章　Docker導入前の準備 37

2-1　検討項目の洗い出し 38

2-2　Dockerを稼働させるOSの選択要件 39

2-3　サーバーOS vs. コンテナ専用OS 42

2-4　Dockerのエディション 42

2-5　まとめ 56

第3章　Docker Community Edition ... 57

3-1	物理サーバーの CPU に関する留意点	58
3-2	メモリおよびディスクに関する留意点	59
3-3	Docker ホストとしての CentOS 7.x のインストール	60
3-4	Docker 利用のためのパーティショニング例	61
3-5	Docker CE のインストール	65
3-6	Docker の基本操作	71
3-7	Docker の各種コンポーネント	71
3-8	Docker イメージとコンテナ	73
3-9	systemd に対応したコンテナの利用	88
3-10	Upstart に対応したコンテナの利用	95
3-11	ホスト OS から Docker コンテナへのディレクトリ提供	100
3-12	Docker におけるデータ専用コンテナ	112
3-13	イメージのインポートとエクスポート	117
3-14	Docker イメージのセーブとロード	121
3-15	リソース使用状況の確認	126
3-16	まとめ	130

第4章　Dockerfile ... 131

4-1	Dockerfile を使ったイメージの作成	132
4-2	Dockerfile にプロキシサーバーの情報を入れない方法	137
4-3	ホスト OS から Docker イメージへのファイルコピー	139
4-4	Dockerfile におけるコマンドの自動実行	144
4-5	CMD 命令と ENTRYPOINT 命令の関係	151

4-6	Docker コンテナによる Web サイトの構築	153
4-7	Dockerfile の利用指針	177
4-8	まとめ	184

第5章　ネットワーキング ································ 185

5-1	ホスト OS 上でのコンテナ間の通信	186
5-2	複数の物理ホスト OS で稼働する Docker コンテナ同士の通信	203
5-3	Docker Swarm 環境にけるフラットネットワークの構築	220
5-4	複数サービスの一括管理	224
5-5	まとめ	229

第6章　資源管理 ································ 231

6-1	Docker における CPU 資源管理	232
6-2	メモリ容量の制限	240
6-3	ディスク I/O 帯域幅の制限	243
6-4	GUI アプリケーション用コンテナ	251
6-5	コンテナでの DVD の利用	261
6-6	コンテナでのサウンドプレイヤの利用	262
6-7	コンテナでの Web カメラの利用	267
6-8	まとめ	273

第7章　管理ツール ································ 275

7-1	Docker Compose とは？	276
7-2	Docker Machine による Docker ホストの構築	294
7-3	Docker イメージの社内配信、集中管理	303

7-4	Docker における GUI 管理	311
7-5	GUI ベースのコンテナ管理ツール	319
7-6	CRIU によるコンテナのライブマイグレーション	323
7-7	まとめ	336

第 8 章　CoreOS と RancherOS ... 337

8-1	コンテナ専用 OS の必要性	338
8-2	CoreOS	338
8-3	RancherOS	353
8-4	まとめ	370

第 9 章　Docker Enterprise Edition ... 371

9-1	Docker EE の特徴	372
9-2	UCP を使ったコンテナの配備	399
9-3	DTR を使った Docker イメージの脆弱性チェック	405
9-4	まとめ	411

第 10 章　Kubernetes によるオーケストレーション ... 413

10-1	Kubernetes、etcd、flannel とは？	414
10-2	Pod	427
10-3	コンテナによる冗長システム	433
10-4	永続的ストレージを使うブログサイトの構築	452
10-5	Kubernetes の GUI	465
10-6	まとめ	470

付録 A docker コマンドと使用例 473

付録 B Dockerfile の命令一覧 478

付録 C Docker Swarm のコマンド一覧 481

付録 D Docker Compose のコマンド一覧 484

付録 E Docker Machine のコマンド一覧 488

　　索引 490

第1章
Dockerとは？

　21世紀のIT基盤は、仮想化ソフトウェアの普及やクラウドコンピューティングの登場により、コストを削減しながらも、機動性、可用性、柔軟性を高めてきました。そしてこれまでのコンテナ技術をさらに発展させ、IT基盤における新しい可能性として、非常に軽量で、異なるLinuxディストリビューション環境と開発環境を提供するソフトウェアとして、Dockerが注目を浴びています。

　今、ハイパーバイザー型仮想化ソフトウェアを凌駕する勢いでDockerが注目されている理由とはいったい何でしょうか？本章では、Dockerの特徴やIT管理者やソフトウェア開発者がDockerに期待を寄せる背景などを簡単に紹介し、さらに、サービスプロバイダなどが提供するサービスにおける、Dockerを利用した新しいIT基盤の特徴とそのメリット、Dockerにおける現時点での課題などを解説します。

1-1　Dockerの誕生

　Dockerは、ソフトウェア開発者やIT部門の管理者をターゲットとした、アプリケーションやOSの開発・配備を行うための"コンテナ"を利用した基盤ソフトウェアです。コンテナとは、ホストOS上で独立したプロセスとして実行されるアプリケーション環境であり、OSの基本コマンドやアプリケーションの実行バイナリ、ライブラリなどの実行環境全体をパッケージ化し、それらをOSの分離された空間で実行する技術です（詳細は「1-6　Dockerコンテナのアーキテクチャ」参照）。Dockerは、dotCloud社（現Docker Inc.）によって開発され、2013年にリリースされました。その後、オープンソースソフトウェアとして公開され、その使い勝手の良さから、瞬く間に多くの開発者、IT部門の管理者に広まり、世界中のIT基盤で採用されています。

　Dockerは、コンテナ技術の採用により、ハイパーバイザー型の仮想化ソフトウェアに比べ、極めて集約度の高い（ハードウェア資源の消費や性能劣化の小さい）ITシステムを実現できます。しかし、Dockerが注目される理由は、仮想環境における性能面での優位性だけではなく、昨今の急速なビジネス変化に対応する道具として、IT技術者にその有用性が認められたためだといえるでしょう（図1-1）。

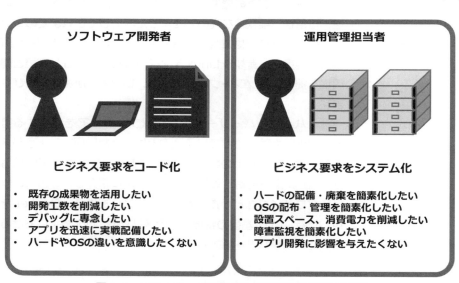

図1-1　ソフトウェア開発者と運用管理担当者の要望

　それでは、ソフトウェア開発者と運用管理者にとってのDockerの有用性とは何なのでしょうか、先に要点だけを簡単に説明しましょう。

1-1-1　ソフトウェア開発におけるメリット

　ソフトウェア開発者の観点で見た場合、インターネットで提供されるサービスの迅速な開発や柔軟な対応を行うには、ソフトウェア開発の本質的な部分に注力する必要があります。ソフトウェア開発が、ハードウェア環境の確保や開発環境のインストールといった煩わしい作業から解放され、アプリケーション開発に集中できれば、作業工数が削減され、開発した成果物の単価を引き下げ、さらにはソフトウェアの価格競争力を高めることも可能です。

　このようなアプリケーション開発者の要望を実現するには、アプリケーション単位での分離、開発環境の作成と廃棄を容易に行える仕組みが必要です。そのためには、アプリケーションのメンテナンスの簡素化をよりいっそう推し進める必要があります。もちろん、従来のKVMなどによるハイパーバイザー型の仮想環境やパブリッククラウドのサービスでも、ソフトウェア開発者への効率向上の手段を提供していますが、Docker独自のパッケージングやリポジトリの機能により、さらに利便性の高い開発環境をもたらします（詳細は「1-2　Dockerのもたらす環境」参照）。

1-1-2　運用管理上のメリット

　ITシステムが支える企業のビジネス（顧客ニーズ）が、グローバル化とともに多様化し、その対応を迫られるIT管理者にとって、仮想化ソフトウェアの普及やクラウドサービスにおけるIaaSやPaaSをはじめとする多様なサービスの登場は、メリットの非常に大きいものでした。それがDockerの登場によって、さらに推し進められようとしています。ITインフラの現場では、Dockerの運用により、アプリケーションの開発と実環境への素早い展開と運用の両立が可能となり、「DevOps環境」や「イミュータブル・インフラストラクチャ」の実現に大きく貢献することになるでしょう（詳細は「1-3　新たなITインフラへの移行」参照）[*1]。ソフトウェア開発者やIT部門の管理者にとって、ハードウェア資源を意識せずに、運用、廃棄などを迅速に行える環境が、Dockerによって手に入れることができるのです。

　　　　Column　　Dockerの稼働環境

　Dockerの誕生当初はLinux OSで稼働しており、Linuxのコンテナエンジンとして発展しました。その後、開発者の要望などから、サーバー用のLinux OS、デスクトップ向けのLinuxディストリビューション、macOS、Windows、そして、最新のWindows Server 2019でも稼働します。現在では、クライアントPCからサーバーOSまで幅広い機器で利用できるようになりました。

＊1　DevOps自体は、組織文化とツール（自動化によるテスト、レビュー、レポート）により、開発と運用の協力体制を築き、ビジネスアジリティの向上を目指すという考え方

第 1 章 Docker とは？

1-2 Docker のもたらす環境

Docker は、OS 環境を簡単に構築・集約して利用可能であり、複数の OS 環境とアプリケーション環境をパッケージ化します。さらに、インターネットを通じて世界中の開発者や IT 部門のメンバが作った OS ／アプリケーション環境を、即座に利用することが可能です。Docker のもたらす環境がどのようなものなのか、少し詳しく見ていきましょう。

1-2-1 開発環境と実行環境のパッケージ化

ネットワークを通じて、IT 部門が用意した環境をすぐに利用できる環境といえば、クラウドコンピューティングにおける IaaS（Infrastructure as a Service）や PaaS を想起するかもしれません。しかし、パブリッククラウドが迅速にサービスを利用者に提供したとしても、それらの基盤上で動くアプリケーションの開発環境や実行環境の使い勝手が良く、カスタマイズの自由度が高くないと、IT システム全体としてあまり意味がありません。Docker が注目される理由の一つには、この「アプリケーションの開発環境と実行環境をパッケージ化」し、迅速な配備や廃棄が可能である点が挙げられます。

たとえば、開発者が複数の Linux OS 上で稼働する、複数バージョンの開発環境をゼロから用意するとなれば、開発環境の入手、構築、利用、破棄といった作業は無視できない工数になります。それが Docker では、先に述べた「アプリケーション環境と実行環境をパッケージ化」した「Docker イメージ」を利用することで、多様な開発環境を容易に構築できます。

Docker イメージとは、Docker コンテナの生成に必要なファイルシステムであり、イメージ内には、実行ファイル、ライブラリ、Docker コンテナの実行の際に起動させたいコマンドなどが含まれます。Docker イメージを元にして、コンテナが起動すると、内蔵されているアプリケーションの初期設定が自動的に行われ、基本機能をすぐに利用できる状態になるものも少なくありません。このように、Docker イメージさえ入手すれば、すぐにアプリケーションを利用できる仕組みが、開発者の工数を大幅に軽減します。

1-2-2 異種 OS 環境の実現

IaaS のようなクラウド基盤を構築できなくても、異種 OS 環境を手軽に作ることができる点は、Docker の大きな魅力の一つといえるでしょう。アプリケーションの開発と異種 OS の実行環境を、クラウドソフトウェアに依存せずに簡単に配備できれば、初期投資が限られた IT システムに携わる開発者と管理者の双方にとって大きなメリットがあります。ここでいう「異種 OS」というのは、Linux 環境であれば、異なる種類の Linux ディストリビューションを意味します。たとえば、CentOS 用の Docker イメージ、Ubuntu 用の Docker イメージ、SUSE ベースの Docker イメージ、さらには、Debian ベースの Web アプリケーション入りの Docker イメージなど、さまざまな種類の Docker イメージが存在します。

16

1-2-3　レジストリの提供／成果物の活用

　Dockerは、高性能なアプリケーションの開発・実行環境の提供だけでなく、それらのOSやアプリケーション（Dockerイメージ）を世界中で共有し、ITシステムが目的を達成するために必要な工程を自動化するWebサービスを提供する点が革新的であるといえます。このWebサービスは、Docker Hubと呼ばれるクラウド上のDockerイメージのレジストリ（保管庫）サービスです。アプリケーションやサービスコンテナの構築と配信を行う、いわゆる、Dockerイメージのパブリッククラウドサービスです（図1-2）。

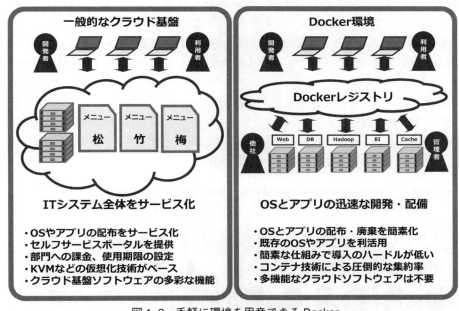

図1-2　手軽に環境を用意できるDocker

　レジストリサーバーでは、リポジトリ（同じ種類のアプリケーションや異なるバージョンのサービスの集まり、言い換えれば、1つのDockerイメージから異なるタグを付与されているDockerイメージの集合）が保管されており、ユーザーは、Docker Hubに保管されているDockerイメージの検索、変更管理、取得が可能です。また、手元にあるDockerイメージをDocker Hubにアップロードすることもできます。

　世界中の開発者やIT部門のシステム管理者が共通して理解できる同じITシステム（Dockerイメージ）を使えば、他者が作成したシステムをそのまま、あるいは多少手を加えて利用することで、開発、システムテスト、実システムへの配備の工数を大幅に削減できるようになります。具体的な例を挙げれば、Webアプリケーションの開発において、その動作に必要となるライブラリや、起動、停止、監

視用のスクリプトを新たに調査したり、別途開発したりといった"追加の作業"を大幅に抑えることができます。

1-3 新たなITインフラへの移行

次に、実際のITインフラの運用面から、Dockerの有用性を考えてみます。本章の冒頭でも「急速なビジネス変化にITシステムを対応させる」ための道具として、Dockerの有用性について述べましたが、その背景には、「寿命が来るまで目的を固定化してITシステムを設計・利用する」といった旧来の個別システムの考え方だけでは、対応できない課題がIT現場で多発しているという状況があります。そのため、革新的なビジネスを生み出すために必要な、「柔軟でかつ安定的に作成・変更・廃棄できる」新しいITシステムを取り入れる、という考え方に注目が集まっています。システムの開発者と運用管理者の双方が連携してITシステム全体の開発を行う、いわゆる"DevOps（Development：開発、Operations：運用）"の考え方です。また、それに伴いシステムの開発においても、何もかも要件を100％定義したうえで、システム開発、テスト、配備を行うといった方法から、開発案件に応じて、ある程度短い期間で部分的に開発・テストを行ったものをリリースし、追加の開発や外部にある既存のOSとアプリケーションがパッケージ化されたものを必要に応じて調達するといった、いわゆる「アジャイル開発」の必要性も同時に高まっています（図1-3）。

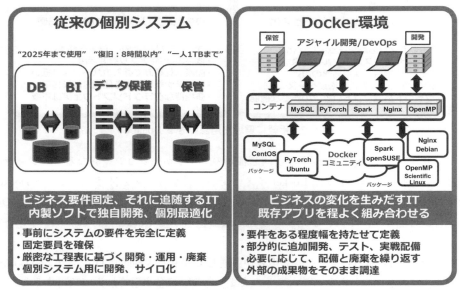

図1-3　個別システム vs. Docker環境

1-3-1　個別システムの弊害

　急速なビジネス変化への対応は、新たなITシステムに求められる大きな役割ではありますが、もう一つの役割として、旧来のシステムの課題解決といった側面があります。日本の場合は、物理基盤や仮想化基盤のどちらにおいても、欧米に比べて、業務要件ごとの個別最適化（企業内のガラパゴス化）を行う傾向があるため、どうしてもITシステムを固定的に構築してしまい、柔軟性に欠ける傾向があります。逆にビジネス要件の変化に伴って、ITシステムの柔軟性を維持・拡大するために、システムの更新、改良を行う必要性を認識できたとしても、さまざまな技術的課題に直面します。特に問題視されているのが、OSの更新作業や現行システムへのバグ修正パッチなどの適用、ミドルウェアやアプリケーション、スクリプトの更新などを行うと、現行のオープンソースソフトウェア群の連携が崩れてしまい、結果的に業務アプリケーションがうまく動作しなくなるおそれがあるという点です（図1-4）。

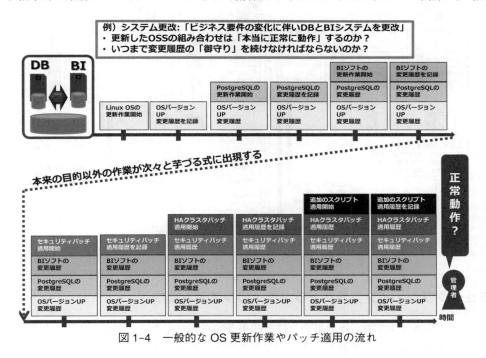

図1-4　一般的なOS更新作業やパッチ適用の流れ

1-3-2　イミュータブル・インフラストラクチャとは

そこで、現在注目を浴びているのが、サービスプロバイダなどで導入されているイミュータブル・インフラストラクチャ（Immutable Infrastructure）と呼ばれるIT基盤のアーキテクチャです（図1-5）。本番用のシステムには一切手を加えず、「不変の状態である」ということから、"イミュータブル"と呼ばれています。

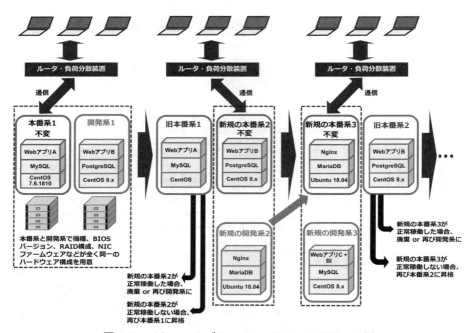

図1-5　イミュータブル・インフラストラクチャの例

■イミュータブル・インフラストラクチャのシステム構成

イミュータブル・インフラストラクチャは、図1-5に示したように、本番系システムと開発系システムの合計2系統のシステムを持ちます。開発用のシステム上でソフトウェアを開発したあと、負荷分散装置から旧システムを切り離し、開発システムを負荷分散装置と接続し、新たな本番環境として運用します。イミュータブル・インフラストラクチャでは、開発系システムに対して、新しい要件が加わるなどの理由により、サービスやアプリケーションが新たに必要になった場合は、サーバーを新規に作成し、不要となった既存の旧システム（旧サーバー）を廃棄します。この廃棄される旧システムのことを、イミュータブル・インフラストラクチャではディスポーザブル・コンポーネント（廃棄可能な部品、構成要素）と呼びます。たとえば、アプリケーションの動作テストを繰り返すたびに新

しいサーバーを作成し、すべてのテストが終了したら、途中で作ったサーバーは廃棄するといった方法が採られます。

　従来の固定的な個別最適化されたシステムの場合、導入当初は安定的に稼働していたものであっても、パッチの適用や機能追加を施すと、そのシステムは、大量のパッチが適用された状態になってしまいます。管理者が厳密に大量のパッチ適用や変更履歴を追跡できたとしても、システムが正常に稼働できるかどうかの判断もあやふやになり、誰もそのシステムの挙動を正確に把握できなくなるおそれがあります。そこで、パッチの適用状況の把握といったサーバー環境の現在の状態管理が非常に煩雑になるならば、「**サーバーの状態を管理しない運用方法**」を採ることで、開発者も管理者も煩雑なシステム管理から解放されるべきであるというのが、このイミュータブル・インフラストラクチャの考え方です。

■イミュータブル・インフラストラクチャとコンテナの必要性

　イミュータブル・インフラストラクチャの場合、アプリケーションの開発が進んだときや、新しいバージョンの OS やアプリケーションなどがリリースされるたびに、開発系のサーバー環境でそれらを配備する必要があります。仮に、この作業を物理サーバーにおいて構築しようとすれば、ハードウェア機器自体の調達とサーバーのファームウェアや OS のベアメタル配備が頻繁に発生し、それがデータセンターのスペースの圧迫と消費電力の増加につながるため、非効率な運用になります。また、従来のハイパーバイザー型の仮想化基盤を使っても、仮想マシンの作成、仮想マシン上でのゲスト OS のインストール作業、ゲスト OS の起動、停止、そしてゲスト OS 自体の管理が煩雑なるのは避けられません。加えて、従来の仮想化基盤の場合、OS 上に導入された開発環境の入手、構築、利用、そして、破棄の各ステップにおいて、どうしても開発とは無関係なインフラの管理の手間が入り込み、負荷が増大してしまいます。

1-3-3　イミュータブル・インフラストラクチャにおけるコンテナ利用

　イミュータブルインフラストラクチャを Docker と組み合わせた場合、図 1-6 のような運用が行われます。先にも述べたように、開発系で頻繁に更新やテストが発生するため、開発環境のベースとなる OS の更新作業や、複数バージョンのミドルウェアや開発環境の配備の種類と量が膨大です。従来のインフラ環境であれば、複数の異種 Linux OS やアプリケーションのインストール作業をその都度手動で行うため、インフラ管理者にとって非常に苦痛を伴う作業です。これがコンテナを利用した場合には、どのようになるのでしょうか。以下では、異なるバージョンの OS やアプリケーション配備を例に説明します。

第 1 章　Docker とは？

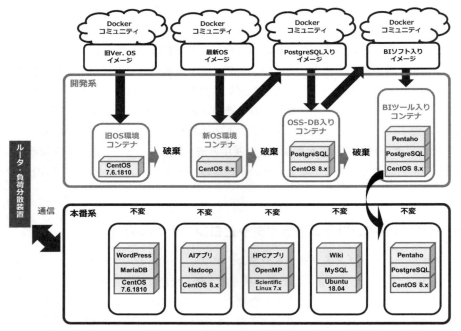

図 1-6　Docker とイミュータブル・インフラストラクチャの組み合わせ例

■コンテナによる多様な環境への迅速な対応

　最初に、アプリケーションの要件として現行バージョンの CentOS 7.6.1810 とそれに付随する開発ライブラリが必要な場合を想定しましょう。新しいコンテナを作る作業は、CentOS 7.6.1810 で作られた Docker イメージをレジストリから入手するだけです（図 1-6 の開発系の一番左）。すぐにその OS 環境をコンテナとして起動し、作業を開始できます。最新の OS 環境として CentOS 8.x が必要になった場合でも、その Docker イメージを入手し、CentOS 7.6.1810 と CentOS 8.x の両方を同時にすぐに利用できます（図 1-6 の開発系の左から二番目）。このとき、CentOS 7.6.1810 や、CentOS 8.x の DVD インストールメディアを使ってインストーラを起動させる必要も一切ありません。Docker イメージさえ入手できれば、すぐに OS 環境で作業ができる点が重要です。また、ミドルウェアやアプリケーションの構築作業でも、レジストリから入手した Docker イメージを利用できます（図 1-6 の開発系の右から二番目）。

■新たな Docker イメージの作成

　次に、さまざまな OS バージョン環境でミドルウェアやアプリケーションを組み合わせたコンテナ環境を構築する場合を例に見てみましょう。この場合は、最初に CentOS 8.x の Docker イメージを入手します。その入手済みの Docker イメージをコンテナとして起動し、PostgreSQL データベースをコンテ

● 1-3 新たな IT インフラへの移行

ナ上にインストールします。PostgreSQL がインストール済みの CentOS 8.x のコンテナは、PostgreSQL 入りの CentOS 8.x の Docker イメージとして保管できます。

このとき、PostgreSQL が入っていない素の状態の CentOS 8.x の Docker イメージと、PostgreSQL 入りの CentOS 8.x の Docker イメージの 2 つが存在しますが、Docker 環境においては、変更箇所の差分が記録されることで、ディスクを 2 倍消費せずに済む仕組みや、Docker イメージをスリム化する機能が内蔵されており、従来のハイパーバイザー型の仮想化基盤に比べて、開発系のハードウェア基盤の大幅な節約が期待できます。また、PostgreSQL 入りの CentOS 8.x の Docker イメージは、社内、あるいは、社外の Docker コミュニティに共有しておくと、別の開発者は、その PostgreSQL 入りの CentOS 8.x の Docker イメージさえ入手すれば、PostgreSQL を使ったアプリケーション開発環境をすぐに利用できます。

■異種 OS 環境の管理が容易になる

上記と同様の手順で、パッチ適用済みの業務アプリを含んだ Docker イメージなどを作って、社内、あるいは、社外の Docker イメージの共有保管庫（レジストリ）にアップロードしておけば、次からは、別の開発者が利用する場合でも、パッチ適用済み環境を簡単に起動し、すぐにテスト作業に入れます。さらに、Docker コンテナは、起動だけでなく破棄も素早く行えます。たとえば、PostgreSQL データベースが稼働する CentOS 8.x のコンテナがあり、そこに β 版の BI ツールを入れたとします。β 版の BI ツールに何か不具合が発生した場合、その BI ツールをアンインストールするといった作業などを行わなくても、Docker エンジンが提供する削除コマンドを使って、コンテナを破棄するだけでよいのです。再び、BI ツールが入っていない Docker イメージをすぐに呼び出してコンテナを起動し、別のバージョンの BI ツールを入れられます。

ハイパーバイザー型の仮想化基盤に比べると、"元となる Docker イメージに影響を与えることなく"、アプリ入りの OS 環境の破棄とアプリの再構築が容易に行える点は、次々と別バージョンの OS 環境と開発環境を用意しては破棄するといった開発者にとって非常に使い勝手の良いシステムです。このような OS 環境とアプリケーションの入手、構築、利用、破棄が素早く行える環境は、まさにイミュータブルインフラストラクチャの開発系に有用です。

また、イミュータブルインフラでは、本番系と開発系を同一種類のハードウェアで構成しますが、徐々に開発系に新型のハードウェア機器を導入する場合も少なくありません。そのような場合でも、Docker 環境であれば、Docker イメージを旧式のハードウェアから新型のハードウェアへの移行も、非常に容易です。†

‡　後述する Docker イメージを tar アーカイブに変換する機能により、地理的条件や新旧ハードウェアの違いを意識することなく簡単に Docker イメージを他の環境に移植できます。

第 1 章 Docker とは？

1-4 　 Docker に向くシステム、向かないシステム

　Docker の利用によってメリットのある分野がある一方で、ビジネス要件が目まぐるしく変化しないのであれば、Docker のような革新的なソフトウェアなど必要ないという考え方もあります。ある業務目的を達成するために、要件定義を正確に行い、要員確保、ハードウェア、OS、アプリケーションのバージョンの決定、カットオーバー日の決定、パッチ適用可否、運用方法、廃棄の期日まで厳格に決められている IT システムは、世界中に数多く存在します。たとえば、銀行のオンラインシステム、原子力発電所などの制御システム、鉄道や航空機のチケット予約・販売システム、量販店の通信販売システムやクーポンシステム、通信インフラなど、絶対に停止しては困るようなミッションクリティカルシステムなどがこれに相当します。このようなシステムは、構成を少しでも変更すると、業務に多大な影響が出ることが考えられるため、ビジネスの変化が多少あるといっても、IT システム自体を大きく変更することはほとんどありません。いわば、「Docker 向きではない頑健な社会インフラの供給基盤システム」といってもよいでしょう。

　逆に Docker に向く環境は、これまで見てきたように、サービスプロバイダ、ホスティングなどの IT サービスが日々変化するようなシステムといえます。IT システムが変化するというと、先述のように軽量のコンテナ上でアプリケーション開発が頻繁に行われ、革新的なサービスが次々と提供されるというイメージがありますが、開発が頻繁に行われないような環境でも、IT システムは変化します。たとえば、IT システムの運用面で考えてみると、複数の OS やミドルウェアの新規導入、新しいアプリケーションへの切り替えの手間を減らしたいというニーズがあります。さらに、それらの複数の OS 環境を同時に稼働させる場合、自社で所有するデータセンターの設置スペースや消費電力の都合により、性能劣化を極力減らした形で集約率を大幅に向上させたいというニーズもあります。Docker のような基盤があれば、アプリケーションの開発だけでなく、このような IT の運用面でのニーズにも対応でき、そのメリットの享受は、決して無視できるものではありません（図 1-7）。

1-5 　 Docker の課題

　Docker は、先進的なソフトウェアであるがゆえに、いまだ進化の途上にあり、利用上の課題も内包しています。いずれは解決される課題かもしれませんが、少なくとも現時点では、Docker の課題として、以下に述べる点については把握しておく必要があります。

1-5-1 　 管理工数の軽減

　Docker は、先進的な企業において次々と導入されており、事例も次第に公開され始めていますが、多くのユーザーは大量の Docker コンテナの管理工数の軽減を課題に挙げています。Docker は、シン

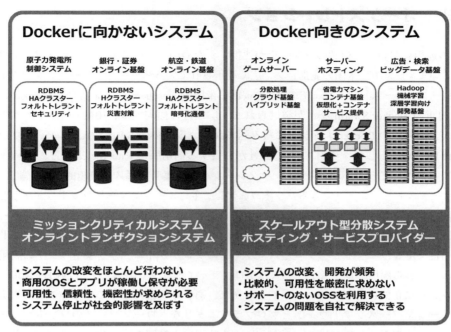

図 1-7　Docker に向くシステム vs. 向かないシステム

プルなコマンドラインを提供していますが、GUI 管理ツールや、Docker コンテナの自動配備、資源管理ツールなども提供されています。すなわち、Docker 単体だけでシステムがすべて完結することはなく、効率化のための周辺ソフトウェアの整備をある程度視野に入れなければなりません。海外などの Docker 事例では、開発部門や IT 部門の簡素化が Docker によって達成できたことが紹介されていますが、実際には、大量のコンテナを正常に稼働させるシステムにするためには、Linux コンテナや、チューニングを含めた Linux OS 上のプロセスの挙動に関する知識、コンテナの自動配備、資源管理ソフトウェアなどが必要になります。

1-5-2　キャパシティプランニング

コンテナにどのようなアプリケーションをいくつ搭載すべきかという指針についても、現在コミュニティで活発な議論が行われています。1 つのコンテナに搭載するアプリケーションの数をあまり多くすると可搬性が損なわれますが、1 つのコンテナに 1 つのアプリケーションのみを搭載すると、コンテナの数が指数関数的に増加してしまい、管理が複雑になるという意見もあります。いずれにせよ、利用目的を抜きにアプリケーションの数だけを議論しても、意味はありません。コンテナの用途に応じて考えるべきことですが、ベストプラクティスの事例が少ないことは、否定できません。

第 1 章 Docker とは？

1-5-3 　 オーケストレーション

　Docker の運用において、複数のコンテナが連携するためのオーケストレーションソフトウェアが注目を浴びています。現在、米国の先進企業で広く利用されているオーケストレーションソフトウェアとしては、オープンソースソフトウェアの Kubernetes、米国 Mesosphere 社が提供する Mesosphere DC/OS、Docker 社純正の Docker Swarm などが挙げられます。最近の傾向では、IBM や HPE などの米国の IT ベンダーが、商用版の Docker エンジンに組み込まれている Docker Swarm や、エンタープライズ版の Mesosphere DC/OS、そして、英国 Canonical 社が提供する商用版の Kubernetes など、Docker を駆使した商用のミドルウェアの OEM 提供やインテグレーション構築サービスに積極的に取り組んでいます。ただし、オーケストレーションできるソフトウェアは、主にオープンソースソフトウェアが軸になっている点に注意が必要です。国内外を問わず、企業内では、ビジネスアプリケーションのワークフロー管理、特定業務に特化したデータベース、認証やアクセス制御機能が豊富な社内ファイル共有サービス、高可用性ミドルウェアなど、クローズドソースのプロプライエタリソフトウェアの利用が少なくありません。これら商用クローズドソースのプロプライエタリソフトウェアが Docker 環境でのオーケストレーションに正式に対応しているのかどうかは、あまり明確になっていないことも事実です。そのため、オープンソースソフトウェアとプロプライエタリなクローズソースのソフトウェアのオーケストレーションを検討する場合は、ベンダーによるサポート範囲を明確化する必要があります。

1-5-4 　 ミッションクリティカル領域での利用

　Docker 自体が機能追加や仕様変更などを短時間に頻繁に繰り返している現状において、これらのオーケストレーションソフトウェアと Docker の組み合わせをビジネス系の本番システムへ採用するかどうかは、慎重に検討する必要があります。また、ミッションクリティカルなビジネス系システムでは必須となる HA クラスタソフトウェアと Docker の連携についても、ベンダーが提供する商用の HA クラスタソフトウェアが、Docker コンテナを正式にサポートしていない状況を考慮すると、ミッションクリティカル領域での Docker の採用は控えるべきでしょう。

1-5-5 　 ライブマイグレーションのサポート

　仮想化基盤をすでに導入されているシステムでは、日常のメンテナンスを無停止で行うためにゲスト OS のライブマイグレーションが行われることが少なくありませんが、Docker では、現時点でライブマイグレーションを正式にサポートしていません。

　Docker 以前から存在し、コンテナを実現するオープンソースソフトウェアに OpenVZ が存在します。もし、現行の業務が稼働している仮想化基盤におけるゲスト OS のライブマイグレーション要件（ゲスト OS を別の物理サーバーに無停止で移動させる）が必須である場合は、無停止型サーバー（通称 FT

● 1-6 Docker コンテナのアーキテクチャ

サーバーなどと呼ばれます）やハイパーバイザー型の仮想化ソフトウェアを使い続けるか、OpenVZ や商用製品の Virtuozzo などの採用を検討すべきです。

現在、Docker や Linux コンテナにおけるライブマイグレーション（コンテナのチェックポイントとリストア機能の実現）は、CRIU プロジェクトと呼ばれるコミュニティで開発が進められています。本書では第 7 章で実際の操作事例を取り上げますが、現時点では、商用利用のレベルではありません。

1-5-6　稼働 OS の制約

Docker のホスト OS が Linux の場合には、その上で稼働するコンテナも Linux に限定されます。これは、ホスト OS が Linux の場合に、Linux コンテナと Windows コンテナを混在させることができないことを意味します。Windows アプリケーションを業務で利用しており、それをコンテナで稼働させたい場合は、Windows Server で搭載される「Windows Server Container」を導入する必要がありますが、現時点で、単一の物理サーバー上において、ハイパーバイザー型の仮想化ソフトウェアを使わずに、Windows のコンテナと Linux のコンテナを混在させて同時に稼働させることはできません。

ハイパーバイザー型の仮想化ソフトウェアには当たり前のようにできることが、Docker ではできないことも少なくありません。Docker に向くシステムもあれば、Docker では実現不可能なシステムも存在しますし、先述のように、Docker に向かないシステムも存在します。Docker のようなコンテナ型のシステムを本当に導入すべきなのか、今一度、システムの現状を把握し、慎重な検討を怠らないようにしてください[2]。

1-6　Docker コンテナのアーキテクチャ

IT システムにおいて、開発面や運用面の変化へ迅速に対応する解決策の一つとして、従来では、仮想化ソフトウェアの採用がありました。仮想化ソフトウェアは、複数の OS 環境とアプリケーションを 1 つのファイルとして取り扱い、非常に可搬性の高い基盤を提供します。しかし、Docker と比較すると、複数の OS を集約した場合の性能劣化や、OS とアプリケーションの仲立ちをする仮想化ソフトウェアの介在による障害発生時の問題切り分けの複雑化が問題視されてきました。

一方 Docker は、従来のハイパーバイザー型の仮想化とは異なり、1 つの OS 環境に、**コンテナ**と呼ばれる分離された空間を作成し、その分離された空間ごとに異なる OS 環境を実現できます。コンテナによって複数の異種 Linux OS 環境を実現することができるため、複数の OS バージョンを必要とする IT システムを 1 つの OS 環境に集約できるというメリットがあります。

＊ 2　Docker に関する課題やよくある誤解については、以下の URL にあるブログ記事「Docker Misconceptions」が参考になります。英語ですが、一読されることをお勧めします。
https://devopsu.com/blog/docker-misconceptions/

27

第 1 章 Docker とは？

1-6-1　コンテナごとに分離された空間を提供

コンテナは、本章の最初でも触れたとおり、アプリケーションの分離された空間を提供します。アプリケーションの分離された空間を実現することで、1 つの OS 環境でありながら、プロセスを分離することができるため、複数の異種 Linux OS 環境を実現できます。たとえば、CentOS 7 のホスト OS 上で Docker を稼働させ、CentOS 6.6 の Docker コンテナや、Ubuntu Server 14.04 LTS の Docker コンテナを複数同時に稼働させることも可能です。

コンテナ自体は、Docker が登場する以前から存在し、古くから商用製品にも採用されている技術です。Linux コンテナや Docker 以外では、商用製品として、Parallels 社の Virtuozzo（バーチュオッゾ）、オープンソースのコミュニティである OpenVZ、UNIX 系 OS では、HP-UX Containers、Solaris Containers などが存在します。これら商用のコンテナ管理ソフトウェア製品や UNIX OS 系のコンテナは、いずれも単一 OS 上で複数の分離された空間を提供するという特徴を持っており、ハイパーバイザー型の仮想化ソフトウェアではありません。以下に、商用 UNIX 系のコンテナを除く主なコンテナを表で簡単にまとめておきます（表 1-1）。

表 1-1　さまざまなコンテナ管理ソフトウェア

	Docker	Linux コンテナ（LXC）	LXD	Virtuozzo	OpenVZ
リリース	2013 年	2008 年	2015 年	2001 年	2005 年
開発元	Docker Inc.	IBM、Parallels Canonical	Canonical	Parallels	OpenVZ コミュニティ
対応 OS（ホスト側）	Linux Windows macOS	Linux	Linux	Linux Windows	Linux
主な GUI ツール	UCP Portainer Kubernetes Cockpit	LXC Web Panel Juju Local	Lxdui	Parallels Management Console	OpenVZ Web Panel
ライブマイグレーション機能	なし‡1	なし	あり	あり	あり
価格	Docker EE:有償 Docker CE:無償	無償	無償	有償	無償
リリース形態	オープンソース	オープンソース	オープンソース	プロプラエタリ	オープンソース

‡1　CRIU プロジェクトの成果物を組み合わせて実現可能

Column LXC と LXD

　Linux 環境において、古くから利用されたコンテナ管理ソフトウェアとして、LXC があります。LXC は、Linux コンテナにおけるライブラリやツールなどを提供しており、すでに多くの商用環境で利用されており、実績も豊富です。LXC は、Linux カーネルのコンテナ機能を利用するために設けられたユーザー空間で稼働するツールや API を提供します。一方、2015 年 2 月に登場した LXD は、LXC を改良した新しいコンテナ管理のための仕組みです。lxd と呼ばれるデーモンが稼働するハイパーバイザーであり、コマンドラインのツール群が lxc コマンドとして用意されています。また、LXD では、REST API 通信により、ネットワーク経由でコンテナを管理することが可能です。さらに、OpenStack Nova プラグイン（nova-compute-lxd）と呼ばれるコンポーネントが存在し、OpenStack クラウド基盤におけるコンテナ利用を想定したアーキテクチャになっています。Ubuntu Server 18.04 では、LXD 3.0 が搭載されており、大幅な機能改善が施されています。特に、スナップショット、ライブマイグレーション、セキュリティを意識した設計になっており、KVM や VirtualBox、ESXi のような使い方を Linux コンテナで実現する非常に強力なコンテナエンジンとして注目が集まっています。

● LXD に関する情報：
https://linuxcontainers.org/lxd/

1-6-2　ハイパーバイザー型の仮想化基盤とコンテナの違い

　一般に、ハイパーバイザー型の仮想化ソフトウェアとしては、VMware vSphere や Hyper-V、KVM などが有名ですが、これらの仮想化ソフトウェアは、ハイパーバイザーと呼ばれるソフトウェアが、仮想的なハードウェアである「仮想マシン」を提供します。その仮想マシンが提供する仮想的な BIOS、仮想 CPU、仮想メモリ、仮想ディスク、仮想 NIC などをゲスト OS に見せることで、ゲスト OS からは、あたかも物理的なマシンで稼働しているかのように見えます。

　このため、ゲスト OS としては、通常の OS の起動、停止となんら変わらない運用が必要です。たとえば、ゲスト OS では、自身の仮想ディスクのマスタブートレコード領域に対してブートローダーをインストールしなければ、当然ゲスト OS は、正常に起動しません。また、OS の終了時に正常なシャットダウン手続きを行わなければ、仮想ディスクにインストールされたゲスト OS は、物理サーバーで稼働する OS のときと同様、OS 自体が損傷する可能性もあります。

　一方、コンテナ環境では、ゲスト OS に相当する分離された空間において、そもそも「マスタブートレコードに応じたカーネルを起動する」や「カーネルをロードした後にドライバ類を含んだ初期 RAMDISK をロードする」といった、いわゆる物理マシン上での一般的な「OS のブート手順」がありません。このため、コンテナ環境は、ハイパーバイザー型の仮想化基盤のゲスト OS に比べ、オーバー

ヘッドが少ないため、コンテナの起動・停止が非常に高速であるという特徴があります。

また、ハイパーバイザー型の仮想化ソフトウェアは、ハードウェアをエミュレーションしているのに対し、コンテナ環境は、名前空間（namespace）と cgroups と呼ばれる資源管理の仕組みを使うことで、単一の OS 内で複数のコンテナがプロセスとして稼働するだけであるため、分離された空間に必要とされる OS 環境（コンテナ）のコンポーネントや資源も少なくて済むといった特徴があります。したがって、Linux コンテナは、KVM や Xen などのハイパーバイザー型の仮想化技術に比べて、CPU、メモリ、ストレージ、ネットワークなどのハードウェア資源の消費やオーバーヘッドが小さいため、集約率を劇的に向上させることが可能です。また性能においても、コンテナ環境では、アプリケーションのプロセスがコンテナごとに分離されますが、ホスト OS 環境から直接実行されるため、コンテナ上の CPU 利用は、ホスト OS と同等の性能を発揮できます。（図 1-8）。

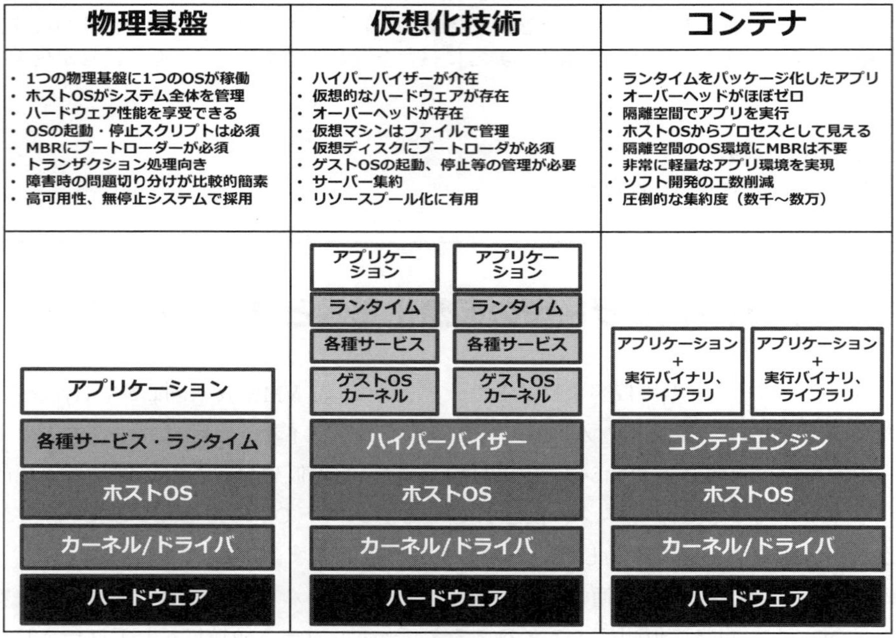
物理基盤
仮想化技術
コンテナ
・1つの物理基盤に1つのOSが稼働
・ホストOSがシステム全体を管理
・ハードウェア性能を享受できる
・OSの起動・停止スクリプトは必須
・MBRにブートローダーが必須
・トランザクション処理向き
・障害時の問題切り分けが比較的簡素
・高可用性、無停止システムで採用
・ハイパーバイザーが介在
・仮想的なハードウェアが存在
・オーバーヘッドが存在
・仮想マシンはファイルで管理
・仮想ディスクにブートローダが必須
・ゲストOSの起動、停止等の管理が必要
・サーバー集約
・リソースプール化に有用
・ランタイムをパッケージ化したアプリ
・オーバーヘッドがほぼゼロ
・隔離空間でアプリを実行
・ホストOSからプロセスとして見える
・隔離空間のOS環境にMBRは不要
・非常に軽量なアプリ環境を実現
・ソフト開発の工数削減
・圧倒的な集約度（数千～数万）
アプリケーション
各種サービス・ランタイム
ホストOS
カーネル/ドライバ
ハードウェア
アプリケーション
ランタイム
各種サービス
ゲストOS カーネル
ハイパーバイザー
ホストOS
カーネル/ドライバ
ハードウェア
アプリケーション + 実行バイナリ、ライブラリ
コンテナエンジン
ホストOS
カーネル/ドライバ
ハードウェア
図 1-8　物理基盤 vs. 仮想化 vs. コンテナ

1-7　名前空間とは？

　単一の OS 環境において、Docker は複数の分離された空間を作成できますが、その分離された空間を実現しているのが名前空間（namespace）です[3]。この名前空間は、プロセスでの分離を実現することができるため、たとえば、ある分離された空間 A のプロセスは、別の分離された空間 B には見えないといった制御を実現します。また、名前空間は、プロセスだけでなく、ファイルシステムへのアクセスの分離も実現します。Docker がコンテナを作成する際に、以下に挙げた名前空間が作成されます。

- **ipc 名前空間**：Inter-Process Communication 名前空間と呼ばれます。内部的なプロセス間通信を分離します。
- **mnt 名前空間**：プロセスから見えるファイルシステムのマウント情報を分離し、chroot コマンドに近い働きをします。
- **net 名前空間**：ネットワークの制御を行う名前空間です。net 名前空間ごとにネットワークインターフェイスを持つことができるため、複数のコンテナとホスト間でネットワーク通信を行うことができます。
- **pid 名前空間**：プロセスの分離に使用します。カーネルが制御しており、親 PID による子 PID の制御などに利用されます。
- **user 名前空間**：ユーザー ID とグループ ID を分離します。user 名前空間内ごとに個別のユーザー ID とグループ ID を保持できます。
- **uts 名前空間**：UTS（Unix Time-Sharing System）名前空間と呼ばれます。ホスト名や NIS ドメイン名などの分離に使用します。

　これらの機能を使って、プロセスやファイルシステム、ユーザー ID などが分離された空間を複数作ることで、コンテナを実現しています。

■ pid 名前空間の分離

　名前空間を使用すると、ファイルシステムやネットワーキングなど、各コンテナのシステムリソースを分離できます。ユーザーが Docker コンテナを実行すると、Docker エンジンは、そのコンテナに対する名前空間を作成します。各コンテナは、別々の名前空間で動作し、アクセスは、その名前空間に限定されます。Docker エンジンが稼働するホスト OS から見ると、複数の名前空間に所属するプロセスが一様に動いているように見えますが、個々の名前空間（すなわちコンテナ内）の中では、その名前空間に所属するアプリケーションのプロセスしか見えません（図 1-9）。

＊3　名前空間の分離については、以下の URL に解説があります。
https://docs.docker.com/introduction/understanding-docker/
http://lwn.net/Articles/531114/#series_index

第 1 章 Docker とは？

Column　chroot と Linux コンテナ

　Linux には、特定のディレクトリ配下をルートディレクトリに変更する chroot コマンドがあります。Linux コンテナ環境において、特定のディレクトリ配下にあるディレクトリツリーは、起動したコンテナのルートディレクトリになりますが、複数の Linux コンテナごとにプロセスを分離するのに対して、chroot は、プロセスレベルでの分離ではなく、あくまでファイルシステムレベルでの分離を実現します。

　Linux コンテナは、プロセスレベルでの分離とファイルシステムレベルの分離を両方行いますが、chroot は、プロセスの制御はできず、ファイルシステムレベルでの分離を実現するため、主にホスト OS におけるレスキューモードを使ったシステム復旧の際に利用されます。

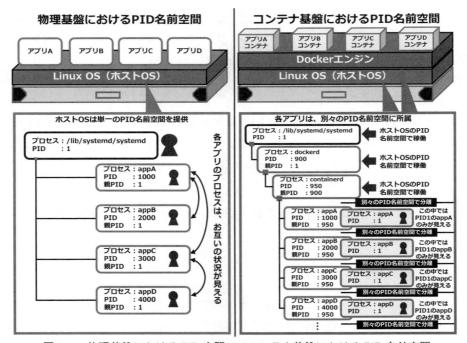

図 1-9　物理基盤における PID 空間 vs. コンテナ基盤における PID 名前空間

　たとえば、Docker エンジンが稼働するホスト OS によって、Web サーバーの httpd サービスが稼働するコンテナと FTP サーバーの vsftpd サービスが稼働するコンテナの 2 つが起動し、ホスト OS は、httpd デーモンにプロセス ID（PID）として 1000 番を割り当て、vsftpd デーモンに、PID として 2000 番を割り当てたとします。ホスト OS からは、httpd と vsftpd の両方がプロセスとして稼働しています。しかし、httpd サービスが稼働するコンテナ内では、httpd に PID の 1 番が割り当てられ、一方、vsftpd サー

ビスが稼働するコンテナ内では、vsftpd に PID の 1 番が割り当てられます。httpd と vsftpd に同じ PID の 1 番が割り当てられていますが、httpd が稼働するコンテナと vsftpd が稼働するコンテナは、別々の PID 名前空間であるため、httpd が稼働するコンテナ内では、vsftpd は見えず、vsftpd が稼働するコンテナからも httpd が見えません。名前空間に閉じた形でプロセス ID が割り当てられるため、ホスト OS のプロセス空間をアプリケーションのプロセス空間で分離できたことになります。

■ファイルシステムの分離

コンテナ（プロセス）として分離されるのはプロセス ID だけでなく、ファイルシステムの名前空間も同様です。Docker エンジンが稼働するコンテナ基盤では、コンテナごとに別々のファイルシステムの名前空間を持つことが可能です。コンテナ内のファイルシステムは、別のコンテナのファイルシステムを見ることができません。たとえば、CentOS ベースのコンテナ内で `test1.html` というファイルをコンテナ内の`/data` ディレクトリに作成し、Ubuntu ベースのコンテナ内で `test2.html` というファイルをコンテナ内の`/data` ディレクトリに作成したとします。このとき、Docker エンジンが稼働するホスト OS から見ると、ホスト OS 上の`/var/lib/docker` ディレクトリ配下に、`test1.html` ファイルと `test2.html` が見えます（図 1-10）。

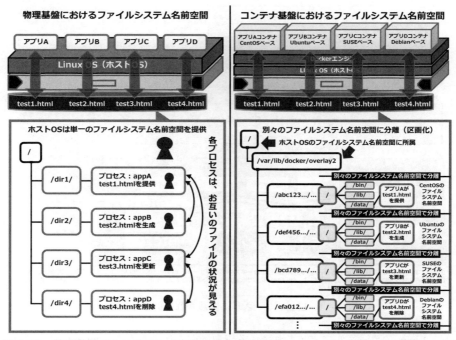

図 1-10　物理基盤におけるファイルシステム名前空間 vs. コンテナ基盤におけるファイルシステム名前空間

ホスト OS 上のファイルシステムの名前空間は単一なので、両方のファイルが見えますが、CentOS のコンテナ内では、test1.html ファイルのみが見え、test2.html ファイルは見えません。一方、Ubuntu のコンテナでは、test2.html ファイルのみが見え、test1.html ファイルは見ません。このように、名前空間に閉じた形でファイルシステムが割り当てられるため、ホスト OS のファイルシステム空間をコンテナごとのファイルシステム空間で分離できたことになります。

■ cgroups（Control Group）

1 つのホスト上で複数の分離空間として稼働する Docker コンテナが稼働する環境において、限られたハードウェア資源の利用制限は非常に重要です。特定のユーザーが使用するコンテナがホストマシンのハードウェア資源を食いつぶすようなことがあると、他のユーザーの利用に支障をきたします。Docker 環境において、デフォルトでは、コンテナがハードウェア資源を使い果たそうとします。1 つのコンテナがハードウェア資源を使い果たすのを防ぐには、コンテナごとに使用できるハードウェア資源を制限しなければなりません。これを実現するのが cgroups（Control Group）です（図 1-11）。

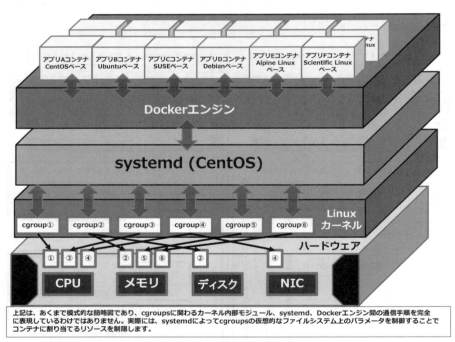

図 1-11　Linux カーネルに実装されている cgroups

cgroups は、Linux のカーネルに実装されている資源制御の仕組みです。cgroups は、各コンテナが使用する CPU やメモリなどのハードウェア資源の使用量を制限し、分離された名前空間ごとに設定した

ハードウェア資源を割り当てます。CPU、メモリ、ネットワーク通信の帯域幅などのコンピュータ資源を組み合わせ、ユーザーが定義したタスクのグループに割り当て、このグループに対して資源利用の制限や開放を設定することが可能です。

cgroups は、Docker 登場以前から Linux サーバーシステムにおいて古くから利用されており、きめ細かくハードウェア資源の割り当て制御ができるため、非常に強力な資源管理ツールとして有名です。Linux に実装されている cgroups は、アプリケーションのプロセスに対して、主に CPU、メモリ、ブロック I/O などの各種物理デバイスの使用量を制御します。

cgroups は、仮想的なファイルシステム（具体的には、ホスト OS 上の/sys/fs/cgroup ディレクトリ配下）を提供しており、このファイルシステム上で提供されるパラメーターを変更することで、各種リソースの制御が可能です。この設定は、システムが稼働中に行うことができ、ホスト OS の再起動を行うことなく資源の割り当てを動的に行うことが可能です。cgroups のファイルシステムで管理される主な統計情報を挙げておきます（表 1-2）。

表 1-2　cgroups のファイルシステムで管理される主な統計情報

項目	説明
blkio	ブロックデバイスの入出力統計情報の表示、I/O 制御
cpuacct	消費している CPU 時間のレポートを生成
cpuset	プロセスが稼働する CPU コア、メモリの割り当て配置の設定
devices	デバイスへのアクセス制御の設定
freezer	タスク（プロセス）の一時停止、再開
hugetlb	サイズの大きい仮想メモリページを利用可能にする
memory	タスクが消費するメモリリソースのレポート生成、使用メモリの上限の設定
perf_event	perf ツールで監視可能にする

Column　seccomp-bpf

　近年、Docker の世界では、名前空間と cgroups による資源管理だけでなく、実行可能なシステムコールの制御を行う seccomp-bpf（Berkeley Packet Filter 対応の拡張版 Secure Computing Mode）の利用も注目されています。seccomp-bpf は、プロセスが実行しようとするシステムコールをフィルタリングする Linux カーネルの機能です。seccomp-bpf を使えば、コンテナ内のアプリケーションが実行するシステムコールを制限でき、セキュリティを強く意識した最低限の権限のみをコンテナに与えて実行できます。

第 1 章 Docker とは？

1-8　まとめ

本章で解説した Docker の特徴について、以下にまとめておきます。

- ●コンテナの仕組みにより、仮想マシンやゲスト OS は存在せず、コンテナに作成された OS 環境の起動、停止は非常に高速であり、性能劣化が非常に小さい。
- ●Docker コミュニティの成果物を利用する仕組みが整備されており、OS 環境やアプリケーションの再利用が容易。
- ●本番系システムを変えないイミュータブル・インフラストラクチャにおける重要な基礎技術である。
- ●Linux カーネルの機能である名前空間により、1 つのホスト OS 上で、複数のコンテナによるマルチ OS 環境を実現する。
- ●名前空間と cgroups が協調動作し、分離された環境に対して、CPU、メモリ、ブロック I/O などの資源の割り当てや制御を行う。

36

第2章
Docker 導入前の準備

　IT 部門は、現在よりも柔軟性の高い効率的な IT システムを実現するために、開発部門と協調し、自社のシステムに Docker を採用すべきかどうかの妥当な判断をしなければなりません。
　Docker の採用可否に関する「妥当な判断」は、短時間で結論が出るものではありません。ベンダーや自社の有識者が集い、導入目的、採用可否、設計指針などをある程度具体的に検討する必要があります。本章では、Docker の導入を検討する場合に把握しておくべき前提知識、検討項目を解説します。さらに、実際に Docker を導入する際に知っておくべき項目をまとめ、Docker が動作するホスト OS の種類ごとの注意点について説明します。

第 2 章 Docker 導入前の準備

2-1　検討項目の洗い出し

　Docker を導入するうえで、検討しなければならない項目としては、まず、「そもそも Docker が自社に必要なのか？」ということです。Docker は、コンテナを管理するためのさまざまな機能を提供しますが、既存の仮想環境などと比べて、メリットとデメリットを把握しておく必要があります。

　たとえば、多くのハイパーバイザー型の仮想化ソフトウェアでは、ライブマイグレーションの機能を提供しており、ゲスト OS を稼働させたまま、別の物理マシンに移動させることが可能ですが、Docker においては、ライブマイグレーションの機能が標準で提供されていないため、稼働中のコンテナを別のマシンに移動できません。

　また、Docker コンテナの高可用性を考える場合は、HA クラスタのサポート状況がまだ不明確なため、Docker コンテナによってプロセス監視のための HA クラスタを構成したとしても、共有ディスクの論理ボリュームの切り替えをどのように行うか、といった課題も残っています。もちろん、Docker における高可用性実現に向けて、さまざまな実証実験や研究が行われています（図 2-1）。具体的な事例としては、CRIU プロジェクト、共有ディスクを持たない「DRBD + Corosync + Pacemaker」での HA クラスタ構成、Docker Swarm、Mesosphere 社が提供する Mesosphere DC/OS の負荷分散機能、Kubernetes、Keepalived と Linux Virtual Server（LVS）の組み合わせなどが挙げられます。ただ現時点では、ベストプラクティスが明確に定められているわけではありません。

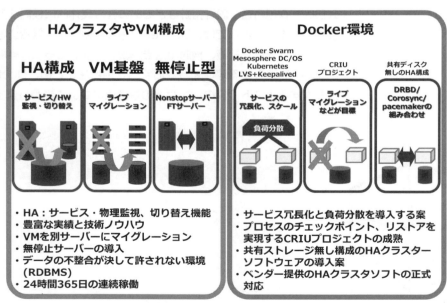

図 2-1　従来環境と Docker における可用性の実現方法

2-2 Docker を稼働させる OS の選択要件

Docker は、誰もが無償で入手できるオープンソースソフトウェアですが、稼働する OS 環境によって、不具合に対するベンダーの対応可否、ユーザーの使い勝手、管理工数や手間、手法などが異なります。以下では、その違いについて説明します。

2-2-1 コミュニティ版か商用サポートか

OS の選択要件の一つは、コミュニティ版のサーバー OS で稼働する Docker と商用 Linux で稼働する Docker での違いです。コミュニティ版の無償提供される Docker エンジンのことを本書では、「コミュニティ版の Docker」と呼ぶことにします。このコミュニティ版の Docker が稼働する OS としては、Fedora、CentOS、Ubuntu Server などが挙げられます。当然、コミュニティ版のサーバー OS は、ベンダーの保守サポートを受けることができません。その上で稼働するコミュニティ版の Docker もベンダーの保守サポートを受けることができません。障害発生時に、Docker 自体に問題があるのか、サーバー OS 側に問題があるのかなどの切り分け作業をユーザー自身で行う必要があります。

一方、商用 Linux である Red Hat Enterprise Linux（以下、RHEL）や SUSE Linux Enterprise Server（以下、SLES）でも Docker を稼働できます。Docker の保守サポートを重視する場合には、この点に注意が必要です。

RHEL や SLES などの商用 Linux で稼働する商用の Docker エンジンについては、そのサブスクリプション契約の範囲内での OS と Docker エンジンに関する保守サポートが受けられます。たとえば、ハードウェアとドライバや監視エージェント類、ミドルウェア、そして、Docker の問題の切り分け作業をベンダーに依頼できます。Docker に関するある程度の技術面でのサポートが必要となる場合は、ベンダーサポートが得られる商用 Linux で稼働する Docker の導入を検討すべきです。特に、Docker のような更新が頻繁に行われる先進的なソフトウェアを本番系システムに導入する場合、動作の安定性や機能的な側面だけでなく、Docker 自体の不具合や障害発生時の回避策、解決策の情報入手の容易さが、システムの安定稼働において重要な意味を持つ場合が少なくありません。

逆に、商用版の Linux OS と商用版の Docker のサブスクリプション契約による手厚いベンダー保守サポートが不要と判断するためには、ユーザー部門（導入を検討している IT 部門と開発部門）において、Docker に関する十分な知識、さらに、IT 技術者と開発者双方が Docker とコミュニティ版のサーバー OS に関する十分な現場経験と技能、問題解決能力を有していることが必要です。たとえば、システムに目立った障害が発生しなくても、ある一定の操作を施すと、Docker コンテナのネットワーク性能が著しく劣化するような問題が発生した場合、それが高負荷時にのみ発生するのか、カーネルパラメーターの設定に問題があるのか、Docker の設計上の潜在的な問題なのか、といった切り分け作業が必要であり、膨大な工数を伴う場合があります。それらの問題を、どのような体制でどのように解決するのかといった、組織能力を踏まえたうえで、導入の検討が必要です。

第 2 章　Docker 導入前の準備

■ Docker の導入を検討する場合の主なチェックポイント

☐ そもそも Docker が自社に必要なのか？

☐ 既存の仮想環境における課題は何か？

☐ 既存の仮想環境をコンテナ型の環境に置き換えることが可能か？

☐ 自社へ Docker を適用する際の最大の障害は何か？

☐ 現在のシステムのどの部分に Docker を採用するのか？

☐ 物理環境の高可用性に関する SLA（Service Level Agreement）を Docker でも実現できそうか？

■ Docker 導入決定後、サーバー OS 選定における主なチェックポイント

☐ Docker を稼働させる OS 環境は、コミュニティ版の Linux OS でよいのか？　商用版の Linux OS にすべきか？

☐ コミュニティ版 OS にする場合、どのディストリビューションを採用するのか？

☐ 商用 Linux の場合、どのディストリビューションを採用するのか？

☐ OEM ベンダーから OS と Docker の保守サポートを同時に受けられるか？

☐ OEM ベンダーからの保守サポートが受けられない場合、問題切り分け作業を自社で行えるか？

2-2-2　コンテナ専用 OS の現状を把握する

　もう一つの選択要件は、通常のサーバー OS で稼働する Docker と、Docker 向けに開発された専用 OS での管理の違いです。本書では、Docker などのコンテナ利用に特化して開発された専用 OS のことを**コンテナ専用 OS** と呼ぶことにします。このコンテナ専用 OS は、普段使い慣れた CentOS や RHEL で稼働させる Docker とは異なり、コンテナを稼働させることに目的を絞ったアプライアンス OS です。そのため専用 OS 自体の管理方法も、CentOS などの使い慣れた一般的な Linux OS とは異なります。

　コンテナ専用 OS は、アプリケーションや稼働するデーモン、パッケージ管理マネージャなどが削られており、コンテナの稼働に必要最低限のコンポーネントで構成されています。コンテナ専用 OS では、コンテナに無関係なデーモンやアプリケーションなどが稼働することを極力排除しているため、一般的なサーバー OS に比べてより強固なセキュリティ、性能面での優位性、高い保守性を確保できるとされています。

　コンテナ専用 OS として有名なものとしては、CoreOS（コアオーエス）、Atomic Host、RancherOS、Snappy Ubuntu Core などが挙げられます。

● 2-2 Docker を稼働させる OS の選択要件

■ Project Atomic

Project Atomic は、コンテナの配備や管理などを効率化した Docker 専用 OS の発展を目指すコミュニティベースのプロジェクトです。Project Atomic では、主に 2 つの Docker 専用 OS の開発が行われており、Fedora ベースの「Fedora Atomic Host」と CentOS ベースの「CentOS Atomic Host」があります。無償で入手することができ、Docker 専用 OS を体験できます[1]。

■ Red Hat Enterprise Linux Atomic Host

商用製品としては、Red Hat 社がリリースしている「Red Hat Enterprise Linux Atomic Host」があります。RHEL Atomic Host は、Project Atomic の成果物を商用化しつつも、管理ツールなどを搭載した製品です。

■ Snappy Ubuntu Core

Canonical 社が提供する Snappy Ubuntu Core も、Docker のようなコンテナの利用を目的とした軽量 OS であり、Project Atomic と同様、必要最小限のコンポーネントで構成されています。

■ CoreOS

CoreOS は、Docker やそれとよく似た rkt と呼ばれるコンテナランタイムに最適化された軽量 OS であり、従来の Linux OS とは異なる独自の管理手法を採用しているのが特徴です。Web ブラウザベースの GUI 管理ツールを導入することで、マウス操作によりコンテナの管理を行うことも可能です。

■ RancherOS

RancherOS は、2015 年に Rancher Labs により発表されたコンテナ専用 OS です。Docker エンジンが稼働し、必要最低限の機能に絞ることにより、OS のサイズも非常にコンパクトです。CoreOS と同様に、独自の構成ファイルによって OS 自体の設定を行うのが特徴です。CoreOS、Atomic Host と同様に、インストール用の ISO イメージが提供されています。GUI 管理画面が標準で提供されており、コンテナのオーケストレーションソフトウェアである Kubernetes がすぐに利用できる点もこの製品の特徴といえるでしょう。

＊1　Fedora Atomic Host および CentOS Atomic Host は、ベアメタル環境に直接インストールすることができる iso イメージが提供されています。

第 2 章 Docker 導入前の準備

2-3　サーバー OS vs. コンテナ専用 OS

　使い慣れたサーバー OS で Docker を稼働させるメリットとしては、Docker 以外の非コンテナ環境の
サーバー OS 環境と同様の OS 管理が行えるため、既存の OS 管理用のツールなどを使用でき、新しく
導入する Docker 環境においても、サーバー OS の標準化を図れる点にあります。今まで使い慣れた OS
管理手法を、Docker が稼働するサーバー OS でも活用できるため、新しい管理手法を習得する工数を
削減できます。Docker については、GUI 管理ツールやオーケストレーションなどの周辺ソフトウェア
をユーザー自身で構築、整備する方法と、商用版の Docker エンジンで利用可能な GUI 管理ツールを
利用する方法があります。

　一方、コンテナ専用 OS は、今までのサーバー OS の管理手法とは異なるため、コンテナ専用 OS 自
体の作法を一から学ぶ必要があります。たとえば、Atomic Host では、CentOS や RHEL で有名やパッ
ケージ管理用の yum コマンドが利用できないため、OS 環境全体の更新やロールバックなどの新しい仕
組み（rpm-ostree と呼ばれる仕組みが有名です）を理解する必要があります。また、サーバー OS 用に
開発されたサードパーティ製のアプリケーションが稼働しない場合もあるため、アプライアンスとし
てコンテナ専用 OS をどこまで割り切って利用するかを検討する必要があります。以下に、サーバー
OS での利用とコンテナ専用 OS での利用の主なチェックポイントを掲載しておきます。

■サーバー OS およびコンテナ専用 OS の採用に関する主なチェックポイント

□使い慣れた Linux サーバー OS からコンテナ専用のアプライアンスの利用に切り替えてもよいか？

□ホスト OS 上で、サードパーティ製のアプリケーションを稼働させる必要性があるか？

□OS と Docker のインストールに際し、手順書や人員のスキルセットを確保しているか？

□サーバー OS の管理は、従来と同等の手法が必要か？　新たな管理手法でも問題がないか？

□Docker コンテナは、GUI による管理が必須か？

□外部ストレージの利用はあるか？

□ハードウェアベンダーやミドルウェアベンダーが提供する監視エージェント類は必要か？

2-4　Docker のエディション

　現在、Docker エンジンには、大きく分けて 2 種類存在します。1 つは、無償版の Docker エンジン
であり、もう 1 つは有償版の Docker エンジンです。無償版の Docker エンジンは、Docker Community
Edition（Docker CE、または、Docker Engine – Community）と呼びます。一方、有償版の製品は、Docker
Enterprise Edition（Docker EE、または、Docker Engine – Enterprise）と呼びます。

2-4-1　Docker CE

　Docker CE は、主に開発者や Docker のアプリケーションを小規模に試すといった場合に適したエディションです。コミュニティによってメンテナンスされており、Docker 社や Docker 純正製品の提供を行う OEM ベンダーの保守サポートは得られません。Docker CE は、安定板の Stable チャネル、テスト用の Test チャネル、最新機能が搭載されている Nightly チャネルに分かれます（**表2-1**）。

表 2-1　リリースの状態

Docker CE のチャネル	説明
Stable	通常の安定板リリース
Test	安定板のリリース前のテスト段階のもの
Nightly	最新機能を搭載したもの（安定稼働は保証せず）

　Docker CE は、必要に応じて約 1 か月ごとにパッチがリリースされ、6 か月ごとに安定版がリリースされます。Docker CE では、すべてのチャネルのバイナリパッケージを download.docker.com から無償で入手できます。

2-4-2　デスクトップ向け Docker CE

　Docker CE は、デスクトップ PC での利用も可能になっており、macOS に対応した Docker for Mac（別名、Docker Desktop - Mac）と、Windows 10 に対応した Docker for Windows（別名、Docker Desktop - Windows）があります。両者とも、CPU は、x86_64 アーキテクチャに限定されます。

■ Docker for Mac

　Docker for Mac は、Docker 社が提供している Docker Store から入手可能です。

●Docker for Mac の入手先：

　https://store.docker.com/editions/community/docker-ce-desktop-mac

　Docker for Mac は、Mac 上で Docker コンテナ用のアプリケーション向けのデスクトップ開発環境です。Docker のコマンドラインが利用でき、安定板のチャネルや開発者向けのチャネルを使って、自動更新も可能です。さらに、Docker for Mac の 18.06 以上のバージョンでは、Mac 上で動作するスタンドアロンの Kubernetes（コンテナオーケストレーションソフトウェア）サーバーが内蔵されており、Kubernetes 関連の管理コマンドが Mac 上で利用可能です。

第 2 章 Docker 導入前の準備

■ Docker for Windows

Docker for Windows は、Docker for Mac と同様に、Docker コンテナ用のアプリケーション向けのデスクトップ開発環境です。Docker 社が提供している Docker Store から入手可能です。

●Docker for Windows の入手先：

```
https://store.docker.com/editions/community/docker-ce-desktop-windows
```

Docker for Windows は、Windows ネイティブの仮想化機能である Hyper-V が必要です。Docker for Windows をインストールすると、Windows 10 の PowerShell から docker コマンドが利用できます。さらに、安定版の Docker for Windows のバージョン 18.06 以上では、Windows ホスト上で稼働するスタンドアロンの Kubernetes サーバーが含まれており、Kubernetes 関連の管理コマンドが利用可能です。

2-4-3　サーバー OS で稼働する Docker CE

Docker CE は、サーバー OS として、CentOS、Ubuntu、Debian、Fedora がサポートされています。また、OS ごとにサポートされている CPU アーキテクチャも異なります。表 2-2 に、サーバー用の Docker CE が対応する Linux OS の種類と CPU アーキテクチャを示します。

表 2-2　Docker CE が対応する Linux OS の種類と CPU アーキテクチャ

OS	x86_64 amd64	ARM	ARM64 AARCH64	IBM Power (ppc64le)	IBM Z (s390x)
CentOS	対応	非対応	対応	非対応	非対応
Debian	対応	対応	対応	非対応	非対応
Fedora	対応	非対応	対応	非対応	非対応
Ubuntu	対応	対応	対応	対応	対応

2-4-4　Docker CE におけるサーバー OS 別の注意事項

Docker CE は、CentOS、Fedora、Ubuntu Server、Debian に対応していますが、OS ごとに注意すべき点が異なります。以下では、Docker CE 導入の際の OS ごとの注意点をいくつか挙げておきます。

● 2-4 Docker のエディション

■ CentOS

●CentOS 7 系がサポートされています。しかし、その他の RHEL 派生 OS（たとえば、Scientific Linux など）はテストされていません。

●CentOS 6 系では、テストされていません。

●centos-extras リポジトリ（CentOS 7 のインストール直後は、デフォルトで有効）経由で RPM パッケージを入手できるようにしておく必要があります。

●Docker エンジンの設定（ホスト OS 上の/etc/docker/daemon.json ファイル）において overlay2 ストレージドライバを有効にすることが強く推奨されます。

●参考 URL：

  https://docs.docker.com/install/linux/docker-ce/centos/

■ Debian

●Debian GNU/Linux 10（コードネームは、Buster）と、Debian GNU/Linux 9（コードネームは、Stretch）がサポートされています。

●x86_64 アーキテクチャでは、Debian GNU/Linux 9、および、Debian GNU/Linux 10 がサポートされています。

●ARM アーキテクチャ（armhf と arm64）では、Raspbian Stretch がサポートされています。

●ストレージドライバとして、aufs の利用は可能ですが、Stretch よりも古いバージョンのみがサポートされます。

●Docker EE はサポートされません。

●参考 URL:

  https://docs.docker.com/install/linux/docker-ce/debian/

■ Fedora

●Fedora 28、Fedora 29 の 64 ビットバージョンがサポートされています。

●RPM パッケージのインストールは、yum コマンドではなく、dnf コマンドを使用します。

●Docker EE はサポートされていません。

●参考 URL：

  https://docs.docker.com/install/linux/docker-ce/fedora/

45

第 2 章 Docker 導入前の準備

■ Ubuntu Server

● Ubuntu Server 18.10、18.04 LTS、16.04 LTS の 64 ビットバージョンがサポートされています。

● x86_64、armhf、arm64、s390x（IBM Z）、ppc64le（IBM Power）アーキテクチャがサポートされています。

● ストレージドライバとして overlay2 と aufs がサポートされています。ただし、Linux カーネル 4.x 系では、overlay2 の利用が推奨されています。

● aufs を利用する場合は、エキストラパッケージのリポジトリ設定が必要です。

● 参考 URL：

https://docs.docker.com/install/linux/docker-ce/ubuntu/

■上記以外の非サポート OS

● サポートされない Linux OS でテスト稼働させるためのスタティックバイナリ（docker デーモンである dockerd の実行バイナリファイルと、管理用の docker コマンドの実行バイナリファイル）が用意されています。

● 64 ビットアーキテクチャがサポートされています。

● Linux カーネルバージョン 3.10 以上、iptables のバージョン 1.4 以上、git のバージョン 1.7 以上、ps コマンド、XZ Utils のバージョン 4.9 以上が必要です。

● cgroups の仮想的なファイルシステムが正常にマウントされている必要があります。

● 参考 URL：

https://docs.docker.com/install/linux/docker-ce/binaries/

● スタティックバイナリの入手先：

https://download.docker.com/linux/static/stable/x86_64/

2-4-5　Docker CE におけるストレージドライバ

Docker では、ストレージドライバと呼ばれるコンポーネントが必要です。たとえば、コンテナを Docker イメージとして保管する場合、あるいは、Docker イメージからコンテナを生成する際に、ストレージドライバで提供されるファイルシステムが利用されます。Docker イメージは、内部的に階層構造で管理されており、コンテナから Docker イメージを作成する際は、ストレージドライバが階層構造に対して処理を施します。

46

● 2-4 Docker のエディション

　Docker では、複数の異なるストレージドライバがサポートされています。ストレージドライバの種類によって、コンテナと Docker イメージの管理の仕方が異なります。Docker CE では、overlay2、aufs、devicemapper、btrfs、zfs、vfs がストレージドライバとしてサポートされています。また、ストレージドライバごとに、サポートされるファイルシステムも異なります。通常、Docker CE では、/var/lib/docker ディレクトリをマウントポイントとし、その/var/lib/docker ディレクトリが所属するパーティションのファイルシステムに対応するストレージドライバを決める必要があります。ストレージドライバとファイルシステムの利用の指針は、OS の種類によって異なりますが、それらの特性をある程度知っておくことが必要です (表 2-3)。

表 2-3　ストレージドライバとサポートされるファイルシステムの関係

ストレージドライバ	サポートされているファイルシステム
overlay2、overlay	xfs（フォーマット時に-n ftype=1 が必須）、ext4
aufs	xfs, ext4
devicemapper	direct-lvm
btrfs	btrfs
zfs	zfs
vfs	どのファイルシステムでも利用可能

●参考 URL:

https://docs.docker.com/storage/storagedriver/select-storage-driver/#supported-backing-filesystems

2-4-6　Docker CE でサポートされているドライバに関する注意事項

　Docker CE でサポートされているストレージドライバについて、以下に注意点を挙げます。

■ overlay2 ストレージドライバ

　overlay2 ストレージドライバは、現在サポートされているすべての Linux ディストリビューションで推奨されるストレージドライバです。Docker は、任意のファイルシステムに別の種類のファイルシステムを重ねることができる OverlayFS 用に overlay ストレージドライバと overlay2 ストレージドライバを提供しています。また、ファイルシステムとしては、xfs と ext4 がサポートされています。

　Docker CE においては、overlay2 ストレージドライバの利用が推奨されており、古い overlay ストレージドライバの利用は、推奨されていません。また、xfs のファイルシステムをフォーマットする際に、「-n ftype=1」のオプションを付与する必要があります。

47

第 2 章 Docker 導入前の準備

■ aufs ストレージドライバ

aufs ストレージドライバは、Linux カーネルバージョン 3.13 の Ubuntu 14.04 が稼働する Docker CE のバージョン 18.06、および、それ以前のバージョンで推奨されるストレージドライバです。Ubuntu 14.04 の Linux カーネルバージョン 3.13 では、overlay2 ストレージドライバがサポートされないため、aufs ストレージドライバが使用可能です。

Linux カーネルバージョン 4.x 以上を利用し、かつ、Docker CE の場合は、性能面を考慮し、overlay2 ストレージドライバの利用を検討してください。Ubuntu を利用する場合は、エキストラパッケージを入れることで AUFS モジュールをカーネルに組み込むことができます。ただし、Ubuntu 14.04 において、エキストラパッケージを使わない場合は、devicemapper を使用する必要があるため、注意してください。また、aufs ストレージドライバは、ファイルシステムとして xfs と ext4 をサポートしていますが、aufs ファイルシステム、btrfs ファイルシステム、ecryptfs ファイルシステムでは利用できません。†

> † ecryptfs は、ファイルごとにファイル名やファイルのデータを暗号するファイルシステムです。mkfs による
> フォーマットが不要で、mount コマンドでマウントでき、OpenSSL による暗号化やマウント時のパスフレーズ入
> 力が可能といった特徴がありますが、Docker 環境ではサポートされていません。

■ devicemapper ストレージドライバ

Docker CE が提供する devicemapper ストレージドライバは、シンプロビジョニング、スナップショット機能を使って Docker コンテナや Docker イメージを管理します。devicemapper ストレージドライバは、Docker 用のブロックデバイスを使用し、ファイルレベルではなく、ブロックレベルでアクセスします。このため、ストレージの追加といった容量の拡張が発生しても、ファイルシステムレベルで優れた性能を発揮します。

devicemapper ストレージドライバを使用する際は、direct-lvm モードが必須です。Docker CE においては、CentOS、Fedora、Ubuntu、Debian で devicemapper ストレージドライバが利用可能です。

■ btrfs ストレージドライバ

Docker エンジンが稼働するホスト OS 上に btrfs ファイルシステムが利用できる場合は、btrfs ストレージドライバが利用可能です。Docker CE が提供する btrfs ストレージドライバは、Docker イメージと Docker コンテナの管理に btrfs ファイルシステム機能を活用しています。たとえば、ブロックレベルの操作、シンプロビジョニング、スナップショットなどの機能です。また、複数の物理ブロックデバイスを 1 つの btrfs ファイルシステムに結合することもできます。Docker CE では、Ubuntu と Debian での利用が可能です。

48

● 2-4 Docker のエディション

■ zfs ストレージドライバ

Docker エンジンが稼働するホスト OS 上に zfs ファイルシステムが利用できる場合は、zfs ストレージドライバが利用可能です。zfs イルシステムには、スナップショットやチェックサム、圧縮、重複排除などのさまざまな先進機能があります。ただし、現時点において Docker CE で提供される zfs ストレージドライバは、商用向けの本番利用として推奨されていません。zfs ファイルシステムを利用する場合、SSD などの比較的高性能なストレージ機器で構成されるブロックデバイスが推奨されます。また、zfs ファイルシステムは、Ubuntu 14.04 以上で稼働する Docker CE のみをサポートします。

■ vfs ストレージドライバ

vfs ストレージドライバは、ファイルシステムの種類に関係なく利用できますが、性能が良くないため、あくまでテスト用途で使用するストレージドライバです。商用の本番環境での利用は推奨されません。また、overlay2 ストレージドライバなどに比べると、ディスク容量も格段に多く消費します。ただし、あらゆるファイルシステムで稼働でき、非常に安定して動作します。

表 2-4 に、Docker CE が稼働するサーバー OS ごとに推奨されるストレージドライバと代替利用が可能なドライバを示します。

表 2-4　Docker CE の OS 環境、対応する推奨ストレージドライバ、代替ストレージドライバ

Docker CE の ホスト OS	推奨ストレージドライバ	代替ストレージドライバ
Ubuntu	overlay2	
	aufs (カーネル 3.13 の Ubuntu 14.04 の場合)	overlay[‡1], devicemapper[‡2], zfs, vfs
Debian	overlay2 (Debian Stretch)	
	aufs	overlay[‡1], vfs
	devicemapper (旧バージョンの OS)	
CentOS	overlay2	overlay[‡1], devicemapper[‡2], zfs, vfs
Fedora	overlay2	overlay[‡1], devicemapper[‡2], zfs, vfs

[‡1]　overlay ストレージドライバは、すでに Docker EE のバージョン 18.09 で非推奨になっており、将来のリリースでは、削除される予定なので、overlay2 の利用を推奨します。

[‡2]　devicemapper ストレージドライバは、すでに Docker のバージョン 18.09 で非推奨になっており、将来のリリースでは、削除される予定なので、overlay2 の利用を推奨します。

●参考 URL：

https://docs.docker.com/storage/storagedriver/select-storage-driver/#docker-engine---community

第 2 章 Docker 導入前の準備

2-4-7 Docker EE

Docker EE は、大規模なエンタープライズシステムにおける開発や、厳しいセキュリティ要件が必要とされるシステム向けのエディションであり、Docker 社の保守サポートが得られます。Docker EE において、Docker エンジンのみは、「Docker Engine – Enterprise」と呼ばれます。また、Docker Engine – Enterprise に加えて、GUI 管理、Docker イメージ管理、ユーザー管理、セキュリティスキャンなどの機能を付加したものは、「Docker Enterprise」と呼ばれます。本書では、エンタープライズ向けのすべての機能を搭載した Docker Enterprise のことを Docker EE と呼ぶことにします。[†]

> [†] Docker Enterprise 2.1 よりも前のバージョンでは、Docker Enterprise – Basic、Docker Enterprise – Standard、Docker Enterprise – Advanced と製品が分かれていましたが、現在、これらすべては、Docker Enterprise と呼ばれています。Docker Enterprise 2.1、および、以降のバージョンの正確な表記は、Docker Enterprise ですが、Docker 社の Web サイトでも Docker EE と表記されているため、本書でも Docker EE と表記します。

Docker EE は、Windows Server、サーバー用 Linux OS、オンプレミス、または、クラウド環境で稼働できます。

Docker EE には、コンテナのオーケストレーション機能として Kubernetes と Swarm の 2 つを搭載しています。特に、インターネットに接続しない社内プライベート LAN 環境における Docker イメージ管理や、Docker イメージの署名、クラスタ管理、ポリシー管理、Docker イメージの脆弱性チェック機能といったエンタープライズレベルの機能が搭載されています。

Docker EE は、GUI 管理を行う Universal Control Plane (UCP)、Docker イメージの管理を行う Docker Trusted Registry (DTR)、そして、ユーザーのコンテナが稼働するノードで構成されます。UCP と DTR はマネージャノードと呼び、ユーザーのコンテナが稼働するノードはワーカーノードと呼びます。マネージャノード、ワーカーノードともに、すべてのノードに Docker EE の導入が必要です。[†]

> [†] 2019 年 1 月 10 日現時点で、マネージャノードは、Linux のみがサポートされています。

表 2-5 に、Docker CE と Docker EE の簡単な機能比較を示します。

50

● 2-4 Docker のエディション

表 2-5　Docker CE と Docker EE の比較

	Docker CE	Docker EE	
	Docker Engine – Community	Docker Engine – Enterprise	Docker Enterprise
コンテナエンジン、オーケストレーション機能、ネットワーキング、基本的なセキュリティ機能	対応	対応	対応
稼働するプラットフォームの認定、プラグインおよび、ISV 製のコンテナの動作認定	非対応	対応	対応
Docker 社純正の GUI 管理ツールによる Docker イメージ管理	非対応	非対応	対応
Docker 社純正の GUI 管理ツールによるコンテナアプリケーション管理	非対応	非対応	対応
Docker イメージのセキュリティ脆弱性スキャン	非対応	非対応	対応

●参考 URL：

https://docs.docker.com/ee/supported-platforms/

■ Docker EE のバージョン

Docker EE のバージョン番号は、メジャーリリース、マイナリリース、メンテンスリリースで構成されます。たとえば、バージョン番号が、18.09.0 の場合、18 がメジャーリリース、09 がマイナリリース、0 がメンテナンスリリースに相当します。

表 2-6　Docker EE のリリース番号の意味

リリース番号の種類	説明
メジャーリリース	メジャーおよびマイナーな新しい機能と既存の機能の拡張が施されてリリースされる。以前のメジャーリリース、マイナーリリース、およびメンテナンスリリースで行われたエラー修正を含む
マイナーリリース	マイナーな機能の開発、既存の機能の拡張、バグ修正でリリースされる。以前のマイナーリリースおよびメンテナンスリリースで行われたエラー修正を含む
メンテナンスリリース	既存の顧客に重大な影響を与えるレベルのエラーがあり、次のメジャーリリース、マイナーリリースまで待つことが許されない状況においてリリースされる。以前のメンテナンスリリースで行われたエラー修正を含む

51

第 2 章 Docker 導入前の準備

■ Docker EE のメンテナンスサイクル

Docker EE は、商用製品である性格上、メンテナンスサイクルが厳密に決められています。通常、Docker EE は、24 か月間で、バグ修正やセキュリティ修正などが行われます。UCP のバージョン 2.2 以降と DTR のバージョン 2.4 以降も 24 か月間に設定されています。**表 2-7** は、Docker 社が提示している Docker EE のバージョンごとのメンテナンスライフサイクルです。

表 2-7　Docker EE のメンテナンスライフサイクル

	Docker EE 18.03	Docker EE 18.09
利用可能日	2018 年 6 月 27 日（18.03.1-ee-1）	2018 年 11 月 7 日（18.09.0-ee-1）
EOL（End of Life）	2020 年 6 月 16 日	2020 年 11 月 6 日
リリース頻度	メジャーリリースとマイナーリリース毎	メジャーリリースとマイナーリリース毎
サポートされている寿命	リリースから 2 年	リリースから 2 年
パッチと更新の頻度	必要に応じて以下を提供 ・メンテナンスリリース ・セキュリティパッチ ・ホットフィックス	必要に応じて以下を提供 ・メンテナンスリリース ・セキュリティパッチ ・ホットフィックス

Docker エンジン、UCP、DTR のメンテナンスサイクルの詳細については、以下の URL を参照してください。

●参考 URL：

https://success.docker.com/article/maintenance-lifecycle

2-4-8　Docker EE におけるサーバー OS 別の注意事項

Docker EE は、サーバー OS として、CentOS、Oracle Linux、RHEL、SLES、Ubuntu、Windows Server がサポートされています。Docker CE 同様に、OS ごとに注意すべき点が異なります。以下では、Docker EE 導入の際の OS ごとの注意点を挙げておきます。

■ CentOS

●CentOS 7.1[2]以上をサポートしています。

＊ 2　CentOS 7 のバージョン番号は、メジャーバージョンとマイナーバージョンに、RHEL がリリースされたコードの年月を付与した形（たとえば、CentOS 7.5.1804、あるいは、CentOS 7.5-1804）が利用されますが、本書では、コードの年月を省いた形（CentOS 7.5.1804 の場合、CentOS 7.5）も併用します。

● 2-4 Docker のエディション

●overlay2 ストレージドライバ、あるいは、devicemapper ストレージドライバを使用します。

●OverlayFS において、SELinux を有効にする場合、CentOS 7.4 以上で overlay2 ストレージドライバがサポートされます。SELinux を無効にする場合、CentOS 7.2 以上、あるいは、カーネルバージョンが 3.10.0-693 以上で overlay2 ストレージドライバがサポートされます。

●商用の本番環境において、devicemapper ストレージドライバを採用する場合、direct-lvm を使用する必要があります。また、SSD などの比較的高速な物理デバイスが推奨されます。

●参考 URL：

https://docs.docker.com/install/linux/docker-ee/centos/

■ Oracle Linux

●Oracle Linux 7.3 以上、あるいは、Red Hat Compatible Kernel (RHCK) のバージョン 3.10.0-514 以上が必要です。そのため、古い Oracle Linux はサポートされません。

●devicemapper ストレージドライバのみを使用します。特に、商用の本番環境では、direct-lvm を使用します。

■ RHEL

●RHEL 7.4 以上をサポートしています。アーキテクチャは、x86_64、s390x、ppc64le をサポートしています。

●overlay2 ストレージドライバ、あるいは、devicemapper ストレージドライバを使用します。

●OverlayFS において、SELinux を有効にする場合、RHEL 7.4 以上で overlay2 ストレージドライバがサポートされます。SELinux を無効にする場合、RHEL 7.2 以上、あるいは、カーネルバージョンが 3.10.0-693 以上で overlay2 ストレージドライバがサポートされます。

●商用の本番環境において、devicemapper ストレージドライバを採用する場合、direct-lvm を使用する必要があります。また、SSD などの比較的高速な物理デバイスが推奨されます。

●Docker EE のバージョン 18.03 以降で、かつ、RHEL 7.3 以降では、暗号モジュールに関する米国連邦情報処理標準 140-2（Federal Information Processing Standards (FIPS) Publication 140-2、通称 FIPS 140-2 基準）をサポートしています。Docker EE エンジンにおいて、FIPS を有効にするには、FIPS 140-2 モジュールを RHEL の Linux カーネルで有効に設定します。

●現時点で、FIPS 140-2 は、Docker EE エンジンのみをサポートしており、UCP と DTR は、サポートされていません。

●参考 URL:

https://docs.docker.com/install/linux/docker-ee/rhel/

第 2 章 Docker 導入前の準備

■ SLES

●64 ビット版の SLES 12.x が必要です。x86_64、s390x、ppc64le アーキテクチャをサポートしています。

●openSUSE は、サポートされません。

●SLES で稼働する Docker EE では、btrfs ストレージドライバのみがサポートされており、ホスト OS の/var/lib/docker ディレクトリのパーティションは、btrfs ファイルシステムでフォーマットが必要です。

●コンテナの稼働には、SUSE Firewall の調整が必要な場合があります。

●リポジトリの追加や Docker EE の RPM パッケージの追加は、zypper コマンドで行います。

●参考 URL：

https://docs.docker.com/install/linux/docker-ee/suse/

■ Ubuntu Server

●Xenial（16.04）以上では、overlay2 ストレージドライバを使用します。

●Trusty（14.04）において、aufs ストレージドライバを利用するには、linux-image-extra-* パッケージをインストールします。

●参考 URL：

https://docs.docker.com/install/linux/docker-ee/ubuntu/

■ Windows Server

●Windows Server 2016 では、Core と GUI の両方、そして、1709、1803 がサポートされています。

●最低でも 4G バイトのメモリが必要です。

●Windows OS 用に最低 32G バイト以上必要であり、さらに、ServerCore と NanoServer のためのベースイメージ用の領域として、32G バイトのディスク容量の追加が推奨されています。

●Docker EE のバージョン 18.09 以降では、Windows Server 2016 で、FIPS 140-2 をサポートしています。

●現時点で、FIPS 140-2 は、Docker EE エンジンのみをサポートしており、UCP と DTR は、サポートされていません。

●PowerShell 上で、スクリプトを使った Docker EE のインストールが可能です。

● 2-4 Docker のエディション

2-4-9 Docker EE の互換性情報

Docker EE では、overlay2、aufs、devicemapper、btrfs がストレージドライバとしてサポートされています。しかし、バージョンによって対応しているストレージドライバの種類やサポートするオーケストレーションの種類に違いがあります。表 2-8 に、最新の Docker EE 2.1（Docker エンジンは、18.09.x）がサポートする OS バージョン、UCP のバージョン、DTR のバージョン、ストレージドライバの種類を示します。

表 2-8　Docker EE でサポートされるサーバー OS、UCP、DTR のバージョン、ストレージドライバ、オーケストレーションの種類

サーバー OS	UCP	DTR	ストレージドライバ	オーケストレーション
RHEL 7.4	3.1.x	2.6.x	overlay2 と devicemapper	Swarm モードと Kubernetes
RHEL 7.5	3.1.x	2.6.x	overlay2	Swarm モードと Kubernetes
SLES 12 SP2	3.1.x	2.6.x	overlay2 と btrfs	Swarm モードと Kubernetes
SLES 12 SP3	3.1.x	2.6.x	overlay2 と btrfs	Swarm モードと Kubernetes
Ubuntu 16.04	3.1.x	2.6.x	overlay2 と aufs	Swarm モードと Kubernetes
Ubuntu 18.04	3.1.x	2.6.x	overlay2 と aufs	Swarm モードと Kubernetes
CentOS 7.5	3.1.x	2.6.x	overlay2 と devicemapper	Swarm モードと Kubernetes
Windows Server 2016	3.1.x[‡1]	非対応[‡2]	windowsfilter	Swarm モード
Windows Server version 1709	3.1.x[‡1]	非対応[‡2]	windowsfilter	Swarm モード
Windows Server version 1803	3.1.x[‡1]	非対応[‡2]	windowsfilter	Swarm モード

‡ 1　Windows Server 2016、Windows Server version 1709、そして、Windows Server version 1803 は、ワーカーノードのみでサポートされます。

‡ 2　DTR は、Windows での稼働がサポートされません。

●参考 URL:

https://success.docker.com/article/compatibility-matrix

■ Docker EE でサポートされているドライバに関する注意事項

Docker EE でサポートされているストレージドライバについて、以下に注意点を挙げます。

■ overlay2 ストレージドライバ

●overlay2 ストレージドライバは、Docker EE 17.06.02-ee5 以上でサポートされています。

●Docker EE 17.06.02-ee5、あるいは、Docker EE 17.06.02-ee6 を RHEL および CentOS で利用する場

第 2 章 Docker 導入前の準備

合、/etc/docker/daemon.json ファイルに"overlay2.override_kernel_check=true"のパラメーターを付与する必要があります。ただし、Docker EE 17.06.02-ee7 以降では不要です。

●Docker EE では、overlay2 ストレージドライバがサポートされますが、overlay ストレージドライバはサポートされません。

■ aufs ストレージドライバ

●Docker EE において、aufs ストレージドライバは、Ubuntu Server のみでサポートされています。
●Docker CE の場合と同様に、aufs ストレージドライバは、aufs ファイルシステム、btrfs ファイルシステム、ecryptfs ファイルシステムをサポートしていません。

■ devicemapper ストレージドライバ

●CentOS と RHEL でサポートされています。
●RHEL 7.5 では、すでに devicemapper ストレージドライバがサポートされなくなっているため、overlay2 ストレージドライバを使用します。

■ btrfs ストレージドライバ

●Docker EE において、btrfs ストレージドライバは、SLES のみで利用可能です。
●SLES は、デフォルトで/パーティションが btrfs でフォーマットされるため、/var/lib/docker ディレクトリを別のパーティションとして分けなくても、Docker EE は稼働できますが、性能面や Docker イメージの外部ストレージへの保管といったメンテナンス効率を考慮し、/var/lib/docker ディレクトリを別パーティションにし、btrfs でフォーマットすることをお勧めします。

■ zfs ストレージドライバ

●Docker EE は、zfs ストレージドライバをサポートしていません。

2-5 　まとめ

　本章では、Docker CE、および、Docker EE を導入する前に知っておくべき内容を紹介しました。Docker エンジンは非常に簡単に導入できますが、エンタープライズシステムでは、導入前に採用すべきソフトウェアについてさまざまな情報収集と検討が必要になります。本書に記載した内容を元に、自社内で、Docker CE と Docker EE の適用範囲を一度検討されることをお勧めします。

第3章
Docker Community Edition

　本章では、いよいよDocker導入前のOSレベルでの設計、さらに具体的な導入に入ります。DockerをLinux OSにインストールする手順自体は非常に簡単ですが、導入前の基本設計を怠ってはいけません。Dockerを導入するに当たって、採用すべきOSのファイルシステムや、パーティションに関する基本的な知識を習得しておく必要があります。ここでは、Dockerをインストールする前段階での、ハードウェアに関するさまざまな留意点を説明するとともに、必要性の高い各種パラメーターと初期設定、Dockerのインストール手順を説明します。

3-1 物理サーバーの CPU に関する留意点

　Docker は、64 ビットの x86 アーキテクチャのサーバーシステムや PC で稼働させることができます。CPU の動作周波数などに特に制限事項はありませんが、まずは、Docker が稼働する Linux OS がサポートする CPU の動作周波数やコア数などを確認しておくとよいでしょう。

　RHEL、Ubuntu Server、SLES などは、ハードウェアベンダーと OS ベンダーのサポートマトリクス（互換性リストなど）を参照すれば、動作するサーバー機種と CPU が判明します。CentOS 7 系については、RHEL 7 のクローン OS なので、RHEL 7 でサポートされる x86 サーバーを選定します。Docker の導入する CPU 数の目安については、残念ながら特に明確なサイジング指針があるわけではありません。ハイパーバイザー型の仮想化ソフトウェアの場合は、CPU コア当たりのゲスト OS 数の目安がありますが、Docker の場合は、ハイパーバイザー型の仮想化ソフトウェアに比べて、圧倒的な数のコンテナを稼働させることができるため、CPU コア当たりのコンテナ数の目安は、明確になっていません（図 3-1）。

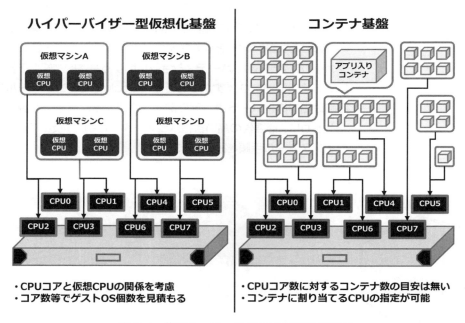

図 3-1　物理サーバーの CPU に関する留意点

　ビッグデータ基盤における機械学習などのように、CPU に高い動作周波数が求められる場合は、価格とのバランスを見ながら、できるだけ最新の CPU を検討する必要があります。また、予算の都合上、CPU コア数が少ないマシンを選択せざるを得ない場合でも、省電力のカートリッジ型サーバーなどを導入すれば、ラックマウント型のサーバーでハイパーバイザー型の仮想化ソフトウェアで集約し

● 3-2 メモリおよびディスクに関する留意点

た場合よりも、大幅に物理集約率を向上できます。特に、イミュータブル・インフラストラクチャなどのような開発系と本番系の2系統のハードウェア基盤を持ち、CPU コア数を多く必要とする場合は、ラック当たりの CPU コア数が多くなる、高密度実装型のサーバーと電力消費量を検討してください。

3-2 メモリおよびディスクに関する留意点

メモリ容量については、全コンテナで動くすべてのアプリケーションで必要とされるメモリ容量を算出し、ホスト OS に必要なメモリ容量を加味しつつ、必要な容量を検討します。Docker では、コンテナ実行時に、メモリ容量を指定できますが、アプリケーションごとに最低限必要なメモリ容量の一覧表を作っておくとよいでしょう。ディスク容量は、ホスト OS で利用する容量、Docker で起動するコンテナの OS イメージの容量（標準では1コンテナ当たり 10G バイトですが、初期導入時に容量の値を指定することが可能）、アプリケーションが必要とするデータ容量を考慮します。

ディスク容量についても、CPU やメモリと同様に、明確な指針があるわけではありません。実際の運用では、1人のユーザーがどれくらいの容量を使用し、何人ユーザーがいるのかに大きく依存しますので、1人のユーザーの利用するデータ容量×ユーザー数に予備の容量を追加することで、ある程度見積もることができるでしょう。

Docker の場合は、OS 環境とアプリケーションがセットになったイメージファイルを複数個入手し、開発を行うといった運用になります。多くはスナップショットによってディスク消費を節約できますが、たいていは、1人のユーザーが複数の種類の OS イメージと複数バージョンの OS イメージを利用する場合が多く、そのコンテナイメージの数だけディスクを消費するので、ディスク不足に陥らないように、ユーザーが利用できるサイズと用途をあらかじめ決定しておく必要があります。たとえば、Hadoop のような外部ストレージを利用しない場合は、一般に 2U サーバーにおいてディスク 12 本以上というのが目安になっています。非 Docker 環境で利用されるアプリケーションが必要とするディスクを参考にし、Docker が利用する内蔵ディスクの容量に注意します（図 3-2）。

OS 領域は、RAID1 の論理ボリュームを構成すればよいでしょう。一方、Docker 用の領域は、OS とは別の論理ボリュームに作成し、RAID 6 などの耐障害性を持つ論理ボリュームを構成するとよいでしょう。いずれの場合も、ハードウェア RAID を実現するコントローラーの導入をお勧めします。ただし、あまり複雑な論理ボリューム構成は、台数が増えると逆に運用が煩雑になります。特に、イミュータブル・インフラストラクチャなどの、台数がスケールするようなシステムの場合は、耐障害性を高めつつもシンプルな RAID の論理ボリュームで構成し、なおかつ、RAID を複数のサーバーで自動的に設定できる仕組み[1]を導入してください。

＊1 米国ヒューレット・パッカードが提供する「Scripting Toolkit for Linux」を使うと、ProLiant サーバーの物理サーバーの RAID 設定を自動化できます。

59

第 3 章 Docker Community Edition

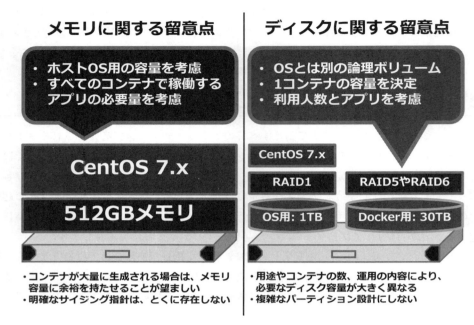

図 3-2　メモリとディスクに関する留意点

3-3　Docker ホストとしての CentOS 7.x のインストール

　ここでは、Docker 環境のためのホスト OS のインストールについて注意点を交えながら解説します。以下は、Docker のインストールまでの大まかな流れです。

　Step1. 物理サーバーへの CentOS のインストール
　Step2. ディスクのパーティショニング
　Step3. パッケージのインストール
　Step4. OS のアップデート
　Step5. Docker のインストール
　Step6. Docker のパラメーター設定
　Step7. Docker の状態確認

　まず、CentOS 7.x のインストールメディアは、CentOS コミュニティのダウンロードサイトから ISO イメージで提供されています。CentOS コミュニティが提供する本家のサイト以外にミラーサイトが用意されていますので、適宜利用するとよいでしょう。

●CentOS のメディアを入手できるミラーサイト一覧：

`http://www.centos.org/download/mirrors/`

入手できる ISO イメージには、いくつかの種類が存在しますが、Docker をインストールする場合、基本的には「CentOS-7.X-XXXX-x86_64-DVD.iso」で構いません。CentOS 7.x をインストール先は、サーバーの内蔵ディスクにします。

CentOS 7.x をインストールする際に、パーティショニングとファイルシステムを決定しますが、CentOS では、通常、xfs を使用します。さらに、Docker のストレージバックエンドとして、標準では、devicemapper、vfs、overlay2 のいずれかを使用します。通常は、Docker で使用する領域（/var/lib/docker ディレクトリを含むパーティション）を xfs でフォーマットし、Docker エンジン側で、devicemapper、vfs、overlay2 のいずれかを設定します。

3-4　Docker 利用のためのパーティショニング例

サーバーに内蔵ディスク用の RAID コントローラーが搭載されている場合は、RAID コントローラーの管理ツールなどで、OS 領域用の RAID 論理ドライブを/boot とスワップとルートパーティションに設定し、/var/lib/docker 用に、別の RAID 論理ドライブを作成します（表 3-1）。表 3-2 は、CentOS 7.5 におけるパーティション設定例です。あくまで一例ですので、RAID 構成などは、システム要件によって適宜変更してください。

表 3-1　HPE Gen10 サーバーに搭載されているオンボードの HPE SmartArray RAID コントローラーでの設定例

RAID 論理ドライブ	RAID レベル	用途
論理ドライブその 1	内蔵ディスクで RAID1	OS 領域用
論理ドライブその 2	内蔵ディスクで RAID6	Docker データ領域用

表 3-2　CentOS 7.5 におけるパーティション設計例

マウントポイント	パーティション	ファイルシステム	容量
/boot	/dev/sda1	xfs	2GB
スワップ	/dev/sda2	–	4096MB
/	/dev/sda3	xfs	残り全部
/var/lib/docker	/dev/sdb1	xfs	3.0TB

第 3 章 Docker Community Edition

3-4-1　Docker のインストールとファイルシステムの選択

　Docker では、xfs 以外のファイルシステムが利用できますが、CentOS 7.x では、Docker 社の推奨ストレージドライバである overlay2 を利用することを考慮し、システム領域には、xfs を利用します。また、CentOS では、OS インストール後にパーティションを xfs や ext4 以外のファイルシステムでフォーマットが可能ですが、xfs や ext4 以外のファイルシステムを使う場合は、推奨の overlay2 ストレージドライバ以外の代替ストレージドライバを使用しなければならなくなる点に注意が必要です。/var/lib/docker のパーティションについては、OS をインストールした後に、mkfs.xfs コマンドを使って個別に設定しても構いません。

3-4-2　OS インストール後に、/dev/sdb を xfs で用意する方法

　通常は、CentOS のインストール時に Docker 用の/dev/sdb1 を xfs でフォーマットしますが、ディスクの交換などによって、OS インストール後にも、/dev/sdb1 を個別にフォーマットして利用する場合があります。以下では例として、3T バイトの物理ディスクが/dev/sdb として認識されている状態で、/dev/sdb1 という GPT パーティションを 1 つ作成し、ディスク全体を xfs でフォーマットし、/var/lib/docker にマウントする手順を示します。なお、2T バイトを超える場合には、fdisk コマンドではなく、parted コマンドを使用して、パーティションを作成します。CentOS 7.x で Docker を利用する場合、/var/lib/docker ディレクトリを xfs フォーマットする際に、「-n ftype=1」オプションを付与する必要があります。これにより、xfs フォーマットされたパーティションにおいて、Docker のストレージバックエンドである「overlay2」が利用できます。

■ GPT パーティションの作成

```
# parted -s /dev/sdb 'mklabel gpt'      ←GPT ラベルの付与
# parted -s /dev/sdb 'mkpart primary 0 -1'   ←プライマリパーティションで最大容量を指定
# parted -s /dev/sdb 'print'    ←現在の状態を表示
モデル: ATA MB3000GCWDB (scsi)  ディスク/dev/sdb: 3001GB
セクタサイズ(論理/物理): 512B/512B
パーティションテーブル: gpt
ディスクフラグ:

番号 開始 終了 サイズ ファイルシステム 名前 フラグ
1    17.4kB 3001GB 3001GB                      primary

# partprobe /dev/sdb   ←OS にパーティション変更の情報を知らせる
# mkfs.xfs -f -n ftype=1 /dev/sdb1   ←「-n ftype=1」オプションを付けて xfs フォーマット
# vi /etc/fstab   ←/etc/fstab ファイルを編集
```

● 3-4 Docker 利用のためのパーティショニング例

```
...
/dev/sdb1          /var/lib/docker          xfs       defaults        0 0
...
# mkdir /var/lib/docker
# mount /var/lib/docker    ←/etc/fstab ファイルに基づいてマウントできるかを確認
# reboot    ←OS を再起動
# df -HT | grep docker
/dev/sdb1          xfs          3.0T    34M   3.0T    1% /var/lib/docker
```

3-4-3　パッケージ選択

　Docker を CentOS 7.x にインストールする際のパッケージの指定は、特に決められていませんが、セキュリティを重視する場合は、最小限のパッケージを選択し、インストールすればよいでしょう。ただし、IT 部門の管理上の都合やユーザーの希望するシステム要件から、GUI などのツールをインストールしたい場合などは、[サーバー（GUI 使用）] を選択する場合もあるでしょう。

　パッケージ選択についても、システムの要件によってさまざまですので、一概に「Docker 環境では、これを選択すべきである」という指針はありません。ただし、不要なサービスをできるだけ起動させたくないという要件もありますので、Docker でコンテナを稼働させる環境において、どのような役割を持たせるのかをはっきりと決め、パッケージ選択を行うようにします。本書では、CentOS 7.x のインストーラにおけるソフトウェアの選択画面において [サーバー（GUI 使用）] を選択することにします。

3-4-4　OS 側の設定

　CentOS 7.x で採用されている Docker のインストールと基本的な利用方法について説明します。まず、OS に最新のアップデートを yum コマンドで適用します。もし yum コマンドを企業内のプロキシサーバー経由で利用する場合は、/etc/yum.conf ファイルにプロキシサーバーを事前に設定しておいてください。

■プロキシの設定

　yum.conf のプロキシ設定を行います。

```
# vi /etc/yum.conf
...
proxy=http://proxy.your.site.com:8080    ←プロキシサーバーを指定
...
```

第 3 章 Docker Community Edition

■ CentOS のアップデート

事前にインターネット経由でパッケージをダウンロードできる状態にし、OS のバージョンが CentOS 7.5.1804 より古い場合は、yum コマンドで、CentOS 7.5.1804 にアップデートします。

```
# echo 7.5.1804 > /etc/yum/vars/releasever
# sed -i".org" \
-e "s/^mirror/#mirror/" \
-e "s/^#baseurl/baseurl/g" \
-e "s/mirror.centos/vault.centos/g" \
/etc/yum.repos.d/CentOS-Base.repo

# yum update -y
  ...
```

■ファイアウォールの無効化

ここでは、Docker をインストールする前に、ファイアウォールと SELinux を無効にしておきます。

```
# systemctl disable firewalld
...
# vi /etc/sysconfig/selinux
...
SELINUX=disabled
...
```

■カーネルパラメーターの設定

IP フォワーディングの設定を有効にします。

```
# echo "net.ipv4.ip_forward=1" >> /etc/sysctl.conf
# sysctl --system
# cat /proc/sys/net/ipv4/ip_forward
1
```

■ OS の再起動

OS を再起動します。

```
# reboot
```

64

■ OS バージョンの確認

OS 再起動後、アップデートが正しく適用されているかを見るため、OS バージョンとカーネルバージョンを確認します。

```
# cat /etc/redhat-release
CentOS Linux release 7.5.1804 (Core)

# uname -r
3.10.0-862.14.4.el7.x86_64
```

3-5　Docker CE のインストール

ホスト OS の準備ができましたので、コミュニティエディションの Docker エンジン（Docker CE）をインストールします。実際の本番環境においては、Docker エンジンのインストール後にパラメーターの調整が必要になります。ここでは、Docker のインストールと必要性の高いパラメーターの設定について述べます。

■必要なパッケージのインストール

必要なパッケージをインストールします。

```
# yum install -y yum-utils device-mapper-persistent-data lvm2
```

■リポジトリの設定

Docker CE のリポジトリを設定します。

```
# yum-config-manager \
--add-repo https://download.docker.com/linux/centos/docker-ce.repo
```

開発者向けの Docker CE Edge のリポジトリを無効にします。

```
# yum-config-manager --disable docker-ce-edge
```

第 3 章 Docker Community Edition

■ Docker エンジンのバージョン一覧の確認

リポジトリで得られる Docker エンジンのバージョン一覧を確認します。Docker 18.09.X がリスト
アップされているかどうかを確認します。

```
# yum list docker-ce.x86_64  --showduplicates
```

■ Docker CE のインストール

Docker CE をインストールします。

```
# yum makecache fast && yum install -y \
 docker-ce \
 docker-ce-selinux
```

■プロキシサーバーの設定

プロキシサーバーに関する設定を追加します。プロキシサーバーを経由しないホストやドメインを環
境変数の「NO_PROXY」に設定します。以下の例では、NO_PROXY に、ローカルホスト、jpn.linux.hpe.com
ドメインを指定しています。

```
# mkdir -p /usr/lib/systemd/system/docker.service.d
# vi /usr/lib/systemd/system/docker.service.d/http-proxy.conf
[Service]
Environment="HTTP_PROXY=http://proxy.your.site.com:8080"
Environment="HTTPS_PROXY=http://proxy.your.site.com:8080"
Environment="NO_PROXY=127.0.0.1,localhost,.jpn.linux.hpe.com"
```

■ストレージドライバの設定

Docker CE が使用するストレージドライバに関する設定を記述します。今回は、overlay2 を指定しま
した。

```
# mkdir -p /etc/docker
# vi /etc/docker/daemon.json
{
  "storage-driver": "overlay2"
}
```

● 3-5 Docker CE のインストール

 Column　ストレージドライバの情報

　OS の種類ごとに Docker CE でサポートされているストレージドライバの情報は、以下の URL に記載されています。

https://docs.docker.com/storage/storagedriver/select-storage-driver/#supported-storage-drivers-per-linux-distribution

　CentOS 7.x の xfs で、overlay2 を使用する場合は、Docker エンジンが利用する /var/lib/docker ディレクトリのファイルシステムの xfs フォーマット時に「-n ftype=1」が付与されている必要があります。

　/var/lib/docker ディレクトリが「-n ftype=1」オプション付きでフォーマットされているかどうかを確認するには、xfs_info コマンドを使用します。

```
# xfs_info /var/lib/docker | grep ftype
naming   =version 2              bsize=4096   ascii-ci=0 ftype=1
```

■ Docker エンジンの起動

systemd に設定ファイルの変更を通知し、Docker エンジンを起動します。

```
# systemctl daemon-reload
# systemctl restart docker
# systemctl status docker
# systemctl enable docker
```

3-5-1　起動した Docker の状態を確認する

　Docker の起動後は、その状態を確認しておきます。まず、ストレージドライバに overlay2 が指定されていることを確認してください。また、/usr/lib/systemd/system/docker.service.d ディレクトリで指定したパラメーターが反映されているかどうかも併せて確認してください。

■ Docker の状態を確認する

　Docker の状態を取得するには、docker info を実行します。

第 3 章 Docker Community Edition

```
# docker info
Containers: 0
 Running: 0
 Paused: 0
 Stopped: 0
Images: 2
Server Version: 18.09.0
Storage Driver: overlay2  ←ストレージドライバ
Backing Filesystem: xfs  ←ストレージバックエンドのファイルシステム
Supports d_type: true
Native Overlay Diff: true
Logging Driver: json-file
Cgroup Driver: cgroupfs
Plugins:
 Volume: local
 Network: bridge host macvlan null overlay
 Log: awslogs fluentd gcplogs gelf journald json-file local logentries splunk syslog
Swarm: inactive
Runtimes: runc
Default Runtime: runc
Init Binary: docker-init
containerd version: c4446665cb9c30056f4998ed953e6d4ff22c7c39
runc version: 4fc53a81fb7c994640722ac585fa9ca548971871
init version: fec3683
Security Options:
 seccomp
  Profile: default
Kernel Version: 3.10.0-862.14.4.el7.x86_64  ←現在稼働中のホスト OS のカーネルバージョン
Operating System: CentOS Linux 7 (Core)  ←ホスト OS の種類
OSType: linux
Architecture: x86_64
CPUs: 32  ←物理サーバーの搭載 CPU コア数
Total Memory: 62.79GiB  ←物理サーバーの搭載メモリ容量
Name: a4501.jpn.linux.hpe.com  ←物理サーバーのホスト OS に付与されているホスト名
ID: 4V64:66LH:GZY4:KFRO:GNP6:SID5:GI6V:DISJ:EPGW:YHLD:EELY:XRX7
Docker Root Dir: /var/lib/docker
Debug Mode (client): false
Debug Mode (server): false
HTTP Proxy: http://proxy.your.site.com:8080  ←設定したプロキシ情報
HTTPS Proxy: http://proxy.your.site.com:8080  ←設定したプロキシ情報
Registry: https://index.docker.io/v1/
Labels:
Experimental: false
Insecure Registries:
 127.0.0.0/8
Live Restore Enabled: false
```

● 3-5 Docker CE のインストール

```
Product License: Community Engine
```

■ Docker クライアント、サーバー、API バージョンの確認

さらに、インストールした Docker のクライアント、Docker が稼働する OS のアーキテクチャ、Docker のサーバーと API などのバージョンなどを確認しておきます。Client と Server の両方のバージョンが表示されているかを確認してください。

```
# docker version
Client:
Version:            18.09.0          ← Docker のバージョン（クライアント側）
API version:        1.39             ← API のバージョン（クライアント側）
Go version:         go1.10.4         ← Go のバージョン（クライアント側）
Git commit:         4d60db4
Built:              Wed Nov  7 00:48:22 2018
OS/Arch:            linux/amd64      ← OS の種類とそのアーキテクチャ（クライアント側）
Experimental:       false

Server: Docker Engine - Community
Engine:
  Version:          18.09.0          ← Docker のバージョン（サーバー側）
  API version:      1.39 (minimum version 1.12)     ← API のバージョン（サーバー側）
  Go version:       go1.10.4         ← Go のバージョン（サーバー側）
  Git commit:       4d60db4
  Built:            Wed Nov  7 00:19:08 2018
  OS/Arch:          linux/amd64      ← OS の種類とそのアーキテクチャ（サーバー側）
  Experimental:     false
```

インターネットを経由して Docker イメージを検索し、入手できるかを確認します。入手した Docker イメージが稼働できるかを確認します。ここでは CentOS 6.9 の Docker イメージを稼働させ、コンテナの OS バージョンを確認しています。

```
# docker search centos:6.9
# docker image pull centos:6.9
6.9: Pulling from library/centos
...

# docker container run --rm -it centos:6.9 cat /etc/redhat-release
CentOS release 6.9 (Final)
```

以上で Docker エンジンのインストールが完了しました。

69

Column　プロキシサーバーの罠

　docker image pull コマンドで Docker イメージを取得しようとすると、以下のようなエラーメッセージが表示されて、Docker イメージが取得できない場合は、プロキシサーバーのプロトコルの設定に誤りがある可能性があります。

```
# docker image pull centos:6.9
Error response from daemon: Get https://registry-1.docker.io/v2/: proxyconnect tcp:
 tls: oversized record received with length 20527
```

Column　CPU の出力メッセージ

　前ページの docker version の実行例において、「OS/Arch (client)」と「OS/Arch (server)」には、「linux/amd64」と出力されていますが、この「amd64」は、AMD 社製の 64 ビット CPU という意味ではなく、x86-64 アーキテクチャを意味しています。物理サーバーに搭載されている x86-64 アーキテクチャのプロセッサが Intel 製、AMD 製のどちらの場合も、「amd64」と出力されるため、この出力から CPU のメーカーを特定することはできません。CPU のメーカー名を特定し、固定資産管理を行う場合がありますが、CPU の種類やメーカー名は、「cat /proc/cpuinfo」の出力から情報を取得してください。

Note　Docker 環境の設定パラメーター

　本章の前半では、CentOS 7.5 へのコミュニティ版 Docker エンジン（Docker CE）のインストール手順について解説しました。Docker のインストールは、yum のリポジトリを設定すれば、簡単にインストールできますが、Docker が利用するファイルシステムやパラメーターに関する前提知識がないと、大規模システム向けの Docker 環境の構築が困難になります。Docker の場合、いったん本番運用がスタートしてしまうと、ストレージバックエンドに関連するパラメーターの変更が容易にはできないため、注意を要します。他の仮想環境におけるゲスト OS のイメージファイルの移植や、ビッグデータ基盤などの大規模ストレージを駆使する Docker 環境を検討する場合、ストレージ、ファイルシステム、ブロックデバイスなどのパラメーターの設定は、特に注意が必要です。

　プロキシサーバーは、環境変数として HTTP_PROXY と HTTPS_PROXY が利用されます。この HTTP_PROXY と HTTPS_PROXY に指定する URL には、通常、プロトコルを指定しますが、「http://」と指定すべきところを「https://」に指定するなどの設定ミスがあると、プロキシサーバーを経由した通信が行え

● 3-7 Docker の各種コンポーネント

ません。Docker コミュニティに限らず、プロキシサーバーの設定では、この URL の指定ミスによる運用トラブルも少なくありません。プロトコルの指定ミスには、十分注意してください。

3-6　Docker の基本操作

　Docker が誕生する前から、コンテナ型のシステムを使用していた運用担当者や開発者は、それほど違和感なく Docker を使うことができます。しかし、まったく Docker を使用したことがない未経験者やハイパーバイザー型の仮想化ソフトウェアだけの経験者からすると、Docker の使用感は、独特に感じるかもしれません。特に、コンテナのプロセスとしての考え方、イメージファイルの作成、ディスクの共有方法、バックアップやリストア手順、ネットワーク、GUI アプリケーションの起動方法などは、通常の物理サーバーやハイパーバイザー型仮想化ソフトウェアのゲスト OS 管理と大きく異なる点もあります。最初は、戸惑うことが多いかもしれませんが、本章では、目的別に具体的な例をできるだけ用意しましたので、実際に手を動かし、理解を深めてください。では、いよいよ、Docker によるコンテナ管理の世界へ飛び込みます。

3-7　Docker の各種コンポーネント

　Docker では、さまざまな OS とアプリケーションをパッケージ化された環境が、Docker Hub と呼ばれるレジストリサービスで用意されています。Docker Hub は、「Docker Hub レジストリ」とも呼ばれ、インターネットを経由して、OS 環境とアプリケーションを含んだイメージの入手先となります。

　この Docker Hub から入手したイメージは、「Docker イメージ」と呼ばれます。Docker イメージは、ベースイメージとも呼ばれており、Linux OS とアプリケーションを含んだ一種のテンプレートです。

　Docker のレジストリには、世界中のユーザーや開発者が作成した Docker イメージが大量に保管されています。ユーザーがイメージを一から作成することも可能ですが、すでに Docker Hub に用意されているイメージをそのまま利用できるので、OS やアプリケーションのインストールや初期設定などにかかわる煩雑な作業工数を大幅に削減できます。

　一方、インターネットを使わず、ローカルのシステム用に配信するイメージの保管庫は、「Docker プライベートレジストリ」と呼ばれます。ローカルのシステムにおいて、OS とアプリケーションのパッケージ化や、イメージを使ったコンテナの実行は、Docker の本体が担います。この Docker の本体は、「Docker エンジン（Docker Engine）」と呼ばれます。Docker エンジンが実行するコンテナは、「Dockerコンテナ（Docker Container）」と呼ばれます。

　Docker コンテナは、ホスト OS 上で複数同時に起動させることができ、ホスト OS から見ると分離された名前空間として見えます。通常ユーザーは、Docker デーモンが稼働するホスト OS 上でコマンドラインから操作を行いますが、この Docker デーモンの操作を担う各種コマンドなどのインターフェ

71

イスは、「Dockerクライアント（Docker Client）」と呼ばれます。Dockerクライアントは、Dockerデーモンが稼働するホストOS上でコマンドライン操作できますが、遠隔地にあるDockerデーモンと通信を行うことも可能です（図3-3）。

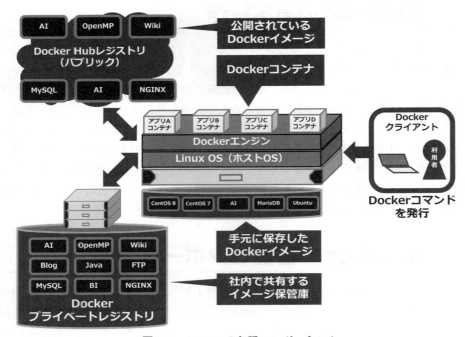

図3-3　Dockerの各種コンポーネント

- Dockerエンジン：アプリケーションのパッケージ化やコンテナの実行を担う
- Dockerイメージ：OSやアプリケーションを含んだテンプレートのベースイメージ
- Docker Hubレジストリ：公開されているDockerイメージをSaaS[*2]経由で提供する
- Dockerプライベートレジストリ：ローカルで作成・保管したイメージの保管庫
- Dockerコンテナ：分離された名前空間とアプリケーションの実行環境
- Dockerクライアント：ユーザーがコマンドを発行し、Dockerデーモンと通信を行う

[*2] SaaS（Software-as-a-Service）：ソフトウェアをサービスとして提供するクラウド基盤。

● 3-8 Docker イメージとコンテナ

3-8 　 Docker イメージとコンテナ

本節では、CentOS 7.x で稼働する Docker の具体的な使用法について説明します。インターネット経由で Docker イメージを入手し、そのイメージからコンテナを生成、起動してみましょう。

3-8-1 　 Docker イメージの入手

まず、Docker Hub で用意されている Docker イメージを入手します。Docker イメージの入手は、docker コマンドに pull を付与し、そのあとにイメージ名を指定します。以下は、CentOS Linux 7 (1804)、通称、CentOS 7.5 と呼ばれる OS に相当する Docker イメージの「centos:7.5.1804」を入手する例です。

```
# docker image pull centos:7.5.1804
```

ローカルの CentOS 7.x サーバー上に保管されている Docker イメージを確認してみます。Docker イメージの確認は、docker コマンドに「image ls」を付与します。

```
# docker image ls
REPOSITORY     TAG          IMAGE ID       CREATED       SIZE
centos         7.5.1804     76d6bc25b8a5   months ago    200MB
```

同様に、CentOS 5.11、CentOS 6.9、Ubuntu 18.04 の Docker イメージを入手してみましょう。

```
# docker image pull centos:5.11
# docker image pull centos:6.9
# docker image pull ubuntu:18.04
```

■ Docker イメージの確認

入手したイメージ一覧を確認します。Docker イメージの確認は、docker コマンドに「image ls」を付与します。

```
# docker image ls
REPOSITORY          TAG          IMAGE ID         CREATED          SIZE
ubuntu              18.04        93fd78260bd1     3 weeks ago      86.2MB
centos              6.9          e88c611d16a0     2 months ago     195MB
centos              7.5.1804     76d6bc25b8a5     2 months ago     200MB
centos              5.11         b424fba01172     2 years ago      284MB
```

Docker イメージの一覧では、リポジトリ（REPOSITORY）、タグ（TAG）、イメージ ID（IMAGE ID）、作成日（CREATED）、イメージのサイズ（SIZE）が表示されます。

73

第 3 章 Docker Community Edition

3-8-2　Docker コンテナの起動

　ユーザーは、タグと呼ばれる名前を使ってコンテナの起動などの操作を行います。イメージ ID は、Docker が管理する番号で、この ID を使って Docker イメージの管理を行います。先にダウンロードしたイメージファイル群のうち、ここでは、centos:6.9 というタグの付いた Docker イメージから、コンテナを生成、起動し、そのコンテナ内で作業できるようにしてみましょう。コンテナの起動は docker コマンドに「container run」を付与します。

```
# docker container run -i -t --name test01 centos:6.9 /bin/bash
```

　以下、Docker イメージから Docker コンテナを生成、起動するときの主なオプションです。

● -i オプション：Docker コンテナ起動時に、標準入力（STDIN）を受け付ける [†]
● -t オプション：仮想端末（pseudo-TTY）をコンテナに割り当てる [†]
● --name オプション：作成するコンテナに名前を付ける

[†]　-i -t を同時に使用する場合、以下のように、「-it」オプションが使用できます。

```
  # docker container run -it --name test01 centos:6.9 /bin/bash
```

　ここでは、「--name」オプションに test01 を付与しているので、コンテナの名前は test01 となります。タグに centos:6.9 を指定しているので、先ほど入手しローカルに保管されている CentOS 6.9 の Docker イメージからコンテナを生成、起動することになります。「docker container run ...」コマンドを発行すると、以下のような bash プロンプトが表示されるはずです。

```
[root@4ae03cb199f4 /]#
```

　ここで、プロンプトに注目してください。「root@」のあとに文字列が並んでいます。この文字列は、Docker が自動的に割り当てたコンテナ ID を示しています。このコンテナ ID は、個々のシステムによって異なります。

■コンテナの OS バージョンの確認

　引き続き、プロンプトが、「[root@4ae03cb199f4 /]#」となっている端末で作業を続け、コンテナの OS のバージョンを確認すると、CentOS 6.9 であることがわかります。

```
[root@4ae03cb199f4 /]# cat /etc/redhat-release
```

74

```
CentOS release 6.9 (Final)
[root@4ae03cb199f4 /]#
```

■コンテナのホスト名の確認

次に、Docker コンテナのホスト名を確認してみます。

```
[root@4ae03cb199f4 /]# hostname
4ae03cb199f4
[root@4ae03cb199f4 /]#
```

ホスト名は自動的に「4ae03cb199f4」という名前で割り振られていることがわかります。これは、Docker が初期状態でコンテナ ID をホスト名にするように設定されているためです。ホスト名は、Docker コンテナ起動時に明示的に指定することも可能です。

■コンテナの IP アドレスの確認

現在作業中の Docker コンテナの IP アドレスを確認し、ホスト OS や外部と通信できるかを確認します。プロキシサーバー経由でインターネットに接続する場合は、コンテナ内でもプロキシサーバーの設定が必要になります。Docker コンテナ内で ip コマンドが含まれる iproute RPM パッケージを追加します。

```
[root@4ae03cb199f4 /]# echo "proxy=http://proxy.your.site.com:8080" >> /etc/yum.conf
[root@4ae03cb199f4 /]# yum install -y iproute
Loaded plugins: fastestmirror, ovl
...
```

Docker コンテナ内で ip コマンドで IP アドレスを確認します。

```
[root@4ae03cb199f4 /]# ip addr
1: lo: <LOOPBACK,UP,LOWER_UP> mtu 65536 qdisc noqueue state UNKNOWN qlen 1000
    link/loopback 00:00:00:00:00:00 brd 00:00:00:00:00:00
    inet 127.0.0.1/8 scope host lo
       valid_lft forever preferred_lft forever
11: eth0@if12: <BROADCAST,MULTICAST,UP,LOWER_UP,M-DOWN> mtu 1500 qdisc noqueue state UP
    link/ether 02:42:ac:11:00:02 brd ff:ff:ff:ff:ff:ff
    inet 172.17.0.2/16 brd 172.17.255.255 scope global eth0
       valid_lft forever preferred_lft forever
```

Docker コンテナ上から、Docker エンジンが稼働するホスト OS の IP アドレスやゲートウェイアドレスと通信できるかを確認します。

第 3 章 Docker Community Edition

```
[root@4ae03cb199f4 /]# ping -c 3 172.16.1.1
PING 172.16.1.1 (172.16.1.1) 56(84) bytes of data.
64 bytes from 172.16.1.1: icmp_seq=1 ttl=63 time=0.570 ms
64 bytes from 172.16.1.1: icmp_seq=2 ttl=63 time=0.272 ms
64 bytes from 172.16.1.1: icmp_seq=3 ttl=63 time=0.256 ms

--- 172.16.1.1 ping statistics ---
3 packets transmitted, 3 received, 0% packet loss, time 2000ms
rtt min/avg/max/mdev = 0.256/0.366/0.570/0.144 ms
[root@4ae03cb199f4 /]#
```

Docker コンテナ上から外部の DNS サーバーを使って外部のホストの名前解決ができるかを確認します。

```
[root@4ae03cb199f4 /]# nslookup www.hpe.com
 ...

[root@4ae03cb199f4 /]#
```

■テスト用ファイルの作成

作業中の CentOS 6.9 の Docker イメージに、何か適当なファイルを作成してみましょう。echo コマンドで文字列を出力し、/root/testfile0001 にリダイレクトします。

```
[root@4ae03cb199f4 /]# echo "Hello Docker" > /root/testfile0001
[root@4ae03cb199f4 ~]# ls /root/
anaconda-ks.cfg  install.log  install.log.syslog  testfile0001
```

■ Docker コンテナの終了

作業中の Docker コンテナの CentOS 6.9 の環境から離脱します。作業中のコマンドラインから離脱し、ホスト OS のコマンドプロンプトに戻るには、exit コマンドを使います。exit を入力すると、コンテナが停止するため、ホスト OS のコマンドプロンプトに戻ります。

```
[root@4ae03cb199f4 /]# exit
exit
#
```

これで、ホスト OS（Docker エンジンが稼働する CentOS 7.x）のコマンドプロンプトに戻ったはずです。

● 3-8 Docker イメージとコンテナ

■ホスト OS でコンテナ一覧を確認

ホスト OS 上で、過去に起動した Docker コンテナ一覧を確認してみましょう。コンテナ一覧は、そのコンテナが起動中かどうかにかかわらず、docker コマンドに「container ls -a」を付与することで確認できます。

```
# docker container ls -a
CONTAINER ID     IMAGE          COMMAND       CREATED         ...   NAMES
e5bc5143d68e     centos:6.9     "/bin/bash"   16 minutes ago ...    test01
```

3-8-3　Docker イメージの作成

先ほど/root/testfile0001 を作成した Docker コンテナを再利用できるように、コンテナのイメージ化を行います。コンテナをイメージ化するには、docker コマンドに「container commit」を付与し、コンテナをコミットします。

■ Docker コンテナのコミット

Docker コンテナのコミットは、コンテナ ID とイメージ名となるタグを指定します。コンテナ ID は、先述の「container ls -a」で得られる「CONTAINER ID」に示された文字列を指定します。さらに、イメージ名となるタグを付与しますが、タグには、わかりやすい名前を付けておくとよいでしょう。ここでは、タグは、OS バージョンがわかるように「centos:c69docker0001」を付与することにします。

```
# docker container commit e5bc5143d68e centos:c69docker0001
sha256:c22bc23355826165d3b8cfb976e5ffb3f94ef67d8d885bca50bd1bb0f26275a1
#
```

Docker コンテナが、コミットされると、イメージとしてローカルに保管されます。

■ Docker イメージの一覧

作成した Docker イメージ「centos:c69docker0001」が保管されているか、現在のイメージの一覧を確認します。

```
# docker image ls
REPOSITORY        TAG              IMAGE ID          CREATED           SIZE
centos            c69docker0001    e04e3bf1fc19      30 seconds ago    292MB
ubuntu            18.04            93fd78260bd1      4 weeks ago       86.2MB
centos            6.9              e88c611d16a0      2 months ago      195MB
centos            7.5.1804         76d6bc25b8a5      2 months ago      200MB
```

第 3 章　Docker Community Edition

centos	5.11	b424fba01172	2 years ago	284MB

Docker イメージとして、「centos:c69docker0001」が保管されていることがわかります。

■別の Docker コンテナの生成・起動

コミットした Docker イメージ「centos:c69docker0001」を使って、別のコンテナ test02 を生成、起動してみます。

```
# docker container run --name test02 -i -t centos:c69docker0001 /bin/bash
```

コンテナ test02 上の/root を確認してみます。

```
[root@933f06487a9c /]# ls /root/
anaconda-ks.cfg  install.log  install.log.syslog  testfile0001
[root@933f06487a9c /]#
```

今度は、現在作業中のコンテナ test02 で、/root/testfile0002 を作成します。

```
[root@933f06487a9c /]# echo "Hello Docker Docker" > /root/testfile0002
[root@933f06487a9c /]# ls /root/
anaconda-ks.cfg  install.log  install.log.syslog  testfile0001  testfile0002
[root@933f06487a
```

これで、/root ディレクトリに、testfile0001 と testfile0002 が存在する状態になりました。

■コンテナからの離脱

現在操作しているコンテナ test02 のコマンドプロンプトにおいて、コンテナ test02 を稼働させたまま、コンテナから離脱し、ホスト OS のコマンドプロンプトに戻るには、キーボードの [CTRL] + [P]、[CTRL] + [Q] を押します。

■コンテナの状態を確認

コンテナ test02 が終了せずに、稼働したまま、コンテナ test02 から離脱し、ホスト OS のコマンドプロンプトに戻れましたので、ホスト OS 上で、コンテナの状態を確認します。

```
# docker container ls -a
CONTAINER ID    IMAGE                  ... STATUS              ... NAMES
933f06487a9c    centos:c69docker0001   ... Up 2 minutes        ... test02
e5bc5143d68e    centos:centos6.9       ... Exited (0) 5 minutes ago ... test01
```

● 3-8 Docker イメージとコンテナ

コンテナ test01 は、CentOS 6.9 のベースイメージ、コンテナ test02 は、Docker イメージ「centos:c69docker0001」が元になっていることがわかります。また、STATUS 列からコンテナ test02 が稼働した状態になっていることがわかります。

■新しい Docker イメージの作成

先ほど作業した、コンテナ test02 をコミットし、新たな Docker イメージ「c69docker0002」を作成します。

```
# docker container commit 933f06487a9c centos:c69docker0002
sha256:389bd0d578d879ac95649e46341683d795394a0eb5becffc2f18cc5a1ab0673b
```

■ Docker イメージの一覧

Docker イメージ「centos:c69docker0002」が作成されたかを確認します。

```
# docker image ls
REPOSITORY          TAG                 IMAGE ID            CREATED             SIZE
centos              c69docker0002       272a16303667        8 seconds ago       292MB
centos              c69docker0001       e04e3bf1fc19        8 minutes ago       292MB
ubuntu              18.04               93fd78260bd1        4 weeks ago         86.2MB
centos              6.9                 e88c611d16a0        2 months ago        195MB
centos              7.5.1804            76d6bc25b8a5        2 months ago        200MB
centos              5.11                b424fba01172        2 years ago         284MB
```

上の「docker image ls」の実行結果より、Docker イメージ「c69docker0001」とは別の、新たな Docker イメージ「c69docker0002」が保管されていることがわかります。

■作業後にコミットした Docker イメージの確認

Docker イメージ「c69docker0001」と「c69docker0002」からコンテナを起動し、それぞれの/root ディレクトリの様子を見てみましょう。

```
# docker container run --name test03 -i -t centos:c69docker0001 /bin/bash
[root@01c4689508bf /]# ls /root/
anaconda-ks.cfg  install.log  install.log.syslog  testfile0001
[root@01c4689508bf /]# exit
exit
#

# docker container run --name test04 -i -t centos:c69docker0002 /bin/bash
[root@861cd7fee04a /]# ls /root/
```

```
anaconda-ks.cfg  install.log  install.log.syslog  testfile0001  testfile0002
[root@861cd7fee04a /]# exit
exit
#
```

作業を行ったコンテナをコミットすることで、その作業内容を反映したイメージファイルが生成でき、さらに作成したイメージファイルを再利用して、新たなコンテナを生成し作業できることがわかります。

開発者は、アプリケーションごとに異なるコンテナを複数作成し、コミットしておけば、そのアプリケーションに特化したイメージファイルを持つことができ、すぐにアプリケーションが実行可能な環境をコンテナで再利用できます（図 3-4）。

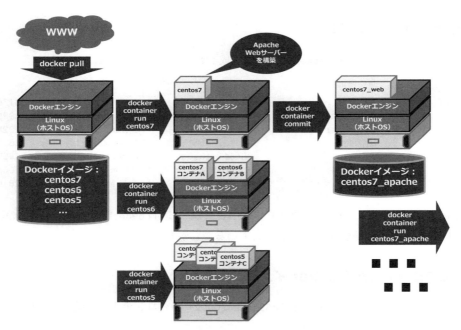

図 3-4　Docker イメージとコンテナ：ホストマシンに保管された Docker イメージから「docker container run」でコンテナを起動する。起動したコンテナで作業を施し、アプリケーションなどを構築したものを「docker container commit」で Docker イメージとして登録

■作業後のコンテナの確認

今まで、起動しては exit したコンテナがどうなっているかを確認してみましょう。

```
# docker container ls -a
CONTAINER ID   IMAGE                   ...  STATUS                ...  NAMES
e5bb8bb66210   centos:c69docker0002    ...  Exited (0) 2 minutes ago ... test04
941750635e13   centos:c69docker0001    ...  Exited (0) 2 minutes ago ... test03
933f06487a9c   centos:c69docker0001    ...  Up 2 minutes              ... test02
e5bc5143d68e   centos:centos6.9        ...  Exited (0) 5 minutes ago ... test01
```

これらのコンテナ test01、test02、test03、test04 の状態「STATUS」を見ると、exit を入力した test01、test03、test04 が「Exited」となっており、コンテナが終了していることがわかります。また、コンテナ test02 が稼働中であることもわかります。

Column　docker image ls のオプション

Docker のイメージ ID は、標準で 12 文字で表示されますが、本来のイメージ ID は、64 文字で表されます。本来の 64 文字のイメージ ID を表示させるには、「--no-trunc」オプションを付与します。

```
# docker image ls --no-trunc
REPOSITORY    TAG              IMAGE ID              CREATED      SIZE
centos        c69docker0002    sha256:bfcab8653ca29 ....  2 days ago   286MB
centos        c69docker0001    sha256:fc2ecf5fc0147 ....  2 days ago   286MB
```

また、イメージ ID のみを出力させたい場合もあります。その場合は、-q オプションを付与します。

```
# docker image ls --no-trunc -q
sha256:bfcab8653ca2937e85fadd964d45937fd40e95c423fe4435ede18aedde18b0ef
sha256:fc2ecf5fc01477a70c1b495d485f0d1fe9b9c8f0a268474905734ee0c154116b
```

3-8-4　Docker コンテナの削除

Docker イメージさえあれば、いつでもコンテナを生成できるので、終了したコンテナを削除しておきましょう。コンテナの削除は、docker コマンドに「container rm」を付与し、コンテナ ID を指定します。

■コンテナの削除

ステータスが「Exited」になっているコンテナ、すなわち、停止しているコンテナを削除してみましょう。停止しているコンテナは、「docker container rm」コマンドにコンテナ ID、あるいは、コンテナ名を指定して削除します。コンテナが削除されても、Docker イメージは削除されずに保管されていることを確認してください。

```
# docker container rm test01 test03 test04
test01
test03
test04

# docker container ls -a
CONTAINER ID     IMAGE                    ... STATUS              ... NAMES
933f06487a9c     centos:c69docker0001     ... Up 4 minutes        ... test02

# docker image ls
REPOSITORY          TAG                IMAGE ID          CREATED            SIZE
centos              c69docker0002      272a16303667      33 minutes ago     292MB
centos              c69docker0001      e04e3bf1fc19      41 minutes ago     292MB
ubuntu              18.04              93fd78260bd1      4 weeks ago        86.2MB
centos              6.9                e88c611d16a0      2 months ago       195MB
centos              7.5.1804           76d6bc25b8a5      2 months ago       200MB
centos              5.11               b424fba01172      2 years ago        284MB
```

 Column コンテナ ID をシェル変数に入れる

　Docker イメージからコンテナを起動すると、コンテナ ID が付与されますが、この ID を変数に入れることでコンテナの管理が容易になります。具体的には、`docker container run` の結果をコマンドラインのシェル変数に代入します。

　以下は、Docker イメージ「centos:c69docker0001」から、コンテナを生成、起動し、起動したコンテナのコンテナ ID をシェル変数 ID0003 に代入する例です。

```
# ID0003=$(docker run -d --name test0003 -i -t centos:c69docker0001 /bin/bash)
# echo $ID0003
1e6e4bd22522da9b69fdff41b1a514e8f2b712345fcd734b0a9c84a6708bf349
# docker container ls -a
CONTAINER ID     IMAGE                    COMMAND       ... STATUS           ... NAMES
1e6e4bd22522     centos:c69docker0001     "/bin/bash"   ... Up 24 seconds    ... test0003
```

　シェル変数にコンテナ ID が格納されていますので、シェル変数に格納された値をコンテナ ID として、`docker container commit` を実行できます。

```
# docker container commit $ID0003 centos:c69docker0003
sha256:16cd6954ff6887bebcba27ca1de0b4f99d84e8a0bfd0ff044611f3696d608be8
#
```

● 3-8 Docker イメージとコンテナ

3-8-5 ホスト名を指定して Docker コンテナを起動する

Docker コンテナのホスト名は、先述のとおり、自動的に割り当てられ、人間にとってわかりにくい文字列になっています。しかし管理者としては、ホスト名を固定して利用したい場合があります。そのような場合、Docker コンテナを起動するときに「--hostname」オプション、または「-h」オプションを付与することで、コンテナにホスト名を与えることができます。

以下は、Docker イメージ「c66docker0001」から、ホスト名 host0001 を付与したコンテナ test0001 を作成、起動する例です。

```
# docker container run \
--name test0001 \
-h host0001 \
-i -t \
centos:c69docker0001 /bin/bash
[root@host0001 /]# hostname
host0001
# exit
exit
#
```

上のコマンドの場合、CentOS 6.9 の Docker イメージ「centos:c69docker0001」の/etc/sysconfig/network ファイルにホスト名を指定すればよいと思うかもしれませんが、上記の Docker コンテナは、起動時に/bin/bash のみがロードされ、Upstart による OS 起動時のスクリプト群をロードしないため、コンテナ内において、/etc/sysconfig/network に記載した変数をロードしません。したがって、ホスト名を指定する場合は、docker container run によるコンテナ起動時に「-h」オプションで明示的に指定する必要があります。

3-8-6 Docker コンテナをバックグラウンドで起動する

Docker コンテナは、ホスト OS 上でプロセスとして稼働しますが、プロセス（コンテナ）なので、バックグラウンドで稼働できます。Docker コンテナをバックグラウンドで起動させるには、docker コマンドに「-d」オプションを付与します[†]。

```
# docker container run \
-d \
--name test0002 \
-h host0002 \
-i -t \
centos:c69docker0001 /bin/bash
9034fc2aea67560f3581f9ee2be23cdcfce1363a3e0e1c2ff980fa34dd706918
#
```

83

第 3 章 Docker Community Edition

> † -i -t と -d を同時に使用する場合、以下のように、「-itd」オプションが使用できます。
>
> ```
> # docker container run \
> -itd \
> --name test0002 \
> -h host0002 \
> centos:c69docker0001 /bin/bash
> ```

　上記のように、Docker コンテナがバックグラウンドで起動しているため、ホスト OS のコマンドプロンプトが返ってきています。バックグラウンドの Docker が稼働しているかを確認します。

```
# docker container ls -a
CONTAINER ID    IMAGE                 ... STATUS                  ... NAMES
9034fc2aea67    centos:c69docker0001  ... Up 7 minutes            ... test0002
cd53e2cbf198    centos:c69docker0001  ... Exited (0) 15 seconds ago ... test0001
16cd6954ff68    centos:c69docker0001  ... Up 5 minutes            ... test0003
933f06487a9c    centos:c69docker0001  ... Up 14 minutes           ... test02
```

■バックグラウンドで稼働するコンテナへの接続

　バックグラウンドで稼働しているコンテナに接続するには、docker コマンドに container attach を付与し、コンテナ名あるいはコンテナ ID を指定します。

```
# docker container attach test0002
[root@host0002 /]# cat /etc/redhat-release
CentOS release 6.9 (Final)
[root@host0002 /]# exit
exit
#
```

3-8-7　ホスト OS からコンテナの停止と起動を制御する

　Docker コンテナで作業していて、端末から exit コマンドを入力すると、その Docker コンテナは停止しますが、Docker コンテナのコマンドプロンプトからではなく、ホスト OS から、コンテナを停止させたい場合もあります。ホスト OS から、稼働中のコンテナを停止させるには、docker コマンドに、container stop を付与し、コンテナ名あるいはコンテナ ID を指定します。

84

● 3-8 Docker イメージとコンテナ

■ホスト OS からのコンテナの停止

以下は、稼働中の Docker コンテナ test0002 の状態を確認し、稼働中の Docker コンテナ test0002 をホスト OS から停止させる例です。

```
# docker container ls -a
CONTAINER ID    IMAGE                    COMMAND      ... STATUS        ... NAMES
9034fc2aea67    centos:c69docker0001     "/bin/bash"  ... Up 2 minutes ... test0002

# docker container stop test0002
test0002

# docker container ls -a
CONTAINER ID    IMAGE                    COMMAND      ... STATUS                       NAMES
9034fc2aea67    centos:c69docker0001     "/bin/bash"  ... Exited (127) 4 seconds ago test0002
```

■ホスト OS から停止したコンテナを起動する

逆に停止したコンテナをホスト OS から起動させるには、docker コマンドに、container start を付与し、コンテナ名あるいはコンテナ ID を指定します。

```
# docker container start test0002
test0002

# docker container ls -a
CONTAINER ID    IMAGE                    COMMAND      ... STATUS        ... NAMES
9034fc2aea67    centos:c69docker0001     "/bin/bash"  ... Up 2 minutes ... test0002
```

3-8-8　Docker コンテナの破棄

稼働中のコンテナに対して、docker container rm に-f オプションを付与しないで実行すると、エラーになり、コンテナは破棄されません。もし、稼働中のコンテナを強制的に破棄する場合は、-f オプションを付与します。

```
# docker container rm test0002
Error response from daemon: You cannot remove a running container
9034fc2aea67560f3581f9ee2be23cdcfce1363a3e0e1c2ff980fa34dd706918. Stop the container
 before attempting removal or force remove

# docker container rm -f test0002
test0002
#
```

85

第 3 章 Docker Community Edition

3-8-9　Docker イメージの削除

　Docker イメージを削除するには、docker コマンドに image rm を付与し、Docker イメージ ID または
はイメージ名を指定します。コンテナのイメージファイルを削除する場合は、そのイメージを使って起
動しているコンテナを停止させるか、削除する必要があります。稼働中のコンテナの元となる Docker
イメージを削除すると、エラーが表示されます。

```
# docker container ls -a
CONTAINER ID     IMAGE                ... STATUS                 ... NAMES
cd53e2cbf198     centos:c69docker0001 ... Exited (0) 15 seconds ago ... test0001
16cd6954ff68     centos:c69docker0001 ... Up 5 minutes           ... test0003
933f06487a9c     centos:c69docker0001 ... Up 14 minutes          ... test02

# docker image rm centos:c69docker0001
Error response from daemon: conflict: unable to remove repository reference "centos
:c69docker0001" (must force) - container 16cd6954ff68 is using its referenced image
 fc2ecf5fc014
```

　削除したい Docker イメージに関連付けられたコンテナがすべて停止したとしても、docker image
rm に-f オプションを付与せずに実行すると、エラーになり、Docker イメージは削除されません。

```
# docker container stop test0001 test0003 test02
test0001
test0003
test02

# docker container ls -a
CONTAINER ID     IMAGE                ... STATUS                 ... NAMES
cd53e2cbf198     centos:c69docker0001 ... Exited (0) 12 minutes ago ... test0001
16cd6954ff68     centos:c69docker0001 ... Exited (137) 58 seconds ago ... test0003
933f06487a9c     centos:c69docker0001 ... Exited (137) 58 seconds ago ... test02

# docker image rm centos:c69docker0001
Error response from daemon: conflict: unable to remove repository reference "centos
:c69docker0001' (must force) - container 16cd6954ff68 is using its referenced image
fc2ecf5fc014
#
```

　削除したい Docker イメージに関連付けられた停止済みのコンテナが存在する状態で、そのコンテナ
の元となる Docker イメージを削除する場合は、docker image rm に-f オプションを付与します。

```
# docker image rm -f centos:c69docker0001
Untagged: centos:c69docker0001
```

86

● 3-8 Docker イメージとコンテナ

この時点で、元となる Docker イメージ「centos:c69docker0001」が存在しない状態でも、停止したコンテナ test0001、test0003、test02 が存在しますので、docker container commit でイメージを保管し、コンテナを削除しておきます。

```
# docker container commit test0001 centos:c69test0001
sha256:bc73f419aad8d2527f577bedabdebe3c90e93f3f18a8c7f39f63e457940426b7
# docker container commit test0003 centos:c69test0003
sha256:6b063568284f08e1f69dacfd8582a417ef817097c0e39a798cdc67156bef557a
# docker container commit test02 centos:c69test02
sha256:700f7b81841c888964c1ea278d6b73b4de12c52506996732bf8911edf4906f61
# docker container rm test0001 test0003 test02
test0001
test0003
test02

# docker image ls
REPOSITORY          TAG               IMAGE ID        CREATED             SIZE
centos              c69test02         700f7b81841c    About a minute ago  286MB
centos              c69test0003       6b063568284f    About a minute ago  286MB
centos              c69test0001       bc73f419aad8    About a minute ago  286MB
centos              c69docker0003     4cccf5ebb5c5    26 minutes ago      286MB
centos              c69docker0002     bfcab8653ca2    3 days ago          286MB
ubuntu              18.04             cd6d8154f1e1    9 days ago          84.1MB
centos              6.9               adf829198a7f    5 weeks ago         195MB
centos              7.5.1804          fdf13fa91c6e    5 weeks ago         200MB
centos              5.11              b424fba01172    2 years ago         284MB
```

3-8-10 コンテナが終了時に自動的にコンテナを破棄する

通常、Docker コンテナを停止（stop）させると、状態が「Exited」になりますが、終了させたコンテナを再び利用せずに、即座に破棄したい場合もあります。この場合は、docker コマンドに--rm オプションを付与します。

以下の実行例は、Docker イメージ「centos:c66docker0002」からコンテナ「test0003」を生成しますが、コンテナ「test0003」を停止すると、自動的にコンテナが破棄される例です。

```
# docker container run \
--rm \
--name test0003 \
-h host0003 \
-it \
centos:c69docker0002 /bin/bash
[root@host0003 /]#
```

87

第 3 章 Docker Community Edition

■起動したコンテナの確認

CTRL + P と CTRL + Q を押してコンテナから離脱し、ホスト OS のコマンドプロンプトに戻ったら、コンテナを確認します。

```
CTRL + P    CTRL + Q

# docker container ls -a
CONTAINER ID        IMAGE                 COMMAND      ... STATUS          ...        NAMES
436ca538cbaa        centos:c69docker0002  "/bin/bash"  ... Up 3 minutes ...          test0003
```

■コンテナの終了と破棄を確認

コンテナを終了させると、コンテナが自動的に破棄されているかを確認します。

```
# docker container stop test0003
test0003
# docker container ls -a
CONTAINER ID         IMAGE                         COMMAND        ... STATUS          ...      NAMES
```

実行結果より、コンテナ test0003 を停止させると、コンテナ test0003 が自動的に破棄されていることがわかります。

3-9　systemd に対応したコンテナの利用

CentOS 7.x では、サービスの起動の仕組みに systemd が採用されています。systemd が採用されている OS をコンテナとして稼働させるには、コンテナを/sbin/init で起動させる必要があります。CentOS 7.x 系の/sbin/init は、/lib/systemd/systemd へのシンボリックリンクになっており、コンテナ起動時に/lib/systemd/systemd を起動します。また、systemd が正常に稼働するには、以下のいくつかの条件が必要です。

● systemd を利用する主な条件：

1. /tmp ディレクトリが tmpfs としてマウントされている
2. /run ディレクトリが tmpfs としてマウントされている
3. /sys/fs/cgroup が読み込み権限ありでマウントされている
4. シャットダウンシグナルが SIGRTMIN+3 として定義されている

上記の条件を満たすように、Docker コンテナを起動させれば、コンテナで systemd が利用できます。

●条件1と条件2を満たすためには、コンテナ起動時に、オプションとして「`--tmpfs /tmp --tmpfs /run`」を付与します。
●条件3を満たすためには、オプションとして「`-v /sys/fs/cgroup:/sys/fs/cgroup:ro`」を付与します。
●条件4を満たすためには、オプションとして、「`--stop-signal SIGRTMIN+3`」を付与します。

Column　Linux OS のシグナルを理解する

　一般に、Linux OS のシャットダウン、リブート、電源オフなどを行うには、シグナルを利用します。通常、systemd では、シャットダウンのシグナルとして「`SIGRTMIN+3`」が利用されます。このシグナルを受け取ると、systemd は、OS を停止する処理を実行します。systemd が稼働する Docker コンテナに対して、停止シグナルを送るには、「`--stop-signal SIGRTMIN+3`」オプションを付与します。これにより、「`docker container stop`」を実行すると、Docker コンテナで稼働している systemd が停止シグナルを受け取れるようになり、Docker コンテナ内でシャットダウン処理が走ります。
　逆に、このシグナルが受け取れない状態、つまり、「`--stop-signal SIGRTMIN+3`」オプションを付与せずに systemd 対応の Docker コンテナを「`docker container stop`」で停止させると、Docker コンテナ内の systemd は、停止シグナルを受け取れずシャットダウン処理を行うこととなく強制的にコンテナを停止させることになります。

Column　なぜ/sbin/init で起動するのか

　CentOS 6.x や RHEL 6.x が物理サーバー上やハイパーバイザー型の仮想環境で稼働するような非コンテナ環境において、OS 起動時にデーモンなどのサービスを自動的に起動させるには、`chkconfig` コマンドを使い、CentOS 7.x や RHEL 7.x の場合は、`systemctl` コマンドを使います。CentOS 6.x 系 OS では、イベントベースの init システムである「Upstart」と呼ばれる仕組みが提供されており、サービスの起動や停止の制御を行います。一方、CentOS 7.x 系 OS では、systemd によってサービスが管理されます。しかし、Docker コンテナ内において、Upstart や systemd を使ったサービスの制御を行うには、init を稼働させる必要があります。
　CentOS 6.x の `chkconfig` コマンドによって、OS 起動時の/etc/rc.d/配下のスクリプト群の実行を制御しますが、もし、ホスト OS からコンテナ実行時に/bin/bash を指定した場合、コンテナ起動時に init が呼び出されないため、Docker コンテナ内では、`chkconfig` コマンドを使ったサービスの起動を制御できません。
　したがって、CentOS 6.x の `chkconfig` コマンド、CentOS 7.x における `systemctl` コマンドを使って Docker コンテナ起動時に各種サービスを自動的に起動するためには、/bin/bash プロセスで起動させるのではなく、Docker コンテナの起動時に、/sbin/init を指定する必要があります。

第 3 章 Docker Community Edition

> **Note**　systemd の --privileged オプション
>
> CentOS 7.x 系の Docker コンテナ内で systemd を使う方法として、Docker コンテナ起動時に、--privileged オプションを付与する方法があります。しかし、--privileged オプションを使用すると、コンテナは、特権モードで実行されます。このため、ホスト OS に接続されている物理デバイスなどの各種ハードウェア資源へ無制限にアクセスできるため、セキュリティ上のリスクがあります。実際の本番環境においては、--privileged オプションを使用せずに、必要最低限のサービスを稼働させるなどの工夫を行う必要があります。

3-9-1　コンテナでの Apache Web サービスの起動

以下は、CentOS 7.5.1804 の Docker コンテナに Apache Web サーバーの「httpd」をインストールし、Docker イメージ `centos:test01` を新たに作成し、そのイメージから Apache Web サービスを systemd 経由で起動させる手順を示します。

■ CentOS 7.5.1804 の Docker コンテナの起動

最初に、CentOS 7.5.1804 の Docker コンテナに入ります。

```
# docker container run -it --name test01 -h test01 centos:7.5.1804 /bin/bash
[root@test01 /]#
```

■ httpd パッケージのインストール

次に、Docker コンテナ `test01` 上でプロキシサーバーを設定し、httpd パッケージをインストールします。併せて、IP アドレスを表示するための `ip` コマンドが含まれる iproute パッケージをインストールします。

```
[root@test01 /]# echo "proxy=http://proxy.your.site.com:8080" >> /etc/yum.conf
[root@test01 /]# yum install -y httpd iproute
```

■ テスト用の Web コンテンツを作成

Docker コンテナ内に、テスト用の Web コンテンツ `test.html` を保存します。

● 3-9 systemd に対応したコンテナの利用

```
[root@test01 /]# echo "Systemd in a container." > /var/www/html/test.html
```

■ Docker イメージの作成

CTRL + P 、CTRL + Q でコンテナを離脱するか、exit を入力して、ホスト OS のコマンドプロンプトに戻り、httpd をインストールした Docker コンテナ test01 を Docker イメージ centos:test01 として保存します。Docker イメージを作成できたら、稼働中のコンテナ test01 は削除しておきます。

```
# docker container commit test01 centos:test01
# docker container rm -f test01
```

■ /sbin/init を使った Docker コンテナの起動

httpd 入りの Docker イメージ centos:test01 を/sbin/init を使って起動します。

```
# docker container run \
-it \
--tmpfs /tmp \
--tmpfs /run \
-v /sys/fs/cgroup:/sys/fs/cgroup:ro \
--stop-signal SIGRTMIN+3 \
--name test01 \
-h test01 \
centos:test01 /sbin/init
...
Welcome to CentOS Linux 7 (Core)!

Set hostname to <test01>.
Initializing machine ID from KVM UUID.
[  OK  ] Reached target Swap.
[  OK  ] Reached target Local Encrypted Volumes.
[  OK  ] Reached target Remote File Systems.
...
...
[  OK  ] Started Cleanup of Temporary Directories.
[  OK  ] Started Update UTMP about System Runlevel Changes.
```

/sbin/init を使って起動したコンテナ test01 は、/bin/bash が起動していませんので、上記のように、端末ではサービスが起動する旨のメッセージが表示されて、コマンドプロンプトは現れません。

第 3 章 Docker Community Edition

■ systemd が稼働する Docker コンテナでの作業

/sbin/init を使って起動した Docker コンテナ test01 では、コンテナ起動時に/bin/bash が起動していないため、docker container attach を使ってもコマンドプロンプトは現れません。そこで、このような場合は、別の端末を開き、docker container exec を使ってコンテナ内で/bin/bash を起動し、コンテナ test01 に入ります。

```
# docker container exec -it test01 /bin/bash
[root@test01 /]#
```

■コンテナで起動しているプロセスを確認

コンテナ test01 で起動しているプロセスを確認します。

```
[root@test01 /]# ps -ef
UID        PID  PPID  C STIME TTY          TIME CMD
root         1     0  0 05:08 ?        00:00:00 /sbin/init
root        18     1  0 05:08 ?        00:00:00 /usr/lib/systemd/systemd-journald
dbus        28     1  0 05:08 ?        00:00:00 /usr/bin/dbus-daemon --system --add
ress=systemd: --nofork --nopidfile --systemd-activation
root        29     1  0 05:08 ?        00:00:00 /usr/lib/systemd/systemd-logind
root        32     0  0 05:11 pts/1    00:00:00 /bin/bash
root        47    32  0 05:11 pts/1    00:00:00 ps -ef
[root@test01 /]#
```

コンテナ test01 内で、/sbin/init から systemd が起動していることがわかります。

■コンテナ内で systemctl コマンドを使ってサービスを起動

この状態であれば、systemctl コマンドを使って httpd サービスを稼働できます。

```
[root@test01 /]# systemctl start httpd
[root@test01 /]# systemctl status httpd | grep Active
   Active: active (running) since Mon 2018 ...

[root@test01 /]# ps -ef
UID        PID  PPID  C STIME TTY          TIME CMD
root         1     0  0 05:08 ?        00:00:00 /sbin/init
root        18     1  0 05:08 ?        00:00:00 /usr/lib/systemd/systemd-journald
dbus        28     1  0 05:08 ?        00:00:00 /usr/bin/dbus-daemon --system --add
ress=systemd: --nofork --nopidfile --systemd-activation
root        29     1  0 05:08 ?        00:00:00 /usr/lib/systemd/systemd-logind
```

```
root        32      0   0 05:11 pts/1    00:00:00 /bin/bash
root        51      1   2 05:13 ?        00:00:00 /usr/sbin/httpd -DFOREGROUND
apache      52     51   0 05:13 ?        00:00:00 /usr/sbin/httpd -DFOREGROUND
apache      53     51   0 05:13 ?        00:00:00 /usr/sbin/httpd -DFOREGROUND
apache      54     51   0 05:13 ?        00:00:00 /usr/sbin/httpd -DFOREGROUND
apache      55     51   0 05:13 ?        00:00:00 /usr/sbin/httpd -DFOREGROUND
apache      56     51   0 05:13 ?        00:00:00 /usr/sbin/httpd -DFOREGROUND
root        58     32   0 05:13 pts/1    00:00:00 ps -ef
[root@test01 /]#
```

■ systemd を使ったサービスの自動起動の設定

コンテナが起動した際に、systemd を使って httpd サービスが自動的に起動するようにします。

```
[root@test01 /]# systemctl enable httpd
```

■ systemd を使って httpd が自動的に起動する Docker イメージの作成

exit を入力して、ホスト OS のコマンドプロンプトに戻り、httpd をインストールした Docker コンテナ test01 を Docker イメージ centos:test01-systemd-httpd として保存します。Docker イメージを作成できたら、稼働中のコンテナ test01 は削除しておきます。

```
# docker container commit test01 centos:test01-systemd-httpd
# docker container rm -f test01
```

■コンテナの起動

httpd が systemd を使って自動的に起動するように設定された Docker イメージ centos:test01-systemd-httpd を起動します。

```
# docker container run \
-i -t \
--tmpfs /tmp \
--tmpfs /run \
-v /sys/fs/cgroup:/sys/fs/cgroup:ro \
--stop-signal SIGRTMIN+3 \
--name test01 \
-h test01 \
centos:test01-systemd-httpd /sbin/init
```

第 3 章 Docker Community Edition

■ httpd サービスの自動起動の確認

別の端末で、ホスト OS から docker container exec を使ってコンテナに入り、httpd が自動的に起動しているかを確認します。

```
# docker container exec -i -t test01 /bin/bash
[root@test01 /]# ps -ef
UID        PID  PPID  C STIME TTY          TIME CMD
root         1     0  3 05:34 ?        00:00:00 /sbin/init
root        18     1  0 05:34 ?        00:00:00 /usr/lib/systemd/systemd-journald
root        25     1  2 05:34 ?        00:00:00 /usr/sbin/httpd -DFOREGROUND
dbus        26     1  0 05:34 ?        00:00:00 /usr/bin/dbus-daemon --system --add
ress=systemd: --nofork --nopidfile --systemd-activation
root        27     1  0 05:34 ?        00:00:00 /usr/lib/systemd/systemd-logind
apache      29    25  0 05:34 ?        00:00:00 /usr/sbin/httpd -DFOREGROUND
apache      30    25  0 05:34 ?        00:00:00 /usr/sbin/httpd -DFOREGROUND
apache      32    25  0 05:34 ?        00:00:00 /usr/sbin/httpd -DFOREGROUND
apache      33    25  0 05:34 ?        00:00:00 /usr/sbin/httpd -DFOREGROUND
apache      34    25  0 05:34 ?        00:00:00 /usr/sbin/httpd -DFOREGROUND
root        35     0 10 05:34 pts/1    00:00:00 /bin/bash
root        50    35  0 05:34 pts/1    00:00:00 ps -ef
[root@test01 /]#
```

■ IP アドレスの確認

Docker コンテナ test01 において、自動的に割り当てられた IP アドレスを表示します。IP アドレスは、現在稼働しているコンテナ数などによって変わります。

```
[root@test01 /]# ip a s eth0 | grep inet
    inet 172.17.0.8/16 brd 172.17.255.255 scope global eth0
```

■ Web コンテンツの確認

ホスト OS から Docker コンテナ test01 が提供する Web コンテンツ test.html の内容が表示されるかどうかを確認します。

```
# curl http://172.17.0.8/test.html
Systemd in a container.
```

Docker コンテナ test01 が提供する Web コンテンツ test.html の内容が表示され、コンテナが提供する Web サービスの機能正常に稼働できていることが確認できました。

94

● 3-10 Upstart に対応したコンテナの利用

■コンテナの停止

次に、systemd が稼働する Docker コンテナ test01 に対して、「docker container stop」コマンド
で停止できるかどうかを確認します。/sbin/init を使って Docker コンテナを起動した端末を表示さ
せておき、別の端末で「docker container stop」でコンテナを停止します。その際、/sbin/init を
使って Docker コンテナを起動した端末上で、各種サービスの停止メッセージが表示されるかを目視で
確認します。

```
# docker container stop test01
test01
# docker container ls -a
CONTAINER ID   IMAGE        COMMAND       STATUS                      ... NAMES
d99699ead19c   7e4e77e15f1c "/sbin/init"  Exited (137) 42 seconds ago ... test01
```

3-10　Upstart に対応したコンテナの利用

CentOS 7.x 系の OS と異なり、CentOS 6.x 系では、Upstart が採用されており、サービスの起動は、
service コマンドが利用されます。以下は、CentOS 6.9 の Docker コンテナに Apache Web サーバー
の「httpd」をインストールし、Docker イメージ centos:test02 を新たに作成し、そのイメージから
Apache Web サービスを Upstart 経由で起動させる手順を示します。

■ CentOS 6.9 の Docker コンテナの起動

最初に、CentOS 6.9 の Docker コンテナに入ります。

```
# docker container run -it --name test02 -h test02 centos:6.9 /bin/bash
```

■ httpd パッケージのインストール

次に、Docker コンテナ test02 上でプロキシサーバーを設定し、httpd パッケージをインストールし
ます。併せて、IP アドレスを表示するための ip コマンドが含まれる iproute パッケージをインストー
ルします。

```
[root@test02 /]# echo "proxy=http://proxy.your.site.com:8080" >> /etc/yum.conf
[root@test02 /]# yum install -y httpd iproute
```

95

第 3 章 Docker Community Edition

■テスト用の Web コンテンツを作成

Docker コンテナ内に、テスト用の Web コンテンツ test.html を保存します。

```
[root@test02 /]# echo "Upstart in a container." > /var/www/html/test.html
```

■ Docker イメージの作成

[CTRL] + [P] 、[CTRL] + [Q] でコンテナを離脱するか、exit を入力して、ホスト OS のコマンドプロンプトに戻り、httpd をインストールした Docker コンテナ test02 を Docker イメージ centos:test02 として保存します。Docker イメージを作成できたら、稼働中のコンテナ test02 は削除しておきます。

```
# docker container commit test02 centos:test02
# docker container rm -f test02
```

■ Upstart の/sbin/init を使った Docker コンテナの起動

httpd 入りの Docker イメージ centos:test02 を/sbin/init を使って起動します。/sbin/init を使って起動したコンテナ test02 は、/bin/bash が起動していないため、端末ではサービスが起動する旨のメッセージが表示されて、コマンドプロンプトは現れません。

```
# docker container run \
-i -t \
--stop-signal SIGTERM \    ←以下の†参照
--name test02 \
-h test02 \
centos:test02 /sbin/init
...
```

> †　CentOS 6.x 系の OS おける停止シグナルは SIGTERM です。したがって、docker container run の実行時に「--stop-signal SIGTERM」オプションを付与すると、docker container stop 実行時に停止シグナルを送ることができます。

■ Upstart が稼働する Docker コンテナでの作業

別の端末を開き、docker container exec を使ってコンテナ内で/bin/bash を起動し、コンテナ test02 に入ります。

96

● 3-10 Upstart に対応したコンテナの利用

```
# docker container exec -it test02 /bin/bash
[root@test02 /]#
```

■コンテナで起動しているプロセスを確認

コンテナ test02 で起動しているプロセスを確認します。

```
[root@test02 /]# ps -ef
UID         PID  PPID  C STIME TTY           TIME CMD
root          1     0  0 06:18 pts/0     00:00:00 /sbin/init
root         79     1  0 06:18 ?         00:00:00 /sbin/udevd -d
root        308     0  1 06:19 pts/1     00:00:00 /bin/bash
root        323     1  0 06:19 ?         00:00:00 /sbin/mingetty /dev/tty[1-6]
root        324   308  0 06:19 pts/1     00:00:00 ps -ef
[root@test02 /]#
```

コンテナ test02 内で、/sbin/init が起動していることがわかります。

■コンテナ内で service コマンドを使ってサービスを起動

service コマンドを使って httpd サービスを起動します。

```
[root@test02 /]# service httpd start
Starting httpd: httpd: Could not reliably determine the server's fully qualified do
main name, using 172.17.0.9 for ServerName
                                                           [  OK  ]

[root@test02 /]# service httpd status
httpd (pid  385) is running...

[root@test02 /]# ps -ef
UID         PID  PPID  C STIME TTY           TIME CMD
root          1     0  0 06:18 pts/0     00:00:00 /sbin/init
root         79     1  0 06:18 ?         00:00:00 /sbin/udevd -d
root        308     0  0 06:19 pts/1     00:00:00 /bin/bash
root        385     0  0 06:23 ?         00:00:00 /usr/sbin/httpd
apache      387   385  0 06:23 ?         00:00:00 /usr/sbin/httpd
apache      388   385  0 06:23 ?         00:00:00 /usr/sbin/httpd
apache      389   385  0 06:23 ?         00:00:00 /usr/sbin/httpd
apache      390   385  0 06:23 ?         00:00:00 /usr/sbin/httpd
apache      391   385  0 06:23 ?         00:00:00 /usr/sbin/httpd
apache      392   385  0 06:23 ?         00:00:00 /usr/sbin/httpd
apache      393   385  0 06:23 ?         00:00:00 /usr/sbin/httpd
```

第 3 章 Docker Community Edition

```
apache      394    385  0 06:23 ?         00:00:00 /usr/sbin/httpd
root        418      1  0 06:24 ?         00:00:00 /sbin/mingetty /dev/tty[1-6]
root        419    308  0 06:24 pts/1     00:00:00 ps -ef
[root@test02 /]#
```

■ chkconfig を使ったサービスの自動起動の設定

コンテナが起動した際に、service コマンドを使って httpd サービスが自動的に起動するように chkconfig コマンドで httpd サービスを設定します。

```
[root@test02 /]# chkconfig httpd on
```

■ httpd が自動的に起動する Docker イメージの作成

exit を入力して、ホスト OS のコマンドプロンプトに戻り、httpd をインストールした Docker コンテナ test02 を Docker イメージ centos:test02-upstart-httpd として保存します。Docker イメージを作成できたら、稼働中のコンテナ test02 は削除しておきます。

```
# docker container commit test02 centos:test02-upstart-httpd
# docker container rm -f test02
```

■コンテナの起動

httpd が service コマンドを使って自動的に起動するように設定された Docker イメージ centos:test02-upstart-httpd を起動します。

```
# docker container run \
-i -t \
--stop-signal SIGTERM \
--name test02 \
-h test02 \
centos:test02-upstart-httpd /sbin/init
...
                Welcome to CentOS
...
Starting httpd: httpd: Could not reliably determine the server's fully qualified do
main name, using 172.17.0.9 for ServerName
                                                       [  OK  ]
...
```

98

● 3-10 Upstart に対応したコンテナの利用

■ httpd サービスの自動起動の確認

別の端末で、ホスト OS から「docker container exec」を使ってコンテナに入り、httpd が自動的に起動しているかを確認します。

```
# docker container exec -it test02 /bin/bash
[root@test02 /]# ps -ef
UID        PID  PPID  C STIME TTY          TIME CMD
root         1     0  0 06:30 pts/0    00:00:00 /sbin/init
root        79     1  0 06:30 ?        00:00:00 /sbin/udevd -d
root       297     1  0 06:30 ?        00:00:00 /usr/sbin/httpd
apache     299   297  0 06:30 ?        00:00:00 /usr/sbin/httpd
apache     301   297  0 06:30 ?        00:00:00 /usr/sbin/httpd
apache     302   297  0 06:30 ?        00:00:00 /usr/sbin/httpd
apache     303   297  0 06:30 ?        00:00:00 /usr/sbin/httpd
apache     304   297  0 06:30 ?        00:00:00 /usr/sbin/httpd
apache     305   297  0 06:30 ?        00:00:00 /usr/sbin/httpd
apache     307   297  0 06:30 ?        00:00:00 /usr/sbin/httpd
apache     308   297  0 06:30 ?        00:00:00 /usr/sbin/httpd
root       328     0  4 06:31 pts/1    00:00:00 /bin/bash
root       335     1  0 06:31 ?        00:00:00 /sbin/mingetty /dev/tty[1-6]
root       345   328  0 06:31 pts/1    00:00:00 ps -ef
[root@test02 /]#
```

■ IP アドレスの確認

Docker コンテナ test02 において、自動的に割り当てられた IP アドレスを表示します。IP アドレスは、現在稼働しているコンテナ数などによって変わります。

```
[root@test02 /]# ip a s eth0 | grep inet
    inet 172.17.0.9/16 brd 172.17.255.255 scope global eth0
```

■ Web コンテンツの確認

ホスト OS から Docker コンテナ test02 が提供する Web コンテンツ test.html の内容が表示されるかどうかを確認します。

```
# curl http://172.17.0.9/test.html
Upstart in a container.
```

Docker コンテナ test02 が提供する Web コンテンツ test.html の内容が表示され、コンテナが提供する Web サービスの機能が正常に稼働できていることが確認できました。

99

第 3 章 Docker Community Edition

3-11　ホスト OS から Docker コンテナへの ディレクトリ提供

　Docker では、ホスト OS が提供するディレクトリをコンテナに見せることが可能です。これは、ホスト OS が提供するデータをコンテナに配布し、利用する場合に有用です。Docker では、ホスト OS のデータをコンテナに見せる方法として**表 3-3** に示す 3 種類が用意されています。

表 3-3　ホスト OS データの参照方法

方法	説明
bind mount	Docker ホスト上のデバイスファイルやディレクトリなどをコンテナに見せる
volume	Docker ホストが管理するボリューム（/var/lib/docker/volumes 以下）をコンテナに見せる
tmpfs mount	Docker ホストのメモリをファイルシステムとしてコンテナに見せる

3-11-1　bind mount によるディレクトリの提供

　ホスト OS が管理するボリューム（`/var/lib/docker/volumes` ディレクトリ以下のデータ）とは無関係に、Docker エンジンが稼働するホスト OS 上の任意のデバイスファイルやディレクトリをコンテナに見せます。以下は、ホスト OS が提供する/hostdir0001 ディレクトリを Docker コンテナ内で利用する例です。

■コンテナ用ディレクトリの作成

　まず、ホスト OS 側で、コンテナに提供するディレクトリを作成します。ここでは、/hostdir0001 ディレクトリをコンテナに提供します。

```
# mkdir /hostdir0001
```

■ホスト OS 側にファイルを作成

　ホスト OS の/hostdir0001 に、何か適当なファイル（testfile0001.txt）を作成します。

```
# echo "Hello Docker" > /hostdir0001/testfile0001.txt
```

■ホストOSのディレクトリをコンテナに提供

ホストOSの/hostdir0001をコンテナに提供します。以下の実行例は、ホストOSの/hostdir0001をコンテナ内の/root/ctdir0001として利用する設定例です（図3-5）。「--mountオプション」を指定します。

```
# docker container run \
-it \
--name testmnt01 \
-h  testmnt01 \
--mount type=bind,src=/hostdir0001,dst=/root/ctdir0001 \
centos:6.9 /bin/bash
[root@testmnt01 /]#
```

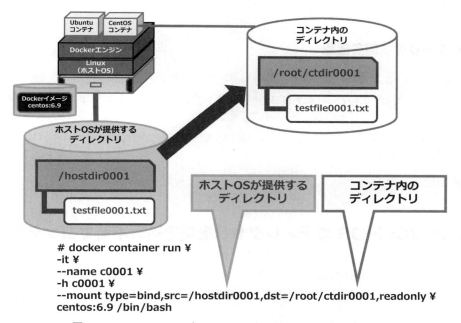

図3-5　ホストOSのディレクトリをDockerコンテナ内で利用

■提供されたディレクトリの確認

コンテナ内の/root/ctdir0001 ディレクトリにホストOSが提供するファイルが存在するかどうかを確認します。

第 3 章 Docker Community Edition

```
[root@testmnt01 /]# ls /root/ctdir0001/
testfile0001.txt
[root@testmnt01 /]# cat /root/ctdir0001/testfile0001.txt
Hello Docker
[root@testmnt01 /]#
```

■コンテナ内のファイルの削除

コンテナ内で、ファイルを削除してみます。

```
[root@testmnt01 /]# pwd
/
[root@testmnt01 /]# rm -rf /root/ctdir0001/testfile0001.txt
[root@testmnt01 /]#
```

■ディレクトリの状態を確認

別の端末、あるいは、CTRL+P、CTRL+Qでコンテナを離脱して、ホスト OS のコマンドプロンプトで、ホスト OS 上の/hostdir0001 ディレクトリ内のファイルが削除されているかを確認します。

```
CTRL + P  CTRL + Q を押す

# ls /hostdir0001/
```

3-11-2 ホスト OS のディレクトリを書き込み不可でコンテナに提供

ホスト OS が提供する/hostdir0001 を、コンテナに読み込みのみを許可し、書き込み不可の状態で提供するには、--mount オプションで指定するコンテナのディレクトリ名の後に、「,readonly」を付与します。

■テスト用ファイルの作成

ホスト OS 上で動作テスト用のファイルを作成しておきます。

```
# echo "Hello Docker" > /hostdir0001/testfile0002.txt
```

ホスト OS が提供する/hostdir0001 を書き込み不可の状態で、コンテナ c0001 上の/root/ctdir0001

102

● 3-11 ホスト OS から Docker コンテナへのディレクトリ提供

として見せます。

```
# docker container run \
-it \
--name c0001 \
-h c0001 \
--mount type=bind,src=/hostdir0001,dst=/root/ctdir0001,readonly \
centos:6.9 /bin/bash
[root@c0001 /]#
```

■ファイル属性の確認

コンテナ c0001 上で、/root/ctdir0001 ディレクトリに見える testfile0002.txt が読み込みのみ許可されており、書き込み不可になっているかどうかを確認します。

```
[root@c0001 /]# ls /root/ctdir0001/
testfile0002.txt
[root@c0001 /]# rm -rf /root/ctdir0001/testfile0002.txt
rm: cannot remove ' /root/ctdir0001/testfile0002.txt ': Read-only file system
[root@c0001 /]# echo "Hello Hello" >> /root/ctdir0001/testfile0002.txt
bash: /root/ctdir0001/testfile0002.txt: Read-only file system
[root@c0001 /]#
```

実行結果から、ホスト OS で提供される/hostdir0001 がコンテナ c0001 内で/root/ctdir0001 として見えていますが、削除も書き込みもできないことがわかります。

```
[root@c0001 /]# cat /root/ctdir0001/testfile0002.txt
Hello Docker
[root@c0001 /]#
```

3-11-3 ホスト OS 上のディレクトリの共有確認

コンテナがホスト OS のどのディレクトリを利用できるのかを確認するには、ホスト OS 上で docker container コマンドに inspect を付与し、コンテナ名を指定します。出力結果の中の「"Source":」と「"Destination":」にマウントの情報が出力されています。

■利用可能なディレクトリの確認

以下は、現在稼働中のコンテナ c0001 のマウント状況を表示した例です。ホスト OS 上の/hostdir0001 ディレクトリが、コンテナ c0001 上の/root/ctdir0001 ディレクトリとして、書き込み不可でマウン

103

第 3 章 Docker Community Edition

トされていることがわかります。

```
# docker container inspect c0001 | less
...
        "Mounts": [
            {
                "Type": "bind",
                "Source": "/hostdir0001",
                "Destination": "/root/ctdir0001",
                "Mode": "",
                "RW": false,
                "Propagation": "rprivate"
            }
        ],
...
```

　念のため、コンテナを削除しても、ホスト OS のボリューム内のファイルに影響がないことを確認しておきます。

```
# docker container rm -f c0001
c0001
# ls /hostdir0001/
testfile0002.txt
```

3-11-4 Volume の提供

　Docker エンジンが稼働するホスト OS のボリューム（/var/lib/docker/volumes ディレクトリ以下のデータ）をコンテナに見せます。以下は、ホスト OS が提供するボリュームを Docker コンテナ内で利用する例です。

■ボリュームの確認

　Docker エンジンが稼働するホスト OS のボリュームは、通常、/var/lib/docker/volumes ディレクトリ以下で管理されます。事前に/var/lib/docker/volumes 配下にディレクトリなどを作成しておく必要はありません。

■ホスト OS のボリュームをコンテナに提供

　ホスト OS のボリュームをコンテナに提供します。以下の実行例は、ホスト OS のボリューム vol01 をコンテナ内の/root/ctdir0002 として利用する設定例です（図 3-6）。「--mount オプション」に「type=volume」を指定します。

104

● 3-11 ホスト OS から Docker コンテナへのディレクトリ提供

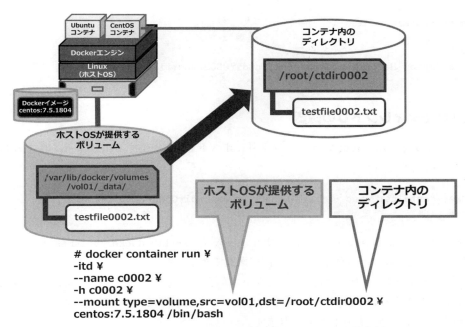

図 3-6 コンテナ内の/root/ctdir0002 として利用する設定例

```
# docker container run \
-itd \
--name c0002 \
-h c0002 \
--mount type=volume,src=vol01,dst=/root/ctdir0002 \
centos:7.5.1804 /bin/bash
```

■ボリュームの確認

ボリューム「vol01」が作成されたかどうかをホスト OS 上で確認します。ボリュームの確認は、「docker volume」コマンドに ls を付与します。

```
# docker volume ls
DRIVER              VOLUME NAME
local               vol01
```

■ボリュームにファイルを作成

ホスト OS が提供するボリューム「vol01」に、何か適当なファイル（testfile0002.txt）を作成します。

第 3 章 Docker Community Edition

```
# docker container exec \
-it \
c0002 \
bash -c "echo 'Hello World' > /root/ctdir0002/testfile0002.txt"
```

■提供されたディレクトリの確認

コンテナ内の/root/ctdir0002 ディレクトリにホスト OS が提供するボリュームのファイルが存在するかどうかを確認します。

```
# docker container exec -it c0002 cat /root/ctdir0002/testfile0002.txt
Hello World
```

Docker エンジンが稼働するホスト OS のボリューム（/var/lib/docker/volumes ディレクトリ以下のデータ）に格納されたデータをコンテナ内で閲覧できました。

このとき、ボリュームの実体が存在するかどうかも確認します。ボリュームの実体は、/var/lib/docker/volumes ディレクトリの下にボリューム名のディレクトリが作成され、データは、さらにその下にある「_data」ディレクトリ以下に保管されます。

```
# ls /var/lib/docker/volumes/vol01/_data/
testfile0002.txt

# cat /var/lib/docker/volumes/vol01/_data/testfile0002.txt
Hello World
```

3-11-5　ホスト OS のディレクトリを書き込み不可でコンテナに提供

ホスト OS が提供するボリュームを、コンテナに読み込みのみを許可し、書き込み不可の状態で提供するには、--mount オプションで指定するコンテナのディレクトリ名の後に、「,readonly」を付与します。

以下は、ホスト OS が提供する vol01 を書き込み不可の状態で、コンテナ c0003 上の/root/ctdir0003 として見せる例です。

```
# docker container run \
-itd \
--name c0003 \
-h c0003 \
--mount type=volume,src=vol01,dst=/root/ctdir0003,readonly \
centos:7.5.1804 /bin/bash
```

106

● 3-11 ホスト OS から Docker コンテナへのディレクトリ提供

■ファイル属性の確認

コンテナ c0003 上で、/root/ctdir0003 ディレクトリに見える testfile0002.txt が読み込みのみ許可されており、書き込み不可になっているかどうかを確認します。

```
# docker container exec -it c0003 \
rm -rf /root/ctdir0003/testfile0002.txt
rm: cannot remove '/root/ctdir0003/testfile0002.txt': Read-only file system

# docker container exec -it c0003 \
bash -c "echo 'Hello World' >> /root/ctdir0003/testfile0002.txt"
bash: /root/ctdir0003/testfile0002.txt: Read-only file system
```

実行結果から、ホスト OS で提供されるボリューム「vol01」がコンテナ c0003 内で /root/ctdir0003 として見えていますが、格納されているファイルの削除も書き込みもできないことがわかります。

読み込みが可能かどうかを確認しておきます。

```
# docker container exec -it c0003 \
cat /root/ctdir0003/testfile0002.txt
Hello World
```

3-11-6 ホスト OS 上のボリュームの共有確認

コンテナがホスト OS のどのボリュームを利用できるのかを確認するには、ホスト OS 上で docker container コマンドに inspect を付与し、コンテナ名を指定します。出力結果の中の「"Source":」と「"Destination":」にマウントの情報が出力されています。

■利用可能なディレクトリの確認

以下は、現在稼働中のコンテナ c0003 のマウント状況を表示した例です。ホスト OS 上のボリュームが、コンテナ c0003 上の /root/ctdir0003 ディレクトリとして、書き込み不可でマウントされていることがわかります。

```
# docker container inspect c0003 | less
...
        "Mounts": [
            {
                "Type": "volume",
                "Name": "vol01",
                "Source": "/var/lib/docker/volumes/vol01/_data",
```

第 3 章 Docker Community Edition

```
            "Destination": "/root/ctdir0003",
            "Driver": "local",
            "Mode": "z",
            "RW": false,
            "Propagation": ""
        }
    ],
...
```

3-11-7 tmpfs mount によるインメモリのファイルシステムの提供

Docker エンジンが稼働するホストのメモリの一部をファイルシステムとしてコンテナに見せます。インメモリのファイルシステム（tmpfs）を提供できるため、コンテナ内で非常に高速なファイルシステムを実現できます。tmpfs mount は、ホスト OS のメモリをファイルシステムとしてコンテナがマウントし、データを読み書きできます。ただし、メモリ上にあるデータは、永続的に利用するものではなく、一時的な利用に限ります。

■ tmpfs mount を使用しない場合の書き込み時間の計測

まず、tmpfs mount を使用しないで、通常の bind mount でコンテナを起動します。ホスト OS がコンテナに提供するファイルシステム（/hostdir0003 ディレクトリ）は、磁気ディスクに作成された xfs ファイルシステム上にあるとします。

```
# mkdir -p /hostdir0003
# docker container run \
-itd \
--name c75slow01 \
-h c75slow01 \
--mount type=bind,src=/hostdir0003,dst=/datadir \
centos:7.5.1804
```

ホスト OS の/hostdir0003 ディレクトリがコンテナ内の/datadir に対応付けられたので、コンテナ内で/datadir ディレクトリにデータを書き込みます。データサイズは、20G バイトにし、time コマンドで書き込み時間を計測します。

```
# sync; time docker exec \
-it \
c75slow01 \
bash -c "dd if=/dev/zero of=/datadir/bigdata0002 bs=1G count=20"
20+0 records in
```

108

● 3-11 ホスト OS から Docker コンテナへのディレクトリ提供

```
20+0 records out
21474836480 bytes (21 GB) copied, 85.6796 s, 251 MB/s

real    1m27.301s
user    0m0.060s
sys     0m0.063s
```

結果は、約 1 分 27 秒でした。[†]

> † 筆者の環境は、物理サーバーで直接 Docker エンジンを稼働させているため、20G バイトのデータでも 1 分半
> 程度で書き込みが終了しましたが、ハイパーバイザー型の仮想環境のゲスト OS 上で Docker エンジンを稼働させ
> ている場合は、ハイパーバイザーのオーバーヘッドにより、書き込みが終了するのに非常に時間がかかる可能性が
> あるため、適宜、書き込む容量を調整してください。

■ tmpfs mount を使用した場合の書き込み時間の計測

次に、tmpfs mount を使ってコンテナを起動します。

```
# docker container run \
-itd \
--name c75tmpfs01 \
-h c75tmpfs01 \
--mount type=tmpfs,dst=/datadir,tmpfs-mode=1770 \
centos:7.5.1804
```

ホスト OS のメモリの一部がコンテナ内の/datadir ディレクトリに対応付けられたので、コンテナ
内で/datadir ディレクトリにデータを書き込みます。データサイズは、20G バイトにし、time コマ
ンドで書き込み時間を計測します。

```
# sync; time docker exec \
-it \
c75tmpfs01 \
bash -c "dd if=/dev/zero of=/datadir/bigdata0001 bs=1G count=20"
20+0 records in
20+0 records out
21474836480 bytes (21 GB) copied, 13.2649 s, 1.6 GB/s

real    0m15.429s
user    0m0.045s
sys     0m0.048s
```

結果は、約 15 秒でした。tmpfs mount によるインメモリのファイルシステムを使うことで、コンテ
ナ内で高速にデータを書き込むことができました。

109

3-11-8 複数のコンテナによるデータ用ボリュームの共有

複数のコンテナ間で1つのデータ用ボリュームを共有したい場合があります。以下では、コンテナ c0001 で作成した /data/vol0001 ディレクトリにファイルを保存し、そのファイルを別のコンテナ c0002 からアクセスする例です（図 3-7）。

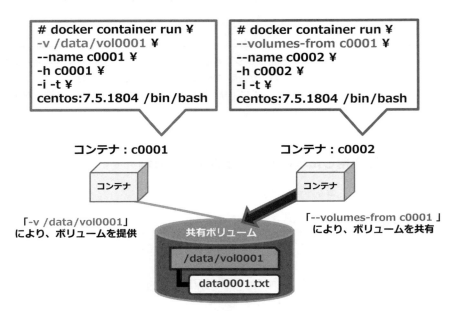

図 3-7　コンテナ間でのボリュームの共有（複数コンテナから書き込みが可能な設定）

■コンテナからアクセス可能なボリュームの設定

まず、Docker イメージ centos:7.5.1804 から、コンテナ c0001 を生成し、コンテナ上の共有ボリュームとなる /data/vol0001 ディレクトリをコンテナ c0001 上で利用可能にします。

```
# docker container run \
-v /data/vol0001 \
--name c0001 \
-h c0001 \
-i -t \
centos:7.5.1804 /bin/bash
[root@c0001 /]#
```

● 3-11 ホスト OS から Docker コンテナへのディレクトリ提供

■ボリューム共有する別のコンテナの生成

別の端末で、コンテナ c0001 が提供するボリューム**/data/vol0001** を共有するコンテナ c0002 を生成します。**--volumes-from** オプションで、新たに生成されるコンテナに c0001 の提供するボリュームを割り当てます。

```
# docker container run -i -t \
--volumes-from c0001 \
--name c0002 \
-h c0002 \
centos:7.5.1804 /bin/bash
[root@c0002 /]#
```

■ボリュームのアクセス確認

コンテナ c0001 あるいは c0002 の共有ボリューム**/data/vol0001** にファイルを作成し両方のコンテナからアクセスできるかを確認します。

```
[root@c0001 /]# echo "Hello Docker shared volume" > /data/vol0001/data0001.txt
```

コンテナ c0001 で共有ボリューム**/data/vol0001** 上のファイル data0001.txt の内容を確認しておきます。

```
[root@c0001 /]# cat /data/vol0001/data0001.txt
Hello Docker shared volume
[root@c0001 /]#
```

コンテナ c0002 でも同様に、data0001.txt の内容を確認します。

```
[root@c0002 /]# cat /data/vol0001/data0001.txt
Hello Docker shared volume
[root@c0002 /]#
```

■書き込み不可でボリューム共有

共有可能なボリュームのファイルを書き込み不可で共有する場合は、「**--volumes-from** コンテナ名」の後に「**:ro**」を付与します。

```
# docker container run -i -t \
--volumes-from c0001:ro \
--name c0003 \
-h c0003 \
```

111

```
centos:7.5.1804 /bin/bash
[root@c0003 /]# ls /data/vol0001/
data0001.txt
[root@c0003 /]# rm -rf /data/vol0001/data0001.txt
rm: cannot remove '/data/vol0001/data0001.txt': Read-only file system
[root@c0003 /]#
```

rmコマンドの出力結果から、コンテナc0003からは書き込み不可になっていることがわかります。一方、ボリュームを提供する側のコンテナc0001は、共有ボリュームのファイルへの更新や削除ができることに注意してください。

3-12　Dockerにおけるデータ専用コンテナ

Dockerでは、OSのベースイメージ以外にも、データ専用のコンテナ（一般に、データコンテナと呼ばれます）を作成できます。

データ専用のコンテナを作成しておけば、アプリケーションが参照するデータを別コンテナに分離し、次々と生成されるコンテナで、データコンテナに保管したユーザーデータの再利用ができるようになり、データの可搬性が向上します（図3-8）。

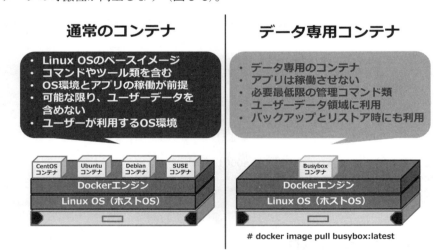

図3-8　通常のコンテナとデータ専用コンテナの比較

3-12-1　データ用コンテナの作成

データ専用コンテナには、OSイメージではなく、busyboxと呼ばれるイメージを利用します。busyboxは、基本的なLinuxコマンド群を単一のbusyboxコマンドにまとめたものであり、必要最小限のシェ

● 3-12 Docker におけるデータ専用コンテナ

ル環境を提供する場合によく利用されています。

以下では、/data0001 ディレクトリを提供するデータ専用のコンテナ d0001 を作成する手順です。

■ busybox イメージの入手

まず、busybox のイメージを docker image pull により入手します。

```
# docker image pull busybox:latest
```

■データ専用コンテナの生成

/data0001 ディレクトリを提供するコンテナ d0001 を生成します。

```
# docker container run -i -t -v /data0001 --name d0001 busybox /bin/sh
/ #
```

■テスト用ファイルの作成

生成されたコンテナ d0001 のコマンドライン上で、空の/data0001 ディレクトリが自動的に作成されていることを確認し、テスト用のファイル datafile01.txt を作成します。

```
/ # ls -a /data0001/
.  ..
/ # echo "Hello data container" > /data0001/datafile01.txt
```

■別のコンテナからディレクトリを参照

データ専用コンテナ d0001 のコマンドラインを exit コマンドで離脱し、別のコンテナ c0004 からコンテナ d0001 の/data0001 ディレクトリを利用します。

```
/ # exit
# docker container run -i -t \
--volumes-from d0001 \
--name c0004 \
-h c0004 \
centos:7.5.1804 /bin/bash
[root@c0004 /]# cat /data0001/datafile01.txt
Hello data container
[root@c0004 /]#
```

113

3-12-2 データ専用コンテナを使ったボリュームのバックアップ

busyboxとtarコマンドを組み合わせることで、データ専用コンテナに保管されているデータをホストOS上にバックアップ、またはコンテナへリストアすることが可能です。以下では、データ専用コンテナd0002が提供する/datadirをホストOS上の/hostdirにバックアップする例を示します（図3-9）。

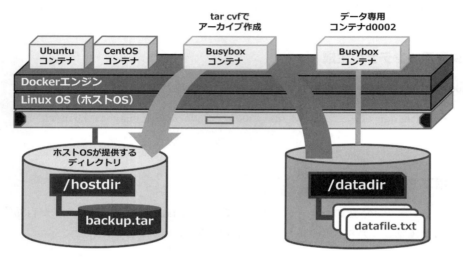

図3-9　busyboxコンテナを使ったデータのバックアップ

■バックアップ対象コンテナの生成

まず、バックアップ対象のデータを含むコンテナを生成します。/datadirディレクトリをボリュームとして提供するデータ専用コンテナd0002を生成します。

```
# docker container run -i -t \
-v /datadir \
--name d0002 \
-h d0002 \
busybox /bin/sh
/ #
```

● 3-12 Docker におけるデータ専用コンテナ

■バックアップ対象ファイルの作成

データ専用コンテナ d0002 上の/datadir にバックアップ対象となるファイルを保管します。

```
/ # echo "Hello data container" > /datadir/datafile.txt
```

■バックアップの実行

別の端末で、ホスト OS 上のコマンドラインから、データ専用コンテナ d0002 のボリューム/datadir
以下すべてをホスト OS 上の/hostdir ディレクトリ配下に、backup.tar としてバックアップします。

```
# docker container run \
--rm \
--volumes-from d0002 \
-v /hostdir:/ctdir \
busybox:latest tar cvf /ctdir/backup.tar /datadir
tar: removing leading '/' from member names
datadir/
datadir/datafile.txt
```

■バックアップファイルの確認

ホスト OS 上の/hostdir ディレクトリにバックアップアーカイブの backup.tar が保存されている
かを確認します。

```
# ls -a /hostdir/
.  ..  backup.tar

# tar tf /hostdir/backup.tar
datadir/
datadir/datafile.txt
```

上に示した tar コマンドの実行例は、busybox が提供するコンテナ上で実行され、そのコンテナ
内の/ctdir ディレクトリ上にファイルが保管され、コンテナの/ctdir ディレクトリがホスト OS
の/hostdir ディレクトリに関連付けられているため、結果的にホスト OS 上の/hostdir にバックアッ
プが保管されています。tar コマンドは、busybox が提供しているものなので、通常の Linux OS に搭
載されている GNU tar に比べ、機能が制限されている点に注意する必要があります。

115

3-12-3 ホストOSにバックアップしたデータを別のコンテナにリストア

次に、ホストOSの/hostdirディレクトリ上にバックアップしたデータbackup.tarを別のコンテナにリストアしてみましょう（図3-10）。

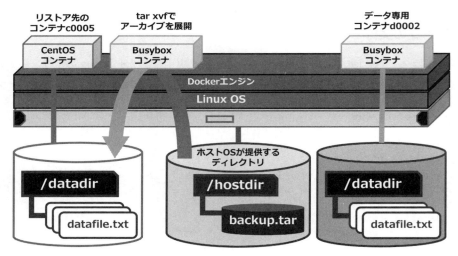

図3-10　busyboxコンテナを使ったデータのリストア

■リストア先コンテナの生成

リストア先となるコンテナc0005を生成、起動します。コンテナc0005は、ホストOSに対して、/datadirディレクトリを提供し、このディレクトリ配下にリストアするため、コンテナ起動時に「-v /datadir」の付与が必要です。

```
# docker container run -i -t \
-v /datadir \
--name c0005 \
-h c0005 \
centos:7.5.1804 /bin/bash
[root@c0005 /]# ls -l /datadir/
total 0
[root@c0005 /]#
```

● 3-13 イメージのインポートとエクスポート

■リストアの実行

次に、別端末におけるホスト OS のコマンドラインから、ホスト OS 上の/hostdir ディレクトリに
保管されたバックアップデータ backup.tar を、コンテナ c0005 にリストアします。

```
# docker container run \
--rm \
--volumes-from c0005 \
-v /hostdir:/ctdir \
busybox:latest tar xvf /ctdir/backup.tar -C /
datadir/
datadir/datafile.txt
#
```

■リストアの確認

再び、コンテナ c0005 が稼働している端末に戻り、ホスト OS に保管されているバックアップデー
タ backup.tar がコンテナ c0005 の/datadir 配下にリストアされているかを確認します。

```
[root@c0005 /]# cat /datadir/datafile.txt
Hello data container
[root@c0005 /]#
```

3-13 イメージのインポートとエクスポート

既存の仮想環境で構築されたさまざまなアプリケーション資産が有効に機能しており、安定的に利
用できている場合は、そのまま仮想化基盤を利用することが考えられます。しかし、イミュータブル・
インフラストラクチャなどの DevOps 環境の新規導入を検討している場合は、それらの既存の仮想化
基盤におけるソフトウェア資産を Docker 環境に移行することが考えられます。

このような仮想化から Docker への移行要件に応えるため、Docker では、仮想化基盤で利用されてい
るゲスト OS のイメージファイルなど、非 Docker 環境のイメージ（厳密にはアーカイブファイルです）
を、Docker 環境に移行する手段が用意されています。具体的には、既存の KVM 仮想環境におけるゲ
スト OS の qcow2 形式のイメージファイルを tar アーカイブに変換し、Docker 環境にインポートする
ことで Docker イメージに変換し、Docker 上でコンテナとして利用するといった移植方法になります。

117

第 3 章 Docker Community Edition

3-13-1 コンテナのインポート

以下では、既存の KVM 仮想化基盤のゲスト OS イメージを Docker 環境に移植する例を示します。

■ KVM ゲスト OS のシャットダウン

まず、移植対象の KVM ゲスト OS をシャットダウンします。ここでは、KVM ゲスト OS の名前を c66svr01 とし、KVM ゲスト OS は、CentOS 6.6 を想定します。

```
# virsh shutdown c66svr01
```

■ qcow2 イメージのコピー

Docker が稼働する CentOS 7.x のシステムに KVM ゲスト OS の qcow2 イメージをコピーします。標準では、KVM ゲスト OS のイメージファイルが/var/lib/libvirt/images ディレクトリに保管されます。コピー先の CentOS 7.x のディレクトリのパスは任意ですが、ここでは、/data ディレクトリにコピーします。以下は、Docker が稼働するホストで作業します。

```
# mkdir /data
# scp KVM ホストマシンの IP アドレス:/var/lib/libvirt/images/c66svr01.qcow2 /data/
# cd /data/
# ls -lh c66svr01.qcow2
-rw-------. 1 qemu qemu 17G Dec 11 2018 c66svr01.qcow2
```

■ virt-tar-out コマンドのインストール

Docker が稼働する CentOS 7.x がインストールされたサーバーに、qcow2 イメージファイルを tar アーカイブに変換する virt-tar-out コマンドをインストールします。virt-tar-out コマンドは、libguestfs-tools パッケージに含まれています。

```
# yum install -y libguestfs-tools
```

■ qcow2 イメージをアーカイブ

virt-tar-out コマンドを使って、KVM ゲスト OS の qcow2 イメージを、圧縮された tar アーカイブに変換します。

● 3-13 イメージのインポートとエクスポート

```
# systemctl restart libvirtd
# virt-tar-out -a c66svr01.qcow2 / - | gzip > c66svr01.tgz
# ls -lh c66svr01.tgz
-rw-r--r--. 1 root root 361M Dec 11 21:37 c69n0194.tgz
```

■ tar イメージの Docker 環境へのインポート

c66svr01.tgz を Docker 環境にインポートします。

```
# cat c66svr01.tgz | docker image import - centos:c66svr01
sha256:b53f087b25af74348e25665b7c8d60daaae8c1f1e947c9aa561bee4af818bda
```

以下のように、virt-tar-out コマンドと docker コマンドをパイプで連結させることも可能です。

```
# virt-tar-out -a /data/c66svr01.qcow2 / - | docker image import - centos:c66svr01
# docker images
REPOSITORY       TAG           IMAGE ID        CREATED          SIZE
centos           c66svr01      95770ed98425    About a minute ago   960.6 MB
#
```

■インポートしたイメージの起動

インポートした Docker イメージを起動させてみましょう。

```
# docker container run -i -t \
--name c66svr01 \
-h c66svr01 \
centos:c66svr01 /bin/bash
[root@c66svr01 /]# ip a s eth0 | grep inet
    inet 172.17.0.2/16 brd 172.17.255.255 scope global eth0
[root@c66svr01 /]# yum install -y httpd
[root@c66svr01 /]# service httpd start
```

　既存の KVM ゲスト OS 環境を Docker 環境に移植できていることがわかります。ただし、IP アドレスの固定割り当て、ホスト名、OS 起動時の各種スクリプトなどの設定は、Docker 環境で別途追加設定を行う必要があります。

119

第 3 章 Docker Community Edition

3-13-2 コンテナのエクスポート

　Docker コンテナのエクスポートは、既存のコンテナを tar 形式のアーカイブに変換します。tar 形式にアーカイブされた Docker コンテナは、バックアップアーカイブとして利用できます。エクスポートされた tar アーカイブをインポートすれば、再びコンテナとして利用できます。

　以下では、CentOS 6.7 の Docker コンテナを tar 形式のアーカイブにエクスポートする例です。まず、Docker イメージを入手し、コンテナを起動します。コンテナ内の/root ディレクトリに確認用のテキストファイル test.txt を入れておきます。

```
# docker image pull centos:6.7
# docker container run \
-itd \
--name c67test01 \
centos:6.7 /bin/bash -c 'echo "Hello Docker" > /root/test.txt'
```

現在稼働しているコンテナを tar アーカイブにエクスポートします。

```
# docker container export c67test01 > c67test01.tar
# ls -lh ./c67test01.tar
-rw-r--r--. 1 root root 188M Dec 16 22:04 ./c67test01.tar
```

この tar アーカイブの中身を確認します。

```
# tar tvf ./c67test01.tar |less
-rwxr-xr-x 0/0              0 2018-12-11 04:20 .dockerenv
dr-xr-xr-x 0/0              0 2015-08-20 03:27 bin/
-rwxr-xr-x 0/0          24232 2014-10-15 13:51 bin/arch
lrwxrwxrwx 0/0              0 2015-08-20 03:25 bin/awk -> gawk
-rwxr-xr-x 0/0          23720 2014-10-15 13:51 bin/basename
-rwxr-xr-x 0/0         906152 2015-07-24 03:55 bin/bash
...
```

tar アーカイブの中に test.txt が含まれているかも確認しておきます。

```
# tar tvf ./c67test01.tar | grep test.txt
-rw-r--r-- 0/0             13 2018-11-11 04:51 root/test.txt
#
```

　Docker コンテナのファイルシステムが tar アーカイブとして得られました。この tar アーカイブを別の Docker 環境にコピーし、docker image import コマンドで、Docker イメージとして登録できるか確認します。今回、リモートにある別の Docker 環境のホスト名を node02 とし、node02 のコマンドプロンプトを「node02 #」で表します。

120

● 3-14 Docker イメージのセーブとロード

```
# scp c67test01.tar node02:/root/
```

node02 にログインし、/root ディレクトリにある c67test01.tar を Docker イメージに変換します。

```
node02 # cat c67test01.tar |docker image import - c67:test01
sha256:66b98cd90417bc2bf0cd1534a7c652c6d2cd0200f83adf65ef8e05438a0b4c96
```

Docker イメージを確認します。

```
node02 # docker image ls
REPOSITORY         TAG            IMAGE ID            CREATED             SIZE
c67                test01         8c1afb99e0cd        6 seconds ago       191MB
```

tar アーカイブから Docker イメージにインポートできました。正常に Docker コンテナとして起動でき、確認用のテキストファイルが見えるかを確認します。

```
node02 # docker container run \
-it \
--name c67test01 \
-h c67test01 \
c67:test01 /bin/bash -c 'cat /root/test.txt'
Hello Docker
```

このように、docker container export と docker image import を使えば、Docker コンテナのファイルシステムを tar アーカイブでバックアップし、別の Docker 環境に Docker イメージとしてコピーできます。

 Note　インポートの対応ファイル形式

　docker image import は、今回の例でご紹介した tar 形式以外にも、tar.gz 形式、tgz 形式、bzip 形式、tar.xz 形式、txz 形式に対応しています。

3-14　Docker イメージのセーブとロード

　Docker 環境では、コンテナだけでなく、Docker イメージも tar 形式に変換できます。Docker イメージから tar 形式に変換するには、docker image save を用います。以下は、CentOS 6.9 の Docker イメージを入手し、docker image save コマンドにより、tar アーカイブに変換する例です。

第 3 章 Docker Community Edition

```
# docker image pull centos:6.9
# docker image ls
REPOSITORY      TAG          IMAGE ID         CREATED         VIRTUAL SIZE
centos          6.9          e88c611d16a0     4 weeks ago     195MB
```

Docker イメージ「centos:6.9」を tar アーカイブに変換します。

```
# docker image save centos:6.9 > centos-6.9.tar
```

取得した tar アーカイブのファイルサイズを確認します。

```
# ls -lh centos-6.9.tar
-rw-r--r-- 1 root root 194M Dec 11 05:05 centos-6.9.tar
```

この tar アーカイブの中身を確認します。

```
# tar tf centos-6.9.tar
10116cd1cef70935c233b2533acaed47c8c885f6897af7878a4def99af0a7b5c/
10116cd1cef70935c233b2533acaed47c8c885f6897af7878a4def99af0a7b5c/VERSION
10116cd1cef70935c233b2533acaed47c8c885f6897af7878a4def99af0a7b5c/json
10116cd1cef70935c233b2533acaed47c8c885f6897af7878a4def99af0a7b5c/layer.tar
e88c611d16a001c1494b11a55bc25c0e9d63e67444d754d01f0ffa7de92a15c7.json
manifest.json
repositories
```

tar アーカイブには、Docker エンジンが理解できる JSON 形式ファイルや tar アーカイブなどが含まれています。layer.tar ファイルに、CentOS 6.9 のバイナリやライブラリなどのシステムファイルが収められています。

3-14-1 tar アーカイブから Docker イメージへの変換

この tar アーカイブを別の Docker 環境にコピーし、コンテナとして利用できるかを確認ます。docker image save で得られた Docker イメージの tar アーカイブは、docker image load によって再び Docker イメージとして登録できます。今回は、別の Docker 環境のホスト名を node02 とし、node02 のコマンドプロンプトを「node02 #」とします。

```
# scp centos-6.9.tar node02:/root/
```

node02 にログインし、docker image load を使って、コピーされた tar アーカイブから Docker イメージに変換します。

● 3-14 Docker イメージのセーブとロード

```
node02 # docker image load -i centos-6.9.tar
node02 # docker image ls
REPOSITORY          TAG               IMAGE ID          CREATED          SIZE
centos              6.9               e88c611d16a0      4 weeks ago      195MB
```

tar アーカイブから変換した Docker イメージ「centos:6.9」が Docker コンテナとして正常に稼働できるかどうか確認します。

```
node02 # docker run \
-it \
--rm \
centos:6.9 cat /etc/redhat-release
CentOS release 6.9 (Final)
#
```

3-14-2 データボリュームを持つ Docker イメージのバックアップ

Docker 環境における export と import、save と load は、いずれも tar アーカイブに変換し、別の Docker 環境に Docker イメージとしてコピーできるため、あまり違いがないように見えますが、データベースソフトウェアのようなデータボリュームを持つ Docker イメージにおいては、バックアップされる対象の範囲が異なるため、注意が必要です。以下は、データベースソフトウェアとして有名な PostgreSQL を例に、その違いを示します。まず、PostgreSQL を稼働させる Docker イメージを入手し、コンテナを起動します。

```
# docker image pull postgres:11
# docker container run -d --name db01 postgres:11
```

コンテナ内の PostgreSQL データベースの実体（/var/lib/postgresql/data ディレクトリに格納されているファイル群）を確認します。

```
# docker container exec -it db01 ls -l /var/lib/postgresql/data
total 56
drwx------ 5 postgres postgres   41 Nov 10 20:26 base
drwx------ 2 postgres postgres 4096 Nov 10 20:26 global
drwx------ 2 postgres postgres    6 Nov 10 20:26 pg_commit_ts
drwx------ 2 postgres postgres    6 Nov 10 20:26 pg_dynshmem
...
```

コンテナ「db01」を停止し、docker container export コマンドで tar アーカイブにエクスポートします。そして、tar アーカイブを別の Docker 環境（node02）にコピーし、docker image import コマンドでインポートします。

第 3 章 Docker Community Edition

```
# docker container stop db01
# docker container export db01 > db01.tar
# scp db01.tar node02:/root/
```

node02 にログインし、tar アーカイブを Docker イメージに変換します。

```
node02 # cat db01.tar |docker image import - postgres:11
node02 # docker image ls
REPOSITORY        TAG        IMAGE ID          CREATED           SIZE
postgres          11         b8aeb8e7aea5      2 seconds ago     303MB
```

node02 において、tar アーカイブからインポートした PostgreSQL の Docker イメージを使って、コンテナを起動し、コンテナ db02 のデータベースの実体（/var/lib/postgresql/data ディレクトリ以下のファイル群）を確認します。

```
node02 # docker container run -itd --name db02 -h db02 postgres:11 /bin/bash
node02 # docker container exec -it db02 ls -l /var/lib/postgresql/data
total 0
```

格納されているはずのデータベースが存在しません。Docker では、データボリュームとして定義されたディレクトリ（今回の場合、/var/lib/postgresql/data）は、docker container export、および、docker image import コマンドを使ったバックアップ、リストアから除外されます。このため、データボリュームとして定義されたディレクトリ以下は、個別でバックアップ、リストアが必要です。一般に、データボリュームは、Docker イメージの作成を自動化する Dockerfile（第 4 章で解説）やコンテナ起動時に定義します。また、Docker Hub から入手できる Docker イメージにおいても、特にデータベースソフトウェアは、データボリュームが事前に定義されているため、注意が必要です。

3-14-3 データボリュームの確認方法

Docker コンテナ db01 に設定されているデータボリュームを知るには、以下のように docker container inspect を実行します。

```
# docker container inspect db01 | grep -A 2 '"Volumes":'
            "Volumes": {
                "/var/lib/postgresql/data": {}
            },
#
```

コンテナ db01 は、/var/lib/postgresql/data がボリュームとして定義されていることがわかります。PostgreSQL に限らず、データベース系の Docker イメージは、データボリュームが定義されている

124

ことが少なくありません。

3-14-4 docker image save と docker image load による バックアップリストア

Docker イメージ「postgresql:11」は、`docker container export` と `docker image import` を使って PostgreSQL のデータボリュームがバックアップされませんでしたが、`docker image save` と `docker image load` では、データボリュームを含んでバックアップされます。以下は、既存の PostgreSQL の Docker イメージ「postgresql:11」を `docker image save` でバックアップし、`docker image load` を使って別の Docker 環境にリストアする例です。まず、現在稼働中の Docker コンテナ db01 をコミットします。

```
# docker container stop db01
# docker commit db01 pgsql11:db01
# docker image save pgsql11:db01 > pgsql11-db01.tar
# docker container start db01
```

得られた tar アーカイブを別の Docker 環境（node02）にコピーします。

```
# scp pgsql11-db01.tar node02:/root/
```

別の Docker 環境（node02）上で、`docker image load` を使って、tar アーカイブから Docker イメージに変換します。

```
node02 # docker image load -i pgsql11-db01.tar
```

Docker イメージから Docker コンテナ「db03」を起動し、ボリュームが存在するかを確認します。

```
node02 # docker container run -d --name db03 -h db03 pgsql11:db01
node02 # docker container exec -it db03 ls -l /var/lib/postgresql/data
total 56
drwx------ 5 postgres postgres   41 Nov 10 22:06 base
drwx------ 2 postgres postgres 4096 Nov 10 22:06 global
drwx------ 2 postgres postgres    6 Nov 10 22:05 pg_commit_ts
drwx------ 2 postgres postgres    6 Nov 10 22:05 pg_dynshmem
...
```

以上で、データボリュームを含んだ形で、別の Docker 環境にイメージをリストアできました。

第 3 章 Docker Community Edition

3-15　　リソース使用状況の確認

現在稼働しているコンテナや停止しているコンテナのリソース使用量は、そのコンテナが稼働しているホスト OS 上において、`docker container stats` コマンドを使って表示できます（**表 3-4**、**表 3-5**）。`docker container stats` では、コンテナ ID、コンテナ名、CPU 使用率、メモリ使用量と最大メモリ容量、メモリ使用率、ネットワーク I/O、ブロック I/O、PID の数が表示されます（**図 3-11**）。何もオプションを付与しない場合は、ストリーム出力によるリアルタイム表示が続き、コマンドプロンプトは現れません。

表 3-4　docker container stats コマンドのオプション

オプション	意味
-a	停止しているコンテナも含めて、すべてのコンテナのリソース使用状況を表示
--no-stream	オプションを付与すると、一度だけ表示し、コマンドプロンプトに戻る
--no-trunc	完全なコンテナ ID を表示
--format	表示する項目を指定して表示

表 3-5　docker container stats コマンド--format オプションのパラメーター

「--format」に指定するパラメータ	説明
.Container	コンテナ名、またはコンテナ ID
.Name	コンテナ名
.ID	コンテナ ID
.CPUPerc	CPU パーセンテージ
.MemUsage	メモリ使用量
.NetIO	ネットワーク IO
.BlockIO	ディスク IO
.MemPerc	メモリパーセンテージ (Windows は使用不可)
.PIDs	PID 番号 (Windows は使用不可)

```
File Edit View Search Terminal Help
[root@a4501 ~]# docker container stats -a --no-stream
CONTAINER ID    NAME        CPU %      MEM USAGE / LIMIT     MEM %    NET I/O          BLOCK I/O        PIDS
b2875860535b    c75db01     100.51%    484KiB / 62.79GiB     0.00%    774B / 0B        7.79MB / 0B      2
57d584309635    test02      0.00%      0B / 0B               0.00%    0B / 0B          0B / 0B          0
ac3820c4a147    suse_db01   0.01%      2.402MiB / 62.79GiB   0.00%    1.04MB / 1.04MB  7.73MB / 0B      3
2a7767e4bc8c    u1804n01    45.66%     944KiB / 62.79GiB     0.00%    49.9MB / 1.34MB  31.2MB / 352MB   3
a669f1166767    c75test01   44.00%     888KiB / 62.79GiB     0.00%    64.5MB / 1.93MB  60.4MB / 53.9MB  3
[root@a4501 ~]#
```

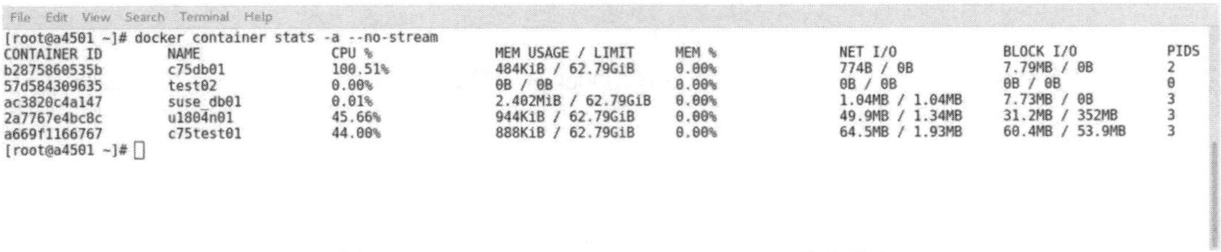

図 3-11　docker container stats コマンドの出力

```
# docker container stats \
-a \
--no-stream \
--format "table {{.ID}}\t{{.CPUPerc}}\t{{.MemUsage}}\t{{.PIDs}}"
CONTAINER ID       CPU %              MEM USAGE / LIMIT      PIDS
b2875860535b       100.11%            484KiB / 62.79GiB      2
57d584309635       0.00%              0B / 0B                0
ac3820c4a147       0.01%              2.402MiB / 62.79GiB    3
2a7767e4bc8c       42.28%             944KiB / 62.79GiB      3
a669f1166767       44.49%             888KiB / 62.79GiB      3
```

3-15-1 ログ管理

　コンテナ内に記録されたログは、そのコンテナが Docker イメージとして保存されない限り、コンテナが終了するとともに、生成されたログなどは消えてしまいます。逆に、ログが記録されたコンテナから生成した Docker イメージの再利用は、ログ情報が第三者に渡るため、推奨できません。そのため、Docker コンテナ内のアプリケーションが生成するログは、ホスト OS に保存しておく運用が見られます。Docker では、コンテナが出力するログを管理するコマンドが用意されています。具体的には、「docker container logs」コマンドに、ログの監視対象となるコンテナ名を指定します。以下は、コンテナ「test01」を稼働し、そのコンテナ「test01」のコマンドラインでの作業ログを確認する例です。まず、コンテナ「test01」を起動します。

```
# docker run -itd --name test01 centos:7.5.1804 /bin/bash
```

コンテナに入り、コマンドラインからいくつか命令を入力します。

```
# docker container attach test01
[root@9206d7ad15c4 /]# ls
bin dev etc home lib lib64 media mnt opt proc root run sbin srv sys
tmp usr var
[root@9206d7ad15c4 /]# hostname
9206d7ad15c4
```

　キーボードの CTRL + P 、 CTRL + Q を押して、コンテナのコマンドラインを抜けて、ホスト OS のコマンドプロンプトに戻り、ホスト OS 上で「docker container logs」コマンドを実行し、コンテナで作業した命令をログとして確認します。

```
# docker container logs test01
[root@9206d7ad15c4 /]# ls
bin  dev  etc  home  lib  lib64  media  mnt  opt  proc  root  run  sbin  srv  sys
```

第 3 章 Docker Community Edition

```
tmp  usr  var
[root@9206d7ad15c4 /]# hostname
9206d7ad15c4
#
```

■時刻付きで表示

　コンテナで作業した内容をログとして確認できました。さらに、「-t」オプションを付与することで、コンテナで作業した時刻を付与したログを確認できます。

```
# docker container logs -t test01
[root@9206d7ad15c4 /]# ls
2018-11-12T05:35:33.948344617Z bin  dev  etc  home  lib  lib64  media  mnt  opt  pr
oc  root  run  sbin  srv  sys  tmp  usr  var
2018-11-12T05:35:35.635835640Z [root@9206d7ad15c4 /]# hostname
2018-11-12T05:35:35.697971872Z 9206d7ad15c4
#
```

■ログファイルの実体

　ログファイルは、ホスト OS 上の/var/lib/docker/containers/<コンテナ ID>/<コンテナ ID>-json.logとして保存されます。まずは、ログの監視対象となる稼働中のコンテナの ID を確認します。

```
# docker container ls --no-trunc
CONTAINER ID                                                        IMAGE        ...
9206d7ad15c4954b599e69d0540585f3a5d4f8933fe37f562e9d1c7d7d5ff394    centos:7.5.1804
```

　ホスト OS 上で、コンテナ ID を変数に格納し、その変数を使って、ログの実体を less コマンドで確認します。

```
# ID=$(docker container ls --no-trunc | grep test01 | cut -d" " -f1)
# less /var/lib/docker/containers/${ID}/${ID}*.log
{"log":"\u001b]0;@9206d7ad15c4:/\u0007\u001b[?1034h[root@9206d7ad15c4 /]# \r\u001b[
K[root@9206d7ad15c4 /]# \r\u001b[K[root@9206d7ad15c4 /]# ls\r\n","stream":"stdout",
"time":"2018-11-12T05:35:33.855088511Z"}
{"log":"\u001b[0m\u001b[01;36mbin\u001b[0m  \u001b[01;34mdev\u001b[0m  \u001b[01;34
metc\u001b[0m
...
```

128

● 3-15 リソース使用状況の確認

■ログの出力先の変更

ホスト OS 上の/var/lib/docker/containers ディレクトリ以下のコンテナ ID に対応した JSON
ファイルは、管理が煩雑になる傾向があるため、通常は、Linux OS で提供されるログ管理サービスなど
と連携させることが少なくありません。Docker でサポートされているログ管理サービスのうち、よく
利用されるものとしては、rsyslog が挙げられます。以下は、ホスト OS の rsyslog が管理するログの出
力先の「/var/log/messages」ファイルにコンテナのログを記録する例です。事前準備として、Docker
エンジンが稼働するホスト OS 側にあらかじめ rsyslog をインストールし、稼働させておきます。

```
# yum install -y rsyslog
# systemctl start rsyslog
```

コンテナを起動します。ホスト OS の rsyslog にコンテナのログを記録するには、コンテナ起動時に、
「--log-driver=syslog」オプションを付与します。

```
# docker container run \
-itd \
--log-driver=syslog \
--name logtest01 \
-h logtest01 \
centos:7.5.1804 /bin/bash
```

ホスト OS 上の別の端末で、「tail -f /var/log/messages」を入力し、ログがリアルタイムに目視
できるようにしておきます。「tail -f /var/log/messages」を実行している端末とは別の端末でコ
ンテナに入り、何かコマンドを入力します。

```
# docker attach logtest01
[root@logtest01 /]# hostname
logtest01
[root@logtest01 /]# pwd
/
[root@logtest01 /]# cat /etc/redhat-release
CentOS Linux release 7.5.1804 (Core)
[root@logtest01 /]#
```

「tail -f /var/log/messages」を入力した端末に表示されているログを確認します。

```
# tail -f /var/log/messages
...
Nov 12 18:18:43 n0170 e302c26c5492[8200]: #033]0;@logtest01:/#007[root@logtest01 /]
# hostname
Nov 12 18:18:43 n0170 e302c26c5492[8200]: logtest01
```

129

第 3 章 Docker Community Edition

```
Nov 12 18:18:52 n0170 e302c26c5492[8200]: #033]0;@logtest01:/#007[root@logtest01 /]
# pwd
Nov 12 18:18:52 n0170 e302c26c5492[8200]: /
Nov 12 18:18:56 n0170 e302c26c5492[8200]: #033]0;@logtest01:/#007[root@logtest01 /]
# cat /etc/redhat-release
Nov 12 18:18:56 n0170 e302c26c5492[8200]: CentOS Linux release 7.5.1804 (Core)
...
```

コンテナのログを Docker エンジンが稼働するホスト OS の rsysylog が管理する/var/log/messages
ファイルに記録できました。

3-16　　まとめ

本章では、Docker の基本的な操作、systemd および Upstart に対応したコンテナの起動方法、tar アー
カイブのインポートとコンテナのエクスポート、Docker イメージのセーブ、ロード、ログ出力、デー
タ専用コンテナによるデータのバックアップ、リストアなどについて簡単にご紹介しました。Docker
は、ハイパーバイザー型の仮想化基盤で稼働する仮想マシンに比べて、非常に軽量で、アプリケーショ
ン入りのコンテナの起動や削除も容易に行えることが理解できたかと思います。まずは、基本的なコ
マンドでコンテナの管理手法の基礎を習得してください。

第4章
Dockerfile

Dockerは、ハイパーバイザー型の仮想化ソフトウェアに比べて、飛躍的にサーバー集約を実現できる特徴がありますが、Dockerの醍醐味は、やはりOS環境で利用される実行ファイルやライブラリとアプリケーションをパッケージ化する手順を自動化できるという点にあります。では、実行ファイルやライブラリとアプリケーションのパッケージ化を自動化するとは、いったいどういうことなのでしょうか？ そこには、今までのコンテナ型のソフトウェアにはない斬新な考え方があります。それが、Dockerfileです。本章では、Dockerfileを使ったアプリケーションのパッケージ化の具体的な自動化手順について、注意点も含めて解説します。

4-1　Dockerfile を使ったイメージの作成

　Docker イメージの作成や、イメージからコンテナを起動する一連の手順は、コマンドラインから docker コマンドを実行します。コマンドラインからの入力であれば、これまでの Unix/Linux の作法に倣い、コンテナとなるベースイメージの入手やコンテナへのアプリケーションのインストールなど、複数の作業を一括して行いたいと考えるのは、当然のことです。Docker では、これらの複数の作業を一括で行うための仕組みが用意されており、これを実現するのが Dockerfile です。

　Dockerfile は、開発環境における Makefile のように、Docker で定義されている書式に従って記述し、それに基づいてアプリケーションのインストールなどを行い、Docker イメージの作成を行います。また、Dockerfile は、コンテナがどのようなアプリケーションで構成されているか、誰がメンテナンスの担当者なのか、どういう手順で構築されているのかなどの重要な情報を含んでおり、コンテナのメンテナンス効率の向上に大きく貢献します（図 4-1）。

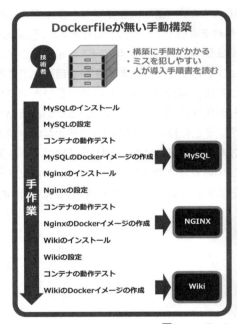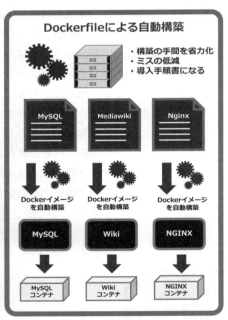

図 4-1　Dockerfile のメリット

4-1-1　Dockerfile の作成

　Dockerfile の基本的な記述例として、CentOS 7 で稼働する Apache Web サーバーが起動するコンテナのイメージファイルを取り上げ、Dockerfile の作成方法と使用方法を解説します。

● 4-1 Dockerfileを使ったイメージの作成

■ Dockerfile の記述

まず、アプリケーションであるApacheが稼働するコンテナのためのDockerfileを記述します。Dockerfileを配置する場所は任意ですが、ここでは、/root/apacheディレクトリを作成し、その下にDockerfileを作成することにします（図4-2）。

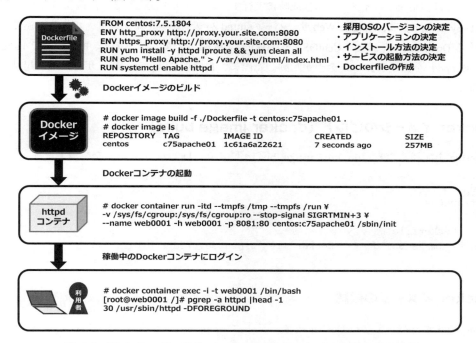

図4-2　WebサーバーのDockerfile作成からコンテナ起動までの工程

```
# mkdir /root/apache
# cd /root/apache
# vi Dockerfile
FROM centos:7.5.1804    ←①
ENV http_proxy http://proxy.your.site.com:8080    ←②
ENV https_proxy http://proxy.your.site.com:8080   ←③
RUN yum install -y httpd iproute && yum clean all  ←④
RUN echo "Hello Apache." > /var/www/html/index.html  ←⑤
RUN systemctl enable httpd    ←⑥

①使用するDockerイメージ名を指定
②プロキシサーバーの設定
③プロキシサーバーの設定
④httpdとiproute RPMパッケージをDockerイメージにインストール
⑤テスト用のHTMLファイルを配置
⑥コンテナ起動時にhttpdサービスが起動するように設定
```

133

第 4 章 Dockerfile

　Dockerfile 内では、FROM 命令に利用するイメージの種類を記述します。イメージ名は、hub.docker.com で確認可能です。また、Docker イメージをすでに入手している場合は、コマンドラインから「docker image ls」で確認可能なので、一覧に表示されているイメージ名を記述します。ここでは、CentOS 7.5 のイメージ「centos:7.5.1804」を指定しています。

　RUN 命令では、Docker のイメージの作成時に実行するコマンドを記述します。最初の RUN 命令の「yum install -y httpd」は、Apache Web サーバーの httpd パッケージをインストールする記述です。ここで使用する Docker イメージは、CentOS 7.5.1804 の systemd を有効にするので、RUN 命令で「systemctl enable httpd」を記述し、コンテナが起動した際に、自動的に Apache Web サーバーが起動するようにします。

■ Docker イメージのビルド (docker image build)

Dockerfile を記述したら、docker image build により、Docker イメージを生成します。

```
# pwd
/root/apache
# ls -a
.  ..  Dockerfile
# docker image build -f ./Dockerfile -t centos:c75apache01 .
```

■ Docker イメージの確認

Apache Web サーバーを含む Docker イメージ「c75apache01」が作成されているかを確認します。

```
# docker image ls
REPOSITORY         TAG              IMAGE ID          CREATED          SIZE
centos             c75apache01      e5883e55d75c      33 seconds ago   257MB
centos             7.5.1804         fdf13fa91c6e      5 weeks ago      200MB
```

4-1-2　systemd を利用するコンテナの起動

　CentOS 7.5 ベースの Docker イメージにおいて、コンテナ内で systemd を使用する場合は、コンテナの起動時に、「--tmpfs /tmp --tmpfs /run」オプションと「-v /sys/fs/cgroup:/sys/fs/cgroup:ro」オプション、そして、「--stop-signal SIGRTMIN+3」オプションを付与し、コンテナで最初に起動するコマンドとしては、「/sbin/init」を指定します。

134

● 4-1 Dockerfile を使ったイメージの作成

■コンテナの起動

作成した Docker イメージ「c75_apache01」を使って Docker コンテナを起動します。今回起動する
コンテナ名は、「web0001」としました。また、クライアントからアクセスするポート番号は、-p オプ
ションで指定しています。今回は、クライアントから Docker コンテナの 8081 番にアクセスすると、
Docker コンテナ内部の 80 番ポートにフォワーディングするように指定しています。

```
# docker container run \
-itd \
--tmpfs /tmp \
--tmpfs /run \
-v /sys/fs/cgroup:/sys/fs/cgroup:ro \
--stop-signal SIGRTMIN+3 \
--name web0001 \
-h web0001 \
-p 8081:80 \
centos:c75apache01 /sbin/init
```

■コンテナの状態を確認

コンテナが起動しているかどうかを確認します。

```
# docker container ls -a
CONTAINER ID    IMAGE               COMMAND        ... PORTS                 NAMES
598b40a8a260    centos:c75apache01  "/sbin/init"   ... 0.0.0.0:8081->80/tcp  web0001
```

コンテナ「web0001」が起動していることがわかります。

■ホスト OS からコンテナへのログイン

ホスト OS からコンテナ「web0001」にログインします。バックグラウンドで起動しているコンテナ
へのログインは、docker container exec で行います。docker container exec では、現在稼働して
いるコンテナ名（ここでは web0001）を指定します。稼働中のコンテナにログインして、コマンドプ
ロンプトからコマンドラインによる入力作業を行うため、/bin/bash を指定します。

```
# docker container exec -it web0001 /bin/bash
[root@web0001 /]#
```

135

第 4 章 Dockerfile

■ Web サービスの起動を確認

プロンプトが変化し、コンテナにログインできているので、コンテナ上で Apache Web サービスが起動しているかを確認します。

```
[root@web0001 /]# systemctl status httpd | grep active
   Active: active (running) since ...
```

■コンテナの IP アドレスを確認

コンテナが httpd サービスを正常に起動できていることを確認できたら、コンテナに割り振られた IP アドレスをコンテナ上で確認します。以下では、コンテナ web0001 に、IP アドレス 172.17.0.9/16 が割り振られていることがわかります。

```
[root@web0001 /]# ip a s eth0 | grep inet
    inet 172.17.0.9/16 brd 172.17.255.255 scope global eth0
```

■ Web サービスの確認

コンテナが外部に Web サービスを提供できているかをホストマシンから確認します。コマンドラインから確認するには、curl コマンドが有用です。コンテナに割り当てられた IP アドレスは、ホスト OS 上の仮想ブリッジの docker0 経由でアクセスします。このとき、ポート番号の指定は不要です。

```
# export no_proxy=172.17.0.9
# curl http://172.17.0.9/index.html
Hello Apache.
#
```

また、コンテナは、8081 番ポートで外部にサービスを公開しているので、このコンテナが稼働しているホスト OS 上の 8081 番ポートにアクセスすれば、コンテナが公開している 80 番ポートにポートフォワードされて、Web コンテンツの内容が表示されます。以下は、ホスト OS の IP アドレスが 172.16.1.170/16 であり、ホスト OS の 8081 番ポートにアクセスし、コンテナの Web コンテンツを表示する例です。

```
# ip a s | grep inet | grep -v inet6
    inet 127.0.0.1/8 scope host lo
    inet 172.16.1.170/16 brd 172.16.255.255 scope global noprefixroute eth0
    inet 192.168.122.1/24 brd 192.168.122.255 scope global virbr0
    inet 172.17.0.1/16 brd 172.17.255.255 scope global docker0
```

136

● 4-2 Dockerfile にプロキシサーバーの情報を入れない方法

```
# export no_proxy=172.16.1.170
# curl http://172.16.1.170:8081/index.html
Hello Apache.
```

Column　コンテナ内の ip コマンド

　IP アドレスを表示するためのコマンドとして、ip コマンドがあります。ホスト OS からコンテナ内の ip コマンドを実行することで、コンテナの IP アドレスが得られます。

```
# docker container exec -it web0001 ip a s | grep inet
    inet 127.0.0.1/8 scope host lo
    inet 172.17.0.9/16 brd 172.17.255.255 scope global eth0
```

　この ip コマンドは、iproute パッケージに含まれています。そのため、コンテナの IP アドレスを ip コマンドを使って表示するには、Docker イメージに iproute パッケージをインストールしておく必要があります。しかし、IT 基盤のポリシーとして、ip コマンドを使った IP アドレスの表示を禁止している場合があります。ip コマンドが禁止されている場合は、docker container exec に ip コマンドを指定することはできません。このような場合は、docker container inspect を使えば、ip コマンドを使わずに、コンテナの IP アドレスを入手できます。

```
# docker container inspect web0001 -f '{{.NetworkSettings.IPAddress}}'
172.17.0.5
```

4-2　Dockerfile にプロキシサーバーの情報を入れない方法

　Dockerfile において、プロキシサーバー経由でインターネットにアクセスしてパッケージを入手する処理を ENV 命令で入れると、その Dockerfile は、プロキシサーバーに依存したものになってしまいます。Docker イメージのビルド環境がインターネットに接続する際に、社内のプロキシサーバーを経由する場合であっても、プロキシサーバー情報を含まない Dockerfile でビルドしたい場合があります。そのような場合は、Dockerfile において、ENV 命令でプロキシサーバーを指定せずに、ARG 命令でプロキシサーバーの変数のみを記述します。ARG 命令の変数に対応する値、すなわち、プロキシサーバーの URL は、docker image build コマンド実行時に付与します。これにより、プロキシサーバーの URL 情報を含まない Docker イメージを作成できます。以下は、ARG 命令を含む Dockerfile の例です。

```
# mkdir /root/apache-arg
```

第 4 章　Dockerfile

```
# cd /root/apache-arg
# vi Dockerfile
FROM centos:7.5.1804
ARG http_proxy
ARG https_proxy
RUN yum install -y httpd iproute
RUN echo "Hello foreground Apache httpd." > /var/www/html/test.html
ENTRYPOINT ["/usr/sbin/httpd","-DFOREGROUND"]
```

上記の Dockerfile は、ARG 命令に http_proxy と http_proxy という変数が指定されています。ARG 命令で指定された変数は、docker image build 時に「--build-arg」に指定できます。これにより、「--build-arg」で指定した変数に値を付ければ、その値が ARG 命令の変数に格納されてビルドされます。

```
# pwd
/root/apache-arg

# docker image build \
-f ./Dockerfile \
-t c75:apache01 \
--build-arg http_proxy=http://proxy.your.site.com:8080 \
--build-arg https_proxy=http://proxy.your.site.com:8080 \
.
```

この場合、ビルド時には、http_proxy と https_proxy の 2 つの変数にプロキシサーバーの URL が値として格納され、Dockerfile の ARG に値が引き渡されて処理されます。ビルドしたら、正常にコンテナが稼働できるかを確認します。

```
# docker container run -itd --name c75-apache01 -h c75-apache01 c75:apache01
```

コンテナに設定されいてる環境変数を確認するには、「docker container inspect」コマンドを使用します。

```
# docker container inspect \
--format='{{range .Config.Env}}{{println .}}{{end}}' \
c75-apache01
PATH=/usr/local/sbin:/usr/local/bin:/usr/sbin:/usr/bin:/sbin:/bin
```

上記より、環境変数「PATH」のみが存在し、環境変数「http_proxy」と「https_proxy」が存在しないことがわかります。

一方、Dockerfile 内に ENV 命令でプロキシサーバーを指定した Docker イメージのコンテナは、環境変数が含まれており、「docker container inspect」コマンドでは、Dockerfile の ENV 命令で指定し

138

● 4-3 ホスト OS から Docker イメージへのファイルコピー

た環境変数の `http_proxy` と `https_proxy` が出力されます。

```
# vi Dockerfile.noarg
FROM centos:7.5.1804
ENV http_proxy http://proxy.your.site.com:8080
ENV https_proxy http://proxy.your.site.com:8080
RUN yum install -y httpd iproute
RUN echo "Hello foreground Apache httpd." > /var/www/html/test.html
ENTRYPOINT ["/usr/sbin/httpd","-DFOREGROUND"]

# docker image build -f ./Dockerfile.noarg -t c75:apache01-noarg .
# docker container run \
-itd \
--name c75-apache01-noarg \
-t c75:apache01-noarg

# docker container inspect \
--format='{{range .Config.Env}}{{println .}}{{end}}' \
c75-apache01-noarg
PATH=/usr/local/sbin:/usr/local/bin:/usr/sbin:/usr/bin:/sbin:/bin
http_proxy=http://proxy.your.site.com:8080
https_proxy=http://proxy.your.site.com:8080
```

　これにより、Dockerfile 内の ENV 命令でプロキシサーバーを記述すると、その環境変数を含んだ Docker イメージになります。

4-3 ホスト OS から Docker イメージへの
ファイルコピー

　最近、Apache Web サーバーに代わって注目を浴びているのが、Nginx（エンジンエックス）です。非常に軽量である点や、設定が簡素で有名な Web サーバーソフトウェアとしてサービスプロバイダで広く利用されています。この Nginx が動作する Docker イメージを、Dockerfile によって生成してみましょう。今回は、Nginx を使ったバーチャルホスト（1 つの Nginx サーバーで複数の仮想的な Web サービスホストを提供）の Docker イメージを作成します。

4-3-1　Nginx 用 Docker イメージの作成

　Nginx では、パッケージで用意された `nginx.conf` ファイルがあり、すぐに Web サービスが利用可能ですが、バーチャルホストの設定ファイルは一から作成する必要があります。バーチャルホスト用の設定ファイル `vhost.conf` ファイルを Docker イメージにコピーすることにします。独自に作成した `vhost.conf` ファイルは、事前にホスト OS 上に配置しておきます。配置するディレクトリは、Dockerfile と同じディレクトリにします。

139

第 4 章　Dockerfile

■ vhost.conf の作成

まず、/root/nginx ディレクトリを作成し、そこに vhost.conf ファイルを作成します。

```
# mkdir /root/nginx
# cd /root/nginx
# vi vhost.conf
server {
    listen       80;
    server_name www.abcd.hpe.com;
    location / {
        root   /var/www/abcd;
        index index.html;
    }
}
server {
    listen       80;
    server_name www.efgh.hpe.com;
    location / {
        root   /var/www/efgh;
        index index.html;
    }
}
```

■ Dockerfile における COPY の使用例

次に、Dockerfile を作成します。

```
# pwd
/root/nginx
# vi Dockerfile
FROM centos:7.5.1804
ARG http_proxy
ARG https_proxy
RUN yum install -y epel-release
RUN yum install -y nginx iproute
RUN mkdir -p /etc/nginx/conf.d /var/www/{abcd,efgh}
RUN echo "ABCD" > /var/www/abcd/index.html
RUN echo "EFGH" > /var/www/efgh/index.html
COPY vhost.conf /etc/nginx/conf.d/
RUN systemctl enable nginx
```

上に示した Nginx 用の Dockerfile の中に記述した COPY 命令により、ホスト OS 上で用意した vhost.conf ファイルを/etc/nginx/conf.d ディレクトリにコピーしています。

Column　Dockerにおける ADD 命令と COPY 命令

　Docker では、ホスト OS 上のファイルを Docker イメージにコピーしたい場合、Dockerfile 内の ADD 命令または、COPY 命令で記述します。また、ホスト OS 上のファイルを稼働中のコンテナにコピー、あるいは、コンテナ上のファイルをホスト OS にコピーするには、「docker container cp」を使います。

　ADD 命令と COPY 命令は、その挙動に違いがあります。tgz や tar.bz2 などの圧縮 tar アーカイブファイルを ADD 命令で指定すると、Docker イメージにおいて、圧縮 tar アーカイブファイルの解凍、および、展開が行われます。また、元の圧縮 tar アーカイブファイル自体は、コピーされません。一方、圧縮 tar アーカイブファイルを COPY 命令で指定すると、Docker イメージにおいて、解凍や展開もされず、そのまま元の圧縮 tar アーカイブファイル自体がコピーされます。

　また、ADD 命令は、URL で指定したリモートサイトのファイルなどをダウンロードし、イメージにコピーできます。以下は、ADD 命令を使ったファイルの入手とコピーの例です。

```
# vi Dockerfile
FROM centos:7.5.1804
ENV FILE=docker-squash-linux-amd64-v0.2.0.tar.gz
ENV URL=https://github.com/jwilder/docker-squash/releases/download/v0.2.0/$FILE
ARG http_proxy
ARG https_proxy
ADD ${URL}    /root/$FILE
RUN tar xvzf /root/$FILE -C /usr/local/bin/
```

　上記の例では、ADD 命令において、URL に指定された GitHub 上の圧縮済み tar アーカイブファイルをダウンロードし、かつ、ダウンロードされたファイルは、Docker イメージの /root ディレクトリにコピーしています。一方、COPY 命令は、URL で指定したリモートのファイルのコピー操作はできません。

■ Docker イメージのビルド

Dockerfile を作成したら、Docker イメージのビルドを行います。

```
# docker image build -f ./Dockerfile -t centos:c75nginx01 \
--build-arg http_proxy=http://proxy.your.site.com:8080 \
--build-arg https_proxy=http://proxy.your.site.com:8080 \
.
```

作成された Docker イメージを確認します。

```
# docker image ls
REPOSITORY          TAG                 IMAGE ID            CREATED             SIZE
centos              c75nginx01          c5f1f21fbc34        8 hours ago         501MB
```

第 4 章 Dockerfile

```
centos          7.5.1804          fdf13fa91c6e      6 weeks ago      200MB
```

4-3-2　Nginx コンテナの起動と動作確認

Docker イメージから Nginx を含むコンテナを起動します。

```
# docker container run \
-itd \
--tmpfs /tmp \
--tmpfs /run \
-v /sys/fs/cgroup:/sys/fs/cgroup:ro \
--stop-signal SIGRTMIN+3 \
--name nginx0001 \
-h nginx0001 \
-p 80:80 \
centos:c75nginx01 /sbin/init
```

Nginx が稼働しているかを確認します。

```
# docker container exec -it nginx0001 systemctl status nginx | grep active
   Active: active (running) since ...
```

■コンテナの IP アドレスを確認

Nginx が稼働するコンテナの IP アドレスを確認し、ホスト OS の別の端末を開き、コンテナが提供する HTML コンテンツを curl コマンドを使って読み込めるかどうかを確認します。

```
# docker container exec -it nginx0001 ip a s eth0 | grep inet
    inet 172.17.0.2/16 brd 172.17.255.255 scope global eth0
```

ホスト OS の/etc/hosts に、Nginx のバーチャルホストを記述します。今回は、Docker エンジンが稼働するホスト OS の IP アドレスは、172.16.1.170/16 とします。

```
# vi /etc/hosts
172.16.1.170    www.abcd.hpe.com www.efgh.hpe.com

# export no_proxy=172.16.1.170,www.abcd.hpe.com,www.efgh.hpe.com
# curl http://www.abcd.hpe.com
ABCD
# curl http://www.efgh.hpe.com
EFGH
```

142

● 4-3 ホスト OS から Docker イメージへのファイルコピー

```
#
```

Nginx がコンテナで稼働していることが確認できました。ホスト OS に保存している `vhost.conf` ファイルがコンテナ上にコピーされているかどうか、コンテナ上で確認してみてください。

```
# docker container exec -it nginx0001 cat /etc/nginx/conf.d/vhost.conf
```

Column　ホスト OS 以外のクライアントマシンからの確認

　ホスト OS 以外のクライアントマシンから、Nginx コンテナの Web コンテンツを確認するには、さまざまな方法がありますが、ホスト OS 以外のクライアントマシンから、コンテナへのアクセスができるように、クライアントマシンのルーティングを設定するのが簡単です。Docker エンジンが稼働しているホスト OS の IP アドレスが 172.16.1.170/16 であり、その上で Docker コンテナが 172.17.0.0/16 のネットワークに所属しているとします。クライアントマシン側において、172.17.0.0/16 宛てのパケットは、172.16.1.170（ホスト OS の IP アドレス）をゲートウェイとするルーティングを設定します。以下では、クライアントマシンのコマンドプロンプトを「`client #`」とします。

```
client # route add -net 172.17.0.0 netmask 255.255.0.0 gw 172.16.1.170 eth0
client # route -n
Kernel IP routing table
Destination     Gateway         Genmask         Flags Metric Ref    Use Iface
...
172.16.0.0      0.0.0.0         255.255.0.0     U     100    0        0 eth0
172.17.0.0      172.16.1.170    255.255.0.0     UG    0      0        0 eth0
...
```

　クライアントマシンの/etc/hosts にバーチャルホストを記述します。

```
client # vi /etc/hosts
...
172.16.1.170 www.abcd.hpe.com www.efgh.hpe.com
```

　これで、Docker エンジンが稼働するホスト OS 以外のクライアントマシンからコンテナが提供する Web コンテンツにアクセスできます。

```
client # curl http://www.abcd.hpe.com
ABCD
client # curl http://www.efgh.hpe.com
EFGH
```

第 4 章 Dockerfile

4-4　Dockerfile におけるコマンドの自動実行

　これまで見てきたように、Dockerfile において、Apache や Nginx を CentOS 7.x の systemd を使って自動的に起動する Docker イメージを作成できますが、Dockerfile では、コンテナ内で、systemd を使わずに、個人が作成したカスタムスクリプトやコマンドなどを自動的に実行させることも可能です。コンテナ実行時に自動的に実行させるコマンドは、ENTRYPOINT 命令に記述します。

4-4-1　ENTRYPOINT 命令の記述方法

　以下では、現在時刻とファイルシステム容量を表示するスクリプト foo.sh を、コンテナで自動的に実行する Dockerfile の例です。

```
# mkdir /root/foo
# cd /root/foo

# vi Dockerfile
FROM            centos:7.5.1804
ADD             foo.sh /usr/local/bin/
RUN             chmod +x /usr/local/bin/foo.sh
ENTRYPOINT      ["/usr/local/bin/foo.sh"]

# vi foo.sh
#!/bin/sh
date >> /var/log/foo.log
df -HT >> /var/log/foo.log
```

　この Dockerfile では、ENTRYPOINT の行に ["/usr/local/bin/foo.sh"] を指定しています。これは、Docker コンテナ実行時（docker container run の実行時）に自動的に実行されます。

　次に、Docker イメージをビルドします。

```
# pwd
/root/foo
# docker image build -f ./Dockerfile -t centos:foo .
```

Docker イメージ centos:foo が作成されているかを確認します。

```
# docker image ls centos:foo
REPOSITORY          TAG                     IMAGE ID          CREATED           SIZE
centos              foo                     96801823f6bf      30 seconds ago    200MB
```

144

● 4-4 Dockerfile におけるコマンドの自動実行

4-4-2　Docker コンテナの出力結果をホスト OS から参照する

　前項の例で示した foo.sh を実行する Dockerfile では、ENTRYPOINT に記載したスクリプトの中身は、date コマンドと df コマンドのみであるため、date コマンドと df コマンドが終了すると、foo.sh スクリプトが終了し、すぐにコンテナ自体も終了するという点に注意が必要です。

　docker container run によってコンテナが起動する際、foo.sh が実行されますが、foo.sh が終了すると、コンテナの実行も終了してしまいます。つまり、foo.sh スクリプト内で得られる /var/log/foo.log ファイルが生成されても、終了したコンテナ内にログインしてファイルを閲覧することができません。そこで、コンテナ内の /var/log ディレクトリをホスト OS 上の任意のディレクトリ（ここでは /tmp ディレクトリ）に関連付けて、foo.sh スクリプト内で指定した /var/log/foo.log ファイルをホスト OS から見えるようにすることで、foo.sh の実行結果をホスト OS から確認します。

■コンテナの実行

　以下は、ホスト OS の /tmp ディレクトリをコンテナの /var/log に対応付けることで、foo.sh スクリプトの結果のログ /var/log/foo.log をホスト OS 上の /tmp で見えるようにするコンテナの実行例です。

```
# docker container run --rm -v /tmp:/var/log centos:foo
```

■ログファイルの参照

　Docker イメージ centos:foo から生成されたコンテナはすぐに終了しますが、結果は、ホスト OS の /tmp ディレクトリに保管されていますので、foo.log をホスト OS 上で確認できます。

```
# cat /tmp/foo.log
Tue Dec 11 01:48:17 UTC 2018
Filesystem      Type     Size  Used Avail Use% Mounted on
overlay         overlay  133G  6.9G  126G   6% /
tmpfs           tmpfs     68M     0   68M   0% /dev
tmpfs           tmpfs    8.4G     0  8.4G   0% /sys/fs/cgroup
/dev/sda2       xfs      133G  6.9G  126G   6% /var/log
shm             tmpfs     68M     0   68M   0% /dev/shm
tmpfs           tmpfs    8.4G     0  8.4G   0% /proc/acpi
tmpfs           tmpfs    8.4G     0  8.4G   0% /proc/scsi
tmpfs           tmpfs    8.4G     0  8.4G   0% /sys/firmware
```

145

第 4 章 Dockerfile

■シェルスクリプトによるコマンド実行

foo.sh では、date コマンドと df コマンドの実行結果を/var/log/foo.log に出力していましたが、ログに出力せずに、そのまま実行するように変更してみます。以下のような foo2.sh を作成し、foo2.sh をロードする Dockerfile2 を作成します。

```
# pwd
/root/foo
# vi Dockerfile2
FROM centos:7.5.1804
ADD foo2.sh /usr/local/bin/
RUN chmod +x /usr/local/bin/foo2.sh
ENTRYPOINT ["/usr/local/bin/foo2.sh"]
```

先ほどの foo.sh と同様に、現在時刻とファイルシステム容量を表示するスクリプト foo2.sh は、Dockerfile と同じディレクトリに配置します。

```
# vi foo2.sh
#!/bin/sh
date
df -HT
```

■ログを出力しない Docker イメージの作成

ログを出力しない foo2.sh の Docker イメージを作成します。

```
# pwd
/root/foo
# docker image build -f ./Dockerfile2 -t centos:foo2 .
```

■ Docker イメージの確認

Docker イメージが作成されているかを確認します。

```
# docker image ls centos:foo2
REPOSITORY          TAG             IMAGE ID        CREATED         SIZE
centos              foo2            a57ef63f61f2    13 seconds ago  200MB
```

146

■コンテナの終了時の自動削除

Docker イメージ centos:foo2 から、コンテナを起動します。このとき、--rm オプションで、Docker コンテナが終了後に、コンテナの削除を自動的に行うようにし、ホスト名やコンテナ名も指定せずに実行します。

```
# docker container run --rm centos:foo2
Tue Sep 18 05:34:37 UTC 2018
Filesystem      Type     Size  Used Avail Use% Mounted on
overlay         overlay  133G  6.9G  126G   6% /
tmpfs           tmpfs     68M     0   68M   0% /dev
tmpfs           tmpfs    8.4G     0  8.4G   0% /sys/fs/cgroup
/dev/sda2       xfs      133G  6.9G  126G   6% /etc/hosts
shm             tmpfs     68M     0   68M   0% /dev/shm
tmpfs           tmpfs    8.4G     0  8.4G   0% /proc/acpi
tmpfs           tmpfs    8.4G     0  8.4G   0% /proc/scsi
tmpfs           tmpfs    8.4G     0  8.4G   0% /sys/firmware
```

上のコンテナのように、foo2.sh スクリプト内でコマンドの実行結果をログに出力しない場合、コンテナは、/usr/local/bin/foo2.sh スクリプトを実行したあとに、すぐに終了しますが、スクリプトの実行結果は、ホスト OS 上の標準出力に得られます。

このように、Docker では、スクリプトにおけるログ出力などのリダイレクションの有無をどのように取り扱うかを考慮する必要があります。

4-4-3　Docker コンテナの実行を継続させる

Docker イメージ centos:foo や centos:foo2 は、foo.sh や foo2.sh スクリプトの実行後にすぐにコンテナが終了しますが、場合によっては、スクリプト実行後に、コンテナがすぐに終了してほしくない場合もあります。そのような場合は、スクリプトの最終行に「tail -f /dev/null」を記述します。

■シェルスクリプトの作成

次に示した foo3.sh スクリプトは、date コマンドと df コマンド実行後も、コンテナが自動的に終了しないようにするスクリプト例です。ここでは、date コマンド、および、df コマンドの結果をログファイル foo3.log に出力するようにしておきます。

```
# pwd
/root/foo
# vi foo3.sh
#!/bin/sh
```

147

第 4 章 Dockerfile

```
date >> /var/log/foo3.log
df -HT >> /var/log/foo3.log
tail -f /dev/null
```

■ Dockerfile の作成

foo3.sh を含む Dockerfile3 を作成します。

```
# pwd
/root/foo

# vi Dockerfile3
FROM centos:7.5.1804
ADD foo3.sh /usr/local/bin/
RUN chmod +x /usr/local/bin/foo3.sh
ENTRYPOINT ["/usr/local/bin/foo3.sh"]
```

■ Docker イメージのビルド

Docker イメージを作成します。

```
# docker image build -f ./Dockerfile3 -t centos:foo3 .
# docker image ls centos:foo3
REPOSITORY          TAG           IMAGE ID          CREATED          SIZE
centos              foo3          2411e3008fef      9 seconds ago    200MB
```

■ Docker イメージのバックグラウンド実行

Docker イメージ centos:foo3 からコンテナ foo3 を、-d オプションを付けてバックグラウンドで起動します。

```
# docker container run -d --name foo3 -h foo3 centos:foo3
a6fb77f82734240133ae892296ed98b1349c77ee5a73d48a21da056856fe628b
```

■コンテナの稼働状況を確認

コンテナ foo3 が終了していないかどうかを確認します。

```
# docker container ls -a
```

4-4 Dockerfileにおけるコマンドの自動実行

```
CONTAINER ID   IMAGE         COMMAND                 ... STATUS        ... NAMES
950aa07ed7ab   centos:foo3   "/usr/local/bin/foo3…"  ... Up 2 seconds  ... foo3
```

実行結果では、STATUS が、Exited になっていないため、コンテナ foo3 が稼働中であることがわかります。

■ foo3.sh の実行状態の確認

foo3 コンテナ内で、foo3.sh が実行中かどうかを確認してみます。

```
# docker container exec -it foo3 /bin/bash
[root@foo3 /]# pgrep -a foo3.sh
1 /bin/sh /usr/local/bin/foo3.sh
```

■ ログファイルの確認

foo3 コンテナ内で、ログファイル foo3.log が生成されているかを確認します。

```
[root@foo3 /]# cat /var/log/foo3.log
Tue Sep 18 05:42:21 UTC 2018
Filesystem      Type     Size  Used Avail Use% Mounted on
overlay         overlay  133G  6.9G  126G   6% /
tmpfs           tmpfs     68M     0   68M   0% /dev
```

このように、スクリプト foo3.sh は、tail -f /dev/null により、終了することがないコマンドの動作を利用し、コンテナ foo3 を持続的に稼働させることができます。

 Column　CMD 命令でコンテナの稼働状態を維持する方法

　foo3.sh のように、スクリプト内に tail コマンドを記述する方法では、オリジナルのスクリプト foo.sh に変更を加えることになります。スクリプト内に tail コマンドを含めずにコンテナをすぐに終了させないようにするには、以下のように、Dockerfile 内の CMD 命令で「tail -f /dev/null」を付与する方法もあります。

```
# cat foo2.sh
#!/bin/sh
date
df -HT

# cat Dockerfile
FROM centos:7.5.1804
```

149

第 4 章 Dockerfile

```
ADD foo2.sh /usr/local/bin/
RUN chmod +x /usr/local/bin/foo2.sh
CMD /usr/local/bin/foo2.sh > /var/log/foo2.log && tail -f /dev/null
```

4-4-4　ENTRYPOINT 命令の活用

　Docker コンテナにおいて、プロセスがすぐに終了しない方法として、「tail -f /dev/null」の利用
を取り上げましたが、これ以外にも、プロセスをすぐに終了させない方法がいくつかあります。プロ
セスがすぐに終了しない仕組みとして有名なのが、アプリケーションのプロセスをフォアグラウンド
で起動させる方法です。

　例として、Apache Web サービスの httpd を取り上げます。httpd は、/usr/sbin/httpd という実行
ファイルが用意されており、これが Web サービスを提供します。httpd デーモンをフォアグラウンド
で起動することで、コンテナ内で、プロセスが稼働し続け、結果的にコンテナがすぐに終了するのを
防ぎます。以下は、httpd をフォアグラウンドで稼働させるための Dockerfile の例です。

```
# mkdir /root/apache-fg/
# cd /root/apache-fg/
# vi Dockerfile
FROM centos:7.5.1804
ARG http_proxy
ARG https_proxy
RUN yum install -y httpd iproute
RUN echo "Hello foreground Apache httpd." > /var/www/html/test.html
ENTRYPOINT ["/usr/sbin/httpd","-DFOREGROUND"]
```

　Dockerfile 内の ENTRYPOINT 命令では、httpd デーモンをフォアグラウンドで起動するように記述して
います。Dockerfile を使って、Docker イメージ centos:c7apache-fg を作成し、コンテナ web0002 を
起動します。

```
# docker image build \
-f ./Dockerfile \
-t centos:c7apache-fg \
--build-arg http_proxy=http://proxy.your.site.com:8080 \
--build-arg https_proxy=http://proxy.your.site.com:8080 \
.

# docker container run -itd --name web0002 centos:c7apache-fg
```

150

● 4-5 CMD 命令と ENTRYPOINT 命令の関係

Dockerfile の ENTRYPOINT 命令では、docker container run によるコンテナ起動時に自動的に実行されるコマンドを記述できるので、今回の場合、docker container run 時に、コンテナ内で/usr/sbin/httpd がフォアグラウンドで実行されます。コンテナ web0002 で起動しているプロセスをホスト OS から確認します。

```
# docker container exec -it web0002 pgrep -l httpd
1 httpd
8 httpd
9 httpd
10 httpd
...
```

「tail -f /dev/null」を使わずに、Docker コンテナ内で httpd デーモンを稼働させることができました。このように、Docker 環境では、Linux OS が提供するサービス管理システムの Upstart や systemd などを使用せずに、アプリケーションのバイナリを直接指定し、フォアグラウンドで稼働させることが少なくありません。

4-5　CMD 命令と ENTRYPOINT 命令の関係

Dockerfile において、コンテナ実行時にスクリプトやコマンドを実行するには、ENTRYPOINT 命令に記述する方法のほかに、CMD 命令を使う方法もあります。この違いは、例を見ると一目瞭然です。実際に、コンテナを実行して、確認してみましょう。

■テスト用 Dockerfile の作成

まず、uname -a を実行するだけのコンテナの Dockerfile を作成します。

```
# mkdir /root/uname
# cd /root/uname
# vi Dockerfile
FROM centos:7.5.1804
ENTRYPOINT ["/usr/bin/uname"]
CMD ["-a"]
```

■テスト用 Docker イメージのビルド

Docker イメージをビルドします。

```
# pwd
```

151

第 4 章　Dockerfile

```
/root/uname
# docker image build -f ./Dockerfile -t centos:un0001 .
```

■テスト用コンテナの実行

Docker イメージ centos:un0001 からコンテナを実行します。

```
# docker container run --rm centos:un0001
Linux dec4dc18410b 3.10.0-862.14.4.el7.x86_64 #1 SMP Wed Sep 26 15:12:11 UTC 2018
x86_64 x86_64 x86_64 GNU/Linux
```

実行結果より、ENTRYPOINT 命令で指定した「/usr/bin/uname」と CMD 命令で指定した「-a」を組み合わせて、「uname -a」が実行されていることがわかります。

■テスト用コンテナの実行（-r オプション付き）

次に、引数「-r」を付けてコンテナを実行してみます。

```
# docker container run --rm centos:un0001 -r
3.10.0-862.14.4.el7.x86_64
```

今度は、CMD 命令で指定した「-a」が無視され、「uname -r」が実行されました。このように、CMD 命令の値は、docker container run 時に上書き指定することが可能であることがわかります。ENTRYPOINT 命令も CMD 命令もコマンドを指定し、実行できますが、docker container run での明示的なオプション指定により挙動を変えることができる点に注意してください。

また、ENTRYPOINT 命令および CMD 命令ともに、指定する書式によって以下のような意味の違いがあります（表 4-1、表 4-2）。Docker では、ENTRYPOINT および CMD ともに、[" ... "] の書式の利用が推奨されています。

表 4-1　ENTRYPOINT 命令の例

Dockerfile における ENTRYPOINT の例	意味	実行されるコマンド
ENTRYPOINT ["/usr/bin/uname"]	/usr/bin/uname を直接実行	/usr/bin/uname
ENTRYPOINT /usr/bin/uname	/usr/bin/uname をシェルで実行	sh -c /usr/bin/uname

●4-6 Docker コンテナによる Web サイトの構築

表 4-2　CMD 命令の例

Dockerfile における CMD の例	意味	実行されるコマンド
CMD ["/usr/bin/uname"]	/usr/bin/uname を直接実行	/usr/bin/uname
CMD /usr/bin/uname	/usr/bin/uname をシェルで実行	sh -c /usr/bin/uname
CMD ["-a"]	ENTRYPOINT の引数	ENTRYPOINT の値 -a

4-6　Docker コンテナによる Web サイトの構築

　ここまでで、Dockerfile の基本的な利用方法を紹介したので、ここでは応用例として、Web サイトをコンテナで構築する例を紹介します。例となる社員食堂の Web サイトでは、Web サイト自体を表示する Web サービスと、食堂のメニューなどのコンテンツをアップロードするファイルサービスなどを稼働させます。Web サービスとして httpd、ファイルサービスとして vsftpd を利用します。すなわち、Docker コンテナ内で httpd と vsftpd が稼働します。

4-6-1　ラッパースクリプトを使って httpd と vsftpd を起動する方法

　httpd と vsftpd をコンテナ環境で稼働させるには、いくつか方法があります。まず単純なものとしては、httpd と vsftpd を起動するスクリプトをコンテナで稼働させる方法です。以下は、httpd と vsftpd を同時に稼働させる Dockerfile の例です。

```
# mkdir /root/httpd_vsftpd
# cd /root/httpd_vsftpd
# vi Dockerfile
FROM centos:7.5.1804
ARG  http_proxy
ARG  https_proxy
COPY httpd_vsftpd.sh /usr/local/bin
RUN  yum install -y httpd vsftpd \
 &&  chmod 755 /usr/local/bin/httpd_vsftpd.sh \
 &&  useradd -m ftpuser01 \
 &&  echo "password1234" | passwd --stdin ftpuser01 \
 &&  ln -s /home/ftpuser01 /var/www/html/ftpuser01
ENTRYPOINT ["/usr/local/bin/httpd_vsftpd.sh"]
```

　この Dockerfile では、httpd と vsftpd をインストールしています。httpd と vsftpd を起動するスクリプト「httpd_vsftpd.sh」をコンテナ内の/usr/local/bin ディレクトリにコピーし、実行権限を付与し、コンテナ起動時に自動的にスクリプトが起動するように ENTRYPOINT で指定しています。社員食堂の Web コンテンツ群は、vsftpd サービスによって、クライアントからコンテナ内の/home/ftpuser01 ディ

153

レクトリ以下にアップロードします。そのため、httpdで提供するWebサービスが、/home/ftpuser01 ディレクトリ以下をクライアントにWebサービスとして提供できるように、`ln`コマンドでシンボリックリンクを作成しています。

■スクリプトの作成

Dockerfileが存在するディレクトリで、httpdとvsftpdを起動するスクリプト「httpd_vsftpd.sh」を作成します。

```
# vi httpd_vsftpd.sh
#!/bin/bash
/usr/bin/pkill vsftpd
/usr/sbin/httpd -k restart        ←httpdデーモンを起動
/usr/sbin/vsftpd /etc/vsftpd/vsftpd.conf   ←vsftpdデーモンを起動
tail -f /dev/null     ←永久に終わらないtailコマンド
```

httpd_vsftpd.shスクリプト内において、httpdとvsftpdは、バックグラウンドで起動します。バックグラウンドで起動したプロセスのみでは、コンテナがすぐに終了するため、コンテナを稼働し続ける仕組みを提供する「`tail -f /dev/null`」を最後に実行しています。

> Note　ラッパースクリプトの使用
>
> 　実際の本番環境では、プロセス監視の運用面の観点などから、`tail`コマンドを使わないことが少なくありませんが、今回は、スクリプトの挙動を見るために、あえて`tail`コマンドを使用します。
> 　今回、起動させたいサービスであるhttpdとvsftpdを含むhttpd_vsftpd.shのようなスクリプトは、稼働させるアプリケーションや、挙動を変えるための起動オプションが複数存在する場合、それらを処理するためにスクリプトを作りこまなければならず、スクリプト自体のメンテナンス工数が増大しないように注意しなければなりません。このようなサービスの起動・停止用のスクリプトは、一般に「ラッパースクリプト」と呼ばれ、Dockerの世界だけでなく、古くから高可用性クラスタ環境でのサービスの起動・停止にも広く利用されています。しかし、ラッパースクリプト自体が複雑になることが多いのが難点であり、Dockerfileにおけるスクリプトの利用や複雑さの回避については、今もなおコミュニティで議論されています。

`tail`コマンドは、プロセスがすぐに終了するようなLinuxコマンド類だけでなく、バックグラウンドで稼働する複数のデーモンが存在する場合にも有用です。

■Dockerイメージのビルドおよび、コンテナの実行

Dockerイメージのビルドし、コンテナを起動します。

```
# docker image build \
-f ./Dockerfile \
-t c75:httpd_vsftpd01 \
--build-arg http_proxy=http://proxy.your.site.com:8080 \
--build-arg https_proxy=http://proxy.your.site.com:8080 \
.

# docker container run -itd --name cafeteria01 -p 8081:80 c75:httpd_vsftpd01
```

起動したコンテナにおいて稼働しているプロセスをホスト OS から確認してみます。

```
# docker container exec -it cafeteria01 ps axw
  PID TTY      STAT   TIME COMMAND
    1 pts/0    Ss+    0:00 /bin/bash /usr/local/bin/httpd_vsftpd.sh
    8 ?        Ss     0:00 /usr/sbin/httpd -k start
   10 ?        S      0:00 /usr/sbin/httpd -k start
   11 ?        Ss     0:00 /usr/sbin/vsftpd /etc/vsftpd/vsftpd.conf
   12 ?        S      0:00 /usr/sbin/httpd -k start
   13 pts/0    S+     0:00 tail -f /dev/null
   14 ?        S      0:00 /usr/sbin/httpd -k start
   15 ?        S      0:00 /usr/sbin/httpd -k start
   16 ?        S      0:00 /usr/sbin/httpd -k start
  132 pts/1    Rs+    0:00 ps axw
#
```

コンテナ内で実行された `httpd_vsftpd.sh` スクリプトにおいて、永久に処理が終わらない `tail` コマンドが組み込まれていることにより、`httpd_vsftpd.sh` スクリプト内で起動した `httpd` と `vsftpd` が稼働し続けていることがわかります。

■ Web コンテンツのアップロード

いよいよ、社員食堂の Web コンテンツをコンテナにアップロードします。まず、Docker ホスト上で、社員食堂の Web コンテンツを入手します。今回は、Mesosphere 社のダウンロードサイトから入手できる社員食堂の Web コンテンツを使用します。

Note　社員食堂の Web コンテンツ

Mesosphere 社のダウンロードサイトから入手できる社員食堂の Web コンテンツは、HPE が提供する Mesosphere DC/OS の技術文書でも紹介されています。一読することをお勧めします。

```
https://h20195.www2.hpe.com/v2/Getdocument.aspx?docname=4AA6-5134ENW
```

第 4 章 Dockerfile

```
# pwd
/root/httpd_vsftpd

# export http_proxy=http://proxy.your.site.com:8080
# curl -O http://downloads.mesosphere.io/training/corp-webpage.zip
# ls
Dockerfile  corp-webpage.zip  httpd_vsftpd.sh
```

Docker ホスト上にダウンロードした Web コンテンツを解凍します。

```
# yum install -y unzip
# unzip corp-webpage.zip
# ls
Dockerfile  __MACOSX  corp-webpage.zip  httpd_vsftpd.sh  webpage
```

解凍した Web コンテンツは、webpage ディレクトリ以下に保管されています。webpage ディレクト
リ一式をコンテナにアップロードします。Docker ホスト上から vsftpd が稼働するコンテナに FTP プロ
トコルを使ってアップロードするには、Docker ホスト上に FTP クライアントをインストールします。
今回は、FTP クライアントとして、lftp を使用するので、Docker ホストに lftp をインストールします。

```
# yum install -y lftp
```

稼働しているコンテナ「cafeteria01」の IP アドレスを調べます。

```
# docker inspect --format="{{ .NetworkSettings.IPAddress }}" cafeteria01
172.17.0.5
```

今回は、コンテナ「cafeteria01」の IP アドレスが 172.17.0.5 であることがわかりましたので、lftp
コマンドを使って、Web コンテンツをコンテナ「cafeteria01」にアップロードします。lftp コマン
ドは、-u オプションにより、ユーザー名とパスワードを指定し、接続先の IP アドレスを指定します。
vsftpd サーバーに接続できたら、プロンプトが変化するので、「mirror -R」コマンドで Docker ホス
ト上にある webpage ディレクトリ全体を vsftpd サーバーが稼働するコンテナにアップロードします。
webpage ディレクトリ全体のアップロードが完了したら、exit を入力し、Docker ホストのコマンドプ
ロンプトに戻ります。

```
# lftp -u ftpuser01,password1234 172.17.0.5
lftp ftpuser01@172.17.0.5:~> mirror -R webpage
...
1638656 bytes transferred
lftp ftpuser01@172.17.0.5:~> exit
#
```

156

● 4-6 Docker コンテナによる Web サイトの構築

■ Web コンテンツの読み取り権限の付与

Web コンテンツを保持しているユーザー ftpuser01 のホームディレクトリ以下に格納された Web コンテンツを外部のクライアントマシン上の Web ブラウザで読み込めるように読み取り権限を付与します。

```
# docker container exec -it cafeteria01 chmod 755 /home/ftpuser01
# docker container exec -it cafeteria01 chmod 644 /home/ftpuser01/webpage/index.html
# docker container exec -it cafeteria01 chmod 755 /home/ftpuser01/webpage/index.fld
# docker container exec -it cafeteria01 \
/bin/bash -c "chmod -R 644 /home/ftpuser01/webpage/index.fld/*"
```

 Note　docker container exec でのワイルドカードの指定

「docker container exec」を使ってコンテナ内のコマンドを実行する際に、ワイルドカードの「*」を用いる場合は、/bin/bash -c に続けて、ダブルクォーテーションでワイルドカードを含むコマンドを囲って指定します。

■社員食堂の Web サイトへアクセス

この時点で、稼働中のコンテナ cafeteria01 は、社員食堂の Web コンテンツが格納されているので、Docker ホストから Web ブラウザを使って確認します。今回、コンテナ「cafeteria01」は、コンテナ起動時に「-p 8081:80」を付与して起動しているため、httpd による Web サービスは、Docker ホスト上の 8081 番ポートにアクセスして確認できます。Docker ホストで Web ブラウザが稼働していない場合であっても、Docker ホストと同一 LAN セグメントにアクセスできる別のクライアントマシンから、Web ブラウザを使って Docker ホストの 8081 番ポート経由で社員食堂の Web ページにアクセス可能です。

図 4-3 の画面において、Web ブラウザの URL で指定している「172.16.1.170」は、Docker ホストの IP アドレスを表しています。Docker コンテナの 8081 番ポートで Web サービスにアクセスできるため、コンテナが稼働する Docker ホスト OS の IP アドレスに 8081 番ポートを付与すれば、社員食堂の Web コンテンツにアクセスできます。アクセス先の URL は、以下のとおりです。

●社員食堂の Web コンテンツのアクセス先 URL：
　http://<Docker ホストの IP アドレス>:8081/ftpuser01/webpage

第 4 章 Dockerfile

図 4-3　Docker コンテナで稼働する社員食堂の Web サイトへアクセスした様子

■ Docker イメージにコミット

　社員食堂の Web コンテンツが入ったコンテナ「cafeteria01」を Docker イメージ「c75:cafeteria」として保管します。Docker イメージに保存する前に、httpd と vsftpd のプロセスを終了させます。[†]

> [†]　プロセスを終了させずに Docker イメージに保存すると PID ファイルなどが残り、次にコンテナとして起動した際に、httpd が正常に起動できません。

```
# docker exec -it cafeteria01 /usr/sbin/httpd -k stop
# docker exec -it cafeteria01 pkill vsftpd
# docker exec -it cafeteria01 ps axw
  PID TTY        STAT   TIME COMMAND
    1 pts/0      Ss+    0:00 /bin/bash /usr/local/bin/httpd_vsftpd.sh
   17 pts/0      S+     0:00 tail -f /dev/null
   85 pts/1      Rs+    0:00 ps axw
#
```

```
# docker container commit cafeteria01 c75:cafeteria
sha256:03ef06f21e94b15db6449826e43877bff928bc6bbd05c10b076af3f1c2365e35
```

今度は、別のポート番号（8082 番など）を指定して、社員食堂の Web サイト入り Docker イメージ「c75:cafeteria」から社員食堂の Web サイトを見ることができるかを確認してください。

```
# docker container run -itd --name cafeteria02 -p 8082:80 c75:cafeteria
87d2533d1befb74fa84ff7a0f3237b7d9473ce52db3f94d3021c9880214c2d1d
# docker container run -itd --name cafeteria03 -p 8083:80 c75:cafeteria
cb6ac6826df527206117513b367b169a2e8888037295711f269cf1a0b69900af
```

Column　コンテナと稼働アプリケーション数

　社員食堂の Web サイトのコンテナでは、httpd と vsftpd、そして tail コマンドの 3 つ、そしてラッパースクリプトの合計 4 種類のアプリケーションが稼働します。コミュニティの間では、長年、Docker コンテナ内で同時稼働させるアプリケーションの種類や数をいくつにすべきなのかという議論が割れています。コンテナ 1 つに対して、アプリケーションを 1 つだけ稼働させるようにすれば、コンテナ同士が連携稼働する場合に、それらのコンテナを部品として組み合わせて利用できる可能性が高まります。しかし、アプリケーションを構成する部品が多い場合、1 つのコンテナあたり 1 つのアプリケーションのポリシーを厳格に守ると、メンテナンスすべきコンテナの数が膨大になります。

　現実問題として、部品としてのコンテナの管理の簡素化を考えると、部品化による汎用性、可搬性などを犠牲にしても、1 つのコンテナ内に複数のアプリケーションを稼働させる運用も十分ありえるでしょう。部品化による使いまわしの利便性と、大量コンテナの運用メンテナンスは、Docker エンジンの導入だけで解決するわけではありません。最近では、これらの諸問題を解決すべく、国内外を問わず、コンテナ連携ソフトウェアである Kubernetes や、多種多様なオープンソースソフトウェアの自動配備と大量コンテナの運用の自動化（IT 資源管理と自動配備）を行う Mesosphere DC/OS などの登場により、大量コンテナの部品化と連携による運用の省力化が検討、導入されています。

4-6-2　運用部門と開発部門における ONBUILD 命令の活用

　Docker における開発では、IT 運用部門がベースとなる Docker イメージを用意し、開発部門がそのベースの Docker イメージにアプリケーションを埋め込むことが少なくありません。このような開発体制では、ベースの Docker イメージの Dockerfile と、開発者の Web コンテンツを埋め込むための、作業用 Dockerfile に分かれます。通常は、ベースの Docker イメージを作成し、そのベースのイメージを使って、派生した Docker イメージを次々と生成します。具体的には、派生版の Dockerfile で実行させたいコマンドをベースの Dockerfile 内の ONBUILD 命令に記述します。これにより、ベースの Dockerfile では、ONBUILD 命令の行を除いた内容でベースの Docker イメージが作成され、派生版 Docker イメー

ジは、派生版の Dockerfile のコマンドと、ベースの Dockerfile 内の ONBUILD 命令に指定したコマンドを合わせたもので構成されます（図 4-4）。

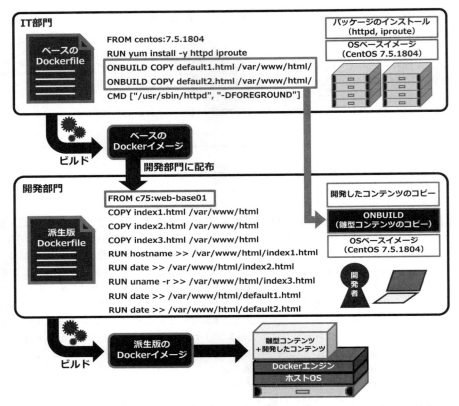

図 4-4　ベースとなる Dockerfile に ONBUILD 命令を指定した場合の処理の流れ

■テスト用の Web コンテンツの準備

まず、テスト用の Web コンテンツを準備します。

```
# mkdir onbuild-apache
# cd onbuild-apache
# echo "This is a default1 HTML file." > default1.html
# echo "This is a default2 HTML file." > default2.html
# echo "This is an index1 HTML file." > index1.html
# echo "This is an index2 HTML file." > index2.html
# echo "This is an index3 HTML file." > index3.html
```

● 4-6 Docker コンテナによる Web サイトの構築

■ベースとなる Dockerfile の作成

IT 部門が作成する Apache Web サーバー用のベースとなる Dockerfile を用意します。

```
# vi Dockerfile.web-base
FROM centos:7.5.1804
ARG  http_proxy
ARG  https_proxy
RUN  yum install -y httpd iproute
ONBUILD COPY default1.html /var/www/html/
ONBUILD COPY default2.html /var/www/html/
CMD ["/usr/sbin/httpd", "-DFOREGROUND"]
```

■ベースとなる Docker イメージを作成

Docker イメージ「c75:web-base01」をビルドします。

```
# docker image build \
-f ./Dockerfile.web-base \
-t c75:web-base01 \
--build-arg http_proxy=http://proxy.your.site.com:8080 \
--build-arg https_proxy=http://proxy.your.site.com:8080 \
--no-cache=true \
.
```

この時点で、Dockerfile.web-base に記述されている ONBUILD 命令に記述したコマンドは、Docker イメージ「c75:web-base01」に含まれないことに注意してください。試しに、この Docker イメージを使って、コンテナを起動してみます。

■ベースの Docker イメージからコンテナを起動

```
# docker container run -itd --rm --name c75-web-base01 c75:web-base01
6e1e4560281677d08620bac20ba192eb67222b8e28e2aef9e66d3c4c0fa76d33

# docker container exec -it c75-web-base01 ls -la /var/www/html
total 0
drwxr-xr-x 2 root root  6 Jun 27 13:49 .
drwxr-xr-x 4 root root 33 Oct 21 06:37 ..

# docker container rm -f c75-web-base01
```

Docker コンテナ内の/var/www/html ディレクトリが空、つまり、ONBUILD 命令で指定されているコマンドは実行されていないことがわかります。

161

第 4 章　Dockerfile

■ ONBUILD 命令が使われているかどうかの確認

ONBUILD 命令が含まれる Dockerfile から生成された Docker イメージは、コンテナを実行しただけでは、どのような処理が ONBUILD 命令に含まれているのかわかりません。Dockerfile 内で、ONBUILD 命令による処理が含まれているかどうかを知るには、「docker image inspect」コマンドを使います。

```
# docker image inspect --format="{{ .Config.OnBuild }}" c75:web-base01
[COPY default1.html /var/www/html/ COPY default2.html /var/www/html/]
```

上記より、2 行の COPY 命令が含まれているため、2 行の ONBUILD 命令でそれぞれ COPY 命令が含まれていることがわかります。

■ 派生版の Docker イメージのための Dockerfile を作成

次に、開発部門は、IT 部門が作成した Docker イメージ「c75:web-base01」を使った Dockerfile.web-dev を作成します。Web コンテンツのコピーや加工処理が記述されています。

```
# vi Dockerfile.web-dev
FROM c75:web-base01
ARG http_proxy
ARG https_proxy
COPY index1.html /var/www/html
COPY index2.html /var/www/html
COPY index3.html /var/www/html
RUN   hostname >> /var/www/html/index1.html
RUN   date      >> /var/www/html/index2.html
RUN   uname -r >> /var/www/html/index3.html
RUN   date      >> /var/www/html/default1.html
RUN   date      >> /var/www/html/default2.html
```

■ 派生版 Docker イメージの作成

この Dockerfile を使って、Docker イメージ「c75:web-dev01」を生成します。

```
# docker image build \
-f ./Dockerfile.web-dev \
-t c75:web-dev01 \
--build-arg http_proxy=http://proxy.your.site.com:8080 \
--build-arg https_proxy=http://proxy.your.site.com:8080 \
--no-cache=true \
.
```

ここで、ベースの Dockerfile.web-base 内に記述した ONBUILD 命令のコマンドと、Dockerfile.web-dev

162

● 4-6 Docker コンテナによる Web サイトの構築

に記載された命令の両方が実行されて Docker イメージ「c75:web-dev01」が作成されます。

■ ONBUILD 命令が組み込まれた Docker イメージからコンテナを起動

では、どのような結果になるのか、Docker コンテナを起動します。

```
# docker container run \
-it --rm \
--name c75-web-dev01 \
c75:web-dev01 ls -l /var/www/html
total 20
-rw-r--r-- 1 root root 59 Oct 21 10:34 default1.html
-rw-r--r-- 1 root root 59 Oct 21 10:34 default2.html
-rw-r--r-- 1 root root 24 Oct 21 10:34 index1.html
-rw-r--r-- 1 root root 40 Oct 21 10:34 index2.html
-rw-r--r-- 1 root root 38 Oct 21 10:34 index3.html

# docker container run \
-it --rm \
--name c75-web-dev01 \
c75:web-dev01 cat /var/www/html/default1.html
This is a default1 HTML file.
Sun Oct 21 10:34:20 UTC 2018

# docker container run \
-it --rm \
--name c75-web-dev01 \
c75:web-dev01 cat /var/www/html/default2.html
This is a default2 HTML file.
Sun Oct 21 10:34:22 UTC 2018
#
```

　IT 部門が用意したベースとなる Docker イメージに対して、開発部門側で Web コンテンツの追加や加工が行われていることがわかります。ベースとなる Dockerfile には、IT 部門側でアプリケーションのインストール (httpd パッケージのインストール) や雛型のファイル群 (default1.html と default2.html) などを仕込む処理を行い、開発部門に雛型のファイル群と Docker イメージを引き渡します。雛型のファイル群と Docker イメージを受け取った開発部門は、コンテンツの開発や加工に専念し、Dockerfile もそれだけを記述します。この時点で、開発部門は、雛型のファイル群のコピー処理を一切行う必要はなく、ベースの Dockerfile 内に記述した ONBUILD 行の命令は、派生版 Dockerfile を使ったイメージのビルドの際に自動的に処理されます。

　これらの処理からわかるように、ベースとなる Dockerfile では、サービスのインストールや雛型のファイルの配備など基本的なインフラを提供する Docker イメージの作成と、開発部門による成果物の配備や加工などに関する Docker イメージの作成を分けることができます。

163

第 4 章 Dockerfile

4-6-3　Dockerfile におけるマルチステージビルド

マルチステージビルドは、Dockerfile の中に、処理対象とする Docker イメージを複数記述し、それらの複数のイメージから生成されたファイルやバイナリを最終的な Docker イメージに埋め込みます。これにより、以下のような効果が得られます。

- 開発用の Docker イメージと本番環境用の Docker イメージを 1 つの Dockerfile で記述
- Docker イメージのファイルサイズを減らす作業の大幅な簡素化

以下では、マルチステージビルドがない場合と、マルチステージビルドを行った場合の具体例を示します。

4-6-4　マルチステージビルドを行わない従来の開発手順とコンテナの実行手順

一般に、Docker 環境における Docker イメージの開発と本番環境への展開、実行では、開発用の Dockerfile と本番実行用の Dockerfile の 2 つを持つ必要がありました。以下は、モンテカルロシミュレーションによって円周率の近似値を求める FORTRAN プログラムをビルドするマルチステージビルドを行わない開発用の Dockerfile.dev の例です。

■開発用の Dockerfile の作成

まず、通常、開発用の Dockerfile を作成します。ファイル名は、Dockerfile.dev としました。

```
# mkdir /root/monte/
# cd /root/monte/
# vi Dockerfile.dev
FROM centos:7.5.1804
ENV http_proxy http://proxy.your.site.com:8080
ENV https_proxy http://proxy.your.site.com:8080
RUN yum install -y gcc-gfortran libgfortran-static
COPY pi.f /tmp
WORKDIR  /tmp
RUN gfortran -c -o pi.static.o pi.f
RUN gfortran  \
    pi.static.o \
    /usr/lib/gcc/x86_64-redhat-linux/4.8.2/libgfortran.a \
    /usr/lib/gcc/x86_64-redhat-linux/4.8.2/libquadmath.a \
    -static-libgfortran -static-libgcc \
    -o pi.static
RUN mv /tmp/pi.static /usr/local/bin/
CMD ["/usr/local/bin/pi.static"]
```

164

● 4-6 Docker コンテナによる Web サイトの構築

■ FORTRAN プログラムの作成

モンテカルロシミュレーションの FORTRAN プログラム pi.f を作成します。[†]

```
# pwd
/root/monte
# vi pi.f
      N=10000000
      m=0
      call srand(time())
      do i=1,N
      x=rand()
      y=rand()
      if(x*x + y*y < 1.0)then
            m=m+1
            end if
      end do
      write(6,*) (float(m)/float(N))*4.0
      end
```

[†]　FORTRAN プログラムは、先頭をタブ 1 つ、あるいは、8 列以上の半角スペースを空ける必要があります。

■ Docker イメージのビルド

作成した Dockerfile と pi.f を使って Docker イメージ centos:c75dev-pi0001 をビルドします。

```
# docker image build -f ./Dockerfile.dev -t centos:c75dev-pi0001 .
```

■ Docker イメージサイズの確認

Docker イメージのサイズを確認します。

```
# docker image ls
REPOSITORY      TAG            IMAGE ID       CREATED         SIZE
centos          c75dev-pi0001  558f6d3bfdb2   48 seconds ago  360MB
...
centos          7.5.1804       fdf13fa91c6e   6 weeks ago     200MB
...
```

元の CentOS 7.5.1804 のイメージサイズが 200M バイトであるのに対し、作成したイメージは、開発ツールなどがインストールされたことにより、360M バイトに増加していることがわかります。

165

第 4 章　Dockerfile

■プログラムの実行

Dockerfile.dev の中では、pi.f をコンパイルし、実行バイナリ pi.static を生成し、Docker イメージの/usr/local/bin/に格納しています。この Docker イメージを使って実行バイナリ pi.static を実行します。pi.static の出力結果として、円周率の近似値「3.14...」が表示されます。

```
# docker container run -itd --name c75dev-pi0001 centos:c75dev-pi0001 /bin/bash
9dab531a6f3449936d1f5ec54241a993e173d4671f07905d763c409e9c080ad9
# docker container exec -it c75dev-pi0001 /usr/local/bin/pi.static
3.14125848
```

■本番環境用の Dockerfile の作成

　昨今のクラウドネイティブ型のアプリケーションは、可搬性の観点から、コンパイル時にライブラリをスタティックリンクし、実行バイナリ 1 つのみで実行できるようにすることが少なくありません。今回も、Dockerfile.dev 内において、実行バイナリ pi.static は、スタティックリンクしており、実行バイナリ pi.static のみで稼働できます。開発環境の Docker イメージ centos:c75dev-pi0001 には、実行バイナリ以外に、開発ツールやランタイムライブラリなどが多数含まれているため、本番環境向けには、これらの開発ツールやランタイムライブラリを除いて、オリジナルの centos:7.5.1804 にスタティックリンクした実行バイナリ pi.static のみを保管したイメージを作らなければなりません。そのためには、別途、本番環境用の Dockerfile が必要です。

　以下では、オリジナルの centos:7.5.1804 にスタティックリンクした実行バイナリ pi.static のみを含む Docker イメージを生成します。現在起動中の Docker コンテナ c75dev-pi0000 に保管されている/usr/local/bin
/pi.static をホスト OS にコピーします。Docker コンテナ内のファイルをホスト OS にコピーするには、docker container cp コマンドを使用します。

```
# pwd
/root/monte
# docker container cp c75dev-pi0001:/usr/local/bin/pi.static /root/monte/
# -rwxr-xr-x 1 root root 236296 Dec 11 09:07 ./pi.static
```

本番環境用の Dockerfile を作成します。ファイル名は Dockerfile.prod としました。

```
# vi Dockerfile.prod
FROM centos:7.5.1804
COPY pi.static /usr/local/bin/
CMD ["/usr/local/bin/pi.static"]
```

本番環境用の Dockerfile.prod から、Docker イメージ centos:c75prod-pi0001 をビルドします。

166

● 4-6 Docker コンテナによる Web サイトの構築

```
# docker image build -f ./Dockerfile.prod -t centos:c75prod-pi0001 .

# docker image ls
REPOSITORY      TAG                    IMAGE ID         CREATED          SIZE
centos          c75prod-pi0001         845ccc63fa5c     9 seconds ago    200MB
centos          c75dev-pi0001          44b1c4064eca     20 minutes ago   361MB
...
```

　本番環境用の Docker イメージ centos:c75prod-pi0001 を使ってモンテカルロシミュレーションの
プログラムを実行します。

```
# docker container run -itd --name c75prod-pi0001 centos:c75prod-pi0001 /bin/bash
574a363e042fee08ee785fc6c42c6b95cb0201faf1c9dabc89fc67d72413d19c
# docker container exec -it c75prod-pi0001 /usr/local/bin/pi.static
  3.14125848
```

　以上で、オリジナルの Docker イメージ centos:7.5.1804 にスタティックリンクした FORTRAN プ
ログラムの実行バイナリ pi.static のみが入った Docker イメージを使って本番環境用のプログラムを実
行できました。しかし、開発用の Dockerfile と本番環境用の Dockerfile の 2 つをメンテナンスしなけれ
ばならず、docker container cp などを使った実行バイナリのコピーといった煩雑な作業を行わなけ
ればなりません。この煩雑な作業を大幅に低減し、開発環境と本番環境を 1 つの Dockerfile で実現す
るビルド手法が、マルチステージビルドです。

4-6-5　マルチステージビルドにおける開発手順とコンテナの実行手順

　マルチステージビルドでは、開発用と本番環境用を 1 つの Dockerfile で実現できます。以下では、マ
ルチステージビルドを使ったビルドとコンテナの実行手順を示します。

■ Dockerfile の作成

　まず、マルチステージ用の Dockerfile を作成します。ファイル名は、Dockerfile.msb にしました。

```
# vi Dockerfile.msb
FROM centos:7.5.1804 AS build0001    ←①開発用の Docker イメージ。build0001 という名前を付与
ENV http_proxy http://proxy.your.site.com:8080
ENV https_proxy http://proxy.your.site.com:8080
RUN yum install -y gcc-gfortran libgfortran-static libquadmath-static
COPY pi.f /tmp
WORKDIR   /tmp
RUN gfortran -c -o pi.static.o pi.f
RUN gfortran  \
```

167

第 4 章 Dockerfile

```
            pi.static.o \
            /usr/lib/gcc/x86_64-redhat-linux/4.8.2/libgfortran.a \
            /usr/lib/gcc/x86_64-redhat-linux/4.8.2/libquadmath.a \
            -static-libgfortran -static-libgcc \
            -o pi.static

FROM centos:7.5.1804 AS run0001    ←②本番環境用の Docker イメージ。run0001 という名前を付与
COPY --from=build0001 /tmp/pi.static /usr/local/bin/   ←③開発用のイメージから pi.static をコピー
CMD ["/usr/local/bin/pi.static"]
```

マルチステージビルドの Dockerfile.msb の①は、開発用の Docker イメージです。また、②は、本番環境用の Docker イメージが指定されています。①の開発用の Docker イメージには、「AS build0001」と記述があり、開発用の Docker イメージに名前を付けています。一方、②の本番環境用の Docker イメージにも「AS run0001」と名前を付けています。①の Docker イメージでコンパイルした pi.static は、②の本番環境用のイメージで使用します。③のように、pi.static を②の本番環境用の Docker イメージにコピーするため、①のコピー元の名前を使ってコピーします。docker container cp などを使って実行バイナリをコピーしていた煩雑な作業は、この③に取って代わります。

■マルチステージビルド

上記の Dockerfile.msb を使ってマルチステージビルドを行います。生成する本番環境用の Docker イメージは、centos:c75prod-pi0002 とします。

```
# pwd
/root/monte
# docker image build -f ./Dockerfile.msb -t centos:c75prod-pi0002 .

# docker image ls
REPOSITORY         TAG                  IMAGE ID            CREATED            SIZE
centos             c75prod-pi0002       1bdc05295257        16 seconds ago     200MB
...
```

■コンテナの実行

本番環境用の Docker イメージができましたので、モンテカルロシミュレーションのプログラムを実行します。

```
# docker container run -itd --name c75prod-pi0002 centos:c75prod-pi0002 /bin/bash
40f9a29edb052a479b9ccc4d4196d750465b872e60ad4ac64c4c2672fd2dcfdd
# docker container exec -it c75prod-pi0002 /usr/local/bin/pi.static
```

168

```
   3.14125848
```

従来の複数の Dockerfile を作成し、`docker container cp` によって実行バイナリをコピーする作業に比べ、Dockerfile が 1 つで済むので、大幅に開発効率を改善できます。

4-6-6　HEALTHCHECK 命令による死活監視

Dockerfile 内で `HEALTHCHECK` 命令を指定することで、コンテナ内のサービスの死活監視が行えます。具体的には、死活監視用のコマンドをコンテナ内で実行し、そのコマンドが返す値を Docker デーモンがチェックし、サービスの死活状態を判断します。以下は、`HEALTHCHECK` 命令を使った Web サービスの監視を行う Dockerfile の例です。

```
# mkdir /root/healthcheck
# cd /root/healthcheck
# vi Dockerfile
FROM centos:7.5.1804
ARG  http_proxy
ARG  https_proxy
COPY check.sh /
RUN  yum install -y httpd && \
     echo "Hello Docker." > /var/www/html/test.html && \
     chmod +x /check.sh
HEALTHCHECK \
 --timeout=1s \
 --interval=1s \
 --retries=3 \
 CMD /check.sh || exit 1
ENTRYPOINT ["/usr/sbin/httpd","-DFOREGROUND"]
```

死活監視用のスクリプト「`check.sh`」を作成します。

```
# pwd
/root/healthcheck
# vi check.sh
#!/bin/bash
URL=http://localhost/test.html
stat=`curl -w %{http_code} -f -s -o /dev/null $URL`
if [ "$stat" == "200" -a "$?" == "0" ]; then
    exit 0
else
    exit 1
fi
```

第 4 章 Dockerfile

■ Docker イメージのビルド

Dockerfile と死活監視用スクリプトが完成したら、Docker イメージをビルドします。

```
# docker image build -f ./Dockerfile -t c75:healthcheck01 \
--build-arg http_proxy=http://proxy.your.site.com:8080 \
--build-arg https_proxy=http://proxy.your.site.com:8080 \
.
```

■コンテナの起動

死活監視入りの Docker イメージからコンテナを起動します。コンテナを起動すると、死活監視用の
スクリプトがコンテナ内で稼働し、プロセス監視が行われます。

```
# docker container run \
--rm \
-itd \
--name c75-healthcheck01 \
-p 80:80 \
c75:healthcheck01
```

■コンテナの死活状態の表示

コンテナの状態を確認します。すると、STATUS 列に「(healthy)」が表示され、死活監視の結果
が表示されます。

```
# docker container ls
CONTAINER ID    IMAGE               ... STATUS                ... NAMES
35fbd6642db3    c75:healthcheck01 ... Up 19 seconds (healthy)  ... c75-healthcheck01
```

■ Web コンテンツのパーミッションを変更

コンテナ内の Web コンテンツにアクセスできないようにアクセス権限を変更することで、死活監視
の結果が変わるかどうかをチェックします。すると、今度は、STATUS 列に「(unhealthy)」と表示
され、サービスの死活監視が機能していることがわかります。

```
# docker container exec -it c75-healthcheck01 chmod 600 /var/www/html/test.html
# docker container ls
CONTAINER ID    IMAGE               ... STATUS                ... NAMES
35fbd6642db3    c75:healthcheck01 ... Up 7 minutes (unhealthy) ... c75-healthcheck01
```

170

● 4-6 Docker コンテナによる Web サイトの構築

再度、アクセス権限を戻して、状態が「(healthy)」になるかを確認します。

```
# docker container exec -it c75-healthcheck01 chmod 644 /var/www/html/test.html
# docker container ls
CONTAINER ID    IMAGE                ... STATUS                 ... NAMES
35fbd6642db3    c75:healthcheck01    ... Up 2 minutes (healthy) ... c75-healthcheck01
```

■ docker container inspect による確認

docker container ls コマンドの STATUS 列の表示以外に、docker container inspect コマンドでも状態を確認できます。

```
# docker container inspect --format='{{.State.Health.Status}}' c75-healthcheck01
healthy
```

さらに、終了コードを含めた JSON 形式で死活状態を表示することも可能です。この場合は、あらかじめ Docker ホスト上に jq コマンドをインストールしておく必要があります。

```
# yum install -y epel-release
# yum install -y jq
# docker container inspect \
-f '{{json .State.Health}}' \
c75-healthcheck01 | \
jq . -S --slurp | \
head -16
[
  {
    "FailingStreak": 0,
    "Log": [
      {
        "End": "2018-11-02T01:11:14.366984626+09:00",
        "ExitCode": 0,
        "Output": "",
        "Start": "2018-11-02T01:11:14.017841326+09:00"
      },
      {
        "End": "2018-11-02T01:11:15.753990931+09:00",
        "ExitCode": 0,
        "Output": "",
        "Start": "2018-11-02T01:11:15.408682769+09:00"
      },
```

171

第 4 章 Dockerfile

4-6-7　Dockerfile に記述しない方法

Dockerfile 内に HEALTHCHECK 命令を記述しなくても、アプリケーションの死活監視を行うことが可能です。具体的には、docker container run 実行時にオプションに死活監視用のコマンドや監視の時間間隔、タイムアウト時間、リトライ回数などを指定します。まずは、HEALTHCHECK 命令を含まない Dockerfile を作成します。

```
# vi Dockerfile.c75-httpd
FROM centos:7.5.1804
ARG  http_proxy
ARG  https_proxy
RUN  yum install -y httpd && \
     echo "Hello Docker." > /var/www/html/test.html
ENTRYPOINT ["/usr/sbin/httpd","-DFOREGROUND"]
```

Dockerfile から Docker イメージをビルドします。

```
# docker image build -f ./Dockerfile.c75-httpd -t c75:httpd \
--build-arg http_proxy=http://proxy.your.site.com:8080 \
--build-arg https_proxy=http://proxy.your.site.com:8080 \
.
```

■死活監視を行うオプションを付与したコンテナの実行

今回は、httpd サービスを実行するコンテナなので、curl コマンドにより、アプリケーションが提供する test.html ファイルへのアクセス可否を監視します。コンテナ起動時に、死活監視のコマンド、監視間隔、タイムアウト時間、リトライ回数をオプションで指定します。

```
# docker container run \
--rm \
-itd \
--name c75-httpd \
-p 81:80 \
--health-cmd='curl -f -s -o /dev/null http://localhost/test.html || exit 1' \
--health-interval=1s \
--health-timeout=1s \
--health-retries=3 \
c75:httpd
```

コンテナの状態を確認すると、STATUS 列に「(healthy)」が表示されているので、test.html ファイルへのアクセスができていることがわかります。

172

● 4-6 Docker コンテナによる Web サイトの構築

```
# docker container ls
CONTAINER ID    IMAGE     ... STATUS                 ... NAMES
48395c54f618    c75:httpd ... Up 2 minutes (healthy) ... c75-httpd
```

本当に test.html ファイルにアクセスできるかを確認します。

```
# curl http://localhost:81/test.html
Hello Docker.
```

test.html ファイルのアクセス権限を変更し、curl コマンドでアクセスできないことを確認します。

```
# docker container exec -it c75-httpd chmod 600 /var/www/html/test.html
# curl http://localhost:81/test.html
<!DOCTYPE HTML PUBLIC "-//IETF//DTD HTML 2.0//EN">
<html><head>
<title>403 Forbidden</title>
</head><body>
<h1>Forbidden</h1>
<p>You don't have permission to access /test.html
on this server.</p>
</body></html>
#
```

STATUS 列を見ると、「(unhealthy)」になっていることがわかります。

```
# docker container ls
CONTAINER ID    IMAGE     ... STATUS                   ... NAMES
48395c54f618    c75:httpd ... Up 4 minutes (unhealthy) ... c75-httpd
```

4-6-8　wget コマンドによる死活監視

　システム要件や運用上の理由から、curl コマンドが使えない場合もあります。そのような場合は、wget コマンドを使った死活監視が可能です。以下は、wget コマンドを使った監視を行う場合の Dockerfile の例です。死活監視用の wget コマンドをインストールするように Dockerfile を記述します。

```
# vi Dockerfile.c75-httpd-wget
FROM centos:7.5.1804
ARG  http_proxy
ARG  https_proxy
RUN  yum install -y httpd wget && \
     echo "Hello Docker." > /var/www/html/test.html
ENTRYPOINT ["/usr/sbin/httpd","-DFOREGROUND"]
```

173

第 4 章 Dockerfile

Docker イメージをビルドします。

```
# docker image build -f ./Dockerfile.c75-httpd-wget -t c75:httpd-wget \
--build-arg http_proxy=http://proxy.your.site.com:8080 \
--build-arg https_proxy=http://proxy.your.site.com:8080 \
.
```

死活監視用の wget コマンドをオプションに指定して、コンテナを起動します。

```
# docker container run \
--rm \
-itd \
--name c75-httpd-wget \
-p 82:80 \
--health-cmd='wget -q -O - http://localhost/test.html || exit 1' \
--health-interval=1s \
--health-timeout=1s \
--health-retries=3 \
c75:httpd-wget
```

curl コマンドによる死活監視の場合と同様に、監視対象の Web コンテンツである test.html ファイルのアクセス権限を変更し、STATUS 列を確認してください。

```
# docker container ls
CONTAINER ID    IMAGE          ... STATUS                 ... NAMES
6b5ea5ee28c3    c75:httpd-wget ... Up 2 minutes (healthy) ... c75-httpd-wget

# docker exec -it c75-httpd-wget chmod 600 /var/www/html/test.html
# docker container ls
CONTAINER ID    IMAGE          ... STATUS                   ... NAMES
6b5ea5ee28c3    c75:httpd-wget ... Up 3 minutes (unhealthy) ... c75-httpd-wget
```

4-6-9　SHELL によるシェルの変更

Dockerfile では、使用するシェルを変更できます。具体的には、SHELL 命令でシェルの実行バイナリを指定し、その SHELL 命令以降は、指定したシェルで Dockerfile 内のコマンドが実行されます。以下は、事前に作成しておいた dot.bash_profile ファイルと、dot.tcshrc ファイルを Docker イメージ内の root ユーザーのホームディレクトリにコピーしておき、tcsh をインストール後、bash シェルと tcsh で/root ディレクトリにログを出力する Dockerfile の例です。

```
# vi Dockerfile
FROM centos:7.5.1804
```

174

● 4-6 Docker コンテナによる Web サイトの構築

```
ARG   http_proxy
ARG   https_proxy
COPY dot.bash_profile /root/.bash_profile
COPY dot.tcshrc         /root/.tcshrc
RUN   yum install -y tcsh
SHELL ["/bin/bash", "--login","-c"]
RUN   echo $0         > /root/shell.log && \
      echo $LANG      >> /root/shell.log && \
      echo $PATH      >> /root/shell.log && \
      echo $VAL01     >> /root/shell.log && \
      echo ""         >> /root/shell.log
SHELL ["/bin/tcsh", "-c"]
RUN   echo $0         >> /root/shell.log && \
      echo $LANG      >> /root/shell.log && \
      echo $PATH      >> /root/shell.log && \
      echo $VAL01     >> /root/shell.log && \
      echo ""         >> /root/shell.log
ENTRYPOINT ["tail","-f","/dev/null"]
```

事前準備として、dot.bash_profile ファイルと、dot.tcshrc ファイルを作成します。dot.bash_profile ファイルには、bash シェル向けに、変数の LANG、PATH、VAL01、bash シェルのプロンプトを表す変数 PS1 を定義しています。一方、dot.tcshrc ファイルは、tcsh シェル向けに、変数の LANG、PATH、VAL01、そして、tcsh シェルのプロンプトを定義しています。

```
# vi dot.bash_profile
export LANG=en_US.UTF-8
export PATH=/usr/bin:/usr/sbin:/usr/local/bin:/bin:/sbin
export VAL01="Hello bash."
PS1='BASH: [\u@\h \W]\$ '

# vi dot.tcshrc
setenv LANG ja_JP.UTF-8
setenv PATH /usr/local/mygames/bin:${PATH}
set VAL01="Hello tcsh."
set prompt='TCSH: [%n@%m %c]# '
```

■ Docker イメージのビルド

Dockerfile、dot.bash_profile、dot.tcshrc ファイルが用意できたら、Docker イメージ「c75:shell」をビルドします。

```
# docker image build -f ./Dockerfile -t c75:shell \
```

175

第 4 章 Dockerfile

```
--build-arg http_proxy=http://proxy.your.site.com:8080 \
--build-arg https_proxy=http://proxy.your.site.com:8080 \
.
```

■コンテナ内のログ「shell.log」の確認

作成した Docker イメージから、コンテナ「c75-shell」を起動します。

```
# docker container run -itd --name c75-shell c75:shell
```

コンテナが起動できたら、ログを確認します。

```
# docker container exec -it c75-shell cat /root/shell.log
/bin/bash
en_US.UTF-8
/usr/bin:/usr/sbin:/usr/local/bin:/bin:/sbin
Hello bash.

/bin/tcsh
ja_JP.UTF-8
/usr/local/mygames/bin:/usr/local/sbin:/usr/local/bin:/usr/sbin:/usr/bin:/sbin:/bin
Hello tcsh.

#
```

以上より、Dockerfile 内の SHELL 行により、シェルを切り替えてログが出力されていることがわかり
ます。

■コマンドプロンプトの確認

コンテナ内の.bash_profile に定義されたコマンドプロンプトの表示内容に関する変数がロードさ
れて、コンテナの bash プロンプトがその変数の定義通りに表示されるかどうかを確認します。まずは、
bash シェルを起動します。Linux における.bash_profile は、bash のログインシェルでロードされる
ので、コンテナを起動する際に bash に「--login」を付与し、コンテナ内の bash をログインシェルと
して起動します

```
# docker container exec -it c75-shell /bin/bash --login
BASH: [root@bf3f10ef93b5 /]# echo $0
/bin/bash
BASH: [root@bf3f10ef93b5 /]# exit
logout
#
```

● 4-7 Dockerfile の利用指針

bash のプロンプトが、変数の PS1 に格納された値として正しく表示されていることがわかります。同様に、コンテナ内の .tcshrc で定義されたコマンドプロンプトの変数がロードされて、コンテナの tcsh プロンプトが変数の定義通りに表示されるかどうかを確認します。

```
# docker container exec -it c75-shell /bin/tcsh
TCSH: [root@bf3f10ef93b5 /]# echo $0
/bin/tcsh
TCSH: [root@bf3f10ef93b5 /]# exit
exit
#
```

以上で .tcshrc で定義された変数がロードされ、tcsh のコマンドプロンプトが表示されたことが確認できました。

4-7　Dockerfile の利用指針

Dockerfile を利用した一括処理は非常に便利な機能ですが、利用上注意すべき点がいくつかあります。ここでは Dockerfile の利用指針について、いくつか重要なポイントについて解説します。

4-7-1　tar アーカイブへの保管

Dockerfile は、あくまで構築の手順を記載したものであり、ダウンロードする OS テンプレートやパッケージが日々進化する状況において、生成される Docker イメージが永続的に同じものにはならないという点に注意が必要です。Dockerfile さえ正確に書いておけば、いつでも正常な Docker イメージを生成できるように思えますが、Dockerfile の中で記述した OS テンプレートやアプリケーションの入手先 URL、バージョンなどがいつ変更されるかは予測が不可能です。したがって、本番システムに適用すべき Docker イメージを生成できたら、必ずその時点での Docker イメージを永続的に保管しておくことをお勧めします。具体的には、作成した Docker イメージに対応するコンテナを tar アーカイブ形式で保管しておきます。

4-7-2　不要なファイルやディレクトリを置かない

Dockerfile を使って、docker image build を行う際に、巨大なファイルやディレクトリなどが存在すると、そのファイルやディレクトリも含めて、Docker のコンテキストに追加しようとします。そのため、docker image build に非常に時間がかかってしまうので、docker image build を行う際には、不要なファイルやディレクトリを削除しておきましょう。

177

第 4 章 Dockerfile

■負荷の増大を避ける

　以下の例は、先述の foo コンテナのビルドディレクトリ/root/foo に、ファイルサイズが 4G バイトの不要なファイル「file4GB」が存在すると、通常ならば、数秒程度で終わる docker image build が、2 分半以上もかかる様子を示しています。

```
# cd /root/uname
# ls -a
.  ..  Dockerfile

# time docker image build -f ./Dockerfile -t centos:uname01 --no-cache=true .
Sending build context to Docker daemon  2.048kB
...
Successfully built 04941b16ee3d
Successfully tagged centos:uname01


real    0m2.188s    ←通常のビルド時間
user    0m0.351s
sys     0m0.058s


# dd if=/dev/zero of=./file4G bs=1024k count=4096
# ls -lh
total 4.1G
-rw-r--r-- 1 root root   63 Dec 11 17:52 Dockerfile
-rw-r--r-- 1 root root 4.0G Dec 11 18:14 file4G

# time docker image build -f ./Dockerfile -t centos:foo --no-cache=true .
Sending build context to Docker daemon  4.295GB
...
real    2m48.300s   ←4G バイトのファイルが置かれた場合のビルド時間
user    0m13.496s
sys     0m21.443s
```

■.dockerignore の利用

　もし、どうしても docker image build を行うディレクトリ内にファイルやディレクトリがあり、それらを削除したくない場合は、「.dockerignore」ファイルを用意し、そのファイル内に無視したいファイルやディレクトリを記述します。以下は、/root/foo ディレクトリ以下に、「.dockerignore」ファイルを作成し、無視したいファイルやディレクトリを記載した例です。

```
# pwd
/root/foo
```

178

● 4-7 Dockerfile の利用指針

```
# vi .dockerignore
file4G
file2G
bigdatadir1/file2G
bigdatadir2
```

上に示した.dockerignore ファイルにより、/root/foo ディレクトリ以下のファイル file4G、file2G と、bigdatadir1 ディレクトリの下にあるファイル file2G、bigdatadir2 ディレクトリ全体が docker image build 時に無視されるようになります。

4-7-3　キャッシュ機能の落とし穴

Docker には、キャッシュという機能があります。これは、Dockerfile に記述された各行において、変更がない手順については、既存のキャッシュを使い、変更部分のみをビルドすることで、全体のビルド時間を短縮します。Docker イメージのビルド時間が大幅に短縮されるため、非常に便利ですが、落とし穴もあります。たとえば、以下のような Dockerfile があるとします。

```
# pwd
/root/foo4
# cat Dockerfile
FROM            centos:7.5.1804   ←   ①
RUN             yum update -y && yum clean all   ←   ②
RUN             echo "Hello." > /root/test.txt   ←   ③
ENTRYPOINT      ["tail","-f","/dev/null"]   ←   ④
```

Dockerfile を使って Docker イメージをビルドします。

```
# docker image build  -f ./Dockerfile -t centos:foo4 .
```

初めてビルドする場合は、キャッシュが使われません。この Dockerfile の③のみを以下のように書き換えます。

```
# vi Dockerfile
FROM            centos:7.5.1804
RUN             yum update -y && yum clean all
RUN             echo "Hello Docker." > /root/test.txt
ENTRYPOINT      ["tail","-f","/dev/null"]
```

再度、ビルドします。

```
# docker image build  -f ./Dockerfile -t centos:foo4 .
```

179

第 4 章 Dockerfile

　上記より、②のパッケージのアップデートについては、記述に変更がないために、キャッシュが使われていることがわかります。すなわち、yum update すべきパッケージが公開されていたとしても、Dockerfile 上では記述が変更されていないため、実質 yum update は行われないことになります。③は変更が行われたため、キャッシュされずにビルドが行われています。

　②のように、yum update を使ったパッケージのアップデートにおいて、キャッシュされないようにするには、ビルド時に、「--no-cache=true」を付与します。ただし、パッケージのアップデートは注意が必要です。単なる「yum update -y」であっても、いつアップデートしたかによって、アップデート対象のパッケージが異なる可能性があります。そのため、「yum update -y」の実行のタイミングによって異なるバージョンのパッケージを含む Docker イメージが生成されてしまいます。テスト環境、および、本番環境では、Docker イメージの可搬性を損なわないために、アップデートするパッケージとバージョンは、明示的に指定すべきです。特に、イミュータブル・インフラストラクチャを検討している場合、Dockerfile の中に「yum update -y」を入れることは慎重に検討しなければなりません。

4-7-4　cd コマンドを使わない

　Dockerfile 内で、作業ディレクトリを移動させたい場合にも、注意が必要です。以下は、/tmp に移動し、test.txt ファイルを生成する Dockerfile の例です。

```
# mkdir /root/foo5
# cd /root/foo5
# vi Dockerfile
FROM centos:7.5.1804
RUN cd /tmp && touch test.txt && tail -f /dev/null
```

　この Dockerfile では、RUN の後に、cd /tmp を行い、ディレクトリを移動後に touch コマンドで test.txt ファイルを生成していますが、Dockerfile では、作業用ディレクトリを移動する WORKDIR 命令が用意されています。以下は、上記と同様のビルド作業を実現する WORKDIR 命令を使った記述例です。

```
# vi Dockerfile2
FROM centos:7.5.1804
WORKDIR /tmp
RUN touch test.txt && tail -f /dev/null
```

　WORKDIR 命令で作業用ディレクトリに移動していますので、その後の RUN 命令で指定された touch test.txt は、/tmp で行われます。Dockerfile2 を使って Docker イメージをビルドし、コンテナを起動します。

```
# docker image build -f ./Dockerfile2 -t centos:c75foo5.2 .
# docker container run --rm -itd --name foo5.2 -h foo5.2 centos:c75foo5.2
```

180

● 4-7 Dockerfile の利用指針

```
502a4eccaf69960724c398e87c1a685d1e237a970985252536fa13ca8a3f17a4
# docker container exec -it foo5.2 pwd
/tmp
# docker container exec -it foo5.2 ls -l /tmp/test.txt
-rw-r--r-- 1 root root 0 Dec 11 09:50 /tmp/test.txt
```

コンテナ内の test.txt は、WORKDIR 命令で指定した/tmp ディレクトリ内に作成されていることが確認できました。再度、WORKDIR を別のディレクトリに変更したければ、WORKDIR 命令で指定します。

```
# vi Dockerfile3
FROM centos:7.5.1804
WORKDIR /tmp
RUN touch test.txt
WORKDIR /root
ENTRYPOINT ["tail","-f","/dev/null"]
```

Dockerfile3 を使って Docker イメージをビルドし、コンテナを起動します。

```
# docker image build -f ./Dockerfile3 -t centos:c75foo5.3 .
# docker container run --rm -itd --name foo5.3 -h foo5.3 centos:c75foo5.3
# docker container exec -it foo5.3 pwd
/root/
# docker container exec -it foo5.3 ls -l /tmp/test.txt
-rw-r--r-- 1 root root 0 Dec 11 09:50 /tmp/test.txt
```

Dockerfile 内の 2 つ目の WORKDIR 命令によって、カレントディレクトリが/root ディレクトリに移動していることがわかります。

4-7-5　RUN 命令の数を削減する

Dockerfile の RUN 命令を複数記述すると、生成される Docker イメージのサイズが肥大化します。Docker イメージのサイズの肥大化を抑制するためには、RUN 命令の数をできるだけ減らす工夫が必要です。そのためには、1 つの RUN 命令で複数のコマンドを記述します。以下は、RUN 命令 1 つで、RPM パッケージのインストール、echo コマンドを使った設定ファイルの生成などを行う Dockerfile の例です。

Dockerfile 内の RUN 命令に続くコマンドは、バックスラッシュと&&を使って複数行にわたって記述できます。また、Dockerfile 内において、複数行で構成されたテキストファイル（今回の場合は、monitrc、monit_httpd.conf、monit_vsftpd.conf）を生成する場合は、echo コマンドと改行の「\n」と、RUN 命令を複数行にわたって記述するバックスラッシュを組み合わせて記述できます。

181

第 4 章 Dockerfile

```
# mkdir /root/webftp01
# cd /root/webftp01/
# vi Dockerfile
FROM            centos:7.5.1804
ARG             http_proxy
ARG             https_proxy
RUN             yum install -y epel-release \
&&              yum install -y httpd vsftpd iproute procps-ng monit \
&&              echo $'\n\
set daemon  30\n\
set logfile syslog\n\
set httpd port 2812 and\n\
   use address 0.0.0.0\n\
   allow 172.17.0.0/16\n\
   allow admin:monit\n\
include /etc/monit.d/*' \
  >             /etc/monitrc \
&&              chmod 700 /etc/monitrc \
&&              echo $'\n\
check process httpd\n\
with pidfile "/var/run/httpd/httpd.pid"\n\
start program = "/usr/sbin/httpd -k start"\n\
stop  program = "/usr/sbin/httpd -k stop"' \
  >             /etc/monit.d/monit_httpd.conf \
&&              echo $'\n\
check process vsftpd matching "vsftpd"\n\
start program = "/usr/sbin/vsftpd /etc/vsftpd/vsftpd.conf"\n\
stop  program = "pkill vsftpd"' \
  >             /etc/monit.d/monit_vsftpd.conf \
&&              echo "Hello Apache." > /var/www/html/test1.html \
&&              echo "Hello Vsftpd." > /var/ftp/pub/test2.txt
ENTRYPOINT      ["/usr/bin/monit", "-I", "-c", "/etc/monitrc"]
```

Docker イメージをビルドします。

```
# docker image build \
-f ./Dockerfile \
-t centos:c75monit01 \
--build-arg http_proxy=http://proxy.your.site.com:8080 \
--build-arg https_proxy=http://proxy.your.site.com:8080 \
.
```

　コンテナで起動するアプリケーションは、httpd と vsftpd です。コンテナ内では、アプリケーションの起動や監視を行う Monit と呼ばれるソフトウェアによって httpd と vsftpd を起動します。コンテナを起動すると、Monit により、httpd と vsftpd が自動的に起動します。

182

● 4-7 Dockerfile の利用指針

```
# docker container run -itd --name webftp01 -h webftp01 centos:c75monit01
# docker container exec -it webftp01 ps axw
  PID TTY        STAT    TIME COMMAND
    1 pts/0      Ssl+    0:00 /usr/bin/monit -I -c /etc/monitrc
   10 ?          Ss      0:00 /usr/sbin/vsftpd /etc/vsftpd/vsftpd.conf
   12 ?          Ss      0:00 /usr/sbin/httpd -k start
   13 ?          S       0:00 /usr/sbin/httpd -k start
...
```

コンテナ webftp01 が提供する Web サービスと FTP サービスにホスト OS からアクセスできるかを確認します。[†]

```
# docker container inspect webftp01 --format '{{.NetworkSettings.IPAddress}}'
172.17.0.2

# export no_proxy=172.17.0.2
# curl http://172.17.0.2/test1.html
Hello Apache.

# yum install -y lftp
# lftp 172.17.0.2
lftp 172.17.0.2:~> get pub/test2.txt
29 bytes transferred
lftp 172.17.0.2:/> exit
# cat test2.txt
Hello Vsftpd.
```

> [†] Monit には、GUI 管理画面もあり、コンテナの IP アドレスの 2812 番ポートに Web ブラウザでアクセスすると、Monit の監視対象サービス（今回の場合は、httpd と vsftpd）の起動、停止、再起動、死活監視の管理画面が表示されます。GUI 管理画面のユーザー名とパスワードは、/etc/monitrc ファイルに記述されています。今回は、ユーザー名を admin、パスワードを monit にしました。

●Dockerfile reference：

  https://docs.docker.com/engine/reference/builder/#usage

●Best practices for writing Dockerfiles：

  https://docs.docker.com/develop/develop-images/dockerfile_best-practices/

第 4 章 Dockerfile

4-8　まとめ

　本章では、Dockerfile の基本について解説しました。Dockerfile は、非常に奥が深く、ここで紹介し
きれないテクニックも豊富に存在します。Docker イメージの管理の効率化に Dockerfile は欠かせませ
ん。コンテナのビルド環境自動化や tar アーカイブ化などを組み合わせて、コンテナのイメージ管理の
効率化を図ってみてください。

第5章
ネットワーキング

　　Docker 環境において、IT の運用管理者と開発者の双方の頭を悩ませるのが、ネットワークの設計です。Docker におけるネットワーク環境の構築や利用方法は、ハイパーバイザーを利用した仮想化の場合と比べても、異なる点が少なくありません。コンテナへの IP アドレスの付与だけでなく、ポート番号などを含めた管理も必要です。1 台の物理サーバー上に存在する複数の Docker コンテナ同士を接続する「link」と呼ばれる機能や、複数の物理サーバーに散在する Docker コンテナ同士で通信を行うためのソフトウェアなども理解しておく必要があります。

　　Docker のネットワーキングは、非常に奥が深く、設定を簡素化するさまざまなツール類、ベストプラクティスなどがコミュニティによって公開されていますが、本書では、できるだけ初心者にわかりやすく、一般的なネットワーク設定例を取り上げます。また、具体的なアプリケーションサーバーを例に、Docker 環境のネットワークを理解できるようにします。

第 5 章　ネットワーキング

5-1　　ホスト OS 上でのコンテナ間の通信

　本節では、LAMP サーバーを Docker 環境で構築する例を元に、Docker におけるコンテナ間のネットワーキングを取り上げます。また、Dockerfile の書式、`docker container run` における環境変数の取り扱い方などを含めて解説します。

　LAMP サーバーの構成例として、Wikipedia でも利用されている Mediawiki サーバーを構築してみます。Mediawiki は、コンテンツマネージメントシステムを実現するオープンソースソフトウェアとして広く利用されています。なお、Mediawiki のバックエンドシステムとして、データベースと Web フロントエンドとして Web サーバーも必要です。典型的な LAMP スタックの一つといえるでしょう。

5-1-1　　Wikipedia コンテナの作成

　ここでは、表 5-1 に示す構成で LAMP スタックを構成し、プライベート LAN 内に、Mediawiki サーバーによる Wikipedia サイトを構築します。データベースサーバーは、一般に MySQL が利用される傾向にありますが、CentOS 7 からは MySQL コミュニティからフォーク（fork）した、MariaDB が標準になっているので、ここでも MariaDB を使用します。

表 5-1　プライベート LAN 内に作成する Wikipedia サイトの LAMP スタック構成例

LAMP スタックのコンポーネント	ソフトウェア	役割
Web フロントエンド	Apache HTTP Server	ブラウザでのコンテンツ表示
アプリケーションサーバー	Mediawiki	アプリケーションの提供
データベースサーバー	MariaDB	コンテンツの保存

■ MariaDB サーバーを含む Docker イメージの作成

　CentOS 7.x では、標準で MariaDB をインストールできますが、MariaDB の最新版を導入するため、`MariaDB.repo` ファイルを用意し、yum.mariadb.org で提供されるリポジトリを使うことにします。

```
# mkdir /root/mariadb
# cd /root/mariadb
# vi MariaDB.repo
[mariadb]
name = MariaDB
baseurl = http://yum.mariadb.org/10.4.1/centos7-amd64
gpgkey=https://yum.mariadb.org/RPM-GPG-KEY-MariaDB
```

```
gpgcheck=1
```

次に、MariaDB サーバーの Docker イメージを作成する Dockerfile を記述します。Dockerfile 内では、RUN 命令で、yum コマンドにより MariaDB-server と MariaDB-client をインストールするように記述します。また、MariaDB のデータベースの設定ファイル server.cnf を COPY 命令でコンテナ内の/etc/my.cnf.d ディレクトリにコピーします。同様に、Dockerfile 内では、COPY 命令を使って、mariadb.sh スクリプトをコンテナ内のルートディレクトリ（/）にコピーします。mariadb.sh は、データベースの作成（データベース名は、testdb）、権限の付与、データベースの起動を行うスクリプトです。

```
# pwd
/root/mariadb

# vi Dockerfile
FROM       centos:7.5.1804
ARG        http_proxy
ARG        https_proxy
COPY       MariaDB.repo /etc/yum.repos.d/MariaDB.repo
RUN        yum install -y MariaDB-server MariaDB-client
COPY       server.cnf /etc/my.cnf.d/
COPY       mariadb.sh /mariadb.sh
RUN        chmod +x /mariadb.sh
VOLUME     ["/var/lib/mysql"]
EXPOSE     3306
ENTRYPOINT ["/mariadb.sh"]
```

データベースの各種初期設定を行うスクリプト mariadb.sh を作成します。

```
# pwd
/root/mariadb
# vi mariadb.sh
#!/bin/bash
SQLFILE=/tmp/mariadb.sql
cat << EOF > $SQLFILE
CREATE DATABASE $DBNAME DEFAULT CHARACTER SET utf8;
GRANT ALL PRIVILEGES ON $DBNAME.* TO '$MARIADBUSER'@'localhost' IDENTIFIED BY '$MAR
IADBPASSWORD' WITH GRANT OPTION;
GRANT ALL PRIVILEGES ON       *.* TO '$MARIADBUSER'@'%'        IDENTIFIED BY '$MAR
IADBPASSWORD' WITH GRANT OPTION;
GRANT ALL PRIVILEGES ON       *.* TO 'root'@'%'               IDENTIFIED BY '$MAR
IADBPASSWORD' WITH GRANT OPTION;
FLUSH PRIVILEGES;
EOF
```

第 5 章 ネットワーキング

```
mysql_install_db
mkdir -p                /var/run/mysql /var/lib/mysql /var/log/mysql
chown -R mysql:mysql /var/run/mysql /var/lib/mysql /var/log/mysql
/usr/bin/mysqld_safe     --datadir='/var/lib/mysql' &
sleep 20
mysqladmin -u $MARIADBUSER  password $MARIADBPASSWORD
mysql       -u $MARIADBUSER          -p$MARIADBPASSWORD < $SQLFILE
rm        -rf $SQLFILE
tail -f /dev/null
```

データベースの設定ファイルを作成します。

```
# pwd
/root/mariadb
# vi server.cnf
[mysqld]
port            = 3306
socket          = /var/lib/mysql/mysql.sock
log-error       = /var/log/mysql/error.log
datadir         = /var/lib/mysql
tmpdir          = /tmp
server-id       = 1
skip-external-locking
key_buffer_size = 16M
max_allowed_packet = 1M
table_open_cache = 64
sort_buffer_size = 512K
net_buffer_length = 8K
read_buffer_size = 256K
read_rnd_buffer_size = 512K
myisam_sort_buffer_size = 8M

[mysqldump]
quick
max_allowed_packet = 16M

[mysql]
no-auto-rehash

[myisamchk]
key_buffer_size = 20M
sort_buffer_size = 20M
read_buffer = 2M
write_buffer = 2M

[mysqlhotcopy]
```

```
interactive-timeout
```

■ MariaDB を含む Docker イメージのビルド

すべての設定ファイルやスクリプトを正しく記述したら、MariaDB 用の Docker イメージをビルドします。イメージ名は、centos:mariadb0001 にしました。

```
# pwd
/root/mariadb
# docker image build \
-f ./Dockerfile \
-t centos:mariadb0001 \
--build-arg http_proxy=http://proxy.your.site.com:8080 \
--build-arg https_proxy=http://proxy.your.site.com:8080 \
.
```

■ MariaDB コンテナの起動

MariaDB の Docker イメージが作成できたら、Docker イメージから MariaDB を含むコンテナを起動します。

```
# docker container run -d \
-e DBNAME=testdb \
-e MARIADBUSER=root \
-e MARIADBPASSWORD=mysqlPassword \
-v /var/lib/mysql:/var/lib/mysql:rw \
--name mariadb0001 centos:mariadb0001
```

docker container run で MariaDB コンテナを起動する際に、-p オプションを使ったポート番号の指定を行っていないことに注意してください。また、以下の docker container ls の実行結果では、PORTS のところで、3306/tcp のみが開いていることを確認してください。

```
# docker container ls
CONTAINER ID    IMAGE              COMMAND        ... PORTS       NAMES
ea26e095b898    centos:mariadb0001 "/mariadb.sh"  ... 3306/tcp    mariadb0001
```

第5章 ネットワーキング

■作成されたデータベースの確認

MariaDB コンテナ内の/var/lib/mysql ディレクトリ配下に、データベースが作成されているかを確認します。/var/lib/mysql ディレクトリにデータベースに関連するファイル群が生成されているはずです。

```
# docker container exec -i -t mariadb0001 ls -1 /var/lib/mysql
aria_log.00000001
aria_log_control
ea26e095b898.pid
...
```

これで、MariaDB を含むのコンテナの起動は完了です。

5-1-2　Mediawiki を含む Docker イメージの作成

次に、アプリケーションサーバーである Mediawiki の Docker イメージを作成します。Mediawiki の Dockerfile では、Apache Web サーバーと Mediawiki をインストールします。本来は、アプリケーションごとにコンテナを分けるべきですが、テスト環境なので、1 つのコンテナで Apache Web サーバーと Mediawiki を稼働させます。

```
# mkdir /root/mediawiki
# cd /root/mediawiki
# vi Dockerfile
FROM centos:7.5.1804
ARG http_proxy
ARG https_proxy
RUN yum remove -y php* \
 && yum install -y \
 http://rpms.famillecollet.com/enterprise/remi-release-7.rpm \
 && yum install -y --enablerepo=remi,remi-php72 \
 php php-mysqlnd php-mbstring php-xml httpd openssh-clients \
 && curl -O \
 https://releases.wikimedia.org/mediawiki/1.31/mediawiki-1.31.0.tar.gz \
 && tar xzvf /mediawiki-1.31.0.tar.gz -C /var/www/html/
WORKDIR /var/www/html
RUN ln -sf ./mediawiki-1.31.0 wiki \
 && systemctl enable httpd
```

190

● 5-1 ホスト OS 上でのコンテナ間の通信

■ Mediawiki を含む Docker イメージのビルド

Dockerfile が用意できたら、Mediawiki 用の Docker イメージをビルドします。

```
# pwd
/root/mediawiki

# docker image build \
-f ./Dockerfile \
-t centos:mw0001 \
--build-arg http_proxy=http://proxy.your.site.com:8080 \
--build-arg https_proxy=https://proxy.your.site.com:8080 \
.
```

■ link を使った Mediawiki コンテナの起動

いよいよ、link を使ってコンテナを起動します。Mediawiki サーバーは、稼働中の MariaDB コンテナである mariadb0001 とリンクする必要があります。以下のように、docker container run に「--link オプション」を付与してコンテナを起動します。

```
# pwd
/root/mediawiki

# docker container run \
-itd \
--tmpfs /tmp \
--tmpfs /run \
--mount type=bind,src=/sys/fs/cgroup,dst=/sys/fs/cgroup,readonly \
--stop-signal SIGRTMIN+3 \
-v /var/www/html \
--name mw0001 \
-h mw0001 \
--link mariadb0001:db0001 \
centos:mw0001 /sbin/init
```

これで、Mediawiki コンテナ mw0001 と MariaDB コンテナ mariadb0001 がリンクされた状態になります。上記の「--link mariadb0001:db0001」の意味は以下のとおりです。

● これから起動するコンテナ mw0001 は、稼働中のコンテナ mariadb0001 とリンクを張る
● Mediawiki コンテナ mw0001 において、mariadb0001 コンテナの環境変数を取得することができる
● db0001 は、エイリアス名である
● Mediawiki コンテナ mw0001 が取得できる mariadb0001 コンテナの環境変数名の先頭には、エイリアス名を大文字にした文字列が付与される

191

第 5 章 ネットワーキング

Column　link とは

　Docker における link は、単一の Docker 環境内で稼働する複数のコンテナ間において、コンテナの環境変数をほかのコンテナで利用する機能です。コンテナは、起動するたびに IP アドレスなどが変わるため、コンテナ間で通信を行う際に、環境変数に定義された IP アドレスやポート番号を環境変数に定義し、その環境変数を別のコンテナで利用できるようにします。

■コンテナ mw0001 の環境変数

　このリンクの機能をテストするために、「`--link mariadb0001:db0001`」付けて起動した Mediawiki コンテナ mw0001 が取得した環境変数を確認してみます。

```
# docker container exec -it mw0001 env
PATH=/usr/local/sbin:/usr/local/bin:/usr/sbin:/usr/bin:/sbin:/bin
HOSTNAME=mw0001
TERM=xterm
DB0001_PORT=tcp://172.17.0.2:3306
DB0001_PORT_3306_TCP=tcp://172.17.0.2:3306
DB0001_PORT_3306_TCP_ADDR=172.17.0.2
DB0001_PORT_3306_TCP_PORT=3306
DB0001_PORT_3306_TCP_PROTO=tcp
DB0001_NAME=/mw0001/db0001
DB0001_ENV_MARIADBPASSWORD=mysqlPassword
DB0001_ENV_DBNAME=testdb
DB0001_ENV_MARIADBUSER=root
HOME=/root
```

　上の `docker container exec` の実行結果を見ると、エイリアス名の文字列を大文字にした「DB0001」が先頭に付与された環境変数が表示されていることがわかります。これらの環境変数は、MariaDB コンテナ mariadb0001 の環境変数の値を引き継いでいます。これにより、Mediawiki コンテナ mw0001 は、MariaDB コンテナ mariadb0001 とリンクすることができるようになり、アプリケーションサーバー（ホスト OS で稼働している Docker コンテナ、Mediawiki サーバー）とデータベースサーバーの接続を可能にします。

■Mediawiki コンテナの hosts ファイルの内容

　Mediawiki コンテナ mw0001 側の`/etc/hosts`を確認してみます。

● 5-1 ホスト OS 上でのコンテナ間の通信

```
# docker container exec -it mw0001 cat /etc/hosts
127.0.0.1        localhost
::1      localhost ip6-localhost ip6-loopback
fe00::0 ip6-localnet
ff00::0 ip6-mcastprefix
ff02::1 ip6-allnodes
ff02::2 ip6-allrouters
172.17.0.2       db0001 ea26e095b898 mariadb0001
172.17.0.3       mw0001
```

　実行結果のとおり、リンクした MariaDB コンテナの IP アドレス「172.17.0.2」、エイリアス名であ
る db0001、mariadb0001 コンテナのホスト名である ea26e095b898、そして、ホスト名の別名として
mariadb0001 が Mediawiki コンテナの/etc/hosts ファイルに登録されていることがわかります。

■コンテナの稼働状態の確認

　次に、リンクした Mediawiki コンテナと MariaDB コンテナの稼働状態を確認します。

```
# docker container ls
CONTAINER ID  IMAGE             ... STATUS         PORTS      NAMES
52db50362541  centos:mw0001     ... Up 6 minutes              mw0001
ea26e095b898  centos:mariadb0001 ... Up 23 minutes  3306/tcp   mariadb0001
```

　以上で、コンテナ同士のリンクについて一通りの手順を紹介しました。link 機能は、単体のホスト
OS 上で複数のコンテナが連携する場合に威力を発揮します。Docker における複数コンテナの連携の
基本となりますので、ぜひ理解しておいてください。

5-1-3　Mediawiki サーバーの設定

　Mediawiki が MariaDB と正常に通信を行い、Mediawiki が問題なく利用できるかを確認します。Me
diawiki の動作確認作業の途中において、Docker のリンク機能の「エイリアス名」をどのように利用す
るかが理解できると思います。

■ Mediawiki コンテナの IP アドレスを確認

　確認作業は、ホスト OS の GUI 上で行います。まず、Mediawiki コンテナの IP アドレスを確認して
おきます。

```
# docker container inspect mw0001 --format {{'.NetworkSettings.IPAddress'}}
172.17.0.3
```

193

第 5 章 ネットワーキング

■ Web ブラウザの起動

ホスト OS で Web ブラウザを起動します。

```
# firefox &
```

Mediawiki コンテナの URL を Web ブラウザに入力します。Mediawiki の場合、接続先の URL は、以下になります。

●Mediawiki の接続先 URL：

http://Mediawiki コンテナの IP アドレス/wiki

上の例では、Docker コンテナ mw0001 の IP アドレスが「172.17.0.3/16」なので、Web ブラウザから、「http://172.17.0.3/wiki」にアクセスし、Web ブラウザの中央に表示された［set up the wiki］をクリックします（図 5-1）。

図 5-1　Mediawiki のセットアップ初期画面

Mediawikiで利用する言語を［日本語］に設定し、［Continue］ボタンをクリックます（図5-2）。

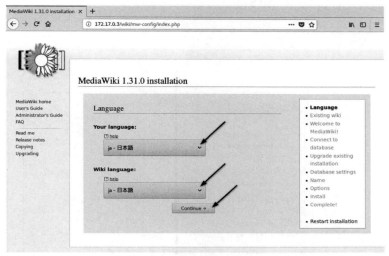

図5-2　ウィキの言語の選択

Mediawikiの著作権および規約について理解できたら、［続行→］ボタンをクリックします（図5-3）。

図5-3　著作権および規約

MediawikiコンテナがMariaDBコンテナからリンク機能によって得られる環境変数に基づき、パラメーターを入力します。ここでのデータベースホストのIPアドレスは「`172.17.0.2`」、データベース名は「`testdb`」、データベースのユーザー名は「`root`」、パスワードは「`mysqlPassword`」です。パラ

第 5 章 ネットワーキング

メーターを入力し終えたら、［続行 →］ボタンをクリックします。リンク機能で得られる環境変数の値をよく確認しておいてください（図 5-4）。

図 5-4 　データベースホスト、データベース名、データベースユーザー名、
　　　　パスワードの入力

MariaDB が入った Docker コンテナ mariadb0001 の IP アドレス（今回の例では 172.17.0.2/16）は、以下を入力すればわかります。

```
# docker container inspect mariadb0001 --format {{'.NetworkSettings.IPAddress'}}
172.17.0.2
```

● 5-1 ホスト OS 上でのコンテナ間の通信

■データベースの設定

ストレージエンジンに「MyISAM」を選択し、［続行 →］ボタンをクリックします（図5-5）。

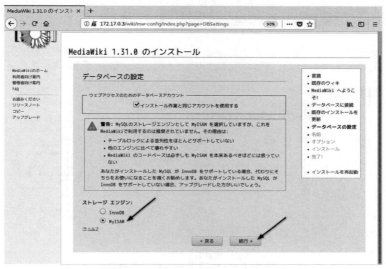

図5-5　ストレージエンジンの選択

ウィキ名にこの Mediawiki で実現するウィキペディアサイトの名前を入力します（図5-6）。管理アカウントにこのウィキペディアサイトの管理者の名前とパスワードを入力します。

図5-6　ウィキ名と管理アカウント情報の入力

第 5 章 ネットワーキング

■インストールの開始

入力を終えたら、「もう飽きてしまったので、とにかくウィキをインストールしてください。」を選択し、[続行 →] ボタンをクリックします。するとインストールを開始する旨のメッセージが出ますので、これでよければ[続行 →] ボタンをクリックします（図 5-7）。

図 5-7　インストールの最終確認

データベースに Mediawiki に関する情報が書き込まれます。[続行 →] ボタンをクリックします（図 5-8）。

図 5-8　Mediawiki の設定情報をデータベースに記録

● 5-1 ホストOS上でのコンテナ間の通信

すると、LocalSettings.php ファイルをダウンロードする旨のウィンドウが表示されるので、Local
Settings.php ファイルを、ホストOS上の/root/Downloads ディレクトリに保管します（図5-9）。

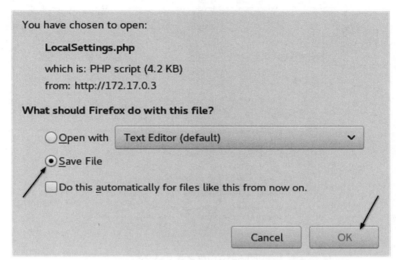

図5-9　LocalSettings.php ファイルをホストOS上に保存

ホストOSに保管したLocalSettings.php をコンテナmw0001にコピーします。ホストOSに保管
したファイルをコンテナにコピーするには、コンテナ側のscp コマンドを利用します。今回、コンテ
ナmw0001には、すでにopenssh-clients パッケージがインストール済みですので、scp コマンドが利用
できます。ホストOS側から、docker container exec コマンドにより、コンテナmw0001上でscp コ
マンドを実行し、コンテナmw0001上の/var/www/html/wiki ディレクトリにLocalSettings.php を
コピーします。

以下は、ホストOS（IPアドレスは172.16.1.115/16）の/root/Downloads ディレクトリにLocalSetting
s.php が保存されていると想定した場合のコマンド例です。

```
# docker container exec \
-it mw0001 \
scp 172.16.1.115:/root/Downloads/LocalSettings.php /var/www/html/wiki/
```

これで、Mediawiki コンテナの/var/www/html/wiki ディレクトリにLocalSettings.php を配置で
きましたので、Wiki サイトに入ることができます。

第 5 章 ネットワーキング

Wiki サイトを表示するには、画面上の「ウィキに入る」をクリックします（図 5-10）。

図 5-10　ウィキに入る

成功すれば、ウィキのメイン画面が表示されるはずです（図 5-11）。

図 5-11　ウィキのメイン画面

以上で、MariaDB コンテナと Mediawiki コンテナのリンク機能を使って、社内 LAN 上にウィキペディアサイトを作ることができました。

● 5-1 ホスト OS 上でのコンテナ間の通信

5-1-4　link を使わない bridge ネットワークでの接続

link 機能は、複数のコンテナ間で環境変数を共有する場合に有用ですが、Docker 社の公式ドキュメントによれば、将来的には、削除される可能性があり、通常は、Docker エンジンが管理するソフトウェア定義型ネットワークを作成して通信することが推奨されています。そこで、以下では、link を使わずに、1 台の Docker ホスト内で複数のコンテナを通信させる方法を紹介します。

■デフォルトの bridge ネットワーク経由での通信

Docker エンジンは、インストール直後にデフォルトで持つネットワークが存在します。このネットワークは、ホスト OS 上で、docker0 というブリッジインターフェイスで提供されています。また、docker network ls で確認すると、bridge という名前のネットワークで登録されています。

```
# docker network ls
NETWORK ID          NAME            DRIVER          SCOPE
a8b8cece21dc        bridge          bridge          local
...
```

この bridge ネットワークを使えば、link 機能を使わずに通信できます。このとき、MariaDB と Mediawiki の Docker コンテナの起動方法は、以下のとおりです。

```
# mkdir /var/lib/mysql02
# docker container run -d \
-e DBNAME=testdb \
-e MARIADBUSER=root \
-e MARIADBPASSWORD=mysqlPassword \
-v /var/lib/mysql02:/var/lib/mysql:rw \
--network bridge \
--name mariadb0002 centos:mariadb0001

# docker container run \
-itd \
--tmpfs /tmp \
--tmpfs /run \
--mount type=bind,src=/sys/fs/cgroup,dst=/sys/fs/cgroup,readonly \
--stop-signal SIGRTMIN+3 \
-v /var/www/html \
--name mw0002 \
-h mw0002 \
--network bridge \
centos:mw0001 /sbin/init
```

docker container run に--network bridge を付与することで、コンテナは、bridge ネットワーク

201

第 5 章 ネットワーキング

に所属します。ただし、Docker の仕様として、bridge ネットワークでは、docker container run 実行時に明示的に IP アドレスを付与できず、bridge ネットワーク（172.17.0.0/16）内の IP アドレスが自動的に割り当てられます。

あとは、Mediawiki コンテナに Web ブラウザでアクセスして、Mediawiki のセットアップを行ってください。[†]

> [†]　Mediawiki のセットアップ時の最後で LocalSettings.php を Mediawiki コンテナに scp コマンドでコピーした後、Wiki の Web サイトに入れない場合は、他の Mediwiki コンテナで生成された LocalSettings.php をコピーしている可能性があります。他の Mediawiki コンテナで生成された LocalSettings.php をコンテナに scp でコピーするのではなく、Mediawiki のセットアップ時に新規で生成される LocalSettings.php をその都度、Mediawiki コンテナにコピーする必要があります。

■固定 IP アドレスを割り当てる方法

コンテナに明示的に固定 IP アドレスを割り当てるには、デフォルトの bridge ネットワークとは別のネットワークを作成し、そのネットワークでコンテナを起動します。ネットワークは、docker network create コマンドで作成します。その際に、コンテナが所属するサブネットを指定します。以下は、172.21.0.0/16 のネットワーク mylocalnet01 を作成する例です。

```
# docker network create \
--subnet 172.21.0.0/16 \
--attachable \
mylocalnet01
```

ネットワークが作成できているかは、docker network ls コマンドで確認します。

```
# docker network ls
NETWORK ID          NAME            DRIVER          SCOPE
...
c7e9bc80d270        mylocalnet01    bridge          local
...
```

このネットワーク mylocalnet01 に所属するように、コンテナを起動します。

```
# mkdir /var/lib/mysql03
# docker container run -d \
-e DBNAME=testdb \
-e MARIADBUSER=root \
-e MARIADBPASSWORD=mysqlPassword \
-v /var/lib/mysql03:/var/lib/mysql:rw \
--network mylocalnet01 \
```

202

● 5-2 複数の物理ホスト OS で稼働する Docker コンテナ同士の通信

```
--ip 172.21.0.100 \
--name mariadb0003 centos:mariadb0001

# docker container run \
-itd \
--tmpfs /tmp \
--tmpfs /run \
--mount type=bind,src=/sys/fs/cgroup,dst=/sys/fs/cgroup,readonly \
--stop-signal SIGRTMIN+3 \
-v /var/www/html \
--name mw0003 \
-h mw0003 \
--network mylocalnet01 \
--ip 172.21.0.101 \
centos:mw0001 /sbin/init
```

ホスト OS 上から、Mediawiki コンテナに、IP アドレスの 172.21.0.101 が割り当てられているかを確認します。mylocalnet01 に所属するコンテナの IP アドレスを調べるには、以下ように docker container inspect に mylocalnet01 を含むフォーマットを指定します。

```
# docker container inspect mw0003 \
--format {{'.NetworkSettings.Networks.mylocalnet01.IPAMConfig.IPv4Address'}}
172.21.0.101
```

あとは、Mediawiki の IP アドレス 172.21.0.101 に Web ブラウザからアクセスし、MariaDB コンテナの IP アドレス 172.21.0.100 に接続でき、社内 Wikipedia サーバーが表示できるかを確認してください。

5-2 複数の物理ホスト OS で稼働する Docker コンテナ同士の通信

　1 台の物理サーバー上で稼働するホスト OS で複数のコンテナを通信させるには、link を使えば実現できますが、本番システムでは、複数の物理サーバーで稼働するコンテナ同士を通信させなければならない場合もあります。このような複数の物理サーバーで稼働するホスト OS 同士がネットワークで接続され、Docker コンテナ同士を通信させる環境を、一般に「マルチホスト」といいます。マルチホストにおける Docker コンテナ同士の通信を実現する方法としては、サードパーティ製の製品を使う方法と、Docker エンジン純正の機能を使う方法の 2 パターンがあります。一般に以下の方法が知られています。

203

第 5 章 ネットワーキング

●weave の導入

weave は、Weaveworks 社が提供するソフトウェアです。マルチホストで稼働する Docker コンテナ同士をソフトウェア定義型の仮想ネットワークで通信させることができます。

●etcd と flannel の導入

etcd は、CoreOS プロジェクトが手がける KVS（Key-Value ストア）で、マルチホスト環境において設定情報などを共有するために利用されます。flannel も CoreOS が手がけるソフトウェアであり、マルチホスト環境における Docker コンテナ同士の通信を実現します。etcd と flannel は、Docker のオーケストレーションソフトウェアである Kubernetes と組み合わせてよく利用されます（詳細は、第 10 章で解説）

●Docker Swarm

Docker Swarm は、Docker エンジンに搭載されているクラスタリング機能です。`docker network` コマンドによるコンテナ用のネットワークの作成機能を併用します。サードパーティ製の weave や etcd および flannel を利用することなく、マルチホストを実現できます。

以下では、Docker エンジンに標準搭載されている Docker Swarm による、コンテナ同士の通信を行う手順を示します。

5-2-1　Docker Swarm による複数コンテナの通信

実際の本番システムの多くは、複数の物理サーバーを用意し、その上で稼働する複数のコンテナで通信を行うことが少なくありません。コンテナ同士の通信には、物理サーバーや仮想マシン同士の通信と同様に、TCP/IP が利用できます。複数の物理サーバーで稼働するコンテナ同士での TCP/IP 通信を実現する方法は、数多く存在しますが、主に以下の 2 種類の手法が挙げられます。

表 5-2　Docker におけるネットワーキングの実現方法

ネットワークの種類	説明
オーバレイネットワーク（VXLAN）	Docker ホストが提供する既存のブリッジインターフェイス（デフォルトは、docker0）が所属するネットワークとは別に、Docker コンテナ専用の通信ネットワークを形成
MACVLAN	Docker ホストの NIC に複数の MAC アドレスと IP アドレスを割り当てることで VLAN を形成。ホスト OS と同じ IP 空間にコンテナを所属させたい場合に有用。ホスト OS とコンテナが単一の LAN セグメントに所属できるため、ネットワーク構成を簡素化できる

204

■オーバレイネットワーク

オーバレイネットワークは、レイヤ3（L3）のネットワーク上に論理的なレイヤ2（L2）ネットワークを構築できるトンネリングプロトコルのVXLAN（Virtual eXtensible Local Area Network）よって実現しています。

オーバレイとは「覆いかぶさる」という意味合いで使われており、既存の物理サーバーのネットワーク上に、さらにコンテナ同士の通信経路を形成します。オーバレイネットワークは、Dockerホストの物理NIC、デフォルトのブリッジインターフェイス（docker0）のIP設定を変更することはありません。

オーバレイネットワークは、複数のDockerホストをクラスタ化する「Docker Swarm」（ドッカー・スウォーム）で利用されます。Docker Swarmは、Dockerエンジンに組み込まれており、複数の物理サーバーに存在するDockerホストをクラスタ化します。Docker Swarmによってクラスタ化したDockerホストでは、オーバレイネットワークを作成し、そのオーバレイネットワークを使ってコンテナが通信します。

Docker Swarmによってクラスタ化したDockerホスト群で稼働するアプリケーション入りのコンテナは、「サービス」として定義します。また、Docker Swarmは、クラスタ化した複数のDockerホストを1つの仮想的なDockerホストとして扱える点が特徴的です。

Docker Swarmクラスタは、クラスタ全体を管理するマネージャノードと、アプリケーション入りのコンテナが稼働するワーカーノードで構成します（図5-12）。

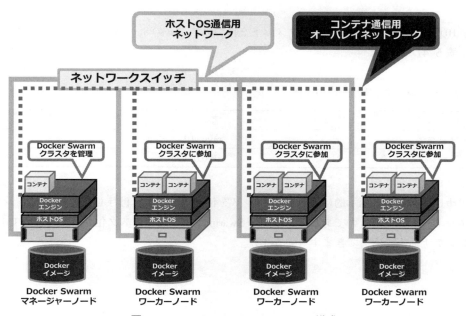

図5-12　Docker Swarmのクラスタ構成

第 5 章 ネットワーキング

　以下では、Docker Swarm によるクラスタの構築、および、オーバレイネットワークの作成、そして、オーバレイネットワークを使った複数コンテナの TCP/IP 通信を行う手順を示します。

　今回構築するシステム構成は、マネージャノード 1 台、ワーカーノード 2 台です。アプリケーションの例として、ワーカーノードで稼働するコンテナで Web サーバーを起動し、もう 1 台のワーカーノードのコンテナから Web サーバーのコンテナが提供する Web コンテンツにアクセスできるかを確認します。物理サーバー 1 号機、2 号機、そして 3 号機は、ネットワークスイッチに接続されており、全ホスト OS は、172.16.0.0/16 のネットワークに所属します（**表 5-3**）。

表 5-3　システム構成

	物理サーバ 1 号機	物理サーバ 2 号機	物理サーバ 3 号機
クラスタにおけるノードの役割	マネージャ	ワーカー	ワーカー
ホスト OS のホスト名	n0171.jpn.linux.hpe.com	n0172.jpn.linux.hpe.com	n0173.jpn.linux.hpe.com
ホスト OS の IP アドレス	172.16.1.171/16	172.16.1.172/16	172.16.1.173/16
Docker イメージ	–	larsks/thttpd	centos:7.5.1804
コンテナの IP アドレス	–	10.0.0.2/24	10.0.0.9/24
コンテナの役割	–	Web サーバー	Web クライアント
Docker バージョン	18.09.0	18.09.0	18.09.0

　また、10.0.0.0/24 のネットワークセグメントを持つカスタムのオーバレイネットワークを 1 つ作成します（**表 5-4**）。

表 5-4　オーバーレイネットワークの仕様

項目	値
ネットワーク名	mynet01
ネットワークアドレス	10.0.0.0/24

　コンテナは、起動時に明示的に固定 IP アドレスを付与できます。付与した固定 IP アドレスがオーバレイネットワーク内のものであれば、Docker Swarm によってクラスタ化された複数の Docker ホスト上のコンテナ同士で通信できます（**図 5-13**）。

● 5-2 複数の物理ホスト OS で稼働する Docker コンテナ同士の通信

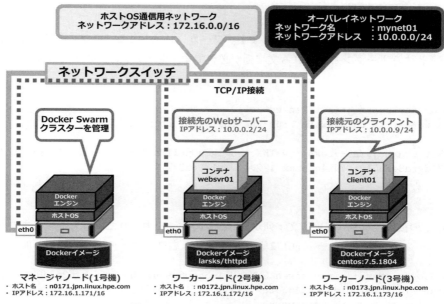

図 5-13　Docker Swarm クラスタ環境

■マネージャの起動

　Docker Swarm クラスタを構成するには、まず、マネージャノードを構築します。Docker Swarm クラスタのマネージャノードでは、docker コマンドに「swarm init」を付与してマネージャを作成します。さらに、「--advertise-addr=」オプションを付与し、ホスト OS の IP アドレスを記述します。以下では、ホスト OS の n0171、n0172、n0173 のコマンドプロンプトを「n0171 #」、「n0172 #」、「n0173 #」で表します。

```
n0171 ~]# docker swarm init --advertise-addr=172.16.1.171
```

　Docker Swarm クラスタの状態を確認します。クラスタのノードの状態を確認するには、「docker node ls」を実行します。

```
n0171 # docker node ls
ID         ...    HOSTNAME                    STATUS    AVAILABILITY    MANAGER STATUS .
r2loxf2z   ...  * n0171.jpn.linux.hpe.com     Ready     Active          Leader           ...
```

　「MANAGER STATUS」列に「Leader」と表示されているのがマネージャです。マネージャとして、n0171 が登録されました。

207

第5章 ネットワーキング

■ワーカーノードの起動

n0172 と n0173 でワーカーノードを起動します。ワーカーノードとしてクラスタに参加するには、マネージャが発行するトークンと呼ばれる文字列が必要です。トークンは、以下のように、マネージャノードで発行します。

```
n0171 # docker swarm join-token worker
To add a worker to this swarm, run the following command:

    docker swarm join --token SWMTKN-1-5gmw6u9pulf8ni1qvrcrgu2e3o03mnge5wznlp1ccwg8
j4cru6-71dgrd8efh0ldvlgux4qoozax 172.16.1.171:2377

#
```

「--token」の後に表示されている文字列がトークンです。出力された内容をそのままワーカーノードにコピーペーストします。ノード n0172 とノード n0173 をワーカーノードとして参加させます。

```
n0172 # docker swarm join --token SWMTKN-1-5gmw6u9pulf8ni1qvrcrgu2e3o03mnge5wznlp1c
cwg8j4cru6-71dgrd8efh0ldvlgux4qoozax 172.16.1.171:2377
This node joined a swarm as a worker.

n0173 # docker swarm join --token SWMTKN-1-5gmw6u9pulf8ni1qvrcrgu2e3o03mnge5wznlp1c
cwg8j4cru6-71dgrd8efh0ldvlgux4qoozax 172.16.1.171:2377
This node joined a swarm as a worker.
```

■クラスタノードの確認

クラスタノードの状態を確認します。「docker node ls」は、マネージャノードで確認します。

```
n0171 # docker node ls
ID       ...    HOSTNAME                   STATUS   AVAILABILITY   MANAGER STATUS ...
r2loxf2 ... *   n0171.jpn.linux.hpe.com    Ready    Active         Leader          ...
t9u0kq9 ...     n0172.jpn.linux.hpe.com    Ready    Active                         ...
rbha8ti ...     n0173.jpn.linux.hpe.com    Ready    Active                         ...
```

1 台のマネージャノード（n0171）と 2 台のワーカーノード（n0172 と n0173）による Docker Swarm クラスタが構築できました。

5-2-2　オーバレイネットワークでの通信

Docker Swarm クラスタが作成できましたので、オーバレイネットワークを確認します。Docker が管理するネットワークは、「docker network ls」で確認できます。

● 5-2 複数の物理ホスト OS で稼働する Docker コンテナ同士の通信

```
n0171 # docker network ls
NETWORK ID          NAME                DRIVER              SCOPE
928a106db032        bridge              bridge              local
d9c4920caa67        docker_gwbridge     bridge              local
764ed043eacc        host                host                local
n88bqk7161k2        ingress             overlay             swarm
a2bf08b4bea4        none                null                local
```

Docker では、標準でブリッジネットワーク、ホストネットワーク、オーバレイネットワークの 3 種類が用意されています。それらの種別は、「DRIVER」列に表示されます。そのうち、オーバレイネットワークは、「overlay」と表示されます。

■オーバレイネットワークの作成

コンテナ同士が通信に使う独自のオーバレイネットワーク「mynet01」（ネットワークアドレスは、10.0.0.0/24）を作成します。オーバレイネットワークは、「docker network create」コマンドで作成します。

```
n0171 # docker network create \
-d overlay \
--subnet 10.0.0.0/24 \
--attachable \
mynet01
```

オーバレイネットワーク mynet01 が作成できているかを確認します。

```
n0171 # docker network ls
NETWORK ID          NAME                DRIVER              SCOPE
928a106db032        bridge              bridge              local
d9c4920caa67        docker_gwbridge     bridge              local
764ed043eacc        host                host                local
n88bqk7161k2        ingress             overlay             swarm
74vnl5o89jy2        mynet01             overlay             swarm
a2bf08b4bea4        none                null                local
```

複数の Docker ホスト間におけるコンテナ用のネットワーク mynet01 のネットワークアドレスを確認します。docker network コマンドで作成したコンテナ用のネットワークアドレスを確認するには、docker network inspect コマンドを使用します。

```
n0171 # docker network inspect mynet01 | less
...
          "Config": [
```

209

第5章 ネットワーキング

```
            {
                "Subnet": "10.0.0.0/24",
                "Gateway": "10.0.0.1"
            }
        ]
...
```

オーバレイネットワーク mynet01 が作成できたので、Docker Swarm クラスタ内のコンテナ同士が通信できる環境が整いました。

■コンテナの起動

Docker Swarm クラスタにオーバレイネットワーク「mynet01」が作成できたので、コンテナを稼働させてみます。ワーカーノードの n0172 において、Docker イメージ「larsks/thttpd」使ってコンテナ test01 を起動します。Docker イメージ「larsks/thttpd」は、Web サーバーが内蔵されており、クライアントにテキストベースの Web コンテンツを提供します。GUI がないコマンドライン環境でも Web サーバーの動作確認ができます。ワーカーノード n0172 でコンテナを起動します。このとき、「--network」オプションにオーバレイネットワークの mynet01 を指定し、「--ip」オプションにコンテナに付与する固定 IP アドレスを指定します。コンテナ名は websvr01 としました。

```
n0172 # docker container run \
-itd \
--name websvr01 \
-h websvr01 \
--network mynet01 \
--ip 10.0.0.2 \
larsks/thttpd

n0172 # docker container ls
CONTAINER ID    IMAGE          ... STATUS              PORTS     NAMES
7e4f476e923e    larsks/thttpd  ... Up About a minute             websvr01
```

次にワーカーノード n0173 でもコンテナを起動します。コンテナ名は client01 としました。

```
n0173 # docker container run \
-it \
--name client01 \
-h client01 \
--network mynet01 \
--ip 10.0.0.9 \
centos:7.5.1804
[root@client01 /]#
```

● 5-2　複数の物理ホスト OS で稼働する Docker コンテナ同士の通信

■疎通確認

　ワーカーノード n0172 で稼働するコンテナ websvr01 が提供する Web コンテンツをワーカーノード n0173 で稼働するコンテナ client01 から見えるかどうかを確認します。コンテナ client01 のコマンドラインから、curl コマンドで確認します。

```
[root@client01 /]# curl http://10.0.0.2
...
  <pre>
  ____                              _       _   _   _   _                 _
 / ___|___  _ __   __ _ _ __ __ _| |_   _| | __ _| |_(_) ___  _ __  ___
| |   / _ \| '_ \ / _` | '__/ _` | __| | | |/ _` | __| |/ _ \| '_ \/ __|
| |__| (_) | | | | (_| | | | (_| | |_| |_| | (_| | |_| | (_) | | | \__ \
 _____/|_| |_|\__, |_|  \__,_|\__|\__,_|\__,_|\__|_|\___/|_| |_|___/
                  |___/
  </pre>
...
```

　以上で、Docker Swarm クラスタで構成された複数の Docker ホストで稼働するコンテナ間でオーバレイネットワークによる通信が実現できました。

5-2-3　Docker Swarm クラスタにおけるコンテナ

　Docker Swarm クラスタでは、アプリケーションの実行単位を「**サービス（service）**」として管理できます。Docker Swarm におけるサービスは、**複製サービス**（Replicated Services）と**グローバルサービス**（Global Services）の 2 種類が存在します。複製サービスは、複数のワーカーノードにアプリケーションが稼働するコンテナが複製される**タスク**を意味します。ここでいうタスクとは、マネージャノードがワーカーノードに割り当てるスケジューリングの最小単位のことです。一方、グローバルサービスは、全クラスタノードで利用できるタスクのことを意味します。

　Docker Swarm クラスタでのサービスの起動は、「docker container run」ではなく「docker service」を使います。docker service により起動したコンテナは、Docker Swarm クラスタの管理下に置かれます。典型的な使用例は、複製サービスの機能を使ったサービスのスケールアウトです。以下では、docker service による管理手法の基礎と、サービスのスケールの例を紹介します。

■ docker service によるコンテナの配備

　docker service によるコンテナの配備は、Docker Swarm クラスタのマネージャノードで行います。以下は、Web サーバー入りのコンテナ「larsks/thttpd」をワーカーノード n0172 に配備する例です。docker service コマンドは、マネージャノードで実行している点に注意してください。docker

211

第 5 章 ネットワーキング

service で付与したオプションの機能を表 5-5 に示します。

```
n0171 # docker service create \
--name websvr02 \
--hostname websvr02 \
--network mynet01 \
--constraint 'node.hostname == n0172.jpn.linux.hpe.com' \
--replicas 1 \
larsks/thttpd
```

表 5-5　docker service コマンドのオプション

コマンドのオプション	説明
--name	サービス名
--hostname	コンテナのホスト名
--network	使用するオーバレイネットワーク
--constraint 'node.hostname == ワーカーノード名'	指定したホスト名のワーカーノードでコンテナを起動
--replicas	起動時のコンテナの複製の数

docker service コマンドを使って、コンテナを起動させたいワーカーノードを指定するには、「--constraint 'node.hostname == ワーカーノード名'」のオプションを付与します。今回は、ホスト名として、「n0172.jpn.linux.hpe.com」が指定されているため、コンテナはワーカーノードのn0172 で実行されます。

Note　ドメイン名を含むホスト名の指定

　ホスト名が「n0172.jpn.linux.hpe.com」のようにドメイン名を含む形で登録している場合は、--constraint オプションの「node.hostname ==」で指定するオプションもドメイン名を含む形のホスト名で指定します。
　「--constraint」オプションにより、Docker Swarm クラスタのワーカーノードでコンテナを実行する際の挙動を制御できます。
　Docker 社のドキュメントに指定できるパラメーター一覧が載っていますので、一読することをお勧めします。

● 「--constraint」オプションで指定できるパラメーターに関する情報：
https://docs.docker.com/engine/reference/commandline/service_create/

● 5-2 複数の物理ホスト OS で稼働する Docker コンテナ同士の通信

■ Web クライアントコンテナの起動

docker service コマンドを使って Web サーバー入りの Docker コンテナをワーカーノード n0172 で稼働できたので、同様に、ワーカーノードの n0173 において、CentOS 7.5.1804 の OS テンプレートイメージから Docker コンテナ client02 を起動します。

```
n0171 # docker service create \
--name client02 \
--hostname client02 \
--network mynet01 \
--constraint 'node.hostname == n0173.jpn.linux.hpe.com' \
--replicas 1 \
centos:7.5.1804 tail -f /dev/null
```

CentOS 7.5.1804 の OS イメージからコンテナを起動する際に、コンテナの稼働を持続させるため「tail -f /dev/null」を入れています。

「docker service ls」と「docker service ps」コマンドで、コンテナの状態を確認します。

```
n0171 # docker service ls
ID              NAME         MODE         REPLICAS     IMAGE                    PORTS
elk9sxl3w7s4    client02     replicated   1/1          centos:7.5.1804
x77tz7r2sxfh    websvr02     replicated   1/1          larsks/thttpd:latest
```

CentOS 7.5.1804 の OS テンプレートから起動したサービス client02 が稼働しています。サービス client02 がどのノードで稼働しているかを確認します。

```
n0171 # docker service ps client02
ID              NAME         IMAGE            NODE                     DESIRED STATE
z8u23wlr7vbm    client02.1   centos:7.5.1804  n0173.jpn.linux.hpe.com  Running
```

ワーカーノード n0173 でコンテナが稼働していることがわかります。念のためにワーカーノード n0173 上でも確認します。

```
n0173 # docker container ls -a
CONTAINER ID  IMAGE            COMMAND            .. STATUS ...      NAMES
932560e6514e  centos:7.5.1804  "tail -f /dev/null".. 15 minutes ago  client02.1.z8u..
```

マネージャノードにおいて、サービス websvr02 の IP アドレスを表示します。ここで表示する IP アドレスは、コンテナに割り当てられた実際の IP アドレスではなく、サービス websvr02 に割り当てられた仮想 IP アドレス（Virtual IP address：VIP）です。

```
n0171 # docker service inspect \
--format '{{range $E,$IP := .Endpoint.VirtualIPs}}{{$IP.Addr}}{{end}}' \
```

213

第 5 章 ネットワーキング

```
websvr02
10.0.0.6/24
```

ワーカーノード n0172 上で Web サーバー入りのコンテナが稼働し、n0173 に CentOS 7.5.1804 のコンテナが稼働しましたので、n0173 上で稼働している CentOS 7.5.1804 のコンテナから Web サーバー入りのコンテナにアクセスできるかを確認します。

ワーカーノード n0173 において、CentOS 7.5.1804 のコンテナのコマンドラインにログインします。

```
n0173 # docker container exec \
-it \
client02.1.z8u23wlr7vbmwk0uoubg8vt51 /bin/bash
[root@client02 /]#
```

コンテナのコマンドラインから、ワーカーノード n0172 で稼働する Web サーバーのコンテナの IP アドレス「10.0.0.7」にアクセスし、Web コンテンツが表示されるかどうかを確認します。

```
[root@56dfaa68f9b4 /]# curl http://10.0.0.6
...
```

以上で、`docker service` コマンドによるサービスの起動と通信ができました。

5-2-4　サービスのスケールと仮想 IP アドレス

Docker Swarm クラスタでは、起動しているサービスを簡単にスケールできます。たとえば、起動中の websvr02 サービスのコンテナ数を 4 つに増やすには、以下のように `docker service scale` コマンドに「**サービス名=4**」を指定します。

```
n0171 # docker service scale websvr02=4
websvr02 scaled to 4
overall progress: 4 out of 4 tasks
1/4: running   [==================================================>]
2/4: running   [==================================================>]
3/4: running   [==================================================>]
4/4: running   [==================================================>]
verify: Service converged
```

サービスの状態を確認します。REPLICAS 列のところに「4/4」と表示されています。スラッシュ記号の前の数値が起動しているコンテナの数、スラッシュ記号の後ろがスケールさせたコンテナの数です。以下の例では、4 つのコンテナにスケールさせたうち、4 つのコンテナが起動していることを意味します。

214

● 5-2 複数の物理ホスト OS で稼働する Docker コンテナ同士の通信

```
n0171 # docker service ls
ID                 NAME           MODE          REPLICAS      IMAGE                   PORTS ...
elk9sxl3w7s4       client02       replicated    1/1           centos:7.5.1804
x77tz7r2sxfh       websvr02       replicated    4/4           larsks/thttpd:latest         ...
```

　本当に 4 つのコンテナが稼働しているかをワーカーノードで確認します。以下では、docker container ls の出力形式を絞るオプションを付与して実行しています。

```
n0172 # docker container ls \
-a \
--format 'table {{.ID}}\t{{.Image}}\t{{.Names}}'

CONTAINER ID      IMAGE                  NAMES
31083454e491      larsks/thttpd:latest   websvr02.1.xvx8ucghud3pms15h6tzo4v61
4c5ca93dbd1d      larsks/thttpd:latest   websvr02.2.opu3u21cmsimuqfcfluu068f0
1b9e92de1cc0      larsks/thttpd:latest   websvr02.3.jpcccggv6y9pexiq8bf8rkbpq
4b4949077f6a      larsks/thttpd:latest   websvr02.4.unhko8azdk6dknx0ksop53azi
```

　確かに、4 つのコンテナが稼働していることがわかります。次に、この状態で、サービスの IP アドレスを確認します。

```
n0171 # docker service inspect \
--format '{{range $E,$IP := .Endpoint.VirtualIPs}}{{$IP.Addr}}{{end}}' \
websvr02
10.0.0.6/24
```

　サービス websvr02 は、4 つのコンテナで 1 つの仮想 IP アドレスの「10.0.0.6/24」を提供しています。4 つのコンテナのどれかに障害が発生しても、仮想 IP アドレスがあるため、残りのコンテナでサービスを継続し、クライアントは、websvr02 が提供する Web コンテンツにアクセスできます。

　4 つのコンテナが稼働している状態で、どれか 1 つのコンテナを削除すると、すかさずコンテナが起動し、再び 4 つのコンテナとして稼働します。コンテナの IP アドレスも自動的に新しいものが割り当てられますので、確認してみてください。

■サービスの確認

　サービスがどのノードのどのコンテナ ID で構成されており、現在どのような状態なのかを確認するには、docker service ps コマンドにサービス名を指定し、--format でコンテナ ID とサービス名と状態の表示の項目に絞る書式を付与して実行します。

```
n0171 # docker service ps websvr02 \
--format 'table {{.ID}}\t{{.Name}}\t{{.CurrentState}}'
```

215

第 5 章 ネットワーキング

```
ID                  NAME                CURRENT STATE
xvx8ucghud3p        websvr02.1          Running 37 minutes ago
9fmtmxboozwm          \_ websvr02.1     Failed 37 minutes ago
yp94te3haj71          \_ websvr02.1     Failed about an hour ago
mg76006e2tez          \_ websvr02.1     Failed about an hour ago
opu3u21cmsim        websvr02.2          Running about an hour ago
jpcccggv6y9p        websvr02.3          Running about an hour ago
unhko8azdk6d        websvr02.4          Running about an hour ago
```

　上記の例では、websvr02 が、websvr02.1、websvr02.2、websvr02.3、websvr02.4 から構成されていることがわかります。また、サービス websvr02.1 は、過去に障害（削除や停止など）が 3 回発生したものの、新しいサービスの websvr02.1 が現在稼働中であることがわかります。

■コンテナに割り当てられた実際の IP アドレスの確認

　docker service コマンドで配備されたサービスには、仮想 IP アドレスが付与されますが、コンテナに割り当てられた実際の IP アドレスは、ワーカーノード上で docker container inspect コマンドで確認できます。具体的には、以下のように、docker container inspect コマンドの--format オプションの指定において、オーバレイネットワーク名（今回の場合は、mynet01）を含めた書式になります。先述の docker service コマンドの--format オプションで指定した書式とは異なる点に注意してください。

```
n0172 # docker container ls -a --format 'table {{.Names}}'
NAMES
websvr02.1.xvx8ucghud3pms15h6tzo4v61
websvr02.2.opu3u21cmsimuqfcfluu068f0
...

n0172 # docker container inspect \
--format '{{.NetworkSettings.Networks.mynet01.IPAddress}}' \
websvr02.1.xvx8ucghud3pms15h6tzo4v61
10.0.0.89
```

● 5-2 複数の物理ホスト OS で稼働する Docker コンテナ同士の通信

 Note　コンテナの IP アドレス表示

ワーカーノードにおいて、稼働するすべてのコンテナの IP アドレスを一覧表示するには、for 文で実現できます。

```
n0172 # for i in \
`docker container ls --format 'table {{.Names}}' | grep -v NAMES`; \
do \
 docker container inspect \
 --format '{{.NetworkSettings.Networks.mynet01.IPAddress}}' $i; \
done
10.0.0.88
10.0.0.89
10.0.0.90
10.0.0.91
```

5-2-5　Macvlan によるフラットなネットワークの作成

　Docker のネットワーキングでは、一般にコンテナにプライベートな IP アドレスを割り当て、NAT を使って外部と通信する場合が少なくありません。しかし、システム要件によっては、ホスト OS と同一 IP 空間にコンテナを配置したい場合もあります。ホスト OS とコンテナがフラットなネットワーク、すなわち、同一 LAN セグメントに所属する構成です。フラットなネットワークにホスト OS とコンテナが同居することにより、LAN 構成が簡素になり、オーバレイネットワークを作成せずに、複数の物理サーバーに散在するコンテナ間の通信が可能です。これを実現するには、Docker エンジンが提供する **Macvlan** ネットワークドライバを使用します。Macvlan ネットワークドライバは、各コンテナの仮想 NIC に MAC アドレスを割り当て、物理ネットワークに直接接続された物理 NIC に見せることができます。以下では、Macvlan を使って、ホスト OS とコンテナが同一 LAN セグメントに所属するフラットなネットワークを作成する手順を示します。

　まず、Macvlan ネットワークドライバ使ってフラットなネットワーク flatnet01 を作成します。flarnet01 は、表 5-6 に示すパラメーターで構成するとします。flatnet01 に所属する物理マシン（Docker ホスト）は 2 台とし、それぞれでコンテナを稼働させて、ホスト OS と同じ LAN セグメントに所属するクライアントマシンやコンテナなどが互いに通信できるようにします。

217

第 5 章 ネットワーキング

表 5-6 Docker ホストの物理マシン、Macvlan によるネットワーク、稼働させるコンテナの構成

	物理サーバー 1 号機	物理サーバー 2 号機
ネットワークドライバ	Macvlan	Macvlan
Docker ホストの物理 NIC の インターフェイス名	eth0	eth0
ホスト OS のホスト名	n0171.jpn.linux.hpe.com	n0172.jpn.linux.hpe.com
ホスト OS の IP アドレス	172.16.1.171/16	172.16.1.172/16
ホスト OS のネットワーク	172.16.0.0/16	172.16.0.0/16
ホスト OS のゲートウェイアドレス	172.16.1.160/16	172.16.1.160/16
コンテナに割り当てる固定 IP ドレス	172.16.0.1/16	172.16.0.2/16
コンテナに割り当てない IP アドレス	172.16.1.171	172.16.1.171
	172.16.1.172	172.16.1.172
稼働させるコンテナ	larsks/thttpd	centos:6.10

■ Macvlan ネットワークの作成

Macvlan によるネットワークは、Docker エンジンが稼働するホスト OS 上で `docker network` コマンドを使って作成します。

```
n0171 # docker network create \
-d macvlan \
-o parent=eth0 \    ←ホスト OS の NIC を指定
--subnet 172.16.0.0/16 \
--gateway 172.16.1.160 \
--ip-range=172.16.0.0/16 \
--aux-address 'myhost-n0171=172.16.1.171' \
--aux-address 'myhost-n0172=172.16.1.172' \
flatnet01

n0172 # docker network create \
-d macvlan \
-o parent=eth0 \    ←ホスト OS の NIC を指定
--subnet 172.16.0.0/16 \
--gateway 172.16.1.160 \
--ip-range=172.16.0.0/16 \
--aux-address 'myhost-n0171=172.16.1.171' \
--aux-address 'myhost-n0172=172.16.1.172' \
flatnet01
```

作成したネットワークを確認します。

● 5-2 複数の物理ホスト OS で稼働する Docker コンテナ同士の通信

```
n0171 # docker network ls
NETWORK ID            NAME               DRIVER            SCOPE
...
5ac57ae3159c          flatnet01          macvlan           local
...

n0172 # docker network ls
NETWORK ID            NAME               DRIVER            SCOPE
...
a1648c041506          flatnet01          macvlan           local
...
```

Macvlan ドライバによるネットワークは、docker network ls の出力の DRIVER 列に「macvlan」が表示されます。

■コンテナの起動

ネットワーク flatnet01 が作成できたので、n0171 で Web サーバーコンテナを起動します。コンテナには、固定 IP を付与可能です。

```
n0171 # docker container run \
--net=flatnet01 \
--ip=172.16.0.1 \
-itd \
--name websvr-flat01 \
-h websvr-flat01  \
larsks/thttpd
```

さらに、n0172 でも CentOS 6.10 のコンテナを起動します。

```
n0172 # docker container run \
--net=flatnet01 \
--ip=172.16.0.2 \
-itd \
--name c610-flat01 \
-h c610-flat01 \
centos:6.10 /bin/bash
```

■動作確認

ホスト n0172、および、コンテナ c610-flat01 から Web サーバーコンテナ websvr-flat01 が提供する Web コンテンツにアクセスできるかを確認します。

第 5 章 ネットワーキング

```
n0172 # curl http://172.16.0.1
...

n0172 # docker container exec -it c610-flat01 curl http://172.16.0.1
...
```

5-3　Docker Swarm 環境にけるフラットネットワークの構築

　Docker Swarm クラスタ環境においても Macvlan を使ったフラットなネットワークを構築可能です。今回は、マネージャノード 1 台、ワーカーノード 2 台の構成で、Macvlan ネットワークドライバを使って、ワーカーノードで稼働するコンテナをホスト OS と同一 IP 空間に所属させます。Docker Swarm クラスタは、表 5-7 のように構成します。[†]

> †　前節で作成した flatnet01 は、事前に削除しておいてください。

表 5-7　Docker Swarm 環境にけるフラットネットワークコンテナの構成

	物理サーバ 1 号機	物理サーバ 2 号機	物理サーバ 3 号機
クラスタにおける ノードの役割	マネージャ	ワーカー	ワーカー
ホスト OS のホスト名	n0171.jpn.linux.hpe.com	n0172.jpn.linux.hpe.com	n0173.jpn.linux.hpe.com
ホスト OS の IP アドレス	172.16.1.171/16	172.16.1.172/16	172.16.1.173/16
Docker イメージ	–	larsks/thttpd	centos:7.5.1804
コンテナに付与する IP アドレスの範囲	172.16.1.0/24	172.16.2.0/24	172.16.3.0/24
コンテナの役割	–	Web サーバー	Web クライアント
Docker バージョン	18.09.0	18.09.0	18.09.0

　ホスト OS とコンテナが所属するネットワークは、172.16.0.0/16 のネットワーク 1 つですが、コンテナに付与する IP アドレスの範囲は、ノードごとに異なる設定にします。これにより、コンテナに付与される IP アドレスの重複を回避します。

220

● 5-3 Docker Swarm 環境にけるフラットネットワークの構築

■各ワーカーノードでのネットワークの作成

コンテナに付与する IP アドレスの範囲が異なるように、各ワーカーノードでネットワーク flatnet02 を作成します。docker network create コマンドの--ip-range オプションでコンテナに割り当てる IP アドレスの範囲を指定しますが、ワーカーノードごとに異なる設定にすることに注意してください。

```
n0171 # docker network create \
--config-only \
--subnet 172.16.0.0/16 \
-o parent=eth0 \
--ip-range 172.16.1.0/24 \
flatnet02

n0171 # docker network ls
NETWORK ID            NAME            DRIVER            SCOPE
717bbd70d05c          flatnet02       null              local

n0172 # docker network create \
--config-only \
--subnet 172.16.0.0/16 \
-o parent=eth0 \
--ip-range 172.16.2.0/24 \
flatnet02

n0172 # docker network ls
NETWORK ID            NAME            DRIVER            SCOPE
1919be670982          flatnet02       null              local

n0173 # docker network create \
--config-only \
--subnet 172.16.0.0/16 \
-o parent=eth0 \
--ip-range 172.16.3.0/24 \
flatnet02

n0173 # docker network ls
NETWORK ID            NAME            DRIVER            SCOPE
8cce4e4fdbb9          flatnet02       null              local
```

■ Macvlan によるフラットネットワークの作成

各ワーカーノードで作成した flatnet02 ネットワークから、Macvlan ドライバネットワークを使って Docker Swarm クラスタ全体で利用可能なフラットなネットワーク swarm_flatnet を作成します。マネージャノードで作業します。

221

第 5 章 ネットワーキング

```
n0171 # docker network create \
-d macvlan \
--scope swarm \
--config-from flatnet02 \
swarm_flatnet

n0171 # docker network ls
NETWORK ID          NAME                DRIVER          SCOPE
...
717bbd70d05c        flatnet02           null            local
...
m4g0d6x5369z        swarm_flatnet       macvlan         swarm
...
```

以上で、Docker Swarm クラスタで利用可能なフラットなネットワーク swarm_flatnet が構成できました。

■コンテナの起動

Docker Swarm クラスタで、コンテナを起動します。まずは、Web サーバーコンテナのサービス websvr03 をワーカーノードの n0172 で起動します。

```
n0171 # docker service create \
--name websvr03 \
--hostname websvr03 \
--network swarm_flatnet \
--constraint 'node.hostname == n0172.jpn.linux.hpe.com' \
--replicas 1 larsks/thttpd
```

サービス websvr03 が起動したかどうかを確認します。

```
n0171 # docker service ps websvr03 \
--format 'table {{.ID}}\t{{.Name}}\t{{.Node}}\t{{.CurrentState}}'
ID              NAME            NODE                    CURRENT STATE
91zm087dr7uz    websvr03.1      n0172.jpn.linux.hpe.com Running 44 minutes ago
```

次に、Web クライアントのサービス client03 をワーカーノードの n0173 で起動します。

```
n0171 # docker service create \
--name client03 \
--hostname client03 \
--network swarm_flatnet \
--constraint 'node.hostname == n0173.jpn.linux.hpe.com' \
--replicas 1 \
```

222

● 5-3 Docker Swarm 環境にけるフラットネットワークの構築

```
centos:7.5.1804 tail -f /dev/null
```

サービス client03 が起動したかどうかを確認します。

```
# docker service ps client03 \
--format 'table {{.ID}}\t{{.Name}}\t{{.Node}}\t{{.CurrentState}}'
ID              NAME          NODE                  CURRENT STATE
kzeiadfk4y7w    client03.1    n0173.jpn.linux.hpe.com    Running about an hour ago
```

■動作確認

ワーカーノード n0172 で稼働しているサービス websvr03 の IP アドレスを各ワーカーノード上で確認します。

```
n0172 # CNAME=$(docker container ls --format "table {{.Names}}" | grep websvr03)

n0172 # docker container inspect \
--format '{{.NetworkSettings.Networks.swarm_flatnet.IPAddress}}' $CNAME
172.16.2.1
```

ワーカーノード n0173 で稼働しているサービス client03 の IP アドレスを各ワーカーノード上で確認します。

```
n0173 # CNAME=$(docker container ls --format "table {{.Names}}" | grep client03)
n0173 # echo $CNAME
client03.1.kzeiadfk4y7wnz3yn30w74uc2

n0173 # docker container inspect \
--format '{{.NetworkSettings.Networks.swarm_flatnet.IPAddress}}' $CNAME
172.16.3.1
```

クライアントのコンテナ client03 にログインし、サービス websvr03 が提供する Web コンテンツが見えるかどうかを確認してください。

```
n0173 # docker container exec -it $CNAME /bin/bash
[root@client03 /]# curl http://172.16.2.1
...
```

また、ホスト OS と同一 LAN セグメントに所属するほかのクライアントマシンからも Web コンテンツが見えるかどうかを確認してください。

```
# curl http://172.16.2.1
```

223

第 5 章 ネットワーキング

...

5-4   複数サービスの一括管理

　本番環境の Docker Swarm クラスタにおいては、複数ホストにまたがって協調して動作する Docker コンテナも珍しくありません。Docker コンテナ同士が協調して動作するとなると、Docker Swarm クラスタにおけるサービスが複数存在することになります。それらの複数のサービスは、たとえば、アプリケーションサーバーとデータベースサーバーが協調して動作する場合、個別に docker service コマンドで管理しなければなりません。アプリケーションが少ないときは、それでも構いませんが、協調して動作するアプリケーションが多くなると管理が非常に煩雑になります。そこで、Docker Swarm クラスタでは、docker stack と呼ばれる複数のサービスをグループ化する機能があります。

　docker stack を使ったグループ化は、管理者が複数の異なる種類の Docker コンテナをグループ化した YML 形式の定義ファイルを作成します。docker service コマンドでは、単一のサービスしか取り扱えませんが、docker stack ならば、YML ファイルに定義された複数のサービスをまとめて管理できます。

5-4-1   Web アクセス数をカウントするアプリケーション

　以下では、docker stack の例として、Web アクセス数をカウントするアプリケーションのコンテナを取り上げます。Web アクセス数をカウントするアプリケーションは、Python で記述します。また、アクセス数は、Redis データベースに保管します。Python アプリケーションが稼働するコンテナと Redis が稼働するコンテナの 2 つが起動し、協調して動作します。Python アプリケーション入りコンテナと Redis のコンテナを一つの YML ファイルで定義し、docker stack コマンドで配備します。

■ Web アクセス数をカウントするアプリケーションの作成

　まず、Docker Swarm マネージャノードで、Web アクセス数をカウントする Python アプリケーション ac.py を作成します。ac.py は、Web ブラウザや curl コマンドでアクセスすると、「Hello Docker ! Access Count:」と表示され、その後ろにアクセス数がカウントされて表示される Web アプリケーションです。

```
n0171 # vi ac.py
from flask import Flask
from redis import Redis
```

```
app = Flask(__name__)
redis = Redis(host='redis', port=6379)
@app.route('/')
def hello():
    c = redis.incr('hits')
    return 'Hello Docker! Access Count:{}\n'.format(c)
if __name__ == "__main__":
    app.run(host="0.0.0.0", port=8081, debug=True)
```

■ Dockerfile の作成

次に、ac.py 入りの Docker イメージを作成するための Dockerfile を記述します。

```
n0171 # vi Dockerfile
FROM python:3.4-alpine
ARG http_proxy
ARG https_proxy
ADD . /code
WORKDIR /code
RUN pip install flask \
 && pip install redis
CMD ["python", "ac.py"]
```

■ Docker イメージのビルド

Dockerfile を作成したら、Docker イメージをビルドします。Docker イメージ名は、alpine:ac01 としました。

```
# docker image build \
-f ./Dockerfile \
-t alpine:ac01 \
--build-arg http_proxy=http://proxy.your.site.com:8080 \
--build-arg https_proxy=http://proxy.your.site.com:8080 \
.
```

■ Docker イメージのコピー

Docker Swarm クラスタでコンテナを起動する場合、元となる Docker イメージは、配備先の Docker ホストに登録されている必要があります。したがって、作成した Docker イメージ alpine:ac01 を Docker Swarm クラスタの全ワーカーノードにコピーし、登録します。

225

第 5 章 ネットワーキング

```
n0171 # docker save alpine:ac01 > alpine-ac01.tar
n0171 # scp alpine-ac01.tar n0172:/root/
root@n0172's password:

n0171 # scp alpine-ac01.tar n0173:/root/
root@n0173's password:

n0172 # docker load -i alpine-ac01.tar
n0173 # docker load -i alpine-ac01.tar
```

■ YML ファイルの作成

docker stack で管理する YML ファイルを作成します。Docker イメージ alpine:ac01 とインターネットから入手可能な Redis データベース入りの Docker イメージである redis:alpine の 2 つを使った YML ファイルです。

```
n0171 # vi ac.yml
version: '3'
services:
  web:
    image: alpine:ac01  ←①
    ports:
     - "8081:8081"  ←②
    deploy:
     placement:
      constraints: [node.role != manager]  ←③
    networks:
     - mynet11  ←④
  redis:
    image: redis:alpine  ←⑤
    deploy:
     placement:
      constraints: [node.role != manager]  ←⑥
    networks:
     - mynet11  ←⑦
networks:
  mynet11:
    external: true
```

ac.yml ファイルの説明：

① Docker イメージを指定（Web アクセス数をカウントするアプリケーション入りのイメージ）
② ポート番号
③ Docker イメージ alpine:ac01 から生成されるコンテナは、マネージャノード以外に配備
④ Docker イメージ alpine:ac01 から生成されるコンテナは、オーバレイネットワーク mynet11 に所属

⑤ Docker イメージを指定（Redis データベース入りの Docker イメージ）
⑥ Docker イメージ redis:alpine から生成されるコンテナは、マネージャノード以外に配備
⑦ Docker イメージ redis:alpine から生成されるコンテナは、オーバレイネットワーク mynet11 に所属

■オーバレイネットワークの作成

ac.yml では、コンテナが利用するネットワークを定義しています。docker stack では、オーバレイネットワークが必要です。YML ファイルの記述と矛盾がないように、オーバレイネットワーク mynet11 を作成します。

```
n0171 # docker network create \
-d overlay \
--subnet 10.11.0.0/24 \
--attachable \
mynet11

n0171 # docker network ls
NETWORK ID              NAME                DRIVER              SCOPE
...
xlyj81hsn7mm            mynet11             overlay             swarm
...
```

■コンテナの配備

以上で準備が整いましたので、docker stack コマンドでコンテナを配備します。コンテナの配備は、docker stack deploy に「--compose-file」オプションを付与し、そのあとに YML ファイルを指定します。その後ろに、docker stack で管理するスタックの名前を付与します。今回、スタック名は、ac01 としました。

```
n0171 # docker stack deploy --compose-file ac.yml ac01
```

■スタックのリストアップ

docker stack ls コマンドで作成したスタック一覧を表示します。出力の SERVICES 列には、スタック ac01 におけるサービスの数が表示されます。今回は、Web アクセス数のカウントを行うコンテナと Redis データベースのコンテナの 2 つが存在するため、SERVICES 列に 2 が表示されています。

```
n0171 # docker stack ls
```

第 5 章 ネットワーキング

```
NAME                  SERVICES          ORCHESTRATOR
ac01                  2                 Swarm
```

■スタックの状態を確認

スタック ac01 の状態を確認するには、docker stack ps コマンドにスタック名を付与して実行します。

```
n0171 # docker stack ps ac01
ID              NAME            IMAGE           NODE          ... CURRENT STATE
inl9sg4w8c5c    ac01_web.1      alpine:ac01     n0172.jpn...  ... Running 3 minutes ago
i6k5zc3hwbo5    ac01_redis.1    redis:alpine    n0173.jpn...  ... Running 2 minutes ago
```

YML ファイルで定義し、docker stack コマンドを使えば、サービスをまとめて配備できることがわかります。

念のため、docker service ls コマンドでもサービスを確認しておきます。

```
n0171 # docker service ls
ID            NAME          MODE          REPLICAS      IMAGE         PORTS
j1bi7gygjsyy  ac01_redis    replicated    1/1           redis:alpine
m4a9hsrxlctk  ac01_web      replicated    1/1           alpine:ac01   *:8081->8081/tcp
```

■ IP アドレスの確認

Web アクセス数のカウント付き Web ページを提供するコンテナ ac01_web の IP アドレスを確認します。

```
n0171 # docker service inspect ac01_web  | grep Addr
...
                "Addr": "10.11.0.14/24"
```

■クライアントコンテナの起動

Web ページにアクセスするため、オーバレイネットワーク mynet11 に所属するクライアントのコンテナを起動します。

```
n0171 # docker container run \
-it \
--rm \
```

228

● 5-5 まとめ

```
--name webclient \
-h webclient04 \
--net=mynet11 \
centos:7.5.1804 /bin/bash
[root@client04 /]#
```

■動作確認

クライアントのコンテナ webclient のコマンドプロンプトから、curl コマンド使って、Web アクセス数のカウント付き Web ページを提供するコンテナ ac01_web の IP アドレスにアクセスします。

```
[root@client04 /]# curl http://10.11.0.14:8081
Hello Docker! Access Count:1
[root@client04 /]# curl http://10.11.0.14:8081
Hello Docker! Access Count:2
[root@client04 /]# curl http://10.11.0.14:8081
Hello Docker! Access Count:3
...
```

以上で、docker stack による Web アクセス数をカウントするアプリケーション入りのコンテナと Redis データベース入りのコンテナを一括配備し、稼働させることができました。

5-5　まとめ

本章では、Docker Swarm クラスタ、および、Macvlan を使って、複数の物理サーバーで稼働する Docker コンテナ同士の通信手順を紹介しました。さらに、docker stack によるスタックの管理手法も紹介しました。

Docker Swarm クラスタにおけるオーバレイネットワークや、Macvlan ネットワークは、複数の物理サーバーで構成されたエンタープライズシステムにおいて利用されています。Docker におけるネットワーキングは、非常に奥が深く、大規模な本番システムでの構築は、それなりに知識と経験が必要ですが、まずは、本書で取り上げる非常に基本的な操作を実機で試しながら、ネットワーキングの基礎をマスタしてください。

229

Column　Swarm マネージャの高可用性とバックアップ/リストア

　Swarm マネージャノードは、クラスタ全体を管理しているため、マネージャノードに障害が発生すると、Swarm クラスタ配下のすべてのサービスの動作（リソースのスケジューリングや実行など）に影響を及ぼします。Swarm マネージャが停止すると、Swarm マネージャが復旧するまで、そのクラスタの操作はできません。Swarm クラスタ自体の停止時間を極小化するには、複数のマネージャノードによる高可用性（High Availability：HA）クラスタを構成します。

　Swarm マネージャの HA 構成では、マネージャノードの台数を奇数にします。すなわち、3 ノード以上で構成します。しかし、小規模なテスト環境やデモ環境の構築、基本的な機能検証、スモールスタートを行う場合は、マネージャノードを 1 台で構成する場合も少なくありません。理由としては、マネージャノードを 1 台で構成する場合に比べ、HA 構成のセットアップや運用管理が複雑になる点が挙げられます。ただし、マネージャノードを 1 台で構成した場合、HA クラスタによるサービス継続のメリットを享受できない点に留意が必要です。また、HA クラスタの構成有無にかかわらず、マネージャノードのバックアップ/リストアの検討も必要です。具体的には、Docker エンジンを停止した状態のマネージャノードの /var/lib/docker/swarm ディレクトリを tar コマンドでバックアップ/リストアします。以下は、マネージャノードにて、Docker Swarm クラスタの情報が含まれる /var/lib/docker/swarm ディレクトリをバックアップする例です。

```
# systemctl stop docker
# tar czvf swarm-mgr01-2019-0126-0245.tgz /var/lib/docker/swarm
```

　Docker Swarm クラスタにおけるマネージャノードのバックアップ/リストアは、以下の URL が参考になります。英語ですが、一読されることをお勧めします。

● Tips for the Backup and Restore of Docker Swarm：

　https://success.docker.com/article/backup-restore-swarm-manager

第6章
資源管理

　1つの物理サーバー上で複数のDockerコンテナが稼働する環境において、限られたハードウェア資源の利用制限は非常に重要です。特定のユーザーが使用するコンテナがホストマシンのハードウェア資源を食いつぶすようなことがあると、他のユーザーの利用に支障をきたします。こうしたことを防ぐために、Dockerでは、CPU、メモリ、ディスク、ネットワーク資源の管理の仕組みが備わっています。本章では、Dockerにおけるこれらの各種ハードウェア資源の割り当て、利用制限の手法を解説します。また、GUIアプリケーションが稼働するコンテナの作成方法、DVDドライブ、サウンドデバイス、Webカメラといった周辺機器の取り扱いについても簡単に説明します。

第 6 章　資源管理

6-1　Docker における CPU 資源管理

　Docker の場合は、1 つの CPU コアを複数のコンテナで利用しますが、その CPU を割り当てる時間の割合をコンテナ実行時に指定するという方法を採ります。コンテナには CPU の割当時間の割合を示すための相対値が与えられています。

6-1-1　CPU の資源管理の例

　それぞれのコンテナの CPU の割当時間の相対値には、標準では、1024 という値が割り当てられます。いくつか、具体的な例を示します。

例 1：1 コアの CPU に 3 つのコンテナが稼働しており、コンテナ 1、コンテナ 2、コンテナ 3 にそれぞれ 1024 という値を指定しているとします。この場合、すべて同じ値ですので、CPU 時間は、均等に割り振られるという意味になります。コンテナ 1、2、3 の 3 つのコンテナで 1 つの CPU 時間を均等に分けるので、各コンテナに割り当てられる CPU 時間は、100 ％の 3 等分で、約 33.3 ％になります。

表 6-1　CPU の割当例 1

	コンテナ 1	コンテナ 2	コンテナ 3
CPU 割当時間の相対値	1024	1024	1024
CPU 割当時間	約 33.3%	約 33.3%	約 33.3%

例 2：コンテナ 1 に 1024、コンテナ 2 とコンテナ 3 に 512 という値を割り当てると、コンテナ 2 とコンテナ 3 は、コンテナ 1 の 1024 の半分という意味です。コンテナ 2 とコンテナ 3 には、コンテナ 1 に比べて半分の時間しか CPU が割り当てられません。コンテナ 1、2、3 すべてで、全 CPU 割当時間が 100 ％ですから、コンテナ 1 は、CPU 割当時間が 50 ％、コンテナ 2 と 3 は、その半分の 25 ％ずつになります。

表 6-2　CPU の割当例 2

	コンテナ 1	コンテナ 2	コンテナ 3
CPU 割当時間の相対値	1024	512	512
CPU 割当時間	50.0%	25.0%	25.0%

例 3：例 2 の状態で、さらに、CPU 割当時間の相対値が 1024 で、コンテナ 4 が追加されたとします。この場合の計算方法は、一見難しいように思えますが、全コンテナの相対値の合計が 1024 を超える場

232

● 6-1 Docker における CPU 資源管理

合、合計値を 1024 に換算した値から割合が算出できます。

表 6-3　CPU の割当例 3-1

	コンテナ 1	コンテナ 2	コンテナ 3	コンテナ 4
CPU 割当時間の相対値	1024	512	512	1024

　まず、相対値の合計を算出します。例 3 の場合、「1024+512+512+1024=3072」となります。これを 1024 にするには、「3072 ÷ 1024=3」となり、相対値全体で 1024 にするには、割当時間を 3 で割ります。すなわち、表 6-4 のようにコンテナ 1 とコンテナ 4 が約 33.3 %、コンテナ 2 とコンテナ 3 が約 16.5 %になります。

表 6-4　CPU の割当例 3-2

	コンテナ 1	コンテナ 2	コンテナ 3	コンテナ 4
CPU 割当時間の相対値	1024	512	512	1024
CPU 割当時間	100%÷ 3 =約 33.3%	50%÷ 3 =約 16.5%	50%÷ 3 =約 16.5%	100%÷ 3 =約 33.3%

例 4：コンテナ 1 とコンテナ 4 の相対値が 1024、コンテナ 2 とコンテナ 3 の相対値が 256 の場合、「1024+256+256+1024=2560」となり、全体で 1024 にするには、「2560 ÷ 1024=2.5」となり、CPU 割当時間を 2.5 で割ればよいことになります。よって、以下のようになります。

表 6-5　CPU の割当例 4-1

	コンテナ 1	コンテナ 2	コンテナ 3	コンテナ 4
CPU 割当時間の相対値	1024	256	256	1024

表 6-6　CPU の割当例 4-2

	コンテナ 1	コンテナ 2	コンテナ 3	コンテナ 4
CPU 割当時間の相対値	1024	256	256	1024
CPU 割当時間	100%÷ 2.5 =40%	25%÷ 2.5 =10%	25%÷ 2.5 =10%	100%÷ 2.5 =40%

第 6 章 資源管理

6-1-2 　 CPU 割当時間の確認

　例で示した CPU 割当時間を実際に確かめてみましょう。CPU 割当時間の割合を確認するには、ホスト OS 上に top コマンドで確認できますが、ここでは、より視認性の高い htop コマンドを使って確認してみましょう。

■ htop のインストール

　htop は、EPEL リポジトリで提供されているので、ホスト OS にリポジトリを追加し、htop をインストールします。

```
# yum install -y epel-release
# yum install -y htop
```

■ CPU 割当時間の設定：例 1

　ここで利用する Docker イメージは、CentOS 7.5.1804 の OS テンプレートの Docker イメージです。入手していない場合は、事前に docker image pull で入手しておきます。

```
# docker image pull centos:7.5.1804
```

　実際に例 1 を確認します。CPU 割当時間の値は、docker container run 実行時に--cpu-shares オプションを付与します。Docker コンテナを 3 つ稼働させます。

```
# docker container run  \
-itd \
--name ex0001 \
--cpuset-cpus=0 --cpu-shares=1024 \
centos:7.5.1804 \
dd if=/dev/zero of=/dev/null

# docker container run  \
-itd \
--name ex0002 \
--cpuset-cpus=0 --cpu-shares=1024 \
centos:7.5.1804 \
dd if=/dev/zero of=/dev/null

# docker container run  \
-itd \
--name ex0003 \
```

234

```
--cpuset-cpus=0 --cpu-shares=1024 \
centos:7.5.1804 \
dd if=/dev/zero of=/dev/null
```

実行例のうち、--cpuset-cpus=0 は、ホスト OS 側の CPU コアの番号を指定しています。これにより、3 つのコンテナを CPU コア 0 番で固定して稼働させることができます。

■結果の確認

htop コマンドで、結果を確認してみます。 F6 を押すと、項目別にソートできるので、[PERCENT_CPU] を選択し、Enter キーを押します。その後、上矢印キーを押し続け、CPU 利用率の高いプロセスの上位を表示させます（図 6-1）。

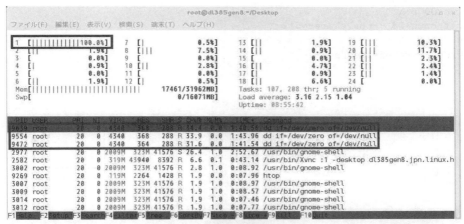

図 6-1　CPU 割当時間：例 1

htop の結果のとおり、CPU コア 0 番（htop の GUI では 1 番の CPU）の負荷が高い状態になり、dd コマンドを実行している 3 つのプロセスの ［CPU %］の値が、およそ 31 %～34 % になっていることがわかります。

■ CPU 割当時間の設定：例 2

次に、例 2 を確認してみましょう。先ほどの例 1 のコンテナはすべて削除しておいてください。今度は、利用する CPU コアの 23 番（htop の GUI では 24 番の CPU）を使って、コンテナを 3 つ起動します。CPU 割当時間は、それぞれ、1024、512、512 で割り当てます（図 6-2）。

```
# docker container run \
```

第 6 章　資源管理

```
-itd \
--name ex0004 \
--cpuset-cpus=23 --cpu-shares=1024 \
centos:7.5.1804 \
dd if=/dev/zero of=/dev/null

# docker container run  \
-itd \
--name ex0005 \
--cpuset-cpus=23 --cpu-shares=512 \
centos:7.5.1804 \
dd if=/dev/zero of=/dev/null

# docker container run  \
-itd \
--name ex0006 \
--cpuset-cpus=23 --cpu-shares=512 \
centos:7.5.1804 \
dd if=/dev/zero of=/dev/null
```

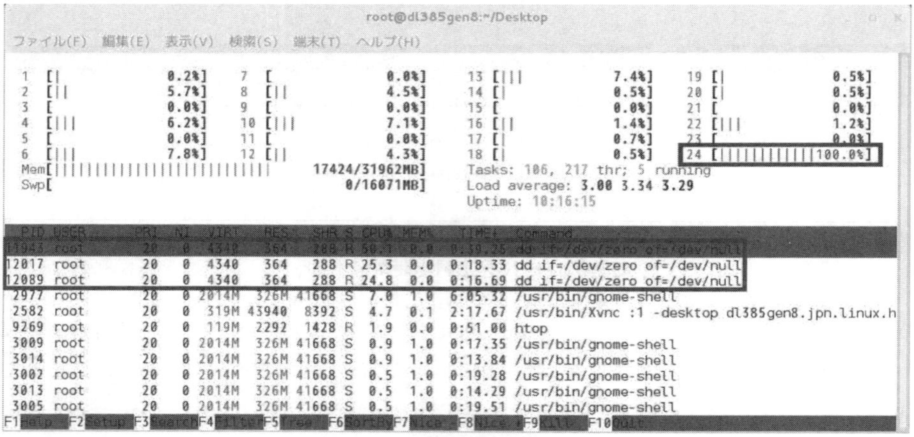

図 6-2　CPU 割当時間：例 2

　図 6-2 のように、htop の結果では、50.1 %、25.3 %、24.8 % となり、期待通り、ほぼ、「2：1：1」
の割合になっていることがわかります。例 3 と例 4 も、期待通りの比率になっているかをぜひ実際に
コンテナを起動して確認してみることをお勧めします。

● 6-1 Docker における CPU 資源管理

6-1-3 Docker が稼働する CPU コアの変更

docker container update コマンドを使って、稼働中の Docker コンテナに割り当てられた CPU コアを変更できます。

■ CPU への割り当て確認

現在稼働中のコンテナ ex0004 がどの CPU コアに割り当てられているかを知るには、そのコンテナ ID を入手し、コンテナ ID を含むディレクトリ以下の cpuset.cpus の値を確認します。

cpuset.cpus の絶対パス：
「/sys/fs/cgroup/cpuset/docker/<コンテナ ID>/cpuset.cpus」

まず、コンテナ ID を入手します。

```
# CID=$(docker container ls -a --no-trunc=true | grep ex0004 |awk '{print $1}')
# echo $CID
7580a9637cfe981c7a9619afc11234a6bea4fbd77b795e29ff5eef4e0dc8a799
```

cpuset.cpus の値を表示します。

```
# cat /sys/fs/cgroup/cpuset/docker/$CID/cpuset.cpus
23
```

実行結果より、コンテナ ex0004 は、CPU コア 23 番（htop の GUI では 24 番）で稼働していることがわかります。

また、docker container inspect コマンドでも、使用中の CPU コア番号を確認できます。

```
# docker container inspect  --format='{{.HostConfig.CpusetCpus}}' ex0004
23
```

■ CPU コアの割り当て変更

この状態で、CPU コア 7 番（htop の GUI では 8 番）に Docker コンテナ ex0004 を移動させるには、以下のように docker container update コマンドに、「--cpuset-cpus=7」指定します。

```
# docker container update --cpuset-cpus=7 ex0004
ex0004
```

すると、CPU コア 7 番（htop の GUI では 8 番）でコンテナ ex0004 が稼働します。htop の GUI で、

第 6 章　資源管理

8 番の CPU の負荷が高くなっていることがわかります（図 6-3）。

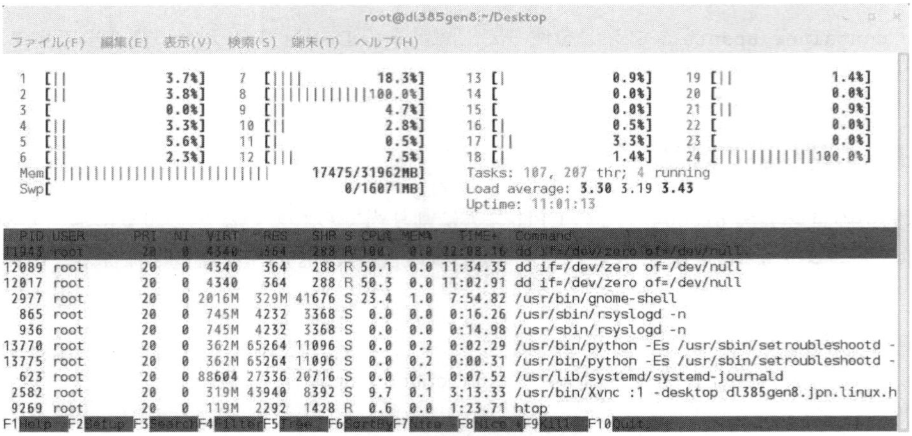

図 6-3　CPU 割り当て変更

■ CPU リソースの利用上限の変更

　コンテナの CPU リソースの上限を設けるには、コンテナ起動時に「--cpus」オプションに CPU リソースの上限の割合を付与します。以下は、CPU リソースの上限を 50 ％に制限したコンテナ ex0007 を実行する例です。

```
# docker container run \
-itd \
--name ex0007 \
--cpuset-cpus=0 \
--cpus="0.5" \
centos:7.5.1804 \
dd if=/dev/zero of=/dev/null
```

　CPU リソースの利用上限は、コンテナを稼働させたまま docker container update コマンドで変更可能です。以下は、コンテナ ex0007 の CPU リソースの使用上限を 90 ％に変更する例です。

```
# docker container update --cpus="0.9" ex0007
```

● 6-1 Docker における CPU 資源管理

6-1-4　openssl によるマルチコア CPU の負荷テスト

コンテナ ex0001 から ex0007 では、CPU 負荷を上げるコマンドとして「dd if=/dev/zero of=/dev/null」を使っていますが、マルチコアが指定されたコンテナですべての CPU に負荷を与えるには、dd コマンドを CPU コアの数だけ多重実行する必要があります。

一方、1 つのコマンドで CPU コア数分の CPU 負荷を上げるには、openssl が有用です。以下は、CPU の 4 コアすべてに負荷を与える例です。

```
# openssl speed -multi 4
```

CentOS 7.5.1804 のテンプレートの Docker イメージには、openssl コマンドが同梱されていないので、openssl コマンドを含んだ負荷試験用の Docker イメージを作成しておくとよいでしょう。

■ Dockerfile の作成

以下では、openssl コマンドを含んだ負荷試験用の Dockerfile、Docker イメージ openssl01 のビルド方法、opnessl を使って CPU コア 12 番から 15 番までの 4 コアすべてに負荷をかけるコンテナ cpuload0001 の実行方法を示しておきます。

```
# mkdir /root/openssl
# cd /root/openssl
# vi Dockerfile
FROM centos:7.5.1804
ARG http_proxy
ARG https_proxy
RUN yum install -y openssl
```

■ Docker イメージのビルドとコンテナの実行

Docker イメージをビルドします。

```
# docker image build \
-f ./Dockerfile \
-t c75:openssl01 \
--build-arg http_proxy=http://proxy.your.site.com:8080 \
--build-arg https_proxy=http://proxy.your.site.com:8080 \
.
```

CPU コア 12 番から 15 番を使って 4 コアすべてに CPU 負荷をかけるコンテナ cpuload0001 を実行します。

第 6 章 資源管理

```
# docker container run \
-itd \
--name cpuload0001 \
--cpuset-cpus=12-15 \
c75:openssl01 \
/usr/bin/openssl speed -multi 4
```

■複数の CPU コアを消費するコンテナの CPU リソースの使用上限

コンテナ cpuload0001 は、CPU4 コアすべてで 100 ％使います。もし、CPU4 コアすべてにおいて、半分の 50%の負荷に下げたい場合は、docker container update に「--cpus="2.0"」を指定します。CPU4 コアすべてで 100 ％の使用率に戻す場合は、「--cpus="4.0"」を指定します。

4 コアの CPU すべてで 50 ％の負荷にする場合：

```
# docker container update --cpus="2.0" cpuload0001
```

4 コアの CPU すべてで 100 ％の負荷にする場合：

```
# docker container update --cpus="4.0" cpuload0001
```

これにより、CPU コア数と CPU 負荷を変更し、さまざまな負荷試験を行えるようになります。

6-2　メモリ容量の制限

Docker におけるメモリ資源管理では、Docker コンテナが使用できる最大メモリ容量を-m オプションで指定できます。単位には、b（バイト）、k（キロバイト）、m（メガバイト）、そして、g（ギガバイト）を指定できます。以下は、最大 512M バイトのメモリ容量までが利用可能な Docker コンテナ mem0001 を起動する例です。

```
# docker container run \
-m 512m \
-it \
--name mem0001 \
centos:7.5.1804 /bin/bash
[root@7a3dd4caf648 /]#
```

240

6-2-1　メモリ容量制限のテスト

　稼働中の Docker コンテナのメモリ容量が制限されているかどうかは、コンテナで、メモリ使用率を上昇させるプログラムを稼働させることで確認できます。メモリ使用率を上昇させるには、yes コマンドを使って、bash プロセスのメモリ使用率を徐々に上げていく方法があります。
　以下は、先ほど起動した Docker コンテナ mem0001 内で、yes コマンドと /dev/null を組み合わせて、bash プロセスのメモリ使用量を徐々に上昇させる例です。

```
[root@7a3dd4caf648 /]# /dev/null < $(yes)
```

　メモリ使用量は、top コマンドや htop コマンドで確認できます。htop の GUI では、 F6 を押し、[Command] を選択することで、フルパスで表示されている bash プロセスが GUI 画面上の上位に表示されやすくなるので、メモリ使用量の上限テスト前に事前に設定しておくとよいでしょう（図6-4）。

図 6-4　メモリ使用量制限

　Docker コンテナ mem0001 のメモリ容量は、「512M バイト」に制限されているため、htop の GUI 画面の RES 列に表示されるメモリ使用量が 512 以下になっていることを確認してください。

6-2-2　Docker コンテナが利用可能なメモリ容量の確認と再設定

　Docker コンテナ mem0001 に設定されている現在のメモリ容量をホスト OS 上で確認するには、/sys ディレクトリ配下に存在するコンテナ ID を含むディレクトリ以下に存在する「memory.limit_in_bytes」の値を確認します。

第 6 章　資源管理

```
# CID=$(docker container ls -a --no-trunc=true | grep mem0001 | awk '{print $1}')
# echo $CID
5365dd3fa10b17b00e2288490c57c7432005a353329e89677763a8bba6b7ac8f

# cat /sys/fs/cgroup/memory/docker/$CID/memory.limit_in_bytes
536870912
```

また、docker container inspect コマンドでもコンテナが利用可能なメモリ容量を確認できます。

```
# docker container inspect  --format='{{.HostConfig.Memory}}' mem0001
536870912
```

稼働中の Docker コンテナのメモリ割り当て容量を変更するには、docker container update コマンドが利用可能です。

■コンテナのメモリ容量の増加

以下は、Docker コンテナ mem0001 のメモリ容量を 1.0G バイトに増やす例です。

```
# docker container update -m 1024m mem0001
mem0001
# docker container inspect --format='{{.HostConfig.Memory}}' mem0001
1073741824
```

■メモリ不足によるプロセスの強制 kill の確認

コンテナ内で稼働するアプリケーションに必要なメモリが不足し、アプリケーションが異常終了する状態を Out-Of-Memory（OOM）と呼びます。メモリ不足により、OOM が発生すると、Docker エンジンは、デフォルトで、アプリケーションのプロセスを kill するように設定されています。以下は、コンテナ内のプロセスが OOM によって kill されたかどうかを確認する手順の例です。

まず、利用可能なメモリ容量が極端に少ないコンテナを起動します。今回コンテナで利用可能なメモリ容量を 5M バイトにし、コンテナ内で稼働するアプリケーションは、ブログソフトウェアの WordPress とします。

```
# docker container run \
-d \
-m 5m \
--name blog01 \
wordpress:latest
```

ブログサイトのコンテナ blog01 の状態を確認します。

242

● 6-3 ディスク I/O 帯域幅の制限

```
# docker container ls -a
CONTAINER ID    IMAGE           ... STATUS                      ... NAMES
0d0abe255546    wordpress:latest ... Exited (137) About a minute ago ... blog01
```

上記より、終了ステータスのコードが 137 と表示されています。これは、プロセスが kill されて終了した場合の終了コードです。[†]

> [†] 終了ステータスコードについては、以下の URL が参考になります。
> http://tldp.org/LDP/abs/html/exitcodes.html

OOM によってプロセスが kill されたのかどうかは、docker container inspect コマンドで確認できます。

```
# docker container inspect blog01 | grep -A 12 -i state
        "State": {
            "Status": "exited",
            "Running": false,
            "Paused": false,
            "Restarting": false,
            "OOMKilled": true,
            "Dead": false,
            "Pid": 0,
            "ExitCode": 137,
            "Error": "",
            "StartedAt": "2018-12-12T17:23:51.633181432Z",
            "FinishedAt": "2018-12-12T17:24:12.443333932Z"
        },
#
```

コンテナが終了した際は、終了ステータスコードを見て、正常終了なのかどうかを確認するようにしてください。

6-3　ディスク I/O 帯域幅の制限

Docker コンテナが利用するブロックデバイスの I/O 優先度や、読み書きの I/O 帯域幅を変更できます。以下は、コンテナが利用するディスク I/O の帯域幅を変更する手順です。

■コンテナの起動

まず、CentOS 7.5.1804 のテンプレートイメージから Docker コンテナ io0001 を稼働させます。

243

第 6 章 資源管理

```
# docker container run \
-itd \
--name io0001 \
centos:7.5.1804
```

コンテナ内の dd コマンドによる書き込み速度を計測します。

```
# docker container exec \
-it \
io0001 \
dd if=/dev/zero of=/root/testfile bs=1M count=10 conv=fsync
10+0 records in
10+0 records out
10485760 bytes (10 MB) copied, 0.12662 s, 82.8 MB/s
```

コンテナ内の/root ディレクトリに dd コマンドを使って 10M バイトの testfile を生成する速度は、82.8MB/s です。

■パーティションのデバイス名を取得

稼働している Docker コンテナの/パーティションのデバイス名を取得します。

```
# docker container exec -it io0001 grep docker /proc/mounts
overlay / overlay rw,relatime,lowerdir=/var/lib/docker/overlay2/l/GHCQPJ37R56WS6PQZ
M655NVVVY:/var/lib/docker/overlay2/l/T337AAY4DDTVI53DKCAOM2IFS5,upperdir=/var/lib/d
ocker/overlay2/fee62e359c0aa12329982af22d67a687cf5545ab6ddc5466eb2929a7227ec5b1/dif
f,workdir=/var/lib/docker/overlay2/fee62e359c0aa12329982af22d67a687cf5545ab6ddc5466
eb2929a7227ec5b1/work 0 0
```

Docker コンテナ io0001 のファイルシステムは、ホスト OS 側の/var/lib/docker/overlay2 以下のディレクトリで構成されていることがわかります。

■ディスク I/O 帯域幅の設定

今回、ホスト OS 側の/var/lib/docker が/dev/sdbX にマウントされているとします。この場合、コンテナが利用するファイルシステムは、/var/lib/docker ディレクトリ以下のオーバーレイファイルシステムです。ファイルシステムへの書き込み速度を制限するには、オーバーレイファイルシステムが利用しているホスト OS 側のデバイス名を指定します。ここで、ファイルシステムへの書き込み制限の対象となるホスト OS のデバイス名は、/dev/sdb です。以下は、Docker コンテナ io0002 のディスクの書き込み I/O の帯域幅を毎秒 1M バイトに設定する例です。

244

● 6-3 ディスク I/O 帯域幅の制限

```
# docker container run \
-itd \
--device-write-bps=/dev/sdb:1mb \
--name io0002 \
centos:7.5.1804
```

コンテナ内の dd コマンドによる書き込み速度を計測します。

```
# docker container exec \
-it \
io0002 \
dd if=/dev/zero of=/root/testfile bs=1M count=10 conv=fsync
10+0 records in
10+0 records out
10485760 bytes (10 MB) copied, 10.0358 s, 1.0 MB/s
#
```

コンテナ内の /root ディレクトリに dd コマンドを使って 10M バイトの testfile を生成する速度は、約 1.0MB/s になり、ファイルシステムへの書き込み速度を制限できたことがわかります。

6-3-1　ネットワーク帯域幅の制御

Docker コンテナのネットワーク帯域幅制御は、pipework を使うと便利です。以下では、pipework を使ったコンテナの送信帯域幅制御の手順を示します。今回のシステム構成は、Web サーバーコンテナに 100M バイトの Web コンテンツファイル「testfile」を用意します。testfile をダウンロードするクライアントもコンテナで起動します。Web サーバーコンテナがクライアントのコンテナに提供する testfile の伝送速度を計測します。さらに、pipework によるコンテナの送信帯域幅制御機能により、testfile をダウンロードしている最中に帯域幅を変更します（図 6-5）。

Docker コンテナのネットワーク通信に関する帯域幅制御を行うシステム構成は、表 6-7 のとおりです。

表 6-7　ネットワーク構成（macvlan を構成）

	物理サーバ 1 号機	物理サーバ 2 号機
ホスト OS のホスト名	a01.jpn.linux.hpe.com	a02.jpn.linux.hpe.com
ホスト OS のネットワークインターフェイス	eth0	eth0
ホスト OS の IP アドレス	172.16.43.1/16	172.16.43.2/16
ゲートウェイアドレス	172.16.1.160	172.16.1.160
Docker バージョン	18.09.0	18.09.0
コンテナの役割	Web サーバー	クライアント

245

第 6 章 資源管理

Docker イメージ	centos:6.10	centos:6.10
コンテナ名	test01	test02
コンテナ用ネットワークドライバ	macvlan	macvlan
コンテナ用ネットワーク名	flatnet03	flatnet03
コンテナの IP アドレス	172.16.0.1/16	172.16.0.2/16
コンテナの IP アドレスの範囲	172.16.0.0/16	172.16.0.0/16
コンテナのゲートウェイアドレス	172.16.1.160	172.16.1.160

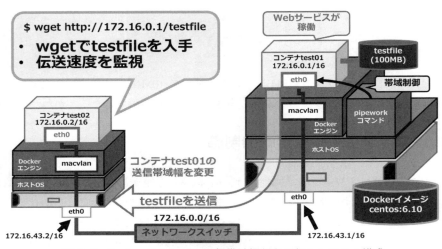

図 6-5　Docker コンテナの送信帯域幅制御を行うシステム構成

■ pipework のインストール

　事前に帯域幅制御を行いたいコンテナが稼働する Docker ホスト a01 上に pipework をインストールしておきます。以下では、Docker ホストの a01 と a02 のコマンドプロンプトをそれぞれ「a01 #」「a02 #」で表します。

```
a01 # export http_proxy=http://proxy.your.site.com:8080
a01 # export https_proxy=http://proxy.your.site.com:8080
a01 # URL=https://raw.githubusercontent.com/jpetazzo/pipework/master/pipework
a01 # curl -sL $URL > /usr/local/bin/pipework
a01 # chmod +x /usr/local/bin/pipework
a01 # file /usr/local/bin/pipework
/usr/local/bin/pipework: POSIX shell script, ASCII text executable
```

● 6-3 ディスク I/O 帯域幅の制限

■ Web サーバーコンテナの起動

Docker エンジンが稼働するホスト OS では、macvlan によって、ホスト OS とコンテナが同一 LAN セグメントに所属するように設定しておきます。まずは、Web サーバーコンテナ test01 を起動します。

```
a01 # docker network create \
-d macvlan \
-o parent=eth0 \
--subnet 172.16.0.0/16 \
--gateway 172.16.1.160 \
--ip-range=172.16.0.0/16 \
--aux-address 'myhost-a01=172.16.43.1' \
--aux-address 'myhost-a02=172.16.43.2' \
flatnet03

a02 # docker network create \
-d macvlan \
-o parent=eth0 \
--subnet 172.16.0.0/16 \
--gateway 172.16.1.160 \
--ip-range=172.16.0.0/16 \
--aux-address 'myhost-a01=172.16.43.1' \
--aux-address 'myhost-a02=172.16.43.2' \
flatnet03

a01 # docker container run \
--net=flatnet03 \
--ip=172.16.0.1 \
-itd \
--name test01 \
-h test01 \
centos:6.10
```

コンテナ test01 に Web サービスの httpd をインストールし、サービスを起動します。

```
a01 # docker container exec \
-it \
test01 \
bash -c "echo 'proxy=http://proxy.your.site.com:8080' >> /etc/yum.conf"

a01 # docker container exec \
-it \
test01 \
bash -c "yum install -y iputils net-tools httpd iproute"

a01 # docker container exec \
```

247

第 6 章　資源管理

```
-it \
test01 \
bash -c "service httpd start"
```

■ Web コンテンツを用意

Web サーバーコンテナ test01 上に、100M バイトの testfile を用意します。

```
a01 # docker container exec \
-it \
test01 \
dd if=/dev/zero of=/var/www/html/testfile bs=1M count=100
100+0 records in
100+0 records out
104857600 bytes (105 MB) copied, 0.170172 s, 616 MB/s

a01 # docker container exec -it test01 ls -lh /var/www/html/testfile
-rw-r--r-- 1 root root 100M Dec 12 23:08 /var/www/html/testfile
```

■クライアントコンテナの起動

クライアントコンテナを起動します。

```
a02 # docker container run \
--net=flatnet03 \
--ip=172.16.0.2 \
-itd \
--name test02 \
-h test02 \
centos:6.10
```

■ wget のインストール

testfile のダウンロードを行うための wget コマンドをクライアントコンテナにインストールします。

```
a02 # docker container exec \
-it \
test02 \
bash -c "echo 'proxy=http://proxy.your.site.com:8080' >> /etc/yum.conf"
```

248

● 6-3 ディスク I/O 帯域幅の制限

```
a02 # docker container exec \
-it \
test02 \
bash -c "yum install -y wget"
```

■伝送速度の確認

送信帯域幅制御を行わないデフォルトの伝送速度を計測します。クライアントコンテナから、`wget`
コマンドで `testfile` をダウンロードします。

```
a02 # docker container exec -it test02 /bin/bash
[root@test02 /]# wget http://172.16.0.1/testfile
...
100%[========================================>] 104,857,600 494M/s in 0.2s

2018-12-12 23:18:43 (494 MB/s) - 'testfile' saved [104857600/104857600]

[root@test02 /]#
```

上記より、帯域幅制御前の伝送速度は、494MB/s と表示されました。ファイルのダウンロードが完
了したら、クライアントコンテナ上で `testfile` を削除しておきます。

```
[root@test02 /]# rm -rf testfile
[root@test02 /]#
```

■ Web サーバーコンテナの送信速度の制限

Web サーバーコンテナの送信速度を制限します。まずは、Web サーバーコンテナ test01 の送信の伝
送速度を毎秒 1M ビットに制限します。Web サーバーコンテナが稼働するホスト OS 上で、`pipework`
を使って以下ように入力します。

```
a01 # pipework tc test01 \
qdisc del dev eth0 root >& /dev/null

a01 # pipework tc test01 \
qdisc add dev eth0 root handle 1: htb default 0

a01 # pipework tc test01 \
class add dev eth0 parent 1: classid 1:0 htb rate 1Mbit ceil 1Mbit burst 1000
```

第 6 章 資源管理

Column　pipework の情報入手先

pipework は、内部的に通信制御を行う tc コマンドを利用しています。

● Linux Advanced Routing & Traffic Control HOWTO

https://linuxjf.osdn.jp/JFdocs/Adv-Routing-HOWTO/lartc.qdisc.classful.html

tc コマンドに関連する日本語の技術情報が得られます。

● Traffic Control HOWTO

http://tldp.org/HOWTO/Traffic-Control-HOWTO/index.html

tc コマンドに指定する qdisc、class、handle などのコンポーネントの解説が掲載されています。

■伝送速度の確認

クライアントコンテナ上で testfile をダウンロードし、伝送速度を確認します。

```
# wget http://172.16.0.1/testfile
...
8% [====>                                        ] 9,391,447    117K/s   eta 13m 19s
```

伝送速度が非常に遅くなりました。次に、帯域を 10 倍の毎秒 10M ビットに変更します。再び Web サーバーコンテナが稼働する Docker ホスト上で pipework コマンドを使いますが、帯域幅を変更するには、pipework コマンドの「class」の後に、「replace」を付与することで変更できます。

```
# pipework tc test01 \
class replace dev eth0 parent 1: classid 1:0 htb rate 10Mbit ceil 10Mbit burst 1000
```

クライアントコンテナの wget を実行している端末を見ると、伝送速度が向上していることがわかります。

```
28% [================>                            ] 29,475,207   1.14M/s   eta 8m 30s
```

以上で、Docker コンテナの送信帯域幅の変更ができました。

● 6-4 GUI アプリケーション用コンテナ

6-4 GUI アプリケーション用コンテナ

Docker 環境では、コンテナの中で GUI アプリケーションを稼働させることが可能です。以下では、GUI アプリケーションを含んだ Docker イメージの作成手順と、コンテナの起動方法を説明します。

6-4-1 GUI アプリケーション用コンテナの作成

GUI アプリケーションを含んだ Docker イメージ作成用の Dockerfile を、ホスト OS 上で作成しておきます。CentOS 7.5.1804 の OS テンプレートイメージには、GUI アプリケーションが含まれていません。X11 環境で標準的なアプリケーションは xorg-x11-apps RPM パッケージなので、yum コマンドでインストールするように Dockerfile を記述します。

■ Dockerfile の作成

作業用ディレクトリ名は、/root/x11apps とし、ここに X11 をインストールする Dockerfile を作成します。

```
# mkdir /root/x11apps
# cd /root/x11apps
# vi Dockerfile
FROM centos:7.5.1804
ARG http_proxy
ARG https_proxy
RUN yum install -y xorg-x11-apps
```

■ Docker イメージのビルド

Dockerfile を正しく記述できたら、Docker イメージ centos:x11apps0001 を作成します。

```
# docker image build \
-f ./Dockerfile \
-t centos:x11apps0001 \
--build-arg http_proxy=http://proxy.your.site.com:8080 \
--build-arg https_proxy=http://proxy.your.site.com:8080 \
.
```

251

第 6 章 資源管理

■ **Docker イメージの確認**

Docker イメージ centos:x11apps0001 が作成されているかを確認します。

```
# docker image ls
REPOSITORY        TAG            IMAGE ID        CREATED        SIZE
centos            x11apps0001    ddcc16c228fe    2 hours ago    307MB
```

ホストOSが、ターミナルエミュレータや、コマンドラインのみの環境の場合は、GUIアプリケーションの表示の確認が必要となるため、事前にGNOMEデスクトップをインストールしておきます。

ホストOS上のGNOMEデスクトップ画面上で、端末エミュレータソフトを起動し、コマンドラインから、X11アプリケーションを実行できるコンテナを起動します。ここでは、マウスポインタを目玉が追跡するxeyesというX11アプリケーションをコンテナで起動します。

X11を使ったGUIアプリケーションの場合は、以下の例のように、docker container runの実行時に-eオプションを付与し、「DISPLAY=$DISPLAY」を指定し、さらに、ホストOSとコンテナでボリュームを共有するための--mountオプションで、X11のソケットを指定します（図6-6）。

```
# docker container run \
-it \
--rm \
-e DISPLAY=$DISPLAY \
--mount type=bind,src="/tmp/.X11-unix",dst=/tmp/.X11-unix \
centos:x11apps0001 /bin/xeyes
```

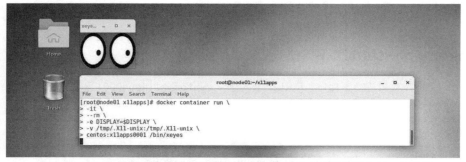

図 6-6　コンテナ内の xeyes が実行され、ホスト OS 上で表示されている様子

●6-4 GUI アプリケーション用コンテナ

6-4-2 GNOME デスクトップ環境を VNC 経由で利用できるコンテナ

　一般に、サーバー向けアプリケーションの数は、1つの Docker コンテナ内で1つに絞るべきであるといわれています。その理由は、アプリケーションがコンテナ内で複数稼働すると、アプリケーションを部品として組み合わせて再利用することが難しくなってしまうためです。これは、開発者、IT 部門の運用管理者双方にデメリットをもたらします。

　しかし一方で、クライアント PC などで利用されるようなグラフィカルなデスクトップ環境の各種アプリケーションは、通常、デスクトップ環境を人間が快適に利用するために、複数のアプリケーションがインストールされている必要があります。このため、1つのコンテナに1つのデスクトップ向けアプリケーションを入れ、グラフィカルなデスクトップ環境をユーザーに提供しようとすると、連携すべき Docker コンテナが膨大な数にのぼってしまいます。

　そこで、「1コンテナ1アプリケーション」の考え方は、サーバーアプリケーションが稼働するコンテナに限定し、デスクトップ用途のコンテナは、アプリケーションのすべてを1つのコンテナに搭載することも、併せて検討しなければなりません。ただし、デスクトップ用途のコンテナについては、先述の「1コンテナ1アプリケーション」の原則から大きく逸脱するため、Docker における DevOps のメリットが大きく損なわれることを前提に利用しなければなりません。サーバー用途に比べてグラフィカルなデスクトップ環境では、インストールされるアプリケーションの数が膨大になりがちです。セキュリティの懸念事項も増えますし、今までの仮想化技術を駆使したデスクトップ環境と同じ管理の手間がかかります。

　Docker のメリットが大きく損なわれても、グラフィカルなデスクトップ環境を Docker コンテナで稼働させたいという場合は、導入前に懸念事項を洗い出し、十分な検討を行ったうえで導入してください。

■ GNOME デスクトップのインストール

　以下では、グラフィカルなデスクトップ環境を実現する GNOME デスクトップ環境を CentOS 7.5.1804 で稼働させ、さまざまなデスクトップアプリケーションをクライアントに提供するコンテナの構築手順を述べます。

　VNC による画面転送において、接続元となるクライアントは、ホスト OS とします。VNC による画面転送の動作確認をホスト OS 上で行うため、ホスト OS 側に GNOME デスクトップ環境をあらかじめインストールしておいてください。

```
# yum groupinstall -y "GNOME Desktop" && reboot
```

253

第 6 章　資源管理

■ Docker イメージの作成

　GNOME デスクトップ環境が入った Docker イメージを作成します。クライアントには、VNC 経由で画面表示を行いますので、GNOME デスクトップで提供されるアプリケーション群に加え、VNC サーバーを起動させる必要があります。ここでは、CentOS 7.5.1804 標準の tigervnc サーバーをインストールします。

　Dockerfile では、GNOME デスクトップが含まれる「Server GUI」を yum groupinstall でインストールします。また、CentOS 7.5.1804 に標準で含まれる tigervnc-server をインストールします。

```
# mkdir /root/servergui_vnc
# cd /root/servergui_vnc
# vi Dockerfile
FROM          centos:7.5.1804
ARG           http_proxy
ARG           https_proxy
RUN           yum groupinstall -y "Server with GUI" \
 &&           yum install -y tigervnc-server
COPY          vncserver@:2.service /etc/systemd/system/
COPY          vncserver@:3.service /etc/systemd/system/
COPY          vncserver@:4.service /etc/systemd/system/
RUN           systemctl enable vncserver@:2.service \
 &&           systemctl enable vncserver@:3.service \
 &&           systemctl enable vncserver@:4.service \
 &&           mkdir -p /root/.vnc \
 &&           echo "password" | /usr/bin/vncpasswd -f > /root/.vnc/passwd \
 &&           chmod 600 /root/.vnc/passwd \
 &&           echo "password" | passwd root --stdin \
 &&           systemctl disable firewalld
EXPOSE        5902 5903 5904
```

　パスワードは「password」とし、さらに、Docker コンテナが起動後、CentOS 7.5.1804 の login プロンプトが表示されるため、root アカウントでパスワードを入力してログインするために、passwd コマンドを使って、root アカウントのパスワードを設定しています。OS の root アカウントのパスワードは「password」です。

■ VNC サーバー用設定ファイルの作成

　ここでは、VNC サーバーのサービスを 3 つ起動することにします。VNC サービスの個数だけ、設定ファイルも必要になります。以下、vncserver@:2.service、vncserver@:3.service、vncserver@:4.service の 3 つを用意します。

```
# pwd
/root/servergui_vnc
```

254

● 6-4 GUI アプリケーション用コンテナ

```
# vi vncserver@\:2.service
[Unit]
Description=Remote desktop service (VNC)   ← VNC サーバーの説明
After=syslog.target network.target   ← VNC サーバーよりも前に起動すべきサービス
[Service]
Type=forking                                    ↓ VNC サーバーの起動
ExecStartPre=/bin/sh -c '/usr/bin/vncserver -kill %i > /dev/null 2>&1 || :'
ExecStart=/sbin/runuser -l root -c "/usr/bin/vncserver %i"   ← root アカウント用の VNC サーバーを起動
PIDFile=/root/.vnc/%H%i.pid   ← root アカウントの PID ファイル
ExecStop=/bin/sh -c '/usr/bin/vncserver -kill %i > /dev/null 2>&1 || :'
[Install]                       ↑ root アカウント用の VNC サーバーの停止
WantedBy=multi-user.target
```

vncserver@:2.service ファイルをコピーします。

```
# cp vncserver@\:2.service vncserver@\:3.service
# cp vncserver@\:2.service vncserver@\:4.service
```

この設定ファイルでは、「ExecStart=」行で runuser コマンドを発行しており、root アカウントで
ログインするようになっています。また、「PIDFile=」行では、/root ディレクトリの直下の「.vnc」
ディレクトリの下に PID ファイルが生成されるように記述しています。このため、Dockerfile の中で、
vncpasswd コマンドを使って、VNC サーバーにログインする root ユーザーのパスワードを設定してい
ます。

■ Docker イメージのビルド

Dockerfile と設定ファイル 3 つが用意できたら、Docker イメージをビルドします。ここでは、Docker
イメージ名は、centos:vnc0001 にしました。

```
# docker image build \
-f ./Dockerfile \
-t centos:vnc0001 \
--build-arg http_proxy=http://proxy.your.site.com:8080 \
--build-arg https_proxy=http://proxy.your.site.com:8080 \
.
```

生成された Docker イメージ centos:vnc0001 を確認します。

```
# docker image ls
REPOSITORY      TAG         IMAGE ID        CREATED           SIZE
centos          vnc0001     6a6c5284ef48    About a minute ago  2.74GB
```

255

第 6 章 資源管理

■コンテナの起動

Docker イメージ centos:vnc0001 から Docker コンテナを起動します。ここでは、Docker コンテナ名は、vncsvr0001 としました。

```
# docker container run \
-it \
--tmpfs /tmp \
--tmpfs /run \
--mount type=bind,src=/sys/fs/cgroup,dst=/sys/fs/cgroup \
--stop-signal SIGRTMIN+3 \
--name vncsvr0001 \
-h vncsvr0001 \
centos:vnc0001 /sbin/init
...
...
[  OK  ] Started Cleanup of Temporary Directories.
[  OK  ] Started Update UTMP about System Runlevel Changes.
```

■ Docker コンテナの IP アドレスの確認

次に、起動した Docker コンテナ vncsvr0001 の IP アドレスを調べます。コンテナの IP アドレスは、コンテナにログインし、ip コマンドを入力するか、以下のように、別の仮想端末を開き、ホスト OS から docker container exec で ip コマンドを Docker コンテナに渡して表示します。さらには、docker container inspect でも IP アドレスが表示可能です。

```
# docker container exec -it vncsvr0001 ip a | grep inet
    inet 127.0.0.1/8 scope host lo
    inet 172.17.0.2/16 brd 172.17.255.255 scope global eth0

# docker container inspect vncsvr0001 --format='{{.NetworkSettings.IPAddress}}'
172.17.0.2
```

■ VNC ビューワーのインストール

CentOS 7.5.1804 のホスト OS 上に、VNC ビューワーがインストールされていない場合は、インストールしておきます。

```
# yum install -y tigervnc
```

● 6-4 GUI アプリケーション用コンテナ

■ VNC ビューワーからコンテナへのアクセス

ホスト OS 上にインストールした VNC ビューワーを使って、VNC サーバーが稼働している Docker コンテナ vncsvr0001 にアクセスします。ディスプレイ番号は、2 番、3 番、4 番のどれでも構いません。ここでは、3 番にアクセスしてみます。

```
# vncviewer 172.17.0.2:3
```

VNC サーバーが稼働する Docker コンテナ vncsvr0001 への接続が成功すると、パスワードの入力を促すウィンドウが表示されるはずです。ここで、Dockerfile 内の vncpasswd で指定したパスワード「password」を入力して、VNC サーバーに接続します（図 6-7）。

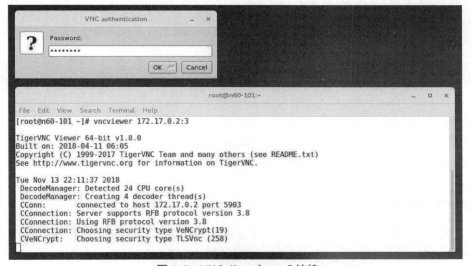

図 6-7　VNC サーバーへの接続

VNC サーバーへのログインに成功すると、Docker コンテナ vncsvr0001 が提供する GNOME デスクトップ画面がホスト OS 上のウィンドウ内に表示されるはずです。IP アドレス、ホスト名、ディスクのデバイスや容量などを確認してみてください（図 6-8）。

第 6 章　資源管理

図 6-8　ホスト OS から VNC サーバーが稼働する Docker コンテナへの接続が成功した様子

6-4-3　systemd を使わない VNC サーバーの Docker コンテナ

VNC サーバーを systemd が稼働するコンテナで利用する場合、/sbin/init 経由でサービスを起動させますが、コンテナ基盤の運用ポリシー上、systemd 経由で起動させたくない場合があります。そのような場合は、VNC サーバーのアプリケーションをコンテナ内で直接起動させます。

■ Dockerfile の作成

以下に、systemd を使わずに VNC サーバーが稼働する Docker コンテナの作成手順を示します。まず、tigervnc-server が起動する Docker コンテナのための Dockerfile を作成します。

```
# mkdir /root/vncserver
# vi Dockerfile
FROM centos:7.5.1804
ARG  http_proxy
ARG  https_proxy
RUN  yum install -y motif tigervnc-server xterm \
     xorg-x11-fonts-Type1 vlgothic-fonts dejavu-sans-fonts dejavu-serif-fonts \
 &&  mkdir -p /root/.vnc \
 &&  echo password | /usr/bin/vncpasswd -f > /root/.vnc/passwd \
 &&  chmod 600 /root/.vnc/passwd
COPY xstartup /root/.vnc/
COPY vncstart.sh /
RUN chmod +x /root/.vnc/xstartup \
 && chmod +x /vncstart.sh
```

● 6-4 GUI アプリケーション用コンテナ

```
ENTRYPOINT ["/vncstart.sh"]
EXPOSE 5902 5903 5904
```

この Dockerfile では、GNOME デスクトップ環境ではなく、Motif 環境をインストールしています。
ウィンドウマネージャは、Motif Window Manager（mwm）になります。

■ xstartup の作成

次に、ウィンドウマネージャ mwm や端末エミュレータ xterm などを起動するためのスクリプト
xstartup を用意します。

```
# pwd
/root/vncserver
# vi xstartup
#!/bin/sh
unset SESSION_MANAGER
unset DBUS_SESSION_BUS_ADDRESS
mwm &
xterm -sb &
exec /etc/X11/xinit/xinitrc
```

■ VNC サーバー起動用スクリプトの作成

さらに、VNC サーバーを起動するスクリプト vncstart.sh を用意します。ここでも、VNC サーバー
のサービスが 3 つ起動（ディスプレイ番号は、2 と 3 と 4 で起動）するようにします。

```
# vi vncstart.sh
#!/bin/sh
vncserver :2
vncserver :3
vncserver :4
tail -f /dev/null
```

■ Docker イメージのビルド

Dockerfile、xstartup、vncstart.sh ファイルが用意できたら、Docker イメージをビルドします。こ
こでは、Docker イメージ名を centos:vncsvr0002 にします。

```
# pwd
/root/vncserver
```

259

第 6 章 資源管理

```
# docker image build \
-f ./Dockerfile \
-t centos:vncsvr0002 \
--build-arg http_proxy=http://proxy.your.site.com:8080 \
--build-arg https_proxy=http://proxy.your.site.com:8080 \
.
```

■ Docker コンテナの起動

Docker イメージ centos:vncsvr0002 を使って、Docker コンテナ vnc0002 を起動します。ここで、/sbin/init を使って起動していないことに注意してください。

```
# docker container run \
-itd \
--name vnc0002 \
-h vnc0002 \
centos:vncsvr0002
```

■ IP アドレスの確認

VNC サーバーが起動した Docker コンテナ vnc0002 の IP アドレスをホスト OS 側から確認します。

```
# docker container exec -i -t vnc0002 ip a | grep inet
    inet 127.0.0.1/8 scope host lo
    inet 172.17.0.3/16 brd 172.17.255.255 scope global eth0
```

コマンドの実行結果より、VNC サーバーが稼働している Docker コンテナ vnc0002 の IP アドレスは、172.17.0.3/16 であることがわかります。

■ホスト OS から VNC サーバーへのアクセス

IP アドレスとディスプレイ番号を組み合わせて、ホスト OS から、VNC サーバーが稼働する Docker コンテナ vnc0002 にアクセスします。ここでは、ディスプレイ番号 3 でアクセスしてみましょう（図 6-9）。

```
# vncviewer 172.17.0.3:3
```

260

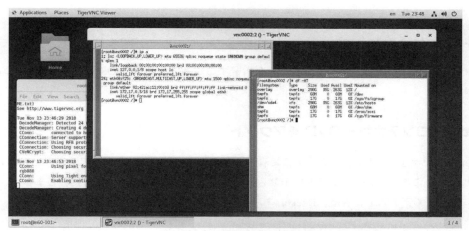

図 6-9 Motif 環境の VNC サーバーへ接続している様子

　systemd を使わずに、VNC サーバーを起動させる Docker コンテナにアクセスすることができました。VNC サーバーは、Docker コンテナをデスクトップ用途で利用する場合に非常に有用です。ぜひ、VNC サーバーの設定をマスタし、GUI アプリケーションが稼働するコンテナの管理の効率化を図ってみてください。

6-5　コンテナでの DVD の利用

　ホスト OS に接続されている DVD ドライブを Docker コンテナから利用できます。以下では、CentOS 7.5.1804 が稼働するホストマシンに物理的に接続されている DVD ドライブ（/dev/sr0 として認識）に装着された DVD メディアのデータを Docker コンテナで読み込む例です。

■ DVD を利用可能なコンテナの起動

　Docker コンテナからホスト OS の DVD ドライブを利用するには、--privileged オプションが必須です。また、Docker コンテナの起動時に--mount オプションで bind mount し、ホストマシンの DVD ドライブのデバイス名（ここでは/dev/sr0）とそれに対応するコンテナのデバイス名（ここでは/dev/mydvd とします）を以下のように関連付けます。

```
# docker container run \
-it \
--rm \
--privileged \
--mount type=bind,src=/dev/sr0,dst=/dev/mydvd \
--name testdvd01  \
```

第 6 章　資源管理

```
-h testdvd01 \
centos:7.5.1804 /bin/bash
```

これで、Docker コンテナ上の/dev/mydvd を指定することで、ホスト OS 側の/dev/sr0 にアクセス
できます。

■ Docker コンテナから DVD をマウント

Docker コンテナ上で、DVD ドライブに装着された DVD メディアからデータを読み込めるかどうか
を確認します。ここでは、CentOS 7.1 のインストール DVD を DVD ドライブに装着しました。DVD ド
ライブに DVD メディアを装着後、Docker コンテナ上で、DVD メディアをマウントします。

```
[root@testdvd01 /]# mount -r /dev/mydvd /media/
```

■ DVD メディアへのアクセス

Docker コンテナから、ホストマシン上の DVD ドライブにマウントした DVD メディアから正常に
データをロードできるかを確認します。

```
[root@testdvd01 /]# ls /media/
CentOS_BuildTag EFI EULA GPL LiveOS Packages RPM-GPG-KEY-CentOS-7
RPM-GPG-KEY-CentOS-Testing-7 TRANS.TBL images isolinux repodata
[root@testdvd01 /]# cp /media/EULA /root/
[root@testdvd01 /]# md5sum /root/EULA
418f39876e5ce88fcee9408462ec2bb7  /root/EULA
[root@testdvd01 /]#
```

6-6　コンテナでのサウンドプレイヤの利用

Docker 環境では、コンテナにインストールしたサウンドプレイヤで音を鳴らすことができます。
CentOS 7.5.1804 の Docker 環境において、音を鳴らすには、主に 2 通りの方法が挙げられます。

1. ホスト OS に搭載されたサウンドボードのデバイスに Docker コンテナから直接アクセスする方法
2. 遠隔のマシンで稼働する pulseaudio を経由する方法

1 番目の、ホスト OS に搭載されたサウンドボードのデバイスに直接アクセスする方法は、Docker
コンテナ上からホスト OS の CentOS 7.5.1804 上のサウンドデバイス/dev/snd にアクセスし、ホスト

262

OSのマシンに接続されているサウンドボード経由で音を鳴らします。ただし、ホストOSの/dev/sndにアクセスするには、`docker container run`を実行する際に、`--privileged`オプションを加えてDockerコンテナを起動する必要があります。

一方、2番目のpulseaudioを経由する方法は、音楽を再生するDockerコンテナが、同一LANセグメント上にあるサウンドボードとスピーカを搭載した別の物理マシン（PC）にアクセスします。このサウンドボードとスピーカを搭載したPCでは、pulseaudioを経由して、Dockerコンテナ上でサウンドの再生が処理されます。pulseaudioが稼働するPC側では、サウンドボードを搭載し、物理的に接続されたスピーカから音が出るため、Dockerコンテナが稼働するホストOS側のマシンにサウンドボードを搭載する必要はありません（図6-10）。

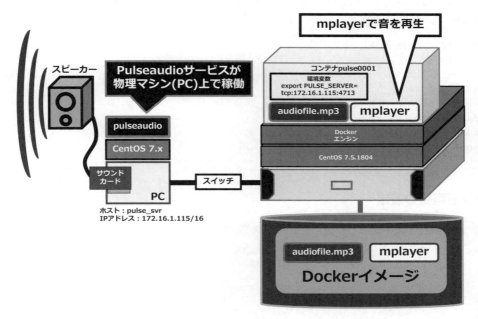

図6-10　PulseaudioとDockerコンテナの関係

6-6-1　サウンド再生用サーバー環境の用意

以下では、pulseaudioが稼働するPCとDockerコンテナを組み合わせて音楽を再生する手順を示します。

まず、Dockerコンテナが稼働するマシン（ホスト名は、dockerhostとします）とは別に、サウンドボードとスピーカが搭載された物理マシン（ホスト名は、pulse_svrとします）を用意します。

dockerhostとpulse_svrは、別々の物理マシンで用意し、同一LANセグメントに接続します。

第 6 章 資源管理

pulse_svr には、CentOS 7.5.1804 をインストールします。パッケージには、「Server with GUI」を選
択します。

■ pulseaudio 関連パッケージと mplayer のインストール

この物理マシンで正常に音が出ることを確認するため、pulse_svr に pulseaudio 関連のパッケージ
とサウンドプレイヤ mplayer をインストールします（以下、pulse_svr のプロンプトを pulse_svr#と
し、dockerhost のプロンプトを dockerhost#とします）。

```
pulse_svr# yum install -y \
http://li.nux.ro/download/nux/dextop/el7/x86_64/nux-dextop-release-0-5.el7.nux.no
arch.rpm

pulse_svr# yum install -y \
pulseaudio \
pulseaudio-libs \
pulseaudio-utils \
pulseaudio-module-x11 \
pulseaudio-libs-glib2 \
pulseaudio-gdm-hooks \
mplayer
```

■サウンド再生の設定

ネットワーク経由でのサウンドの再生を許可する設定を行います。設定は、pulse_svr 側の/etc/pulse
/default.pa ファイルに、dockerhost のホスト OS の IP アドレスが所属する LAN セグメントを記述
します。

```
pulse_svr# cd /etc/pulse/
pulse_svr# cp default.pa default.pa.org
pulse_svr# vi default.pa
...
load-module module-native-protocol-tcp auth-ip-acl=172.16.0.0/16
...
```

■ pulseaudio の再起動

default.pa ファイルを正しく記述したら、pulseaudio を再起動します。

```
pulse_svr# pulseaudio --kill
```

264

●6-6 コンテナでのサウンドプレイヤの利用

```
pulse_svr# pulseaudio --start
```

この状態で、pulse_svr は、ローカルでのサウンド再生と、172.16.0.0/16 に所属する遠隔のマシン
からのサウンド再生を許可している状態になります。

■ pulse_svr の動作確認

まずは、dockerhost に関係なく、pulse_svr 単体でサウンドが正常に再生されるかどうかを確認し
ておきます。テスト用の mp3 形式の音楽ファイルを用意し、mplayer コマンドで再生します。

```
pulse_svr# mplayer /root/audiofile.mp3
```

正常に mp3 ファイルが再生され、pulse_svr ホストに接続されたスピーカから音が正常に聞こえる
ことを確認してください。

6-6-2　サウンド再生用 Docker コンテナの作成

pulse_svr 側での音の再生に問題がないことが確認できたら、次は、dockerhost 側で作業を行いま
す。dockerhost 側で、サウンドを再生する Docker イメージを作成します。サウンドを再生する Docker
コンテナは、CentOS 7.5.1804 のテンプレートイメージを元に作成します。

■ Dockerfile の作成

まず、Docker イメージを作成するための Dockerfile を作成します。

```
dockerhost# mkdir /root/pulseaudio
dockerhost# cd /root/pulseaudio
dockerhost# vi Dockerfile
FROM          centos:7.5.1804
RUN           yum -y install http://li.nux.ro/download/nux/dextop/el7/x86_64/nu
x-dextop-release-0-5.el7.nux.noarch.rpm \
 &&           yum -y install mplayer openssh-clients
ADD           pulse.sh /
ADD           audiofile.mp3 /root/
RUN           chmod +x /pulse.sh
WORKDIR       /root
ENTRYPOINT    ["/pulse.sh"]
```

265

第 6 章 資源管理

■シェルスクリプトの作成

再生する mp3 形式の音楽ファイル audiofile.mp3 を dockerhost 上の Dockerfile が存在する/root/ pulseaudio ディレクトリに配置します。

さらに、pulseaudio 用の環境変数の読み込み、および、bash を起動する pulse.sh スクリプトを配置します。pulse.sh スクリプトには、「PULSE_SERVER」という環境変数に、「tcp:pulse_svr の IP アドレス:4713」の書式で値を指定します。ここでは、pulse_svr の IP アドレスを「172.16.1.115」とします。

```
dockerhost# pwd
/root/pulseaudio

dockerhost# vi pulse.sh
#!/bin/sh
export PULSE_SERVER=tcp:172.16.1.115:4713    ← pulseaudio が稼働するマシンの IP アドレスとポート番号を指定
/bin/bash

dockerhost# ls -F
Dockerfile audiofile.mp3 pulse.sh*
```

■ Docker イメージのビルド

Dockerfile、pulse.sh と音楽ファイル audiofile.mp3 が用意できたら、Docker イメージ centos:pulse 0001 をビルドします。

```
dockerhost# docker image build \
-f ./Dockerfile \
-t centos:pulse0001 \
--no-cache=false \
.
```

ビルドした Docker イメージ centos:pulse0001 から、Docker コンテナ pulse0001 を起動します。このとき、--privileged オプションを付与していないことに注意してください。

```
dockerhost# docker container run \
-it \
--rm \
--name pulse0001 \
-h pulse0001 \
centos:pulse0001
[root@pulse0001 ~]#
```

266

● 6-7 コンテナでの Web カメラの利用

■ Docker コンテナの設定確認

Docker コンテナ pulse0001 のプロンプトで、環境変数の「PULSE_SERVER」が正しく設定されているかどうかを確認します。

```
[root@pulse0001 ~]# printenv | grep PULSE_SERVER
PULSE_SERVER=tcp:172.16.1.115:4713
```

■ コンテナでのサウンド再生

Docker コンテナ pulse0001 にインストールした mplayer コマンドにより、オーディオファイル audiofile.mp3 を再生します。

```
[root@pulse0001 ~]# mplayer ./audiofile.mp3
...
Starting playback...
A:  70.9 (01:10.9) of 598.0 (09:58.0)  0.5%
```

ホスト dockerhost 上で稼働する Docker コンテナ pulse0001 で音楽ファイル audiofile.mp3 を再生すると、遠隔にあるホスト pulse_svr に接続されているスピーカから音楽が聞こえるかどうかを確認してください。

6-7　コンテナでの Web カメラの利用

ホスト OS に USB 接続された Web カメラを、Docker コンテナから利用できます。USB 接続の Web カメラの場合は、ホスト OS の「/dev/video0」というデバイスファイルをコンテナでアクセスできるようにします。具体的には、Docker コンテナ起動時に「--device=/dev/video0:/dev/video0」を付与します。

6-7-1　録画サーバーの構築

今回は、Linux マシンに USB 接続された Web カメラを使って、録画サーバーを構築します。録画用のアプリケーションは、オープンソースソフトウェアの「Motion」を採用し、Docker コンテナで稼働させます。さらに、録画した動画データは、クライアントの Web ブラウザを使ってアクセスできるようにします。そこで、Docker コンテナ上で、Motion だけでなく、Web サーバーの Nginx も稼働させることにします。複数のサービスを稼働させるために、ラッパースクリプトを使う方法も考えられますが、今回は、「Supervisor」（スーパーバイザー）と呼ばれるソフトウェアを採用します。Supervisor

267

第 6 章　資源管理

は、アプリケーションのプロセス管理ソフトウェアです。プロセスの再起動、死活監視、ログ管理な
どが可能です。Supervisor は、複数プロセスを同時に稼働させて、まとめて管理したい場合に有用で
す。Docker 環境においては、複数のアプリケーションをコンテナ内で同時に稼働させる目的で利用さ
れることが少なくありません。今回は Motion と Nginx サービスの起動を Supervisor 経由で行うことに
します。

■ Dockerfile の作成

Motion と Nginx が稼働する Docker イメージを生成するための Dockerfile を作成します。

```
# mkdir /root/supervisord_nginx_motion
# cd /root/supervisord_nginx_motion
# vi Dockerfile
FROM     centos:7.5.1804
ARG      http_proxy
ARG      https_proxy
RUN      yum install -y \
http://li.nux.ro/download/nux/dextop/el7/x86_64/nux-dextop-release-0-5.el7.nux.no
arch.rpm \
&&       yum install -y iproute supervisor nginx motion \
&&       mkdir -p /usr/share/nginx/html/motion
COPY     motion.conf /etc/motion/
COPY     supervisord.conf /etc/
WORKDIR /etc/nginx
RUN      chmod 600 /etc/supervisord.conf \
&&       cp nginx.conf nginx.conf.org \
&&       grep -v \# nginx.conf.org |sed -e '/root/a\\tautoindex on;' > nginx.conf \
&&       sed -i '/autoindex/a\\tautoindex_localtime on;' nginx.conf
ENTRYPOINT  ["/usr/bin/supervisord"]
```

■ supervisord.conf ファイルの作成

Motion と Nginx を稼働させる `supervisord.conf` ファイルをホスト OS 上で作成します。

```
# vi supervisord.conf
[supervisord]
nodaemon=true
[inet_http_server]
port = 0.0.0.0:9001
username = admin
password = password1234
[program:motion]
```

● 6-7 コンテナでの Web カメラの利用

```
command=/usr/bin/motion -n
[program:nginx]
command=/usr/sbin/nginx -g "daemon off;"
```

■ Motion の設定ファイルの入手

Motion の設定ファイルの雛型である `motion.conf` を入手するために、Motion の RPM パッケージを `yumdownloader` で入手し、ホスト OS 上に展開します。入手した RPM パッケージは、`rpm2cpio` コマンドと `cpio` コマンドを使って、中に含まれている `motion.conf` ファイルを取り出します。

```
# pwd
/root/supervisord_nginx_motion

# yum install -y yum-utils
# yum install -y \
http://li.nux.ro/download/nux/dextop/el7/x86_64/nux-dextop-release-0-5.el7.nux.no
arch.rpm
# yumdownloader motion
# ls
Dockerfile      motion-3.3.0.trunkREV557-11.el7.nux.x86_64.rpm      supervisord.conf

# rpm2cpio motion-3.3.0.trunkREV557-11.el7.nux.x86_64.rpm |cpio -id
# cp ./etc/motion/motion.conf .
```

■ motion.conf ファイルの編集

設定ファイルに記載されているパラメーターを追記、変更します。以下の操作で、コメントの解説の後ろに（**変更**）とあるものは、既存のパラメーターを変更したもの、（**追記**）とあるものは、新規に追記したものです。

```
# vi motion.conf
...
setup_mode on   ←Motion を非デーモンモードで起動（変更）
ffmpeg_timelapse 60   ←60 秒ごとに画像フレームを保存した動画を生成（追記）
...
snapshot_interval 60   ←60 秒ごとに写真を撮影
...
target_dir /usr/share/nginx/html/motion ←画像および動画の保存先ディレクトリ
...
stream_quality 100   ←生成された JPEG 画像のクォリティ（単に：パーセント）
...
```

269

第 6 章　資源管理

```
stream_motion on    ←動体検出時は、stream_maxrate の fps 値に設定
...
stream_maxrate 30    ←動体検出時は、30fps に設定
...
stream_localhost off    ←ストリーム接続をリモートからも可能に設定
...
webcontrol_localhost off    ←Web 経由による Motion の制御をリモートからも可能に設定
```

■動画と画像の保管先ディレクトリの作成

動画と画像を格納するディレクトリをホスト OS 上に作成します。

```
# mkdir -p /data/motion
```

■ Docker イメージのビルド

Dockerfile、`supervisord.conf`、そして、`motion.conf` が用意できたので、Docker イメージをビルドします。

```
# pwd
/root/supervisord_nginx_motion
# docker image build \
-f ./Dockerfile \
-t c75:motion01 \
--build-arg http_proxy=http://proxy.your.site.com:8080 \
--build-arg https_proxy=http://proxy.your.site.com:8080 \
.
```

■ Docker コンテナの実行

Motion と Nginx 入りのコンテナを起動します。オプションとして「--device=ホスト OS の Web カメラのデバイス名:コンテナ内のデバイス名」を指定します。たとえば、ホスト OS で認識されている Web カメラのデバイス名が/dev/video0 の場合、「--device=/dev/video0:/dev/video0」を指定します。コンテナ内のデバイス名は、必ずしも/dev/video0 にする必要はありませんが、コンテナ内の `motion.conf` ファイルに記述されている Web カメラのデバイス名と矛盾がないように指定する必要があります。

Web カメラで撮影した画像ファイルは、コンテナ内の/usr/share/nginx/html/motion ディレクトリに保存されます。このディレクトリは、`docker container run` 実行時の bind mount オプションで

270

指定したホスト OS の/data/motion ディレクトリに関連付けられています。したがって、ホスト OS の/data/motion ディレクトリにアクセスすれば、画像ファイルを入手できます。

```
# docker container run -itd \
--device=/dev/video0:/dev/video0 \
--mount type=bind,src=/data/motion,dst=/usr/share/nginx/html/motion \
--mount type=bind,src=/etc/localtime,dst=/etc/localtime,readonly \
--name motion01 \
-p 9001:9001 \
-p 80:80 \
c75:motion01
```

コンテナでは、Nginx が稼働しているため、Web ブラウザで「http://ホスト OS の IP アドレス/motion」にアクセスすると、Web カメラで撮影された画像ファイル一覧にアクセスできます。（図 6-11）。

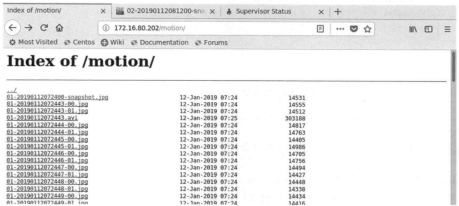

図 6-11　Motion が稼働するコンテナによって撮影された画像ファイル一覧

画像ファイル一覧のファイル名をクリックすると、画像を表示できます（図 6-12）。

図 6-12　画像ファイル一覧のファイル名クリックし、画像ファイルを表示

第 6 章 資源管理

　さらに、「http://ホストOSのIPアドレス:9001」にアクセスすると、ユーザー名とパスワードの入力が求められるので、supervisord.confファイルで設定したユーザーadmin、パスワードpassword1234でログインします。すると、SupervisorのGUI管理画面が表示されます。

　SupervisorのGUI管理画面では、マウス操作により、コンテナ内で稼働するMotionとNginxの起動、停止、再起動が可能です（図6-13）。

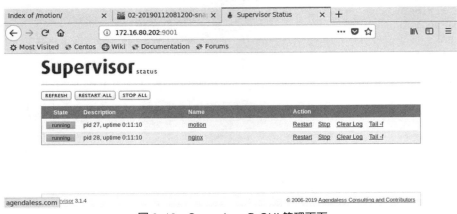

図 6-13　SupervisorのGUI管理画面

　Column　Dockerコンテナにおける時刻

　Dockerコンテナの起動時に/etc/localtimeに関するbind mountオプションが指定されています。このオプションは、ホストOSの「/etc/localtime」とコンテナの「/etc/localtime」を関連付けています。

　CentOS 7.xの「/etc/localtime」は、ゾーン情報を提供しています。データセンターに設置するサーバーなどでは、その設置場所に応じた国や地域のOSの設定として、ゾーン情報を設定します。日本の場合は、アジア地域の都市として「Tokyo」を指定します。そのため、/etc/localtimeは、「/usr/share/zoneinfo/Asia/Tokyo」へのシンボリックリンクです。日本は、協定世界時（一般には、UTCと呼ばれます）にプラス9時間、すなわち、UTCから9時間進んでいる日本標準時（JSTと呼ばれます）を使用しています。日本標準時の情報は、「/usr/share/zoneinfo/Asia/Tokyo」というタイムゾーン用のファイルに含まれており、日本のデータセンターに設置した場合は、日本標準時を設定します。しかし、Dockerコンテナは、その可搬性の高さから、地域をまたいで国外のデータセンターにコピーされることも少なくありません。Dockerイメージ内に保存されたゾーン情報を固定利用すると、国外でコンテナを動かした際は、時刻のズレが生じしてしまいます。そこで、Dockerコンテナの場合は、ホストOSのゾーン情報をコンテナのゾーン情報にすることで時刻のズレを解消します。そのためには、ホストOSのゾーン情報をbind mountを利用します。

6-8　まとめ

　本章では、Docker 環境におけるハードウェア資源の利用制限やデスクトップ用途でのコンテナの使用法を説明しました。CPU、メモリ、ディスク I/O といったハードウェア資源の管理は、サービスプロバイダなどにおけるホスティングサービスで必要となります。また、GUI アプリケーションやサウンドの利用は、コンテナをデスクトップ用途として利用する場合に必要となります。ホスト OS のハードウェア資源の管理手法や周辺機器の使用法は、挙げるときりがありませんが、まずは、本章で取り上げた基本的なコンポーネントの管理、使用法をマスタしてください。

　Column　Docker 環境における 3D ゲームの入力操作と高速描画

　近年、AI や IoT の取り組みが加速する中、ジョイスティック（ユーザーが操作するコントローラ）を使うゲーム機や産業用の IoT 機器、GPU（Graphics Processing Unit）を駆使する 3D ゲーム、シミュレータ、AI/機械学習、暗号資産（暗号通貨）などの分野において、Docker の活用が進んでいます。たとえば、3D ゲームをコンテナで稼働させる場合、DRI（Direct Rendering Infrastructure）と呼ばれる高速描画のフレームワークやジョイスティックのデバイス指定が必要です。3D ゲームやシミュレータの多くは、Ubuntu で稼働しますが、コンテナ化すれば、異なる Linux のホスト OS（CentOS など）環境でも性能劣化なく動作し、周辺機器も利用できます。

　以下は、Docker エンジンが稼働する物理マシン（OS は、CentOS 7）に接続されているサウンドボード、USB 接続のジョイスティック、DRI を利用し、自動車のドライブ・シミュレータをコンテナで起動する例です。

```
# vi Dockerfile
FROM ubuntu:16.04
RUN   apt-get update \
&&    apt-get install -y gnupg lsb-release \
&&    printf '\n\
deb     http://mirrors.dotsrc.org/getdeb/ubuntu xenial-getdeb games\n\
deb-src http://mirrors.dotsrc.org/getdeb/ubuntu xenial-getdeb games\n\
deb     http://ftp.dk.debian.org/getdeb/ubuntu  xenial-getdeb games\n\
deb-src http://ftp.dk.debian.org/getdeb/ubuntu  xenial-getdeb games'\
>     /etc/apt/sources.list.d/playdeb.list \
&&    apt-key adv --recv-keys --keyserver keyserver.ubuntu.com A8A515F046D7E7CF \
&&    apt-get update \
&&    apt-get install -y vdrift
CMD ["/usr/games/vdrift","-multithread"]

# docker image build -f ./Dockerfile -t ubuntu:vdrift01 --no-cache=false .
# vi /tmp/pulseaudio.client.conf
default-server = unix:/tmp/pulseaudio.socket
autospawn = no
daemon-binary = /bin/true
```

第 6 章　資源管理

```
enable-shm = false

# yum install -y pulseaudio-utils
# pactl load-module module-native-protocol-unix socket=/tmp/pulseaudio.socket
# mkdir /root/.vdrift
# docker container run -it --rm \
-e DISPLAY=$DISPLAY \
-e PULSE_SERVER=unix:/tmp/pulseaudio.socket \
-e PULSE_COOKIE=/tmp/pulseaudio.cookie \
--mount type=bind,src=/tmp/pulseaudio.socket,dst=/tmp/pulseaudio.socket \
--mount type=bind,src=/tmp/pulseaudio.client.conf,dst=/etc/pulse/client.conf \
--mount type=bind,src=/tmp/.X11-unix,dst=/tmp/.X11-unix \
--mount type=bind,src=$HOME/.vdrift,dst=$HOME/.vdrift \    ←ホストOS上にセーブデータを保管
--mount type=bind,src=/var/lib/dbus,dst=/var/lib/dbus \
--mount type=bind,src=/var/run/dbus,dst=/var/run/dbus \
--mount type=bind,src=/etc/machine-id,dst=/etc/machine-id \
--device=/dev/dri/card0:/dev/dri/card0 \    ←DRIのデバイスファイルを指定
--device=/dev/snd:/dev/snd \    ←サウンドのデバイスファイルのディレクトリを指定
--device=/dev/input:/dev/input \    ←ジョイスティックのデバイスファイルのディレクトリを指定
--device=/dev/bus/usb:/dev/bus/usb \    ←USB機器のデバイスファイルのディレクトリを指定
ubuntu:vdrift01
```

274

第7章
管理ツール

　ホスティング事業を手がける企業において、さまざまな種類のWebサービスをユーザーに提供するためには、複数のWebサービスの管理が容易でなければなりません。ユーザーが少ない場合は、サーバー側のシステムも小規模なもので対応できるため、管理者がDockerコンテナを一つひとつ手動で構築、連携することでサービスを提供できるかもしれません。しかし、ユーザー数やアプリケーション数が増えてくると、Dockerのシステムを簡単に構築・メンテナンスできる仕組みが求められます。こうしたニーズに応えるため、Dockerでは、コンテナの運用管理に伴う煩雑な作業を軽減する仕組みが提供されています。本章では、これらの仕組みを提供するDocker社提供の代表的なコンポーネントや、サードパーティ製の管理ソフトウェアについて解説します。

第 7 章 管理ツール

7-1 Docker Compose とは？

　Web アプリケーションのシステムを構築する場合、通常は、Web アプリケーションとデータベースなどを連携させるのが一般的です。第 5 章で紹介した Mediawiki などは、MySQL や MariaDB といったデータベースソフトウェアと連携するアプリケーションサーバーのソフトウェアです。しかし、Mediawiki の Docker コンテナ構築の手順でも紹介したように、コンテナ同士のリンク機能やそれぞれのコンテナに付随する Dockerfile の管理、Docker コンテナの起動などを人間が手動で個別に行う必要があります。Mediawiki のように、アプリケーションサーバーとデータベースソフトウェアの連携が比較的簡単な場合は、人間が手動で連携・管理しても問題にはなりません。しかし、連携すべきアプリケーションが増えると、Docker コンテナの連携・管理するにも非常に手間がかかります。

　docker コマンドだけで複数のコンテナを管理する場合、`docker container run` や `docker container stop`、`docker container rm`、さらには、パラメーターを付与するために、管理者独自のスクリプトなどを駆使して、運用の効率化を図る必要があります。しかし、連携すべき Docker コンテナの種類が増えてくると、簡素化のために準備した独自スクリプト自体も巨大化・複雑化し、メンテナンス効率が悪くなります。そこで、複数の Docker コンテナの設定を別々に手動で行うのではなく、1 つの YML ファイルに複数のコンテナを定義し、Docker コンテナを一括で構築、連携、管理することで、管理者の管理負荷を低減するツールが提供されています。それが **Docker Compose** です（図 7-1）。

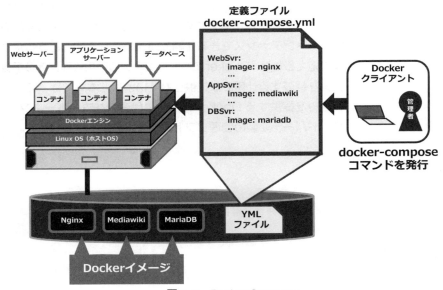

図 7-1　Docker Compose

● 7-1 Docker Compose とは？

7-1-1　Docker Compose のインストール

　以下では、Docker Compose の入手、インストール手順を示します。また、実際の使用例として、オープンソースの ブログソフトウェア WordPress を使ったアプリケーションサーバーと、MariaDB によるデータベースサーバーの構築、連携、管理手順を具体的に説明します。

■ Docker Compose の入手

　まず、Docker Compose は、Docker のパッケージには含まれてないので、以下の URL から最新版を入手します[1]。

●Docker Compose の入手先 URL：

```
https://github.com/docker/compose/releases
```

　上に示したサイトに表示されている「docker-compose-Linux-x86_64」をクリックし、Docker ホストの/usr/local/bin/ディレクトリに、docker-compose という名前で保存します。また、ホスト OS 上のコマンドラインからインストールする場合は、以下のように curl コマンドを実行します。

```
# export http_proxy=http://proxy.your.site.com:8080
# export https_proxy=http://proxy.your.site.com:8080
# curl -L \
https://github.com/docker/compose/releases/download/1.23.2/docker-compose-Linux-x86
_64 > /usr/local/bin/docker-compose
```

　また、チェックサムファイルも確認します。

```
#  curl -L https://github.com/docker/compose/releases/download/1.23.2/docker-compos
e-Linux-x86_64.sha256
4d618e19b91b9a49f36d041446d96a1a0a067c676330a4f25aca6bbd000de7a9 /usr/local/bin/doc
ker-compose
```

■チェックサムの確認

　入手したファイルのチェックサムが上記のチェックサムと同じかどうかを確認します。

```
# sha256sum /usr/local/bin/docker-compose
4d618e19b91b9a49f36d041446d96a1a0a067c676330a4f25aca6bbd000de7a9 /usr/local/bin/doc
```

＊１　ここで使用した Docker Compose のバージョンは、1.23.2 です。

277

第 7 章 管理ツール

```
ker-compose
```

■ docker-compose のインストール

　ホスト OS の/usr/local/bin ディレクトリに docker-compose ファイルを配置できたら、ファイル
に実行権限を付与します。

```
# chmod +x /usr/local/bin/docker-compose
```

　次に、bash プロンプト上で、docker-compose コマンドの入力時に、 [TAB] キーを 2 回押すことで
docker-compose コマンドのオプション候補を表示する「bash コンプリーション」の設定を行います。
bash コンプリーションは、Docker Compose の実行に必須ではありませんが、非常に便利になるので、
ここで設定しておきます。docker-compose コマンド用の bash コンプリーションの設定ファイルは、
以下に示すように curl コマンドで入手できます。入手した bash コンプリーション用の設定ファイル
「docker-compose」は、ホスト OS 上の/etc/bash_completion.d ディレクトリに保存します。

```
# curl -L https://raw.githubusercontent.com/docker/compose/$(docker-compose version
 --short)/contrib/completion/bash/docker-compose > /etc/bash_completion.d/docker-co
mpose

# ls -l /etc/bash_completion.d/docker-compose
-rw-r--r-- 1 root root 13238 Dec 17 11:57 /etc/bash_completion.d/docker-compose

# source /etc/bash_completion.d/docker-compose
```

　これで、docker-compose コマンドの入力時に、 [TAB] キー補完により、オプションの表示と補完
入力ができるようになりました。これで docker-compose のインストールは完了です。

■ docker-compose の動作確認

　次に、docker-compose コマンドが利用できるかどうか、ホスト OS 上で確認しておきます。docker-
compose コマンドに version を付与し、インストールした Docker Compose のバージョンを確認します。

```
# docker-compose version
docker-compose version 1.23.2, build 1110ad01
docker-py version: 3.6.0
CPython version: 3.6.7
OpenSSL version: OpenSSL 1.1.0f  25 May 2017
```

● 7-1 Docker Compose とは？

7-1-2　YMLファイルを記述する

　Docker Compose の使用例として連携させるアプリケーションは、WordPress と MariaDB です。Docker Compose では、連携させるアプリケーションのための YML ファイルを作成します。

■作業環境の整備

　まずは、ホスト OS 上で、作業用のディレクトリを作成します。

```
# mkdir /root/wordpress
# cd /root/wordpress/
```

　作業用ディレクトリを作成したら、YML ファイルを記述します。WordPress と MariaDB を連携させる YML ファイルは、以下のとおりです。

```
# vi docker-compose.yml
version: '3.7'
services:
  wordpress:
    image: wordpress:latest
    links:
     - db:mysql
    networks:
     mynet:
    volumes:
    - wp-vol:/var/www/html
    depends_on:
      - db
  db:
    image: mariadb:latest
    environment:
      MYSQL_ROOT_PASSWORD: password123
    networks:
     mynet:
      ipv4_address: 172.20.0.2
    volumes:
      - mysql-vol:/var/lib/mysql
volumes:
  wp-vol:
    driver_opts:
      type: none
      device: /data/html
      o: bind
  mysql-vol:
```

279

第 7 章　管理ツール

```
      driver_opts:
        type: none
        device: /data/mysql
        o: bind
networks:
  mynet:
    driver: bridge
    ipam:
     driver: default
     config:
     - subnet: 172.20.0.0/24
```

　この YML ファイルでは、Docker イメージ「wordpress:latest」と「mariadb:latest」を参照す
るように記述されています。ローカルディスクに Docker イメージがない場合は、自動的にインター
ネットを経由して Docker イメージがダウンロードされます。また、Docker イメージの wordpress と
mariadb は、リンク機能によって連携します。wordpress では「links:」により、連携先の「db」を
指定しています。ここでは、WordPress のデータベースとして MariaDB を使うので、データベースの
パスワードも YML ファイル内の「environment:」に記述しておきます。

■ボリュームによる永続的なデータの保存

　MariaDB のデータベース情報は、コンテナ内の/var/lib/mysql ディレクトリ以下に保存されます
が、データを永続的に保持するため、YML ファイルにおいて、ホスト OS の/data/mysql に保存する
ようにボリュームを定義しています。これにより、データベースコンテナは、再起動した後も、ホス
ト OS の/data/mysql ディレクトリに保存されたデータベース情報を利用できます。また、WordPress
も同様に、HTML ファイルなどがコンテナ内の/var/www/html ディレクトリに保存されるため、これ
もホスト OS の/data/html ディレクトリに保存するようにボリュームを定義しています。ホスト OS
側のボリューム用のディレクトリはあらかじめ作成しておきます。

```
# mkdir -p /data/mysql
# mkdir -p /data/html
```

■ YML ファイルのロード

　YML ファイルを用意できたら、いよいよ Docker Compose による Docker イメージの入手、コンテナ
の起動、連携を行います。記述した YML ファイルを Docker Compose にロードさせるには、YML ファ
イルが置いてあるディレクトリ内で、docker-compose コマンドに up を付与して実行します。「-d」オ
プションを付与すると、コンテナをバックグラウンドで実行します。また、「-f」オプションにより、

280

● 7-1 Docker Compose とは？

YML ファイルを明示的に指定できます。

```
# pwd
/root/wordpress

# docker-compose -f ./docker-compose.yml up -d
Creating wordpress_db_1 ... done
Creating wordpress_wordpress_1 ... done
```

■ wordpress と mariadb の確認

Docker イメージ wordpress と mariadb が自動的にダウンロードされているかを確認します。

```
# docker image ls
REPOSITORY        TAG          IMAGE ID          CREATED          SIZE
wordpress         latest       e362a3764092      17 hours ago     408MB
mariadb           latest       95d6852bba5a      27 hours ago     365MB
```

■コンテナの起動状態の確認

　Docker コンテナが起動しているかを確認します。Docker コンテナが起動しているかどうかは、docker container ls でもわかりますが、以下のように docker-compose コマンドで Docker Compose の管理下のコンテナを確認できます。

```
# pwd
/root/wordpress

# docker-compose ps
         Name                      Command            State      Ports
--------------------------------------------------------------------------
wordpress_db_1            docker-entrypoint.sh mysqld    Up       3306/tcp
wordpress_wordpress_1     docker-entrypoint.sh apach ...  Up      80/tcp
```

　docker-compose ps の実行結果より、Docker コンテナ wordpress_wordpress_1 と wordpress_db_1 が稼働中であることがわかります。また、WordPress の Docker コンテナ wordpress_wordpress_1 は、コンテナ内で、docker-entrypoint.sh スクリプトを実行していることがわかります。これは、インターネット経由で入手した wordpress の Docker イメージに内蔵されている WordPress 用の起動スクリプトです。同様に、MariaDB の Docker コンテナ wordpress_db_1 でも、データベースの起動スクリプトである docker-entrypoint.sh が実行されています。

281

第 7 章　管理ツール

■ボリュームに保存されたデータの確認

　この時点で、ホスト OS の/data/mysql ディレクトリにデータベース情報が保存されているはずなので、データベースの実態を確認します。

```
# ls -1aF /data/mysql
./
../
aria_log.00000001
aria_log_control
ib_buffer_pool
...
```

　さらに、ホスト OS の/data/html ディレクトリに WordPress の HTML ファイルなど保存されているかどうかも確認します。

```
# ls -1aF /data/html
./
../
.htaccess
index.php
license.txt
...
```

■ wordpress コンテナへのアクセス

　それでは、WordPress が稼働しているコンテナにアクセスしてみます。docker コマンドで、wordpress _wordpress_1 コンテナの IP アドレスを調べます。docker-compose によって起動したコンテナの IP アドレスを知るには、まず、ネットワーク名を調べます。ネットワーク名は、docker container inspect コマンドで表示します。

```
# docker container inspect \
--format '{{.NetworkSettings.Networks}}' wordpress_wordpress_1
map[wordpress_mynet:0xc42067c000]
```

　上記の出力より、このコンテナは、wordpress_mynet という名前のネットワークに所属しています。IP アドレスを調べるには、以下のように、docker container inspect にネットワーク名を含めた形で指定します。

```
# docker container inspect \
--format '{{.NetworkSettings.Networks.wordpress_mynet.IPAddress}}' \
wordpress_wordpress_1
```

282

```
172.20.0.3
```

また、MariaDB データベースが稼働するコンテナの IP アドレスも入手します。今回、YML ファイルで定義した固定 IP アドレスの 172.20.0.2 が表示されるはずです。

```
# docker container inspect \
--format '{{.NetworkSettings.Networks.wordpress_mynet.IPAddress}}' \
wordpress_db_1
172.20.0.2
```

MariaDB コンテナの標準で利用できるデータベース名を表示します。

```
# docker container exec \
-it \
wordpress_db_1 /bin/bash -c \
"mysql -uroot -ppassword123 -e 'show databases;'"
+--------------------+
| Database           |
+--------------------+
| information_schema |
| mysql              |
| performance_schema |
+--------------------+
#
```

以上より、WordPress がアクセスするデータベースコンテナの IP アドレスは、172.20.0.2、利用可能なデータベース名は、mysql であることが確認できました。

7-1-3　WordPress の設定

コンテナが稼働しているホスト OS のデスクトップ画面上で、IP アドレス 172.20.0.3 に対して、Web ブラウザでアクセスします（図 7-2）。

図 7-2　WordPress の初期設定画面にアクセスした様子

画面左下の［Let's go!］をクリックすると、WordPress の設定画面に遷移します（図 7-3）。入力するパラメーターは、表 7-1 のとおりです。

表 7-1　WordPress の入力パラメーター

項目	パラメーター
Database Name	mysql
Username	root
Password	password123
Database Host	172.20.0.2
Table Prefix	wp_

図 7-3　Docker コンテナ上で稼働する WordPress の設定画面

　上記のパラメーターを入力したら［Submit］ボタンをクリックします。すると、WordPress のインストールが開始する画面が表示されますので、［Run the installation］をクリックします。（図 7-4）

図 7-4　インストール開始の画面

　WordPress のユーザー設定画面が表示されるので、ブログ名、ブログにログインするためのユーザー名、パスワード、メールアドレスなどを入力し、［Install WordPress］をクリックします。（図 7-5）。

第 7 章 管理ツール

図 7-5　ブログ名、ユーザー名、パスワード、パスワードの入力

　画面に［Success!］と表示されれば、WordPress のインストールは成功です。［Log In］をクリックします (図 7-6)。

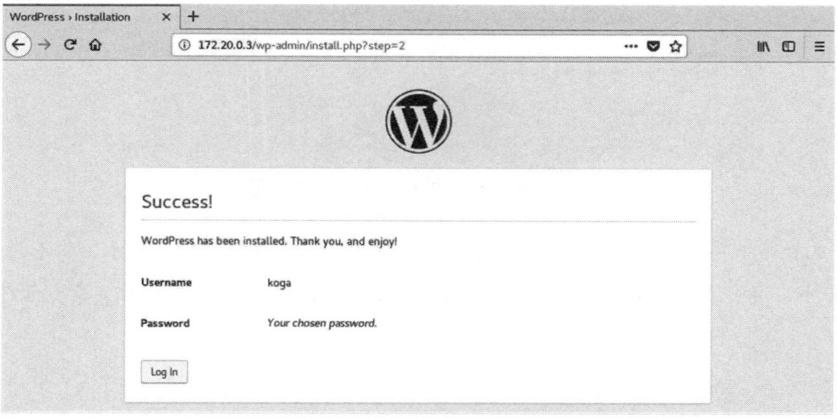

図 7-6　インストールが成功した場合の画面

● 7-1 Docker Compose とは？

ブログサイトのログイン画面が表示されるので、ブログのユーザー名とパスワードを入力します (図 7-7)。WordPress の設定画面が表示されるかを確認してください（図 7-8）。

図 7-7　ブログサイトへのログイン

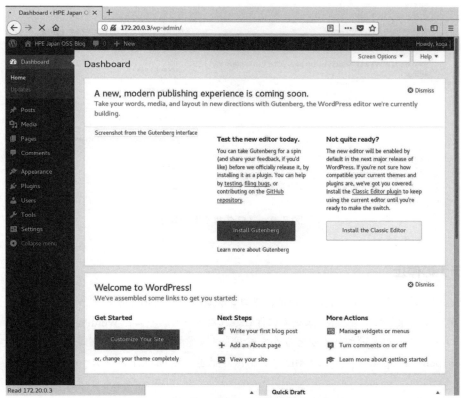

図 7-8　Docker コンテナ wordpress_wordpress_1 が提供するブログサーバーのダッシュボード

画面の左上にあるブログ名（今回の場合は、「HPE Japan OSS Blog」）をクリックし、プルダウンで

第 7 章 管理ツール

表示される［Visit Site］をクリックすると、ブログサイトが表示されます（図 7-9）。†

> † 「Visit Site」をクリックした後、最初は、ブログサイトの表示に時間がかかる場合があります。

図 7-9　ブログサイトの表示

■コンテナの停止

　WordPress によるブログサイトの各種情報やコンテンツは、MariaDB のデータベースに記録されます。コンテナが削除されても、ボリュームに保管されたデータベースと WordPress のデータを再度ロードし、ブログサイトが表示されるかどうかを確認します。まず、コンテナをいったん停止させます。`docker-compose stop` コマンドに YML ファイルで記述した Docker コンテナのサービス名を指定します。

```
# docker-compose stop db
Stopping wordpress_db_1 ... done
```

288

● 7-1 Docker Compose とは？

```
# docker-compose stop wordpress
Stopping wordpress_wordpress_1 ... done
```

■コンテナの削除

停止したコンテナを削除します。コンテナを削除するには、`docker-compose rm` コマンドにサービス名を指定します。また、`-f` オプションにより、削除の確認の質問に答える入力を省力し、強制的に削除します。

```
# docker-compose rm -f wordpress db
Going to remove wordpress_wordpress_1, wordpress_db_1
Removing wordpress_wordpress_1 ... done
Removing wordpress_db_1         ... done
```

■コンテナの起動

再度、コンテナを起動し、WordPress の初期設定画面が表示されずにブログサイトが無事表示できるかを確認します。[†]

```
# docker-compose -f ./docker-compose.yml up -d
# firefox http://172.20.0.3 &
```

> † このとき、WordPress の初期設定画面が表示されてしまう場合は、ホスト OS 上に保管した/data/mysql と/data/html ディレクトリ内のデータがうまくロードできていません。ディレクトリのパーミッションと YML ファイルの記述を再確認してください。

以上で、WordPress コンテナと MariaDB のコンテナの起動、停止、削除などを Docker Compose を使って管理できました。

7-1-4　Docker Compose で Docker コンテナをスケールさせる

WordPress のようなブログサーバーは、通常複数のユーザーが利用しますが、ユーザー数が増大すると、それに伴い、コンテナも複数起動させる必要が出てきます。このような場合、Docker Compose では、管理下にあるコンテナを簡単にスケールできます（図 7-10）。

289

第 7 章 管理ツール

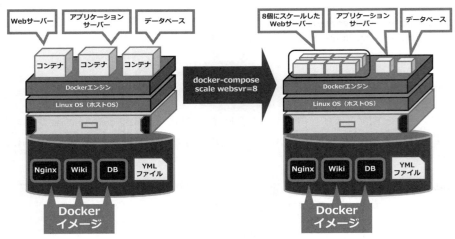

図 7-10　Docker Compose を使ったコンテナのスケール

■コンテナのスケールアウト

　実際に、現在起動中の Docker コンテナ wordpress_wordpress_1 をスケールさせてみましょう。Docker Compose でコンテナをスケールさせるには、以下のように、docker-compose コマンドに scale オプションを付与し、YML ファイルで記述した Docker コンテナのサービス名とスケール数を付与します。また、コンテナを起動する際のタイムアウト値を COMPOSE_HTTP_TIMEOUT に明示的に指定し、docker-compose コマンドを実行します。今回は、一度に 8 台の WordPress コンテナにスケールさせてみましょう。

```
# pwd
/root/wordpress
# COMPOSE_HTTP_TIMEOUT=360 docker-compose up --scale wordpress=8 -d
wordpress_db_1 is up-to-date
Starting wordpress_wordpress_1 ... done
Creating wordpress_wordpress_2 ... done
Creating wordpress_wordpress_3 ... done
Creating wordpress_wordpress_4 ... done
Creating wordpress_wordpress_5 ... done
Creating wordpress_wordpress_6 ... done
Creating wordpress_wordpress_7 ... done
Creating wordpress_wordpress_8 ... done
```

　WordPress が稼働する Docker コンテナが 8 個起動しました。docker container ls コマンドでも確認してみましょう。

● 7-1 Docker Compose とは？

```
# docker container ls --format "table {{.ID}}\t{{.Image}}\t{{.Names}}"
CONTAINER ID          IMAGE             NAMES
3a5defb26eea          wordpress:latest  wordpress_wordpress_4
9910b55ff383          wordpress:latest  wordpress_wordpress_6
2f8610d91a37          wordpress:latest  wordpress_wordpress_3
a89c43309eb2          wordpress:latest  wordpress_wordpress_7
8b18e0f75d53          wordpress:latest  wordpress_wordpress_8
8881a0b80cab          wordpress:latest  wordpress_wordpress_5
1c426ac4d83e          wordpress:latest  wordpress_wordpress_2
0719743373df          wordpress:latest  wordpress_wordpress_1
509cbbc1b7a7          mariadb:latest    wordpress_db_1
```

`docker container ls` の実行結果を見ると、確かに WordPress の Docker コンテナが 8 個稼働しています。

■ IP アドレスの確認

WordPress が稼働するコンテナに IP アドレスが割り当て有られているかどうかを確認します。

```
# for i in \
'docker container ls \
 --format "table{{.Names}}" | grep wordpress_wordpress_'; \
do \
 docker container inspect \
 --format '{{.NetworkSettings.Networks.wordpress_mynet.IPAddress}}' $i; \
done
172.20.0.10
172.20.0.8
172.20.0.9
172.20.0.7
172.20.0.6
172.20.0.5
172.20.0.4
172.20.0.3
```

Web ブラウザを使って、上記の 8 つの IP アドレスにアクセスし、WordPress の初期設定画面が表示されずにブログサイトが無事表示できるかを確認してください。

■コンテナの停止と起動

次に、今起動した Docker コンテナを停止させてみましょう。Docker Compose の管理下の複数コンテナを停止するには、以下のように、`docker-compose` コマンドに `stop` を指定します。

291

第 7 章 管理ツール

```
# docker-compose stop wordpress
Stopping wordpress_wordpress_4 ... done
Stopping wordpress_wordpress_6 ... done
...
#
```

停止させた Docker コンテナをまとめて起動するには、docker-compose に start を指定します。

```
# docker-compose start wordpress
Starting wordpress ... done
#
```

■コンテナの一時停止と再開

現在稼働中のサービスの一時停止や再開も可能です。

```
# docker-compose pause wordpress
Pausing wordpress_wordpress_1 ... done
Pausing wordpress_wordpress_2 ... done
...

# docker-compose ps
        Name                        Command                State      Ports
-----------------------------------------------------------------------------
wordpress_db_1              docker-entrypoint.sh mysqld    Up         3306/tcp
wordpress_wordpress_1       docker-entrypoint.sh apach ... Paused     80/tcp
wordpress_wordpress_2       docker-entrypoint.sh apach ... Paused     80/tcp
...
```

サービスの再開は、docker-compose unpause コマンドを実行します。

```
# docker-compose unpause wordpress
Unpausing wordpress_wordpress_4 ... done
Unpausing wordpress_wordpress_6 ... done
...
```

■ログの出力

Docker Compose で管理されるサービスのログを出力します。以下の例では、ログにエスケープシーケンスによる色付けを行わずに、白黒で出力し、かつ、tail コマンドのように、ログをリアルタイムで出力する例です。

292

```
# docker-compose logs --no-color -f
...
wordpress_1  | [Mon Dec 24 06:19:18.172527 2018] [core:notice] [pid 1] AH00094: Com
mand line: 'apache2 -D FOREGROUND'
```

「-f」オプションによりリアルタイムで出力されるログを表示するので、端末は、コマンドプロンプトではなく、ログが出力されます。

■コンテナへの一斉シグナル送信

Linux カーネルに実装されているプロセス管理の仕組みの一つであるシグナルをコンテナに送信できます。代表的なものは、プロセスを強制的に終了させる SIGKILL シグナルが有名です。以下は、コンテナに SIGKILL シグナルを送信し、強制的にコンテナを終了される例です。

```
# docker-compose kill -s SIGKILL wordpress
Killing wordpress_wordpress_4 ... done
Killing wordpress_wordpress_6 ... done
...

#  docker-compose ps
         Name                    Command               State       Ports
----------------------------------------------------------------------------
wordpress_db_1           docker-entrypoint.sh mysqld   Up          3306/tcp
wordpress_wordpress_1    docker-entrypoint.sh apach ... Exit 137
wordpress_wordpress_2    docker-entrypoint.sh apach ... Exit 137
...
```

■リソースの一括削除

Docker Compose の管理配下のコンテナ、ネットワーク、Docker イメージを一括で削除します。

```
# docker-compose down --rmi all
Stopping wordpress_db_1 ... done
Removing wordpress_wordpress_4 ... done
...
Removing wordpress_wordpress_1 ... done
Removing wordpress_db_1        ... done
Removing network wordpress_mynet
Removing image mariadb:latest
Removing image wordpress:latest
```

以上で、Docker Compose によって 1 台のホスト OS 上でブログソフトウェアの Docker コンテナを

スケールする手順や、いくつかの基本的な管理手法を示しました。Docker Compose は、物理サーバー 1 台で複数のコンテナが次々と起動するような、スケールアウト型のシステムの管理に有用です。また、Docker Compose は、Docker Swarm と組み合わせることにより、複数の物理サーバーにまたがるマルチホスト環境で、Docker コンテナをスケールさせることもできます。

Column　　Docker Compose の参考情報

　本節では、Docker Compose による複数コンテナの管理やスケールなどを紹介しました。大量のコンテナの管理・連携には、Docker Compose が欠かせません。YML ファイルの記述方法に慣れてしまえば、あとは、非常に簡単に大量のコンテナを管理できます。

　以下に Docker Compose の情報源を紹介しておきます。ぜひ、大量の Docker コンテナの連携・管理の省力化を体験してみてください。

● Docker Compose 関連の公式ドキュメント：

　https://docs.docker.com/compose/

　https://docs.docker.com/compose/extends/

● Docker Compose 関連のリリース情報：

　https://github.com/docker/compose/releases

7-2　Docker Machine による Docker ホストの構築

　Docker Compose、Docker Swarm と並んで、重要な Docker のコンポーネントの一つに、Docker Machine があります。Docker Machine は、パブリッククラウドのインスタンス上や仮想環境における仮想マシン上の Docker ホストを管理（作成・起動・操作・停止・削除など）するソフトウェアです。Docker Machine を使えば、クラウド環境や仮想環境に簡単に Docker ホストを構築できます。パブリッククラウド、仮想マシン環境、そして、既存の Docker 環境を、`docker-machine` コマンドと呼ばれる統一されたインターフェイスを使って管理できます（図 7-11）。

● 7-2 Docker Machine による Docker ホストの構築

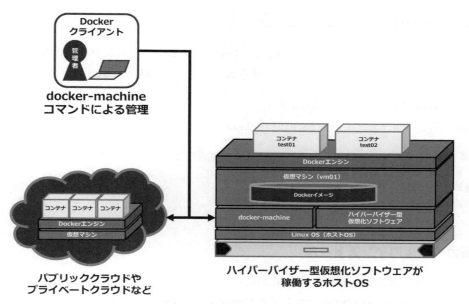

図 7-11　Docker Machine による Docker 環境の構築・管理

7-2-1　Docker Machine のインストール

　Docker Machine は、Linux 以外にも、Windows や MacOS などにも対応しています。`docker-compose` と同様に、バイナリ単体で動作するため、インストールも非常に簡単です。以下では、Docker Machine のインストールと簡単な利用例を紹介します。

　ここでは、クラウド環境ではなく、ローカルの物理サーバー上の CentOS 7.x に、Oracle 社の仮想化ソフトウェア Virtual Box をインストールし、Virtual Box の仮想マシンに Docker ホストを構築する手順を紹介します。

■ Docker Machine の入手

　まず、物理サーバーで稼働する CentOS 7.5.1804 に、Docker Machine のバイナリをインストールします。以下では、Docker Machine のバージョン 0.16.0 を `curl` コマンドで入手し、`/usr/local/bin` ディレクトリに保存する例です。

```
# URL=https://github.com/docker/machine/releases/download/v0.16.0
# KIT=docker-machine-`uname -s`-`uname -m`
# export http_proxy=http://proxy.your.site.com:8080
# export https_proxy=http://proxy.your.site.com:8080
# curl -L $URL/$KIT >/usr/local/bin/docker-machine && \
```

第 7 章 管理ツール

```
chmod +x /usr/local/bin/docker-machine
```

curl コマンドの引数として指定した URL は、Docker Machine の最新版がリリースされるたびに変更になるので注意してください。最新版に関する情報は以下の URL から入手できます。

●Docker Machine の最新版の情報入手先：

https://github.com/docker/machine/releases

インストールした Docker Machine のバージョンを確認します。

```
# docker-machine --version
docker-machine version 0.16.0, build 702c267f
```

■ 最新カーネルのインストール

VirtualBox では、ホスト OS のカーネルに対応したカーネルモジュール（vbox*.ko）のビルドが必要です。そのため、docker-machine コマンドと VirtualBox が稼働するホスト OS にカーネルの開発環境をインストールする必要があります。カーネルの開発環境は、ホスト OS で稼働中のカーネルと同じバージョンのものをインストールしなければなりません。今回は、ホスト OS のカーネルを CentOS コミュニティが提供する最新バージョンに更新し、そのバージョンに対応したカーネルの開発環境をインストールします。まず、ホスト OS に最新バージョンのカーネルをインストールします。

```
# yum install -y kernel
```

ホスト OS を再起動します。

```
# reboot
```

ホスト OS のカーネルのバージョンを確認します。

```
# uname -r
3.10.0-957.1.3.el7.x86_64
```

■開発環境のインストール

ホスト OS で稼働中のカーネルに対応した開発環境をインストールします。

```
# yum install -y gcc make perl kernel-devel
```

ホスト OS で稼働しているカーネルと同じバージョンの kernel-devel、kernel-headers パッケージがイ

296

● 7-2 Docker Machine による Docker ホストの構築

ンストールされているかを確認します。

```
# rpm -qa | grep kernel-devel
kernel-devel-3.10.0-957.1.3.el7.x86_64

# rpm -qa | grep kernel-headers
kernel-headers-3.10.0-957.1.3.el7.x86_64
```

■ VirtualBox のインストール

最新カーネルにアップグレード済みで、かつ、開発環境がインストールされた CentOS 7.x に VirtualBox をインストールします。VirtualBox は、以下の URL から入手できます。

●Oracle VirtualBox の入手先：

　https://www.virtualbox.org/wiki/Linux_Downloads

ホスト OS 上で、yum コマンドを使って VirtualBox をインストールします。

```
# yum install -y \
https://download.virtualbox.org/virtualbox/6.0.0/VirtualBox-6.0-6.0.0_127566_el7-1.
x86_64.rpm
```

コンパイラや稼働中のカーネルと同じバージョンのカーネルの開発環境が正しくインストールされている場合は、VirtualBox のカーネルモジュールが自動的にロードされているはずです。ビルドしたカーネルモジュールがロードされているかどうかを確認します。

```
# lsmod | grep vbox
vboxpci                23149  0
vboxnetadp             25813  0
vboxnetflt             27959  0
vboxdrv               495559  3 vboxnetadp,vboxnetflt,vboxpci
```

以上で、VirtualBox のインストールが完了しました。[†]

> †　kernel および、kernel-devel、kernel-headers パッケージをアップグレードした場合は、VirtualBox のカーネルモジュールの再ビルドが必要です。VirtualBox のカーネルモジュールは、vboxconfig コマンドで行います。
>
> ```
> # /sbin/vboxconfig
> ```

第 7 章 管理ツール

■ VirtualBox の仮想マシン（Docker ホスト）の作成

　Docker Machine を使って、物理サーバーのホスト OS（CentOS 7.x）上にインストールした VirtualBox 上に仮想マシンを作成します。この仮想マシンでは、Docker ホストの役割を持った OS が稼働します。

　Docker Machine を使って、VirtualBox 上に Docker ホストを作成するには、`docker-machine create` に、`--driver virtualbox` を指定し、VirtualBox 上に作成する Docker ホストの名前を付与します。また、仮想マシンの元となる ISO イメージを GitHub から入手するため、事前に環境変数の `http_proxy` と `https_proxy` を設定しておきます。さらに、`--engine-env` オプションで、仮想マシンの環境変数も設定可能です。ここでは、仮想マシン上でもプロキシサーバー経由での通信を行うことを想定し、プロキシサーバーの環境変数をセットしています。今回、VirtualBox 上に作成する Docker ホストの名前は、「vm01」としました。

```
# export http_proxy=http://proxy.your.site.com:8080
# export https_proxy=http://proxy.your.site.com:8080
# docker-machine create \
--driver virtualbox \
--engine-env HTTP_PROXY=http://proxy.your.site.com:8080 \
--engine-env HTTPS_PROXY=http://proxy.your.site.com:8080 \
--engine-env NO_PROXY=localhost \
vm01
...
Docker is up and running!
To see how to connect your Docker Client to the Docker Engine running on this virtu
al machine, run: docker-machine env vm01
#
```

　これで、物理サーバーのホスト OS（CentOS 7.x）上で稼働する VirtualBox に、仮想マシン vm01 が作成されました。

■仮想マシンの情報の確認

　Docker Machine で管理されている現在の仮想マシンの情報は、「`docker-machine ls`」で確認します。

```
# docker-machine ls
NAME     ACTIVE     DRIVER       STATE      URL                        ... DOCKER     ...
vm01     -          virtualbox   Running    tcp://192.168.99.100:2376 ... v18.09.0 ...
```

　コマンドの実行結果では、「STATE」列が「Running」になっているため、VirtualBox の仮想マシン vm01 が稼働していることがわかります。また、TCP の「192.168.99.100:2376」を経由して、CentOS 7.x のホスト OS から Docker ホストの vm01 へアクセスできることもわかります。

298

● 7-2 Docker Machine による Docker ホストの構築

■仮想マシンで稼働する Docker エンジンのバージョン

それでは、Docker Machine の管理下に置かれている VirtualBox 上の仮想マシン vm01 で稼働する Docker エンジンのバージョンを確認してみます。ホスト OS 側から、以下のように実行します。

```
# export no_proxy=192.168.99.100
# docker $(docker-machine config vm01) version | grep -B 1 Version
Client:
 Version:         18.09.0
--
 Engine:
  Version:         18.09.0
```

物理サーバーのホスト OS（CentOS 7.x）にインストールされている docker コマンドに「$(docker-machine config 仮想マシン名)」を付与することで、仮想マシンで稼働する Docker ホストに対して操作を行えます。この「docker-machine config vm01」の値を確認しておきます。

```
# echo $(docker-machine config vm01)
--tlsverify --tlscacert="/root/.docker/machine/machines/vm01/ca.pem"
--tlscert="/root/.docker/machine/machines/vm01/cert.pem"
--tlskey="/root/.docker/machine/machines/vm01/key.pem" -H=tcp://192.168.99.100:2376
```

■ vm01 の環境変数の確認

仮想マシンの vm01 に関する環境変数を確認するには、以下のように、docker-machine env に、仮想マシン名を指定します。

```
# docker-machine env vm01
export DOCKER_TLS_VERIFY="1"
export DOCKER_HOST="tcp://192.168.99.100:2376"
export DOCKER_CERT_PATH="/root/.docker/machine/machines/vm01"
export DOCKER_MACHINE_NAME="vm01"
...
```

■仮想マシンでのコンテナの実行

仮想マシン vm01 は、Docker エンジンが稼働する Docker ホストです。以下は、vm01 上で、Docker イメージの入手し、コンテナを起動する例です。ホスト OS から、VirtualBox 上で稼働する仮想マシン vm01 の Docker ホストに CentOS 6.10 の Docker イメージをダウンロードします。

```
# docker $(docker-machine config vm01) image pull centos:6.10
```

299

第 7 章 管理ツール

VirtualBox 上で稼働する仮想マシン vm01 の Docker ホストにダウンロードされた CentOS 6.10 の Docker イメージを確認します。

```
# docker $(docker-machine config vm01) image ls
REPOSITORY        TAG            IMAGE ID           CREATED          SIZE
centos            6.10           30e66b619e9f       5 weeks ago      194MB
```

入手した CentOS 6.10 の Docker イメージからコンテナ c610test0001 を起動してみます。

```
# docker $(docker-machine config vm01) container run \
-it \
--name c610test0001 \
-h c610test0001 \
centos:6.10 /bin/bash
[root@c610test0001 /]# cat /etc/redhat-release
CentOS release 6.10 (Final)
[root@c610test0001 /]# exit
exit
#
```

Docker Machine の管理下にある VirtualBox 上の仮想マシン vm01 で、Docker コンテナ c610test0001 を稼働させることができました。

7-2-2　Docker Machine のサブコマンド

docker-machine コマンドに指定できるサブコマンドをいくつか紹介します。サブコマンドを使うと、Docker Machine で作成した仮想マシンに対して操作を行うことができます。docker-machine コマンドのサブコマンドは、以下の URL に情報があります。

●docker-machine のサブコマンドの情報入手先：

https://docs.docker.com/machine/reference/

以下に docker-machine の主なサブコマンドの実行例を示します。

■仮想マシンへの SSH ログイン

Docker Machine を使って、仮想マシンに SSH ログインできます。VirtualBox が稼働するホスト OS から、VirtualBox 上の仮想マシン vm01 に SSH ログインするには、docker-machine ssh に、仮想マシン名を指定します。

300

● 7-2 Docker Machine による Docker ホストの構築

```
# docker-machine ssh vm01
   ( '>')
   /) TC (\   Core is distributed with ABSOLUTELY NO WARRANTY.
 (/-_--_-\)            www.tinycorelinux.net

docker@vm01:~$
```

docker-machine ssh を使えば、VirtualBox 上の仮想マシン vm01 上のコマンドを発行することが可能です。以下に示した例は、ホスト OS から、docker-machine と SSH 接続を使って、仮想マシン vm01 上で df コマンドや、ip コマンドの実行、仮想マシン vm01 の OS に関する情報を表示する例です。

```
# docker-machine ssh vm01 "df -hT"
Filesystem      Type         Size      Used Available Use% Mounted on
tmpfs           tmpfs       890.4M    223.6M    666.8M  25% /
tmpfs           tmpfs       494.7M         0    494.7M   0% /dev/shm
/dev/sda1       ext4         17.8G    254.2M     16.7G   1% /mnt/sda1
cgroup          tmpfs       494.7M         0    494.7M   0% /sys/fs/cgroup
/hosthome       vboxsf      277.2G     33.0G    244.2G  12% /hosthome
/dev/sda1       ext4         17.8G    254.2M     16.7G   1% /mnt/sda1/var/lib/docker

# docker-machine ssh vm01 "ip -4 a | grep 'inet'"
    inet 127.0.0.1/8 scope host lo
    inet 10.0.2.15/24 brd 10.0.2.255 scope global eth0
    inet 192.168.99.100/24 brd 192.168.99.255 scope global eth1
    inet 172.17.0.1/16 brd 172.17.255.255 scope global docker0

# docker-machine ssh vm01 "cat /etc/issue"
Core Linux
```

■仮想マシンの IP アドレスの表示

仮想マシンの IP アドレスは、docker-machine ip に仮想マシン名を指定することで表示できます。

```
# docker-machine ip vm01
192.168.99.100
```

■仮想マシンの停止と起動

仮想マシンの停止は、docker-machine stop に仮想マシン名を指定します。仮想マシンが停止すると以下のように、docker-machine ls で表示される仮想マシン一覧の STATE 列が Stopped になります。

第 7 章 管理ツール

```
# docker-machine stop vm01
Stopping "vm01"...
Machine "vm01" was stopped.

# docker-machine ls
NAME    ACTIVE    DRIVER       STATE      URL    SWARM    DOCKER    ERRORS
vm01    -         virtualbox   Stopped                   Unknown
```

仮想マシンの起動は、docker-machine start に仮想マシン名を指定します。

```
# docker-machine start vm01
```

■仮想マシン情報の取得

仮想マシン情報を取得するには、docker-machine inspect コマンドに仮想マシン名を指定します。

```
# docker-machine inspect vm01
{
    "ConfigVersion": 3,
    "Driver": {
        "IPAddress": "192.168.99.100",
        "MachineName": "vm01",
        "SSHUser": "docker",
        "SSHPort": 34072,
...
```

フォーマットを指定し、表示する項目を絞ることも可能です。

```
# docker-machine inspect vm01 --format "{{.Driver.IPAddress}}"
192.168.99.100
```

■仮想マシンの削除

仮想マシンを削除するには、docker-machine rm に仮想マシン名を指定します。-y オプションを付与することで、削除してよいかどうかの確認の入力を促すプロンプトの出現を抑制できます。現在稼働している仮想マシン vm01 を削除します。

```
# docker-machine rm -y vm01
About to remove vm01
WARNING: This action will delete both local reference and remote instance.
Successfully removed vm01
```

302

本節では、Docker Compose と Docker Machine の基本的な使い方を紹介しました。さまざまな Docker の管理ツールが登場している中、Docker Compose と Docker Machine は、コンテナ環境の構築や管理を効率化するためのツールとして利用されています。Docker 社純正の強力な管理ソフトウェアなので、ぜひマスタしておきましょう。

7-3　Docker イメージの社内配信、集中管理

インターネットへの接続が許されない社内 LAN 内に閉じた環境において、Docker イメージを管理したい場合があります。Docker イメージの保管庫は、Docker レジストリと呼ばれますが、組織内に閉じた Docker レジストリは、一般に「Docker Private Registry」、通称、DPR と呼ばれます。DPR では、Docker イメージが社内システム基盤上に保管され、しかるべきユーザーや組織内に閉じて利用されます（図 7-12）。

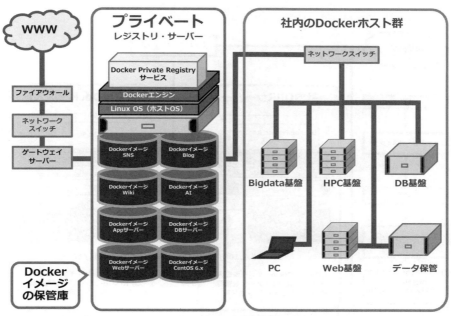

図 7-12　Docker Private Registry（DPR）

たとえば、研究開発部門における機密情報の漏洩防止の観点や、インターネット経由でのデータ転送が困難な場合に DPR が威力を発揮します。`docker image pull` による Docker イメージの入手や、`docker image push` による DPR への Docker イメージの登録など、Docker Hub と同様の操作を社内の閉じた環境で行えます。データの機密性やユーザー認証などのセキュリティ要件がある場合は、暗号化通信、ユーザー認証、証明書付き DPR などの検討も必要です。

DPR は、セキュリティ的なメリットの享受だけでなく、システム全体の負荷低減にも貢献します。企業内の大量の Docker ホストが社外の Docker Hub に接続することなく、社内の DPR に接続するため、社外へのトラフィック通信量の低減が期待できます。

7-3-1　Docker Private Registry（DPR）の構築

DPR の導入を検討すべきシーンとしては、以下が挙げられます。

- 社外クラウドの利用が厳しく制限されている
- Docker Hub にあるコミュニティの成果物（Docker イメージ）を社内に保持したい
- Docker イメージを社内で管理・配信したい

以下では、Docker イメージの社内配信システム（社内 DPR 環境）を構築する方法を紹介します（図7-13）。

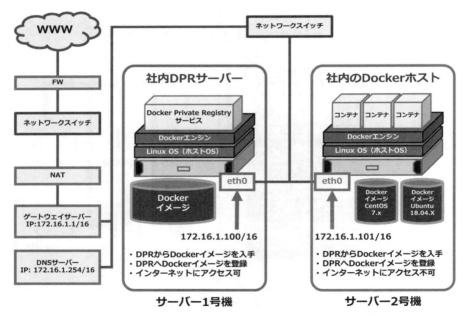

図 7-13　Docker イメージの社内配信システム構成例

DPR を構築し、ユーザーがコンテナを起動するまでの主な手順は以下のとおりです。

1. Docker ホストにおいて、DPR を起動
2. DPR に登録する Docker イメージをインターネット経由で入手

● 7-3 Docker イメージの社内配信、集中管理

3. 入手した Docker イメージにタグ（別名）を付与し、DPR に登録

4. DPR に登録された Docker イメージをクライアントから入手、起動

各サーバーの役割、および、ソフトウェア、ネットワーク構成は、**表 7-2** のとおりです。

表 7-2　社内 DPR 環境の構成

物理マシン	サーバー 1 号機	サーバー 2 号機
役割	DPR	クライアントマシン
ホスト OS	CentOS7.5.1804	CentOS7.5.1804
Docker エンジン	18.09.0	18.09.0
ホスト OS の IP アドレス	172.16.1.100/16	172.16.1.101/16
ホスト名	n0100	n0101

■ DPR の起動

DPR は、Docker イメージが提供されており、Docker コンテナとして稼働させることが可能です。以下は、Docker イメージをホスト OS の/hostdir に永続的に保管する DPR の起動例です。

```
n0100 # mkdir -p /hostdir/registry
n0100 # docker container run \
-d \
-p 5000:5000 \
--mount type=bind,src=/hostdir/registry,dst=/var/lib/registry \
--restart=always \
--name dpr01 \
registry:latest
```

DPR のコンテナが起動しているかを確認します。

```
n0100 # docker container ls -a
CONTAINER ID    IMAGE          ... PORTS                   NAMES
4fccac21b772    registry:latest ... 0.0.0.0:5000->5000/tcp  dpr01
```

DPR は、コンテナ内の/var/lib/registry ディレクトリをホスト OS の/hostdir/registry ディレクトリに対応付けることで、DPR コンテナ内に保管される各種データ（Docker イメージなどのレジストリ情報）は、ホスト OS の/hostdir/registry ディレクトリに永続的に保存されます。これにより、DPR コンテナが削除されても、DPR に登録された Docker イメージなどは、継続して利用可能です。

305

第 7 章 管理ツール

■ DPR サーバーの設定

Docker イメージの社内配信を行う DPR サーバーと、それを利用する Docker ホスト群（クライアントマシン）は、TLS（Transport Layer Security）を使った暗号化通信に関する設定を事前に行っておく必要があります。この設定は、DPR サーバーの/etc/docker/daemon.json に記述します。

```
n0100 # vi /etc/docker/daemon.json
{
  ...,
  ...,
  "insecure-registries":["172.16.1.100:5000"]
}
```

上記は、DPR サーバーの IP アドレスとポート番号の組み合わせとして 172.16.1.100:5000 を設定した例です。

DPR サーバーにおいて、自分自身にアクセスする際に、プロキシサーバーを経由しないように環境変数 NO_PROXY の設定が必要です。

```
n0100 # vi /usr/lib/systemd/system/docker.service.d/http-proxy.conf
[Service]
Environment="HTTP_PROXY=http://proxy.your.site.com:8080"
Environment="HTTPS_PROXY=http://proxy.your.site.com:8080"
Environment="NO_PROXY=172.16.1.100"
```

設定ファイルを作成したら、Docker デーモンを再起動します。

```
n0100 # systemctl daemon-reload
n0100 # systemctl restart docker
```

また、DPR サーバーを利用する全 Docker ホスト（クライアントマシン）も同じ設定を行います。

```
n0101 # vi /etc/docker/daemon.json
{
  ...,
  ...,
  "insecure-registries":["172.16.1.100:5000"]
}

n0101 # vi /usr/lib/systemd/system/docker.service.d/http-proxy.conf
[Service]
...
Environment="NO_PROXY=172.16.1.100"

n0101 # systemctl daemon-reload
```

```
n0101 # systemctl restart docker
```

これで、DPR サーバーは、自分自身からと、クライアントマシンから DPR の社内配信用リポジトリに Docker イメージを登録できるようになりました。

7-3-2 DPR への Docker イメージの登録

次に DPR を使って、Docker イメージの登録や入手を行う方法を解説します。先述の daemon.json ファイル内に「insecure-registries」の記述を施し、docker デーモンを再起動済みの Docker ホストであれば、DPR サーバーおよびクライアントマシンの Docker ホストのどちらで作業しても構いませんが、まずは、DPR サーバー自身で利用可能かテストします。DPR に登録するための Docker イメージをインターネットから入手します。今回は、Ubuntu 18.04 の Docker イメージを入手します。

```
n0100 # docker image pull ubuntu:18.04
```

インターネット経由で入手した Docker イメージ「ubuntu:18.04」は、DPR コンテナが稼働するホスト上に保管されていますが、この時点では、DPR の配信用のリポジトリに登録されたわけではないことに注意してください。

■ Docker イメージへのタグ付け

DPR に Docker イメージを登録するには、docker image tag コマンドにより、Docker イメージにタグを付けます。タグを付けていないものは、DPR サーバーの社内配信用リポジトリには登録できません。

```
n0100 # docker image tag ubuntu:18.04 172.16.1.100:5000/ubuntu:18.04
```

上記は、入手した Docker イメージ ubuntu:18.04 に 172.16.1.100:5000/ubuntu:18.04 という名前のタグを付けています。タグ付きの Docker イメージを確認します。

```
n0100 # docker image ls
REPOSITORY                   TAG      IMAGE ID        CREATED         SIZE
ubuntu                       18.04    ea4c82dcd15a    4 weeks ago     85.8MB
172.16.1.100:5000/ubuntu     18.04    ea4c82dcd15a    4 weeks ago     85.8MB
registry                     latest   2e2f252f3c88    2 months ago    33.3MB
```

172.16.1.100:5000/ubuntu:18.04 というタグが付与されたイメージが表示されています。あくまでタグであり、ubuntu:18.04 のコピーされたものが存在するわけではありません。

第 7 章 管理ツール

■ Docker イメージのプッシュ

タグを付与した Docker イメージ 172.16.1.100:5000/ubuntu:18.04 を DPR サーバーの社内配信用
リポジトリに登録します。登録は、docker image push コマンドにタグ名を指定します。

```
n0100 # docker image push 172.16.1.100:5000/ubuntu:18.04
```

DPR サーバー（172.16.1.100:5000）に Docker イメージの ubuntu:18.04 が登録されました。[†]

> † この時点で、docker image push による DPR サーバーへの Docker イメージの登録に失敗する場合は、/etc/
> docker/daemon.json ファイルの記述に誤りがある可能性があります。daemon.json ファイルは、JSON 形式で記
> 述するため、書式が厳密です。余分なインデント挿入、改行、中括弧や別のパラメーターが直前にある場合は、行
> 末の「,」の付け忘れ、全角スペースの混入などの記述ミスがないかを再確認してください。

他の Docker イメージも DPR サーバーの社内配信用リポジトリに登録しておきます。

```
n0100 # docker image pull opensuse:latest
n0100 # docker image tag opensuse:latest 172.16.1.100:5000/opensuse:latest
n0100 # docker image push 172.16.1.100:5000/opensuse:latest

n0100 # docker image pull centos:6.10
n0100 # docker image tag centos:6.10 172.16.1.100:5000/centos:6.10
n0100 # docker image push 172.16.1.100:5000/centos:6.10

n0100 # docker image pull centos:7.5.1804
n0100 # docker image tag centos:7.5.1804 172.16.1.100:5000/centos:7.5.1804
n0100 # docker image push 172.16.1.100:5000/centos:7.5.1804
```

社内 LAN 内の別の Docker ホスト群（クライアントマシン）は、docker image pull の際に、タグ
名を指定することにより、Docker 社が提供する Docker Hub に接続することなく、Docker イメージを
入手できます（図 7-14）。

■社内の Docker ホスト群（クライアントマシン）からの利用

社内にある Docker ホスト（クライアントマシン）から、DPR サーバーの社内配信用リポジトリに登
録された Docker イメージを利用します。クライアントマシンでは、事前に先述の daemon.json ファ
イル、および、http-proxy.conf の編集、Docker デーモンの再起動が完了していることが前提です。
社内の Docker ホストから docker image pull を実行します。

```
n0101 # docker image pull 172.16.1.100:5000/ubuntu:18.04
```

Docker イメージからコンテナが起動できるかを確認します。

308

● 7-3 Docker イメージの社内配信、集中管理

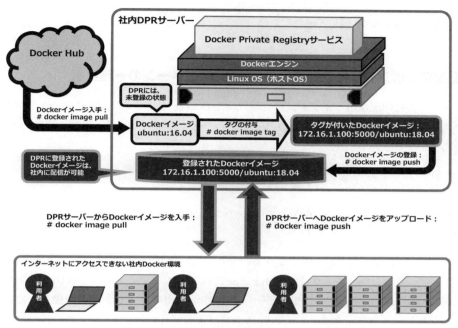

図 7-14　DPR への Docker イメージの登録

```
n0101 # docker container run \
-it \
--rm \
--name u1804n01 \
-h u1804n01 \
172.16.1.100:5000/ubuntu:18.04 \
bash -c "grep VERSION= /etc/os-release"
VERSION="18.04.1 LTS (Bionic Beaver)"
```

DPR サーバーの社内配信用リポジトリに登録された Docker イメージ「172.16.1.100:5000/ubuntu:18.04」を入手し、クライアントの Docker ホスト上で Ubuntu 18.04 ベースの Docker コンテナが稼働できました。

同様に、別の Docker イメージも DPR サーバーから入手できるかをテストしてください。

```
n0101 # docker container run \
-it \
--rm \
--name suse01 \
-h suse01 \
172.16.1.100:5000/opensuse:latest \
bash -c "grep PRETTY_NAME /etc/os-release"
```

309

第 7 章 管理ツール

```
PRETTY_NAME="openSUSE Leap 42.3"
```

■社内配信用リポジトリに登録済みの Docker イメージの一覧表示

　DPR サーバーの社内配信用リポジトリに登録された Docker イメージの一覧は、curl コマンドで取得できます。以下は、登録された CentOS の Docker イメージの名前とタグ名（6.10）を取得する例です。

```
n0101 # export no_proxy=172.16.1.100
n0101 # curl -s http://172.16.1.100:5000/v2/_catalog
{"repositories":["centos","opensuse","ubuntu"]}

n0101 # curl -s http://172.16.1.100:5000/v2/centos/tags/list
{"name":"centos","tags":["6.10"]}
```

　JSON 形式で表示されるため、人間にとってわかりにくいので、シェルスクリプト dpr_taglist.sh を用意しました。以下のシェルスクリプト dpr_taglist.sh は、DPR サーバーの URL（今回の場合は、172.16.1.100:5000）を指定すると、DPR サーバーの社内配信用のリポジトリに登録されている Docker イメージ名をタグ付きで表示します。シェルスクリプトの動作には、curl コマンド、awk コマンド、そして、EPEL リポジトリに収録されている jq コマンドが必要です。[†]

> †　本スクリプトは、curl コマンドで DPR サーバーの URL に問い合わせ、その出力を jq コマンドで整形します。本スクリプトを実行するクライアントの Docker ホストが、プロキシサーバーを経由せずに DPR サーバーに問い合わせするように、環境変数 no_proxy を内部的に設定しています。その際に awk コマンドが使われています。

```
n0101 # yum install -y epel-release && yum install -y jq
n0101 # vi dpr_taglist.sh
#!/bin/bash
usage(){
 echo "Usage: $0 DPR_IP:PORT"; exit 1
}
DPR=$1; [ "$1" != "" ] || usage;
export no_proxy=$(echo $DPR |awk -F: '{print $1}')
which jq 1>/dev/null; [ "$?" == "0" ] || exit 1
for IMG in $(curl -s http://$DPR/v2/_catalog |jq -r '.repositories|.[]');
do
 for TAG in $(curl -s http://$DPR/v2/$IMG/tags/list |jq -r '.tags|.[]');
 do
  echo "$DPR/$IMG:$TAG"
 done
done
```

```
n0101 # chmod +x ./dpr_taglist.sh
n0101 # ./dpr_taglist.sh 172.16.1.100:5000
172.16.1.100:5000/centos:6.10
172.16.1.100:5000/centos:7.5.1804
172.16.1.100:5000/opensuse:latest
172.16.1.100:5000/ubuntu:18.04
```

7-4 Docker における GUI 管理

　IT システムが地方に散在する場合、Docker に精通した管理者が常にいるとは限りません。Docker に詳しくない人でも、効率良く、かつ、ミスなく管理するためには、GUI 管理・監視ツールの導入が必要になります。特に近年では、クラウド基盤の導入が進み、IT 部門だけでなく、ユーザー部門などが、セルフサービスポータルのダッシュボードの Web ユーザーインターフェイスなどを使って、自らサービスを利用することも増えています。Docker においても、クラウド基盤に見られるセルフサービスポータルのような、直観的でわかりやすい管理画面が求められており、Docker コンテナを GUI で操作し、管理・監視するためのツールがいくつもリリースされています。本節では、その中でも、コンテナの管理ツールとして有名なものをいくつか取り上げ、具体的なインストール手順や簡単な使用方法を説明します。

7-4-1 Portainer

　Portainer は、Web ブラウザを使った Docker の GUI 管理ツールです。直観的なユーザーインターフェイスになっているので、操作に迷うことなく Docker イメージやコンテナを管理できます。

■ Portainer のインストール

　Portainer は、Docker イメージが用意されているため、Docker 環境があれば、簡単に利用できます。以下では、すでに Docker 環境がインストールされている CentOS 7.5.1804 上に Portainer をインストールします。

```
# mkdir -p /data/portainer/data
# docker container run \
-d \
-p 9000:9000 \
--name portainer01 \
-h portainer01 \
```

第 7 章 管理ツール

```
--restart always \
--mount type=bind,src=/var/run/docker.sock,dst=/var/run/docker.sock \
--mount type=bind,src=/data/portainer/data,dst=/data \
portainer/portainer
```

Portainer が組み込まれたコンテナが起動しているかを確認します。

```
# docker container ls \
--format 'table {{.Image}}\t{{.Status}}\t{{.Ports}}\t{{.Names}}'
IMAGE                 STATUS             PORTS                  NAMES
portainer/portainer   Up About a minute  0.0.0.0:9000->9000/tcp portainer01
```

これで、Portainer が利用可能になりました。

■管理対象の Docker ホストの設定

Portainer の管理対象となる Docker ホストでは、Docker デーモンの設定変更が必要です。

```
# cp /usr/lib/systemd/system/docker.service /root/
# vi /usr/lib/systemd/system/docker.service
...
ExecStart=/usr/bin/dockerd -H unix:// -H tcp://0.0.0.0:12345
...

# systemctl daemon-reload
# systemctl restart docker
# netstat -lntp | grep dockerd
tcp6       0      0 :::12345        :::*      LISTEN      5356/dockerd
```

7-4-2　Portainer による管理

Portainer にアクセスするには、Web ブラウザで Portainer のコンテナが稼働するホスト OS の IP アドレス、または、FQDN に 9000 番ポートを指定します。FQDN で指定する場合は、/etc/hosts あるいは、DNS サーバーによる名前解決が必要です。

●Web ブラウザに指定する URL：

　http://<Portainer の Docker コンテナが稼働するホスト OS の FQDN:9000>

Portainer の Web 管理画面にアクセスすると、管理ユーザーの作成画面が表示されます（図 7-15）。
今回は、ユーザー名を admin、パスワードを password1234 にしました。入力したら、画面左下の
[Create user] をクリックします。

312

● 7-4 Docker における GUI 管理

図 7-15　管理ユーザーの登録

　次に、管理対象の Docker ホストを登録します。管理対象の Docker ホスト側では、dockerd デーモン起動時のポート番号の設定として「-H tcp://0.0.0.0:12345」に設定した場合は、画面上の Endpoint URL の入力欄に「管理対象ノードの IP アドレス:12345」を入力し、［Connect］をクリックします（図7-16）。

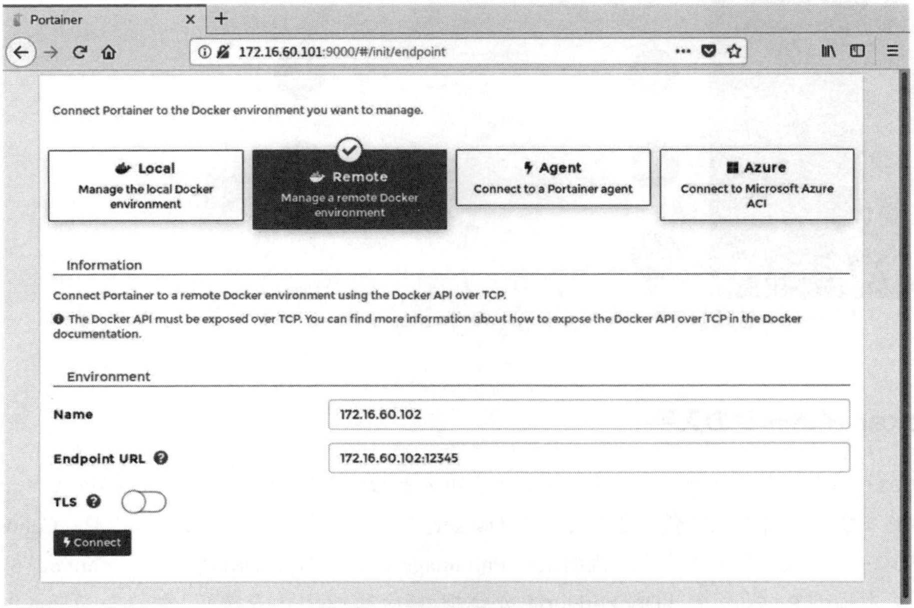

図 7-16　管理対象 Docker ホストの登録

313

現在稼働している管理対象の Docker ホストなどの情報が表示されています（図 7-17）。

図 7-17　管理対象の Docker ホストの情報が表示される

Portainer ダッシュボードが管理対象とする Docker ホストをクリックします。すると、管理対象となっている Docker のホストにおける Docker イメージやコンテナの情報が表示されます (図 7-18)。

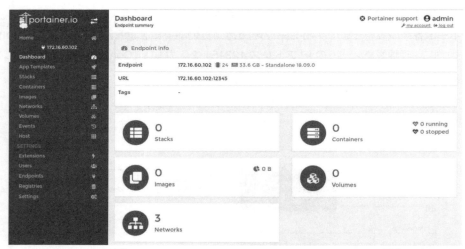

図 7-18　管理対象の Docker ホストの Docker イメージやコンテナの情報を表示

■ Docker イメージの入手

［Images］ボタンをクリックします。すると、ホスト OS に現在登録済みの Docker イメージの一覧が表示されますが、現時点で登録されている Docker イメージはありません。ここで、CentOS 6.10 の Docker イメージを入手してみます。画面上の Pull image の下にある ［Image］に「`centos:6.10`」を入力します。右横の Registry で「DockerHub」が選択されていることを確認したら、［Pull the image］をクリックします（図 7-19）。

314

● 7-4 DockerにおけるGUI管理

図7-19　入手するDockerイメージの指定

　CentOS 6.10のDockerイメージの入手に成功したら、画面下部に入手したDockerイメージが表示されます（図7-20）。

図7-20　取得したDockerイメージの表示

■コンテナの起動

　Portainerの管理画面左側の［Containers］をクリックします。すると、コンテナのリストが表示されます。現時点では、管理対象のDockerホストの稼働しているDockerコンテナは存在しないため、リストには、コンテナが表示されていません（図7-21）。

315

第 7 章 管理ツール

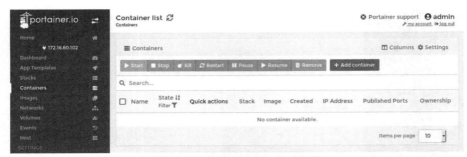

図 7-21　コンテナリストの表示

　図 7-21 の画面上の［＋ Add container］をクリックします。すると、「Create container」の画面になります。Name 欄に、コンテナ名として、「test01」、Image 欄に、「centos:6.10」を入力します（図 7-22）。

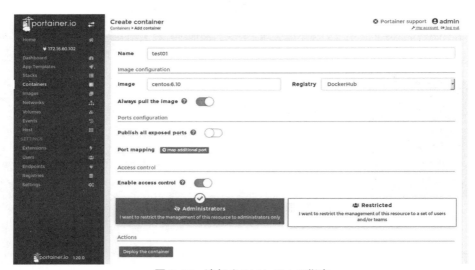

図 7-22　追加するコンテナの指定

　さらに、画面を下にスクロールさせると「Advanced container settings」の設定項目が表示されます（図 7-23）。［Command & Logging］タブをクリックし、その下の Command 欄に「/bin/bash」、画面下部の Console のラジオボタンは、「Interactive & TTY」を選択します。これでコンテナの実行の準備が整いましたので、［Deploy the container］をクリックします。

316

● 7-4 Docker における GUI 管理

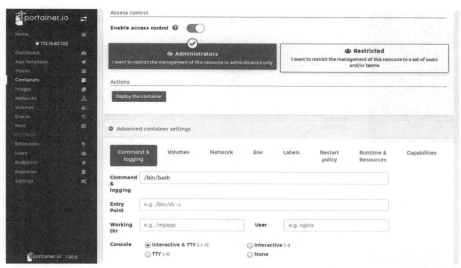

図 7-23　コンテナの設定

再び、コンテナのリストの画面に戻ります。すると、現在稼働中のコンテナが表示されています (図 7-24)。

図 7-24　稼働中コンテナの表示

以上で、Portainer を使って、Docker コンテナを稼働させることができました。

■コンソール接続

無事起動したコンテナ test01 のコマンドラインのコンソールにアクセスしてみます。コンテナリスト画面上の Quick actions の下にある [>_] アイコンをクリックします。すると、「Container console」の画面に移ります。Command で「/bin/bash」を選択したら、[Connect] をクリックします (図 7-25)。

317

第 7 章 管理ツール

図 7-25　コンソール接続

　Docker コンテナ test01 のコマンドラインのコンソール画面が表示されるので、オペレーションできるかどうかを確認してください（図 7-26）。

図 7-26　Docker コンテナ test01 のコンソールに接続し、コマンドラインの操作を実行している様子

■コンテナのリソース使用率の監視

　コンテナが現在使用しているリソース使用率（CPU、メモリ、ネットワーク）と稼働しているプロセスの状態を確認できます。画面左側の［Containers］からコンテナのリストを表示し、コンテナ test01 の「Quick actions」の下の4つあるアイコンのうち、右から2番目にあるグラフの形をしたアイコンをクリックします（図 7-27）。
　すると、「Container statistics」の画面が表示され、現在のコンテナ test01 が使用しているリソースや稼働しているプロセスが表示されます（図 7-28）。

●7-5 GUIベースのコンテナ管理ツール

図7-27　コンテナのリソース表示の選択

図7-28　コンテナのリソース、稼働プロセスの表示

7-5　GUIベースのコンテナ管理ツール

以下では、Dockerイメージで提供されているGUIベースのコンテナ管理ツールを紹介します。

7-5-1　dockly

docklyは、コマンドラインの仮想端末でコンテナの状況をグラフィカルに表示する管理ツールです。多機能ではなく、非常に簡素なツールですが、Webブラウザが起動できない制限された環境においてコンテナの状態やログを確認するのに有用です。ウィンドウ内の操作対象の領域は、TABキーで切り替えます。

第 7 章 管理ツール

■起動方法

コンテナが稼働する Docker ホスト上で dockly のコンテナを起動します（図 7-29）。

```
# docker container run \
-it \
--mount type=bind,src=/var/run/docker.sock,dst=/var/run/docker.sock \
lirantal/dockly
```

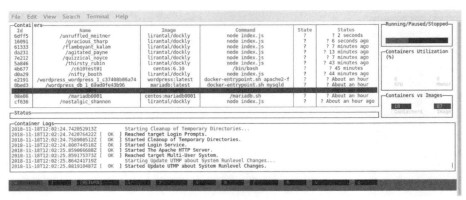

図 7-29　dockly コンテナの起動

7-5-2　Docker Swarm Visualizer

Docker Swarm Visualizer は、Docker Swarm クラスタ内のコンテナの状況をグラフィカルに表示します。Docker Swarm クラスタが構築されている状態であれば、すぐに起動し利用できます。

■インストール手順

Docker Swarm クラスタのマネージャノードで起動します。以下は、マネージャノードの 8091 番ポートを指定して Docker Swarm Visualizer のコンテナを起動しています。使われていないポート番号を指定します。

```
# docker service create \
--name dsviz01 \
--publish=8091:8080/tcp \
--constraint=node.role==manager \
--mount type=bind,src=/var/run/docker.sock,dst=/var/run/docker.sock \
dockersamples/visualizer
```

● 7-5 GUI ベースのコンテナ管理ツール

■起動方法

Docker Swarm Visualizer の起動方法は以下のとおりです。

```
# firefox http://<Docker SwarmマネージャノードのIPアドレス>:8091 &
```

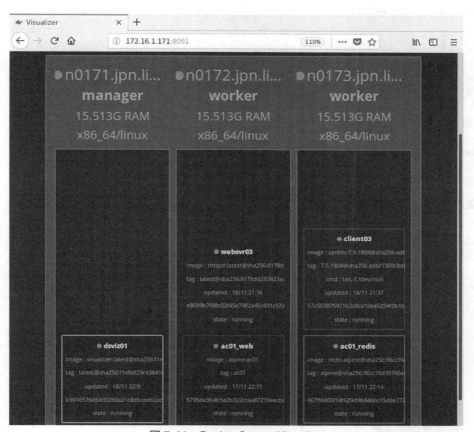

図 7-30　Docker Swarm Visualizer

7-5-3　Cockpit

Cockpit は、Web ブラウザを使ったコンテナの管理が可能です。Atomic Host、RHEL、Fedora、CentOS、Debian、Ubuntu などのディストリビューションをサポートしています。CentOS の extras チャネル（デフォルトで有効）に含まれており、yum コマンドで簡単にインストールできます。

第 7 章 管理ツール

■インストール手順

CentOS 7.x 上で yum コマンドでインストールし、systemctl コマンドでサービスを有効化します。管理ノードには、cockpit、cockpit-dashbouard、cockpit-docker、cockpit-ws パッケージをインストールし、管理対象ノード群には、cockpit-docker パッケージをインストールします。[†]

> † 依存関係が自動的に解決されて、そのほかの cockpit に関連する RPM パッケージもインストールされます。

●管理ノード

```
# yum install -y cockpit cockpit-dashboard cockpit-docker cockpit-ws
# systemctl enable --now cockpit.socket
```

●管理対象ノード群

```
# yum install -y cockpit-docker
```

■起動方法

管理ノードの IP アドレスに 9090 番ポートを付与し、Web ブラウザでアクセスします。初期状態では、管理ノードの root アカウントでログインできます（図 7-31）。

```
# firefox http://<管理ノードのIPアドレス>:9090 &
```

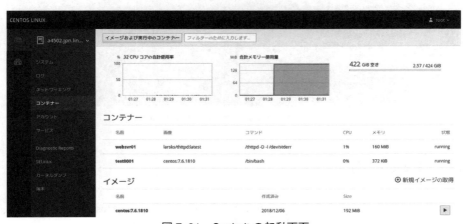

図 7-31　Cockpit の起動画面

● 7-6 CRIU によるコンテナのライブマイグレーション

7-6　CRIU によるコンテナのライブマイグレーション

　コミュニティの期待が大きい Docker コンテナの管理機能の一つに、チェックポイントリストアを使ったライブマイグレーションがあります。チェックポイントリストアにおいて、プロセス（コンテナ）のある時点の状態を取得したものを**チェックポイント**といいます。いわば、プロセスの稼働状態のスナップショットのようなものです。取得したチェックポイントをプロセスにリストアすることによって、チェックポイント取得時の状態から再開できます。このプロセスのチェックポイントリストアの機能に取り組んでいるコミュニティとして有名なものが、CRIU プロジェクトです。CRIU プロジェクトは、Docker に限らず、Linux カーネル上で稼働するプロセスのチェックポイントリストア機能の発展と安定稼働を目指すものです。

　CRIU は、Linux システム上におけるアプリケーションプロセスの状態をフリーズし、ディスク上にそのフリーズした時点のプロセスの状態をイメージファイルとして保存します。本書では、このファイルを「チェックポイントのイメージファイル」と呼ぶことにします。†

> †　Docker イメージとは無関係です。

　CRIU は、単一の Linux システム上で稼働できます。チェックポイントのイメージファイルを NFS サーバーが提供する共有ディレクトリに保管しておけば、別の NFS クライアント上のプロセスにチェックポイントのイメージファイルを適用することで、ライブマイグレーションが実現できます。CRIU は、商用のコンテナ管理ソフトウェアである Virtuozzo のプロジェクトとしてスタートしましたが、その後、Virtuozzo のコミュニティ版に相当する OpenVZ コミュニティや LXD などでも使用されており、現在では、Docker 環境でも利用可能です。ただし、CRIU は、まだ発展途上の段階であり、Docker エンジンのバージョンによって、正常動作しない組み合わせもあるため、現時点では、機能や動作の調査目的でのみ利用してください。

7-6-1　NFS サーバー、CRIU、Docker のシステム構成

　CRIU は、一般に、Linux カーネルで稼働するプロセスのチェックポイントリストアを実現しますが、Docker エンジンと組み合わせることで、Docker コンテナのチェックポイントリストアを可能にします。また、NFS サーバーを組み合わせることで、Docker コンテナのライブマイグレーションを実現できます。以下では、NFS、CRIU、Docker エンジンを組み合わせたライブマイグレーション環境の構築と実行手順を示します。

　NFS サーバーは 1 台で構成し、チェックポイントのイメージファイル群を保管する役目を担います。本書では、Docker ホストを 2 台で構成し、Docker ホストの 1 号機で起動したコンテナを 2 号機に動的に移動（ライブマイグレーション）し、さらに、2 号機にライブマイグレーションしたコンテナを 1 号

323

第 7 章 管理ツール

機に再ライブマイグレーションする手順を示します。全体のシステム構成は、図 7-32、表 7-3 のとおりです。

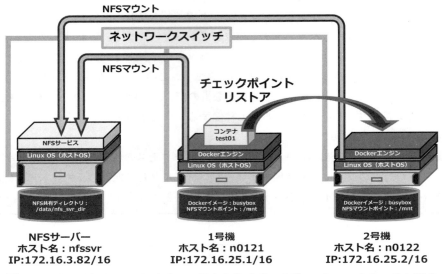

図 7-32　CRIU と Docker によるコンテナのライブマイグレーションのシステム構成

表 7-3　NFS サーバー、CRIU、Docker のシステム構成

	1 号機	2 号機	NFS サーバー
ホスト名	n0121	n0122	nfssvr
IP アドレス	172.16.25.1/16	172.16.25.2/16	172.16.3.82/16
Docker エンジン	17.06.2-ce	17.06.2-ce	-
ホスト OS	CentOS 7.5.1804	CentOS 7.5.1804	CentOS 7.5.1804
ホスト OS のカーネル	4.19.8-1	4.19.8-1	3.10.0-862.14.4
CRIU	3.11	3.11	-
SELinux の設定	permissive	permissive	permissive

以下では、NFS クライアントの Docker ホストである n0121 および、n0122 の両方で作業する場合のコマンドプロンプトを「#」、NFS サーバーのコマンドプロンプトを「nfssvr #」、そして、各 NFS クライアントノードのコマンドプロンプトは「n0121 #」、「n0122 #」で表します。

● 7-6 CRIU によるコンテナのライブマイグレーション

7-6-2　Docker のインストール

2018 年 12 月末時点で、CRIU 3.11 がリリースされていますが、このバージョンでは、最新の Docker エンジンをインストールしている場合、Docker エンジンのダウングレードが必要です。現時点では、コミュニティ版の Docker エンジンのバージョン 17.03 系および、17.06 系で CRIU 3.11 との協調動作が可能です。[†]

> †　Docker エンジンのバージョン 17.09 系、17.12 系、および、18.0X 系では、CRIU におけるチェックポイントリストアがうまく動作しない問題が報告されています。

■旧バージョンの設定ファイルの削除

CRIU 3.11 と Docker エンジンのバージョン 17.06 系をインストールする前に、インストール済みの新しいバージョンの Docker エンジンや、/etc/systemd/system ディレクトリにある docker 関連のサービス起動用の設定ファイルが存在する場合は、削除しておきます。

```
# rm -rf  /etc/systemd/system/docker*
# systemctl daemon-reload
```

■ Docker 関連 RPM パッケージの削除

Docker 関連の RPM パッケージを削除しておきます。

```
# rpm -qa | grep docker | xargs rpm -e
# rpm -qa | grep containerd | xargs rpm -e
```

■ Docker エンジンのインストール

2018 年 12 月末時点で、CRIU 3.11 によってライブマイグレーションが可能な Docker エンジンの最新バージョンは、17.06.2-ce なので、バージョンを含む形で RPM パッケージを指定してインストールします。

```
# yum install -y docker-ce-17.06.2.ce-1.el7.centos
```

プロキシサーバーを経由してインターネットにアクセスする環境の場合は、Docker エンジンのプロキシサーバーの設定が必要です。

第 7 章 管理ツール

```
# vi /usr/lib/systemd/system/docker.service.d/http-proxy.conf
[Service]
Environment="HTTP_PROXY=http://proxy.your.site.com:8080"
Environment="HTTPS_PROXY=http://proxy.your.site.com:8080"
```

■パラメーターの設定

CRIU を Docker エンジンと協調させて利用するには、Docker エンジンにおける実験段階の機能（一般に、Experimental と呼ばれます）を有効にする必要があります。Docker エンジンの実験段階の機能を有効にするには、Docker ホスト上の daemon.json ファイルに「"experimental": true」を記述します。daemon.json ファイルでは、この記述以外に、overlay2 ドライバの利用に関する記述などが複数行に渡って含まれるため、「"experimental": true」の最後に「,」を付与することに注意してください。

```
# vi /etc/docker/daemon.json
{
  "experimental": true,
  "storage-driver": "overlay2"
}
```

■ Docker エンジンの起動

設定ファイルを記述したら Docker エンジンを起動します。

```
# systemctl daemon-reload
# systemctl restart docker
# systemctl status docker
# systemctl enable docker
```

7-6-3 Linux カーネルと開発環境のインストール

CentOS 7 上で CRIU を稼働させるには、Linux カーネルのバージョン 4.x 系にアップグレードする必要があります。

■ ELREPO リポジトリの設定

CentOS 7 用の Linux カーネルのバージョン 4.x 系を入手するため、ELREPO リポジトリを設定します。ELREPO リポジトリは、elrepo-release RPM パッケージで提供されます。

326

● 7-6 CRIU によるコンテナのライブマイグレーション

```
# export http_proxy=http://proxy.your.site.com:8080
# export https_proxy=http://proxy.your.site.com:8080
# rpm --import https://www.elrepo.org/RPM-GPG-KEY-elrepo.org
# rpm -Uvh https://www.elrepo.org/elrepo-release-7.0-3.el7.elrepo.noarch.rpm
```

■カーネルと開発環境のインストール

ELREPO リポジトリから最新カーネル（kernel-ml RPM パッケージ）と CRIU のコンパイルに必要な
カーネル関連の開発環境（kernel-ml-headers、kernel-ml-devel、kernel-ml-tools-libs、kernel-ml-tools）
をインストールします。

```
# yum \
--disablerepo="*" \
--enablerepo=elrepo-kernel \
swap -y kernel-headers -- kernel-ml-headers

# yum \
--disablerepo="*" \
--enablerepo=elrepo-kernel \
swap -y kernel-devel -- kernel-ml-devel

# yum \
--disablerepo="*" \
--enablerepo=elrepo-kernel \
swap -y kernel-tools-libs -- kernel-ml-tools-libs

# yum --disablerepo="*" \
--enablerepo=elrepo-kernel \
swap -y kernel-tools -- kernel-ml-tools

# yum \
--disablerepo="*" \
--enablerepo=elrepo-kernel \
install -y kernel-ml
```

■カーネルの起動設定

ELREPO で提供されているバージョン 4.x 系の Linux カーネルでブートするように、GRUB2 の設定
ファイルを更新します。

```
# sed -ie s/GRUB_DEFAULT=saved/GRUB_DEFAULT=0/g /etc/default/grub
```

第 7 章 管理ツール

```
# grub2-mkconfig -o /boot/grub2/grub.cfg
# grep GRUB_DEFAULT /etc/default/grub
GRUB_DEFAULT=0
```

■ CRIU のコンパイルに必要なソフトウェアのインストール

CRIU は、RPM パッケージなどのバイナリも提供されていますが、今回は、最新版の CRIU を使用するため、ソースコードからビルドします。CRIU をソースコードからビルドするために必要な開発環境のパッケージ類をインストールします。

```
# yum install -y git gcc make protobuf protobuf-c protobuf-c-devel protobuf-compile
r protobuf-devel protobuf-python libbsd libcap-devel libnet-devel libnl3-devel liba
io-devel python2-futures asciidoc xmlto python-ipaddress iproute
```

■ SELinux の設定

CRIU によるライブマイグレーションを行う環境では、コンテナが移動する Docker ホスト群の SELinux の設定を統一しておく必要があります。今回は、Docker ホストの SELinux の設定を permissive に統一します。

```
# vi /etc/selinux/config
...
SELINUX=permissive
...
```

■ホスト OS の再起動

ホスト OS を再起動し、バージョン 4.x 系のカーネルで起動し、全 Docker ホストで SELinux の設定が同じかどうかを確認します。また、バージョン 17.06.2 の Docker エンジンが正常に稼働しているかも確認します。

```
# reboot
# uname -r
4.19.8-1.el7.elrepo.x86_64

# getenforce
Permissive

# docker version  | grep -B1 Version
```

328

● 7-6 CRIU によるコンテナのライブマイグレーション

```
Client:
 Version:      17.06.2-ce
--
Server:
 Version:      17.06.2-ce
```

7-6-4　CRIU のインストール

CRIU をビルドするためのソフトウェア類は、すでにインストール済みなので、make コマンドを使って CRIU をビルドします。まず、CRIU の git からソースコードを入手します。

```
# export http_proxy=http://proxy.your.site.com:8080
# export https_proxy=http://proxy.your.site.com:8080
# git clone https://github.com/xemul/criu
```

CRIU のソースコードからバイナリをビルドし、インストールします。

```
# cd ./criu
# make clean
# make && make install
```

インストールされた CRIU のバイナリのパスとバージョンを確認します。

```
# which criu
/usr/local/sbin/criu

# criu -V
Version: 3.11
GitID: v3.11-91-g8e02b85
```

以上で、CRIU による Docker コンテナのチェックポイントリストアが利用できる環境が整いました。

7-6-5　NFS サーバーの設定

NFS サーバーは、コンテナのプロセス状態を記録したチェックポイントのイメージファイル群を格納します。NFS サービスが稼働し、Docker ホストに対して読み書きが可能な NFS 用のディレクトリを提供できていれば問題ありません。

第 7 章 管理ツール

■ NFS サービスの起動

yum コマンドで NFS ユーティリティをインストールし、今回は、NFS クライアントである Docker ホスト群に/data/nfs_svr_dir ディレクトリを提供します。

```
nfssvr # yum install -y nfs-utils
nfssvr # vi /etc/exports
/data *(rw,no_root_squash)

nfssvr # mkdir -p /data/nfs_svr_dir
nfssvr # systemctl restart nfs
nfssvr # systemctl enable nfs
nfssvr # systemctl status nfs
nfssvr # exportfs -av
exporting *:/data
```

■ Docker ホストによる NFS マウント

全 Docker ホストから NFS サーバーに NFS マウントします。今回は、Docker ホストの/mnt ディレクトリにマウントします。

```
n0121 # mount -t nfs 172.16.3.82:/data/nfs_svr_dir /mnt
n0121 # df -HT | grep nfs
172.16.3.82:/data/nfs_svr_dir nfs4     8.9T  1.2T  7.3T  14% /mnt

n0122 # mount -t nfs 172.16.3.82:/data/nfs_svr_dir /mnt
n0122 # df -HT | grep nfs
172.16.3.82:/data/nfs_svr_dir nfs4     8.9T  1.2T  7.3T  14% /mnt
```

以上で、NFS サーバーと CRIU の組み合わせにより、コンテナのライブマイグレーションの準備が整いました。

7-6-6　ライブマイグレーションの実行

CRIU と Docker を組み合わせたコンテナのライブマイグレーションは、ライブマイグレーション元の Docker ホスト（n0121）でコンテナを起動し、そのコンテナに対して、CRIU を使ってチェックポイントを取得します。この時点で、コンテナの状態が記録されたチェックポイント情報（チェックポイントのイメージファイル群）は、NFS サーバーに保管されます。ライブマイグレーション先の Docker ホストでは、コンテナを起動する際に、NFS サーバー上に保管されたチェックポイント情報をリストアすることで、続きからコンテナを再開し、ライブマイグレーションを実現します。

330

● 7-6 CRIU によるコンテナのライブマイグレーション

■コンテナの起動

まず、テスト用のコンテナ test01 を起動します。test01 は、0 から 1 ずつ数値をカウントアップして次々と出力するコンテナです。Docker イメージは、非常に軽量な busybox を使用しました。

```
n0121 # docker container run \
--name test01 \
--security-opt seccomp:unconfined \
-d \
busybox \
sh -c 'i=0;while : ;do echo $i | tee -a /num.txt;i=$(( $i + 1 ));sleep 1;done'
```

Docker ホストの n0121 で稼働しているコンテナ test01 の出力を確認します。

```
n0121 # docker container logs test01 -f
0
1
2
3
...
```

数値がカウントアップされて出力されていることが確認できたら、`CTRL` + `C` を押して、Docker ホストのコマンドプロンプトに戻ります。

```
...
...
51
52
53
^C
n0121 #
```

■チェックポイントの作成

コンテナ test01 に対して、チェックポイントを作成します。今回、コンテナ test01 のある時点での状態を cp01 という名前のチェックポイントとして取得します。チェックポイントの作成は、docker checkpoint create コマンドで行います。docker checkpoint create コマンドから CRIU が実行され、チェックポイント情報が生成されます。docker checkpoint create コマンドでチェックポイント cp01 を取得すると、コンテナ test01 が自動的に停止します。[†]

```
n0121 # docker checkpoint create \
--checkpoint-dir=/mnt \
```

331

第 7 章 管理ツール

```
test01 cp01
```

> † docker checkpoint create コマンドでチェックポイントを取得したときに、コンテナを停止させたくない場合は、--leave-running=true オプションを付与します。今回は、ライブマイグレーションの一連の手順を簡素化するため、--leave-running=true オプションを付与せずに実行します。

コンテナ test01 が停止しているかどうかを確認します。

```
n0121 # docker container ls -a
CONTAINER ID    IMAGE    ... STATUS                  ... NAMES
a78f5e8af6d9    busybox ... Exited (137) 15 seconds ago  ... test01
```

正常にチェックポイントが生成されていれば、NFS サーバーの/data/nfs_svr_dir ディレクトリ以下に、チェックポイントに関するディレクトリとチェックポイントのイメージファイル群が生成されているはずです。

```
n0121 # ls -F /mnt/
a78f5e8af6d91e1d190e8f6d92301e7be26ccdf6e4239577649884c54b2fb410/
```

上記のように、test01 のコンテナ ID の文字列と同じディレクトリ名が生成されます。チェックポイントに関連するファイルは、<コンテナ ID>/checkpoints/<チェックポイント名>ディレクトリに保管されています。

```
n0121 # ls -1F \
/mnt/a78f5e8af6d91e1d190e8f6d92301e7be26ccdf6e4239577649884c54b2fb410/checkpoints/cp01/
cgroup.img
config.json
core-1.img
core-63.img
...
```

■ディレクトリ名の記録

上記の/mnt ディレクトリ以下のコンテナ ID のディレクトリは、ライブマイグレーション先の Docker ホストにおいて、コンテナに対してチェックポイント情報をリストアする際にも利用します。ディレクトリ指定の利便性を向上するために、ディレクトリ名を記録したファイルを生成しておきます。ファイル名は、id-<コンテナ名>-<チェックポイント名>にしました。

```
n0121 # DIR=$(docker inspect -f '{{.Id}}' test01)
```

● 7-6 CRIU によるコンテナのライブマイグレーション

```
n0121 # echo $DIR > /mnt/id-test01-cp01
n0121 # cat /mnt/id-test01-cp01
a78f5e8af6d91e1d190e8f6d92301e7be26ccdf6e4239577649884c54b2fb410
```

■コンテナの出力の確認

チェックポイント cp01 が取得できましたので、n0121 で稼働していたコンテナ test01 の出力の最後の数値を確認しておきます。

```
n0121 # docker container logs test01 -f
...
147
148
149
```

上記より、コンテナ test01 は、出力が 149 のときにチェックポイントが取得されたことがわかります。すなわち、ライブマイグレーションによって別の Docker ホスト（n0122）でコンテナを再開する際は、出力が 150 から始まらなければなりません。

■ライブマイグレーションの実施

いよいよ、コンテナのライブマイグレーションを実施します。Docker 環境におけるライブマイグレーションは、いったん停止させたコンテナを他のノードで続きから起動できることを意味します。ここで重要な点は、停止させたコンテナを単に再起動するのではなく、コンテナの状態が保存されたチェックポイントのイメージファイル群を使って、チェックポイント取得時の状態をリストアし、続きからコンテナを再開することです。

Docker 環境では、docker container start コマンドでコンテナを起動する際に、チェックポイントを指定することで、続きから再開できます。取得したチェックポイント cp01 を使って、n0122 でコンテナを起動しますが、ライブマイグレーション先の n0122 には、まだコンテナが存在していない状態です。CRIU を使ったライブマイグレーションでは、まず、docker container create で、コンテナを生成しておき、そのコンテナに対して、docker container start コマンドでチェックポイントを割り当て、チェックポイント取得時の続きからコンテナを再開します。以下では、ライブマイグレーション先の n0122 で作業します。docker container create を実行する Docker ホストに注意してください。

```
n0122 # docker container create \
--name test01 \
--security-opt seccomp:unconfined \
```

第7章 管理ツール

```
busybox \
sh -c 'i=0;while : ;do echo $i | tee -a /num.txt;i=$(( $i + 1 ));sleep 1;done'
```

この状態では、コンテナが生成されただけで、まだ起動していません。念のため、コンテナが起動していないことを確認します。STATUS 列に Created と表示されていれば、コンテナが生成されていると判断できます。

```
n0122 # docker container ls -a
CONTAINER ID    IMAGE    ... CREATED          STATUS    ... NAMES
cf93c3f4605f    busybox ... 40 seconds ago   Created   ... test01
```

n0122 で生成されたコンテナ test01 に、チェックポイント cp01 を適用します。チェックポイントの適用は、docker container start に、--checkpoint-dir=<checkpoints ディレクトリのパス>、--checkpoint にチェックポイント名を指定し、最後にコンテナ名を付与します。

```
n0122 # docker container start \
--checkpoint-dir=/mnt/$(cat /mnt/id-test01-cp01)/checkpoints \
--checkpoint cp01 test01
```

以上でチェックポイントが適用されました。n0122 で稼働しているコンテナ test01 の出力を確認します。

```
n0122 # docker container logs test01 -f
150
151
152
...
```

Docker ホスト n0121 で稼働していたコンテナ test01 を停止し、別の Docker ホスト n0122 で続きから再開できたので、コンテナのライブマイグレーションが実現できました。

■再ライブマイグレーションのテスト

今度は、n0122 で稼働しているコンテナを n0121 に再ライブマイグレーションできるかをテストします。今度は、チェックポイント名を cp02 にしました。

```
n0122 # docker checkpoint create \
--checkpoint-dir=/mnt test01 cp02

n0122 # docker ps -a
CONTAINER ID   IMAGE    ... CREATED          STATUS                    ... NAMES
```

334

```
7b2502dd9d09    busybox ... 3 minutes ago      Exited (137) 2 minutes ago ... test01
```

チェックポイント取得直前までのコンテナ test01 の出力を確認します。

```
n0122 # docker container logs test01 -f
...
300
301
302
```

チェックポイント cp02 を確認します。

```
n0122 # ls -1F /mnt
7b2502dd9d098e24fa6751010269f511983926128a6caa02c3ecbedf9997017a/
f05e87fa702d1672274b01e5b1e8d75a2229c28da52be02fa6e4f52772adc004/
id-test01-cp01
```

コンテナ ID を記録したファイル id-test01-cp02 を作成しておきます。

```
n0122 # DIR=$(docker inspect -f '{{.Id}}' test01)
n0122 # echo $DIR > /mnt/id-test01-cp02
n0122 # cat /mnt/id-test01-cp02
7b2502dd9d098e24fa6751010269f511983926128a6caa02c3ecbedf9997017a
```

チェックポイント cp02 のイメージファイル群を確認します。

```
n0122 # ls -1F \
/mnt/7b2502dd9d098e24fa6751010269f511983926128a6caa02c3ecbedf9997017a/checkpoints/cp02/
cgroup.img
config.json
core-198.img
...
```

再ライブマイグレーション先の n0121 でコンテナ test01 が停止していることを確認します。

```
n0121 # docker container ls -a
CONTAINER ID     IMAGE   ... STATUS                      ... NAMES
a78f5e8af6d9     busybox ... Exited (137) 11 minutes ago ... test01
```

チェックポイントに cp02 を適用します。

```
n0121 # docker container start \
--checkpoint-dir=/mnt/$(cat /mnt/id-test01-cp02)/checkpoints \
--checkpoint cp02 test01
```

第 7 章 管理ツール

　上記より、チェックポイントが適用されました。n0121 で稼働しているコンテナ test01 の出力を確認します。

```
n0122 # docker container logs test01 -f
303
304
305
...
```

　再ライブマイグレーションテストが成功し、NFS サーバーと CRIU を使った Docker コンテナのライブマイグレーション環境が構築できました。

7-7　まとめ

　本章では、Docker コンテナの管理を行う Docker Compose、Docker エンジンが入った仮想マシンを管理する Docker Machine、Docker イメージの社内配信と集中管理を行う DPR、代表的な GUI ツール、そして、CRIU によるコンテナのライブマイグレーション手順を紹介しました。Docker の管理において、本章で紹介した以外にも、さまざまな管理ツールがあります。今一度、導入前に、必要とされる Docker の管理・監視項目を決め、それが実現できるツールなのかどうかを確認し、管理ツールを比較・検討してみてください。

第 8 章

CoreOS と RancherOS

コンテナ専用 OS としては、Atomic Host（アトミック・ホスト）、CoreOS（コア・オーエス）、Snappy Ubuntu Core（スナッピー・ウブンツ・コア）、RancherOS などが存在します。本章では、これらのコンテナ専用 OS のうち、CoreOS と RancherOS の具体的な構築手順と基本的な使用法を説明します。また、GUI 管理ツールの Portainer を使って、CoreOS 上でブログサイトのサービスを提供する Docker コンテナを起動する管理手順を紹介します。

第 8 章 CoreOS と RancherOS

8-1　コンテナ専用 OS の必要性

　Docker の稼働環境といえば、CentOS、Red Hat Enterprise Linux、Ubuntu Server、SUSE Linux Enterprise Server などが代表的な OS として挙げられます。ですが、これらの汎用的な Linux サーバー OS には、Docker の稼働には必要のないさまざまなアプリケーションやツール類が含まれています。ホスト OS で稼働するアプリケーションやデーモンが数多く存在すると、それらのソフトウェアの脆弱性を狙った攻撃を受ける可能性もあり、情報セキュリティの観点からも、OS で提供される機能を絞るなどの設定が必要になります。また、ホスト OS においてコンテナ以外のアプリケーションがホスト OS で稼働すると、本来コンテナに割り当てるべき CPU、メモリ、ディスク、ネットワークといった計算資源を消費し、コンテナで実行するアプリケーションの性能に影響が出る可能性があります。これらの問題を解決すべく、コンテナを稼働させることに目的を絞り、セキュアで、かつ、非常に軽量なコンテナ専用 OS が必要とされるのです。

8-2　CoreOS

　CoreOS（コアオーエス）は、米国 CoreOS 社（現、Red Hat 社）が提供するコンテナ専用 OS です。CoreOS は、コンテナを稼働させることに特化した OS であり、マルチホストのコンテナ環境を強く意識したソフトウェアコンポーネントなどが含まれています。CoreOS は、ディレクトリの多くが書き込み不可になっているため、アプリケーションを個別に追加インストールすることもほとんど許されません。このため、今までの汎用的な Linux サーバー OS の管理手法をそのままコンテナ専用 OS に適用できないことも多く、コンテナ OS 自体の運用管理には、注意が必要です。また、CoreOS では、Docker 以外にも、CoreOS が推進する「rkt」と呼ばれるコンテナのためのランタイムを稼働させることができます。

　CoreOS は、コンテナ専用 OS の位置付けですが、その仕組みや管理手法は、非常に独特です。CoreOS のインストール ISO イメージでは、オンメモリで稼働する CoreOS 上で起動し、独自の YML 形式の設定ファイルをロードすることで、ハードディスクに OS をインストールします。

8-2-1　CoreOS のインストール手順

　それでは、CoreOS を物理サーバーにインストールしてみましょう。以下は、CoreOS のインストール、Docker コンテナの起動、そして、GUI 管理ツールを使ったコンテナ管理、コンテナへのアクセスまでの流れです。

1. CoreOS の ISO イメージからブートし、オンメモリで CoreOS を起動
2. 別のマシンで、CoreOS の設定用の YML ファイルを作成

338

3. CoreOS にコピーした YML ファイルを使って、CoreOS をハードディスクにインストール

4. docker コマンドによるコンテナの起動テスト

5. GUI 管理ツールによる Docker コンテナの作成、管理

6. Docker コンテナが提供するサービスにアクセス

■ CoreOS ISO イメージの入手

CoreOS のインストールメディアは、以下に示す CoreOS のダウンロードサイトにおいて、ISO イメージで提供されています[1]。

●CoreOS の ISO イメージの入手先：

`https://coreos.com/os/docs/latest/booting-with-iso.html`

上に示した Web サイトにある［Download Stable ISO］をクリックすると、ISO イメージをダウンロードできます。入手する ISO イメージのファイル名は、「`coreos_production_iso_image.iso`」です。CoreOS には、安定板と開発版が存在し、Stable チャネルでは、安定板の ISO イメージを提供しています。Beta チャネルと Alpha チャネルでは、開発版の ISO イメージが提供されています。安定板も開発版も ISO イメージのファイル名が「`coreos_production_iso_image.iso`」で同じなので、ダウンロードの際にチャネルを間違わないように注意してください。

■ CoreOS のインストール

CoreOS の ISO イメージを使って、物理サーバーの内蔵ディスクにインストールを行います。まず、物理サーバーの DVD-ROM ドライブに、CoreOS の ISO イメージを焼きつけた DVD メディアをセットし、DVD ブートします。すると、CoreOS がメモリにロードされ、自動的に、ユーザー core のコマンドプロンプトが表示されます（図 8-1）。

```
This is localhost (Linux x86_64 4.14.84-coreos) 17:19:37
SSH host key: SHA256:nsR+HyZK3jxV3ZLmvEE20KZZcni5vpjFXN1c34ZkKik (ED25519)
SSH host key: SHA256:ONs98ptelWrscp8kpL++Z1F4I+OEr74eK8eZImad8Fw (ECDSA)
SSH host key: SHA256:j4V6q/mp96UihnoF96vk5m1MaWy77rQfbdmvn6drmBs (DSA)
SSH host key: SHA256:QT++hdNnw4yuZJZKx+hjgfZc6CpaheVur4spWPKG1bs (RSA)
eth0:   fe80::5054:ff:fe9f:9bb6

localhost login: core (automatic login)
Container Linux by CoreOS stable (1911.5.0)
Update Strategy: No Reboots
core@localhost ~ $ _
```

図 8-1　CoreOS のインストール前段階のログインプロンプト

＊1　ここでは、CoreOS の安定版を利用します。

第 8 章 CoreOS と RancherOS

この時点で、CoreOS は、まだハードディスクにインストールされていません。CoreOS では、一般に、管理作業をユーザー core で行います。[†]

> † CoreOS のインストール前のコマンドプロンプトで、root アカウントになるには、「sudo su -」を入力します。
>
> ```
> $ sudo su -
> # whoami
> root
> ```

以下では、ユーザー core のコマンドプロンプトを「$」で表します。

■一時的なネットワークの設定

まず、インストールの前段階で、オンメモリで稼働する CoreOS のコマンドプロンプトにおいて、NIC に一時的な IP アドレス、デフォルトゲートウェイ、DNS サーバーの IP アドレスを設定します。ここでは、表 8-1 の値を設定します。

表 8-1　オンメモリで稼働する CoreOS の一時的なネットワーク設定情報

ネットワークの設定項目	パラメーター
IP アドレス	172.16.1.166/16
デフォルトゲートウェイ	172.16.1.160
DNS サーバー	172.16.1.254/16

この設定は、インストール前段階でのオンメモリで稼働する CoreOS の一時的な設定であり、CoreOS をハードディスクにインストールする恒久的な設定ではありません。以下の例では、物理 NIC の名前が eth0 ですが、物理サーバーの機種や NIC の種類によって名前が異なるため注意してください。

```
$ sudo su -
# ip addr add 172.16.1.166/16 dev eth0
# ip route add default via 172.16.1.160
# echo "nameserver 172.16.1.254" >> /etc/resolv.conf
# exit
$ ip -4 a | grep inet
inet 127.0.0.1/8 scope host lo
inet 172.16.1.166/16 brd 172.16.255.255 scope global dynamic eth0
```

● 8-2 CoreOS

■ネットワーク設定の確認

```
$ netstat -rn
Kernel IP routing table
Destination      Gateway          Genmask           Flags   MSS Window   irtt Iface
0.0.0.0          172.16.1.160     0.0.0.0           UG        0 0           0 eth0
0.0.0.0          172.16.1.254     0.0.0.0           UG        0 0           0 eth0
172.16.0.0       0.0.0.0          255.255.0.0       U         0 0           0 eth0
172.16.1.254     0.0.0.0          255.255.255.255   UH        0 0           0 eth0
```

DNS サーバーによる名前解決ができるかどうかも nslookup コマンドで確認しておいてください。

```
$ nslookup coreos.com
```

■ cloud-config.yml ファイルの作成

次に、CoreOS の IP アドレス、ホスト名、作成するユーザーなどの各種パラメーターを記述した cloud-config.yml ファイルを、CoreOS をインストールするマシンとは別のマシンに用意します。

cloud-config.yml ファイルを別のマシンで用意する理由は、オンメモリで稼働している CoreOS が、cloud-config.yml ファイルをロードし、ハードディスクにインストールされると、cloud-config.yml ファイルはなくなってしまうからです。再利用やデバッグの観点から考えると、保存しておいたほうが望ましいでしょう。

インストールの前段階において、ユーザー core のパスワードは、暗号化したものを cloud-config.yml ファイルに記述します。その cloud-config.yml ファイルを使って、CoreOS のインストールを行うことで、ユーザー core のパスワードが設定されます。

以下では、cloud-config.yml ファイルを作成するための別のマシン（OS は、CentOS 7.5.1804 を使用）のコマンドプロンプトを「remote #」で表します。CoreOS とは別のマシンで、cloud-config.yml に記述すべきユーザー core のパスワードを openssl コマンドで生成し、temp.txt ファイルに保存しておきます。

```
remote # openssl passwd -1 > temp.txt
Password: xxxxxxxx
Verifying - Password: xxxxxxxx
```

暗号化されたパスワードが temp.txt ファイルに記録されているかを確認します。

```
remote # cat temp.txt
$1$ina0.Wgo$63I3QS0lT.NHbiM58oBwf1
```

CoreOS をインストールするマシンとは別のマシンで、以下のような cloud-config.yml ファイルを

341

第 8 章 CoreOS と RancherOS

作成します。このファイルには、CoreOS に設定するホスト名、IP アドレス、ユーザー core のパスワードなどを記述します。

　temp.txt ファイルに記録された文字列を「passwd:」の後にコピー＆ペーストします。表 8-2 の内容を設定し、ユーザー core にパスワードを付与する設定ファイルの例を示します。cloud-config.yml ファイルの先頭行の「#cloud-config」は、省略不可なので注意してください。

表 8-2　CoreOS のネットワーク設定情報

ネットワークの設定項目	パラメーター
ホスト名	coreos01
ネットワークインターフェイス	eth0
IP アドレス	172.16.1.166/16
デフォルトゲートウェイ	172.16.1.160
DNS サーバー	172.16.1.254/16

```
remote # vi /root/cloud-config.yml
#cloud-config
hostname: "coreos01"
coreos:
 units:
  - name: 10-static.network
    runtime: no
    content: |
     [Match]
     Name=eth0
     [Network]
     Address=172.16.1.166/16
     Gateway=172.16.1.160
     DNS=172.16.1.254
users:
 - name: core
   passwd: $1$ina0.Wgo$63I3QSOlT.NHbiM58oBwf1
   groups:
     - sudo
     - docker
```

● 8-2 CoreOS

■ cloud-config.yml のコピー

CoreOS をインストールするマシンとは別のマシン（IP アドレスは 172.16.1.115/16）の/root ディレクトリに作成した、cloud-config.yml ファイルを scp コマンドで CoreOS 上にコピーします。作業は、CoreOS 上から行います。

```
$ whoami
core
$ scp root@172.16.1.115:/root/cloud-config.yml .
root@172.16.1.115's password: xxxxxxxx
cloud-config.yml
$ ls
cloud-config.yml
```

■ CoreOS のハードディスクへのインストール

オンメモリで稼働する CoreOS 上に cloud-config.yml をコピーしたら、この cloud-config.yml を使って、CoreOS をハードディスクにインストールします。物理ディスクや RAID の論理ドライブが複数ある場合に、どのデバイスに CoreOS をインストールするかを確認するため、事前に parted コマンドでハードディスクのデバイスを表示します。

```
$ sudo parted -s /dev/sda print
Error: /dev/sda: unrecognised disk label
Model: ATA MM0500GBKAK (scsi)
Disk /dev/sda: 500GB
Sector size (logical/physical): 512B/512B
Partition Table: unknown
Disk Flags:

$ sudo parted -s /dev/sdb print
Error: /dev/sdb: unrecognised disk label
Model: HP LOGICAL VOLUME (scsi)
Disk /dev/sdb: 24.0TB
Sector size (logical/physical): 512B/512B
Partition Table: unknown
Disk Flags:
```

ここでは、/dev/sda に CoreOS をインストールします。CoreOS のインストールは、coreos-install コマンドで行います。このコマンドは、インターネット経由で必要なアーカイブファイルなどをダウンロードするため、インターネットにアクセスできる状態にしておく必要があります。

```
$ export http_proxy=http://proxy.your.site.com:8080
```

343

第 8 章　CoreOS と RancherOS

```
$ export https_proxy=http://proxy.your.site.com:8080
$ sudo -E coreos-install -d /dev/sda -C stable -c /home/core/cloud-config.yml
...
Current version of CoreOS Container Linux stable is 1911.5.0
Downloading the signature for https://stable.release.core-os.net/amd64-usr/1911.5.0
/coreos_production_image.bin.bz2...
...
Success! CoreOS Container Linux stable 1911.5.0 is installed on /dev/sda
```

■ CoreOS の再起動

インストールが完了すると、「Success! CoreOS Container Linux stable 1911.5.0 is installed on /dev/sda」と表示されるので、オンメモリで稼働する CoreOS を再起動します。

```
$ sudo systemctl reboot
```

CoreOS がハードディスクから起動したら、openssl コマンドで設定したユーザー core のパスワードでログインします。ユーザー core でログインすると、実際の画面上では OS バージョンがカラフルに表示されます（図 8-2）。

```
This is coreos01 (Linux x86_64 4.14.84-coreos) 18:25:55
SSH host key: SHA256:R5VyvnrYKrs/9nyT60kzFiDIBtTJturYPAGsnC8gFJw (DSA)
SSH host key: SHA256:5CZdGmEKmPmCyl/oZSIfmAksp6JAw4LaZPdHdGsqYgU (ECDSA)
SSH host key: SHA256:EYv+Q5Zivi6YBRpUOwfYJUs3UUep9rvCHLvOhJZS5ls (ED25519)
SSH host key: SHA256:UEZfCCKOoe5ZI0N8aO+ynp/e6S5O2ORCPSdqzptwV0w (RSA)
eth0: 172.16.1.166 fe80::5054:ff:fe9f:9bb6

coreos01 login: core
Password:
Last login: Wed Dec 26 18:25:53 UTC 2018 on tty1
Container Linux by CoreOS stable (1911.5.0)
core@coreos01 ~ $
```

図 8-2　CoreOS をハードディスクにインストールし、ユーザー core でログインした様子

ユーザー core でログインできたら、CoreOS に IP アドレス、デフォルトゲートウェイ、DNS サーバーが正しく設定され、インターネットにアクセスできるかを確認してください。

■ CoreOS の情報

CoreOS の現在のバージョンは、/etc/os-release に記載されています。

```
$ cat /etc/os-release
NAME="Container Linux by CoreOS"
ID=coreos
```

● 8-2 CoreOS

```
VERSION=1911.5.0
VERSION_ID=1911.5.0
BUILD_ID=2018-12-15-2317
PRETTY_NAME="Container Linux by CoreOS 1911.5.0 (Rhyolite)"
ANSI_COLOR="38;5;75"
HOME_URL="https://coreos.com/"
BUG_REPORT_URL="https://issues.coreos.com"
COREOS_BOARD="amd64-usr"
```

8-2-2　CoreOS の設定ファイルの変更方法

　CoreOS の設定は、/var/lib/coreos-install/user_data ファイルに格納されています。たとえば、IP アドレス、ゲートウェイアドレス、DNS サーバーの IP アドレスの登録情報を変更したい場合は、user_data ファイルを編集します。ここでも、cloud-config.yml ファイルの先頭行の「#cloud-config」は省略不可なので注意してください。

```
$ sudo vi /var/lib/coreos-install/user_data
#cloud-config
hostname: "coreos01"
coreos:
 units:
  - name: 10-static.network
    runtime: no
    content: |
     [Match]
     Name=eth0
     [Network]
     Address=172.16.1.166/16
     Gateway=172.16.1.160
     DNS=172.16.1.254
     DNS=8.8.8.8
users:
 - name: core
   passwd: $1$ina0.Wgo$63I3QSOlT.NHbiM58oBwf1
   groups:
     - sudo
     - docker
```

ファイルを編集したら、構文に誤りがないかチェックします。

```
$ sudo coreos-cloudinit \
-validate="true" \
```

345

第 8 章 CoreOS と RancherOS

```
--from-file=/var/lib/coreos-install/user_data
```

構文チェックでエラーが表示されなければ、CoreOS を再起動します。

```
$ sudo systemctl reboot
```

8-2-3　CoreOS での Docker の稼働テスト

CoreOS は、すでに Docker がインストールされており、すぐに利用できます。ここで、インストールされている Docker のバージョンを確認します。

```
$ docker -v
Docker version 18.06.1-ce, build e68fc7a
```

プロキシサーバー経由でインターネットにアクセスする場合は、/var/lib/coreos-install/user_data ファイルに Docker デーモンに渡すプロキシサーバーのパラメーターを記述します。「-name:"docker.service」で systemd によって管理される Docker デーモンの設定を記述します。

```
$ sudo vi /var/lib/coreos-install/user_data
#cloud-config
hostname: "coreos01"
coreos:
 units:
...
  - name: "docker.service"
    drop-ins:
     - name: "http-proxy.conf"
       content: |
         [Service]
         Environment="HTTP_PROXY=http://proxy.your.site.com:8080"
         Environment="HTTPS_PROXY=http://proxy.your.site.com:8080"
...
```

/var/lib/coreos-install/user_data ファイルを編集したら、構文に誤りがないかチェックします。

```
$ sudo coreos-cloudinit \
-validate="true" \
--from-file=/var/lib/coreos-install/user_data
```

構文チェックでエラーが表示されなければ、CoreOS を再起動します。

346

● 8-2 CoreOS

```
$ sudo systemctl reboot
```

　OS 再起動後、自動的に `http-proxy.conf` ファイルが生成され、docker デーモンにパラメーターがロードされます。`http-proxy.conf` ファイルは、/etc/systemd/system/docker.service.d/ディレクトリに生成されます。

```
$ cat /etc/systemd/system/docker.service.d/http-proxy.conf
[Service]
Environment="HTTP_PROXY=http://proxy.your.site.com:8080"
Environment="HTTPS_PROXY=http://proxy.your.site.com:8080"
```

　インターネット経由で Docker イメージを入手でき、CoreOS 上で入手した Docker イメージがコンテナとして稼働できるかを確認します。以下では、CentOS 7.5.1804 の Docker イメージを入手し、コンテナを実行する例です。

```
$ docker image pull centos:7.5.1804
$ docker image ls
REPOSITORY          TAG             IMAGE ID        CREATED         SIZE
centos              7.5.1804        76d6bc25b8a5    5 weeks ago     200MB

$ docker container run \
--rm \
-it \
--name test0001 \
centos:7.5.1804 cat /etc/redhat-release
CentOS Linux release 7.5.1804 (Core)
```

　CentOS 7.5.1804 の Docker コンテナを CoreOS 上で稼働させることができました。

8-2-4　Portainer による CoreOS 上のコンテナ管理

　CoreOS 単体でも、docker コマンドを駆使すればコンテナを管理できますが、Portainer を使うと、Web ブラウザから簡単に CoreOS 上でコンテナを実行、管理できます。

■ CoreOS の Docker デーモンの設定

　CoreOS がインストールされたサーバーを Portainer の管理対象にするために、CoreOS の Docker デーモンの設定を変更します。具体的には、CoreOS で稼働する dockerd デーモンに「-H tcp://0.0.0.0:12345」のオプションを渡すように、CoreOS の/var/lib/coreos-install/user_data ファイルを編集します。プロキシサーバーの設定と同様に、dockerd に渡すオプションを記述します。

347

第 8 章 CoreOS と RancherOS

```
$ sudo vi /var/lib/coreos-install/user_data
#cloud-config
hostname: "coreos01"
coreos:
 units:
...
  - name: "docker.service"
    drop-ins:
    - name: "http-proxy.conf"
      content: |
        [Service]
        Environment="HTTP_PROXY=http://proxy.your.site.com:8080"
        Environment="HTTPS_PROXY=http://proxy.your.site.com:8080"
    - name: "portainer.conf"
      content: |
        [Service]
        Environment=DOCKER_OPTS='-H tcp://0.0.0.0:12345'
...
```

設定ファイルを編集したら、構文に誤りがないかチェックします。

```
$ sudo coreos-cloudinit \
-validate="true" \
--from-file=/var/lib/coreos-install/user_data
```

構文チェックでエラーがなければ、CoreOS を再起動します。

```
$ sudo systemctl reboot
```

CoreOS が起動したら、設定ファイルの中身と Docker が正常に起動するかどうかを確認します。

```
$ cat /etc/systemd/system/docker.service.d/portainer.conf
[Service]
Environment=DOCKER_OPTS='-H tcp://0.0.0.0:12345'

$ docker search centos
```

■管理対象の CoreOS マシンの登録

Portainer の GUI にアクセスし、画面左側の ［Endpoints］をクリックします。すると、Endpoints の画面になるので、［＋ Add endpoint］をクリックします（図 8-3）。

348

図 8-3　Endpoint の追加

　Create endpoint の画面が表示されたら、Environment type の Docker にチェックが入っていることを確認し、その下の Environment details に CoreOS に関する情報として、Name 欄に「coreos01」、Endpoint URL 欄に CoreOS の IP アドレスと Docker デーモンで指定したオプション「-H tcp://0.0.0.0:12345」のポート番号を組み合わせて指定します。今回は、管理対象の CoreOS マシンの IP アドレスが 172.16.1.166 なので、Endpoint URL 欄には、「172.16.1.166:12345」と入力します。最後に、画面下の［＋ Add endpoint］をクリックします（図 8-4）。

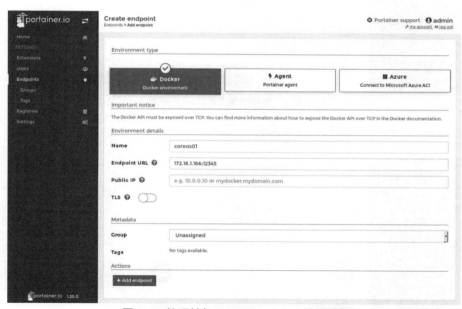

図 8-4　管理対象 CoreOS マシンの情報設定

　Portainer の管理対象の CoreOS マシンが登録されました（図 8-5）。

第 8 章 CoreOS と RancherOS

図 8-5　CoreOS マシンの登録リスト

　Portainer の管理画面左の［Home］をクリックし、管理対象の［coreos01］をクリックします（図 8-6）。

図 8-6　管理対象 CoreOS の選択

［Containers］をクリックします。（図 8-7）

図 8-7　管理対象の coreos01 の情報を表示

［＋Add container］をクリックします。（図 8-8）

図 8-8　コンテナの追加

コンテナに関する情報を入力します。今回は、子供向けのプログラミング環境のソフトウェアとして有名な「Scratch」をコンテナで起動します。コンテナ名は、scratch3n01、Docker イメージは、kadok0520/mit-scratch3、ポートマッピングは、ホスト側とコンテナ側の両方とも 8601 を入力します。パラメーターを入力したら［Deploy the container］をクリックします（図 8-9）。

図 8-9　コンテナのデプロイ

第 8 章　CoreOS と RancherOS

　管理対象の CoreOS マシンで Scratch のコンテナが起動したら、画面上の Published Ports の下にある
［8601:8601］（図 8-10）をクリックします。

図 8-10　Published Port の選択

　すると、Web ブラウザで Scartch の初期画面が表示されるので［Try It!］をクリックすれば、Scratch
のプログラミング環境の画面が表示されます（図 8-11）。

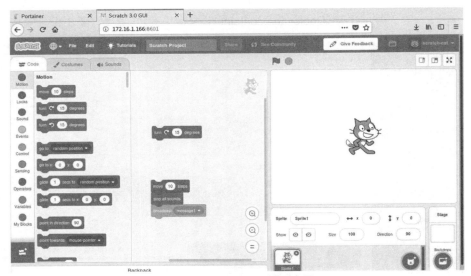

図 8-11　Scratch の画面表示

352

● 8-3 RancherOS

8-3　RancherOS

RancherOS も、CoreOS と並んで広く利用されているコンテナ専用 OS です。最近話題のコンテナオーケストレーション環境の構築などが簡素化されていることで有名です。独自のオーケストレーションツールである Cattle を内蔵しているだけでなく、オーケストレーションツールとして有名な Kubernetes や、Docker Swarm も利用可能です。

8-3-1　RancherOS のインストール手順

それでは、RancherOS を物理サーバーにインストールしてみましょう。以下は、RancherOS のインストール、Docker コンテナの起動、そして、GUI 管理ツール Rancher を使ったコンテナ管理、コンテナへのアクセスまでの流れです。

1. RancherOS の ISO イメージからブートし、オンメモリで RancherOS を起動
2. 別のマシンで、RancherOS の設定用の YML ファイルを作成
3. RancherOS にコピーした YML ファイルを使って、RancherOS をハードディスクにインストール
4. GUI 管理ツールの Rancher を管理サーバーにインストール
5. Rancher による Docker コンテナの作成、管理
6. Docker コンテナが提供するサービスにアクセス

■ RancherOS ISO イメージの入手

RancherOS のインストールメディアは、以下に示す RancherOS のダウンロードサイトにおいて、ISO イメージで提供されています。

●RancherOS の ISO イメージの入手先：

`https://github.com/rancher/os/releases/`

入手する ISO イメージのファイル名は、「`rancheros.iso`」です。

■ RancherOS のインストール

RancherOS の ISO イメージを使って、物理サーバーの内蔵ディスクにインストールを行います。まず、物理サーバーの DVD-ROM ドライブに、RancherOS の ISO イメージを焼きつけた DVD メディアをセットし、DVD ブートします。すると、RancherOS がメモリにロードされ、自動的に、ユーザー rancher のコマンドプロンプトが表示されます（図 8-12）。

353

第 8 章 CoreOS と RancherOS

図 8-12　RancherOS のインストール前段階のログインプロンプト

この時点で、RancherOS は、まだハードディスクにインストールされていません。RancherOS では、一般に、管理作業をユーザー rancher で行います。†

> †　RancherOS のインストール前のコマンドプロンプトで、root アカウントになるには、「sudo su -」を入力します。
>
> ```
> $ sudo su -
> # whoami
> root
> ```

以下では、ユーザー rancher のコマンドプロンプトを「$」で表します。

■一時的なネットワークの設定

まず、インストールの前段階で、オンメモリで稼働する RancherOS のコマンドプロンプトにおいて、NIC に一時的な IP アドレス、デフォルトゲートウェイ、DNS サーバーの IP アドレスを設定します。ここでは、表 8-3 の値を設定します。

表 8-3　オンメモリで稼働する RancherOS の一時的なネットワーク設定情報

ネットワークの設定項目	パラメーター
IP アドレス	172.16.1.167/16
デフォルトゲートウェイ	172.16.1.160
DNS サーバー	172.16.1.254/16

この設定は、インストール前段階でのオンメモリで稼働する RancherOS の一時的な設定であり、RancherOS をハードディスクにインストールする恒久的な設定ではありません。以下の例では、物理 NIC の名前が eth0 ですが、物理サーバーの機種や NIC の種類によって名前が異なりますので注意し

● 8-3　RancherOS

てください。

```
$ sudo su -
# ip addr add 172.16.1.167/16 dev eth0
# ip route add default via 172.16.1.160
# echo "nameserver 172.16.1.254" >> /etc/resolv.conf
# exit
$ ip -4 a | grep inet
inet 127.0.0.1/8 scope host lo
inet 172.16.1.167/16 brd 172.16.255.255 scope global dynamic eth0

$ netstat -rn
Kernel IP routing table
Destination     Gateway         Genmask         Flags MSS Window  irtt Iface
0.0.0.0         172.16.1.160    0.0.0.0         UG      0 0          0 eth0
172.16.0.0      0.0.0.0         255.255.0.0     U       0 0          0 eth0
172.17.0.0      0.0.0.0         255.255.0.0     U       0 0          0 docker0
172.18.0.0      0.0.0.0         255.255.0.0     U       0 0          0 docker-sys
```

> †　デフォルトゲートウェイの IP アドレスが自動的に設定されている場合は、ip route del コマンドで削除しておきます。
> # ip route del default via 172.16.1.254

DNS サーバーによる名前解決ができるかどうかも nslookup コマンドで確認しておいてください。

```
$ nslookup rancher.com
```

■ cloud-config.yml ファイルの作成

　次に、RancherOS の IP アドレス、ホスト名、作成するユーザーなどの各種パラメーターを記述した cloud-config.yml ファイルを、RancherOS をインストールするマシンとは別のマシンに用意します。

　cloud-config.yml ファイルを別のマシンで用意する理由は、オンメモリで稼働している RancherOS が、cloud-config.yml ファイルをロードし、ハードディスクにインストールされると、cloud-config.yml ファイルはなくなってしまうため、再利用やデバッグの観点から、保存しておくことが望ましいためです。

　インストールの前段階において、ユーザー rancher のパスワードは、暗号化したものを cloud-config.yml ファイルに記述します。その cloud-config.yml ファイルを使って、RancherOS のインストールを行うことで、ユーザー rancher のパスワードが設定されます。以下では、cloud-config.yml ファイルを作成するための別のマシン（OS は、CentOS 7.5.1804 を使用）のコマンドプロンプトを「remote #」で表します。

355

第 8 章 CoreOS と RancherOS

　RancherOS をインストールするマシンとは別のマシンで、cloud-config.yml ファイルを作成します。このファイルには、RancherOS に設定するホスト名、IP アドレスなど、**表 8-4** の内容を記述します。cloud-config.yml ファイルの先頭行の「#cloud-config」は、省略不可なので注意してください。

表 8-4　RancherOS のネットワーク設定情報

ネットワークの設定項目	パラメーター
ホスト名	rancher01
ネットワークインターフェイス	eth0
IP アドレス	172.16.1.167/16
デフォルトゲートウェイ	172.16.1.160
DNS サーバー	172.16.1.254/16

```
remote # vi cloud-config.yml
#cloud-config
hostname: rancher01
rancher:
  docker:
    environment:
    - http_proxy=http://proxy.your.site.com:8080
    - https_proxy=http://proxy.your.site.com:8080
    - no_proxy=172.16.1.167
  system_docker:
    environment:
    - http_proxy=http://proxy.your.site.com:8080
    - https_proxy=http://proxy.your.site.com:8080
    - no_proxy=172.16.1.167
  network:
    dns:
      nameservers:
        - 172.16.1.254
    http_proxy: http://proxy.your.site.com:8080
    https_proxy: http://proxy.your.site.com:8080
    no_proxy: localhost,127.0.0.1,172.16.1.167
    interfaces:
      eth0:
        address: 172.16.1.167/16
        gateway: 172.16.1.160
        mtu: 1500
        dhcp: false
  services:
    console:
```

356

● 8-3 RancherOS

```
    environment:
      TZ: 'JST-9'
  syslog:
    environment:
      TZ: 'JST-9'
  server:
    image: rancher/server:preview
    restart: unless-stopped
    ports:
    - 8080:80
    - 8443:443
```

■ cloud-config.yml のコピー

RancherOS をインストールするマシンとは別のマシン（IP アドレスは 172.16.1.115/16）の /root ディレクトリに作成した、cloud-config.yml ファイルを scp コマンドで RancherOS 上にコピーします。作業は、RancherOS 上から行います。

```
$ whoami
rancher
$ scp root@172.16.1.115:/root/cloud-config.yml .
root@172.16.1.115's password: xxxxxxxx
cloud-config.yml
$ ls
cloud-config.yml
```

■ RancherOS のハードディスクへのインストール

オンメモリで稼働する RancherOS 上に cloud-config.yml をコピーしたら、この cloud-config.yml を使って、RancherOS をハードディスクにインストールします。物理ディスクや RAID の論理ドライブが複数ある場合に、どのデバイスに RancherOS をインストールするかを確認するため、事前に parted コマンドでハードディスクのデバイスを表示します。

```
$ sudo parted -s /dev/sda print
Error: /dev/sda: unrecognised disk label Model: ATA MM0500GBKAK (scsi)
Disk /dev/sda: 500GB
Sector size (logical/physical): 512B/512B Partition Table: unknown
Disk Flags:

$ sudo parted -s /dev/sdb print
Error: /dev/sdb: unrecognised disk label Model: HP LOGICAL VOLUME (scsi)
```

```
Disk /dev/sdb: 24.0TB
Sector size (logical/physical): 512B/512B Partition Table: unknown
Disk Flags:
```

ここでは、/dev/sda に RancherOS をインストールします。RancherOS のインストールは、ros install コマンドで行います。このコマンドは、インターネット経由で必要なアーカイブファイルなどをダウンロードするため、インターネットにアクセスできる状態にしておく必要があります。また、ros コマンドに--append オプションを指定し、ユーザー rancher のパスワードを付与します。今回、ユーザー rancher のパスワードは、「password1234」にしました。[†]

```
$ export http_proxy=http://proxy.your.site.com:8080
$ export https_proxy=http://proxy.your.site.com:8080
$ yes | sudo -E \
ros install \
-d /dev/sda \
-c /home/rancher/cloud-config.yml \
--append "rancher.password=password1234"
```

† ここでパスワードを指定しないと、RancherOS にログインできません。

RancherOS がハードディスクから起動したら、ユーザー rancher でログインします（図 8-13）。

図 8-13　RancherOS をハードディスクにインストールし、ユーザー rancher でログインした様子

ユーザー rancher でログインできたら、RancherOS に IP アドレス、デフォルトゲートウェイ、DNS

●8-3 RancherOS

サーバーが正しく設定され、インターネットにアクセスできるかを確認してください。

■ RancherOS の情報

RancherOS の現在のバージョンは、/etc/os-release に記載されています。

```
$ cat /etc/os-release
NAME="RancherOS"
VERSION=v1.4.2
ID=rancheros
ID_LIKE=
VERSION_ID=v1.4.2
PRETTY_NAME="RancherOS v1.4.2"
HOME_URL="http://rancher.com/rancher-os/"
SUPPORT_URL="https://forums.rancher.com/c/rancher-os"
BUG_REPORT_URL="https://github.com/rancher/os/issues"
BUILD_ID=
```

また、OS バージョンは、ros コマンドでも確認できます。

```
$ sudo ros -v
version v1.4.2 from os image rancher/os:v1.4.2
```

8-3-2　RancherOS の設定ファイルの変更方法

RancherOS の設定は、/var/lib/rancher/conf/cloud-config.d/user_config.yml ファイルに格納されています。たとえば、IP アドレス、ゲートウェイアドレス、DNS サーバーの IP アドレスの登録情報を変更したい場合は、user_config.yml ファイルを編集します。ここでも、user_config.yml ファイルの先頭行の「#cloud-config」は省略不可なので注意してください。

```
$  sudo vi /var/lib/rancher/conf/cloud-config.d/user_config.yml
```

ファイルを編集したら、構文に誤りがないかチェックします。

```
$ sudo ros config validate \
-i /var/lib/rancher/conf/cloud-config.d/user_config.yml
```

構文チェックでエラーが表示されなければ、RancherOS を再起動します。

```
$ sudo reboot
```

第 8 章　CoreOS と RancherOS

Column　RancherOS の設定

RancherOS では、ros コマンドと YML ファイルの書式にある程度慣れる必要があります。YML ファイルに馴染みがないと、思うようにパラメーターを設定できずにストレスを感じるかもしれませんが、コミュニティで多くの YML ファイルの設定例が公開されているため、それらを参考に少しずつ構文に慣れていくのがよいでしょう。

一般に、RancherOS の設定は、管理者が明示的に user_config.yml ファイルに記述しますが、このファイルは、あくまで RancherOS の設定の一部です。RancherOS のすべての設定は、ros コマンドを使って取得できます。以下のように「sudo ros config export -f」を実行します。

```
$ sudo ros config export -f | less
hostname: rancher01
rancher:
  bootstrap:
    bootstrap:
      command: ros-bootstrap
      image: rancher/os-bootstrap:v1.4.2
...
```

YML ファイルの構文がわからないときは、「sudo ros config export -f」の出力を参考にするとよいでしょう。また、逆に、ros config set コマンドでパラメーターを設定することも可能です。

```
$ sudo ros config set \
rancher.system_docker.environment '[http_proxy=<proxy>, https_proxy=<proxy>]'
$ sudo ros config set \
rancher.docker.environment '[http_proxy=<proxy>, https_proxy=<proxy>'
```

8-3-3　RancherOS での Docker の稼働テスト

RancherOS は、すでに Docker がインストールされており、すぐに利用できます。ここで、インストールされている Docker のバージョンを確認します。

```
$ docker -v
Docker version 17.03.2-ce, build f5ec1e2
```

インターネット経由で Docker イメージを入手でき、RancherOS 上で入手した Docker イメージがコンテナとして稼働できるかを確認します。以下では、CentOS 7.5.1804 の Docker イメージを入手し、コンテナを実行する例です。

```
$ docker image pull centos:7.5.1804
```

```
$ docker image ls
REPOSITORY          TAG           IMAGE ID        CREATED         SIZE
centos              7.5.1804      76d6bc25b8a5    5 weeks ago     200MB
rancher/server      preview       3141e5c66ee8    6 months ago    535MB

$ docker container run \
--rm \
-it \
--name test0001 \
centos:7.5.1804 cat /etc/redhat-release
CentOS Linux release 7.5.1804 (Core)
```

CentOS 7.5.1804 の Docker コンテナを RancherOS 上で稼働させることができました。

8-3-4　RancherOS における GUI 管理

RancherOS は、Web ブラウザから簡単に RancherOS 上でコンテナを実行、管理できます。RancherOS の管理画面を提供するサービスは、RancherOS 内で Docker コンテナとして起動しています。

```
$ docker container ls \
--format "table {{.Image}}\t{{.Ports}}\t{{.Names}}"
IMAGE                   PORTS                                               NAMES
rancher/server:preview  0.0.0.0:8080->80/tcp, 0.0.0.0:8443->443/tcp         server
```

上記のコンテナが管理 GUI を提供しています。管理画面の URL は、「https://<RancherOS の IP アドレス>:8443」です。http ではなく、https なので、間違わないようにしてください。

```
remote # firefox https://172.16.1.167:8443 &
```

Rancher の GUI 管理画面にアクセスすると、ユーザー admin のパスワードを設定します。パスワードを入力したら、[Continue]をクリックします（図 8-14）。

図 8-14　admin パスワードの設定

第 8 章 CoreOS と RancherOS

　Rancher Server、すなわち、管理 GUI を提供する URL に関する質問画面が表示されるので、［Save URL］をクリックします（図 8-15）。

図 8-15　Rancher Server URL

■クラスタの登録

　管理画面内の［Add Cluster］をクリックします（図 8-16）。

図 8-16　クラスタの登録

　さまざまな種類のコンテナ配備先が表示されます。［CUSTOM］を選択します。さらに、下段にある Cluster Name の入力欄にクラスタ名を入力します。今回は、hpe-ros-cluster01 としました。クラスタ名を入力したら、画面下部の［Next］をクリックします（図 8-17）。

● 8-3 RancherOS

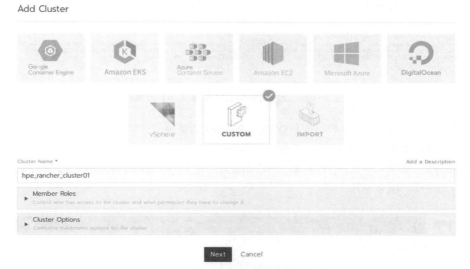

図 8-17　コンテナ配備先の選択

　sudo から始まるコマンドが表示されます。画面内の Node Role の左側にある三角のボタン（▼）をクリックし、etcd、Control、Worker にチェックを入れます（図 8-18）。

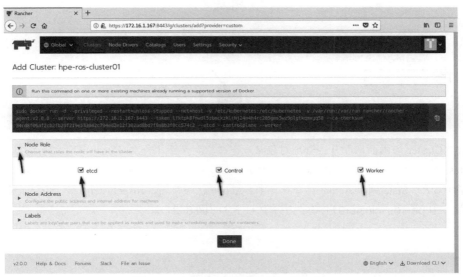

図 8-18　docker run のコマンドライン

　sudo から始まる文字列すべてをマウス操作でコピーし、管理対象ノードのホスト OS のコマンドプロンプトでペーストし、実行します。図 8-19 は、仮想端末で管理対象ノードに SSH 接続を行い、文

第 8 章 CoreOS と RancherOS

字列をペーストした様子です。ペーストしたら、その仮想端末上で Enter キーを押します。

図 8-19　仮想端末におけるコマンドの実行

　これにより、管理対象ノードのホスト OS で、Rancher の監視エージェントが稼働するコンテナが起動します。管理対象の Docker ホストに監視エージェントが組み込まれたら、画面下部に「1 new node has registered」が表示され、管理対象ノードが登録されます。表示を確認後、画面最下部の［Done］をクリックします（図 8-20）。

図 8-20　管理対象ノードの登録

　すると、Cluster の画面になり、管理対象ノードにコンテナオーケストレーションソフトウェアの Kubernetes のコンポーネントが Docker コンテナとして起動します。Kubernetes のコンポーネントの起動が終了すると、State 列が Active になります。Active 状態の hpe-ros-cluster01 クラスタの状態を確認するため、［hpe-ros-cluster01］をクリックします（図 8-21）。

● 8-3 RancherOS

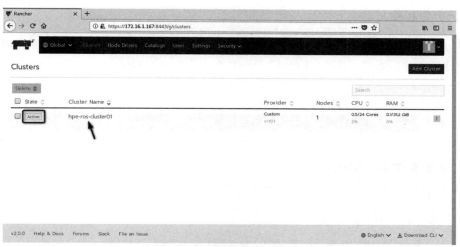

図 8-21　管理対象のクラスタの状態

　hpe-ros-cluster01 クラスタの状態が表示されます。CPU、メモリ、Kubernetes クラスタにおけるコンテナの管理単位である Pod（第 10 章で解説）の状態などが確認できます（図 8-22）。

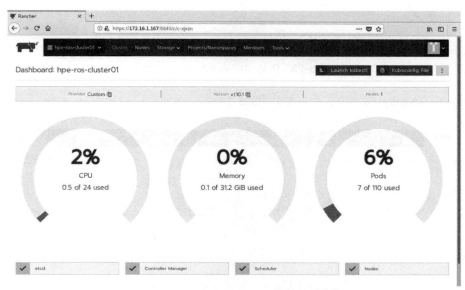

図 8-22　クラスタのリソースの使用状況を確認

■コンテナの起動

コンテナの起動も管理 GUI から行えます。Rancher の管理 GUI では、コンテナの管理に Kubernetes を利用します。まず、画面の上のメニューにある［Projects/Namespaces］をクリックします。Projects/Namespaces の画面になります。画面左下の［Project Default］をクリックします（図 8-23）

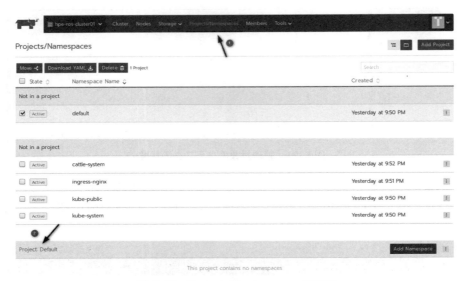

図 8-23　Projects/Namespaces の画面

画面中央の［Deploy］をクリックします（図 8-24）。

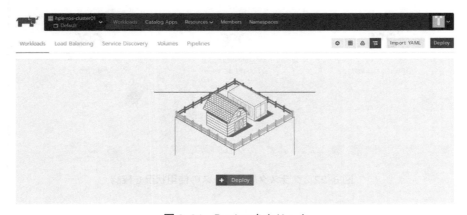

図 8-24　Deploy をクリック

Deploy Workload の画面が表示されます。Name 欄に稼働させるコンテナ（Pod）の名前を入力します（図 8-25）。ここでは、「myapp01」としました。Docker image 欄には、myapp01 の Docker イメージ名を入力します。ブラウザ上に Hello World を表示する Docker イメージ `rancher/hello-world` を使うため、Docker image 欄に `rancher/hello-world` を入力します。右側の Namespace は、Kubernetes クラスタで利用される名前空間です。今回は、「myapp01」と入力します。入力を終えたら、画面下の [Launch] をクリックします。

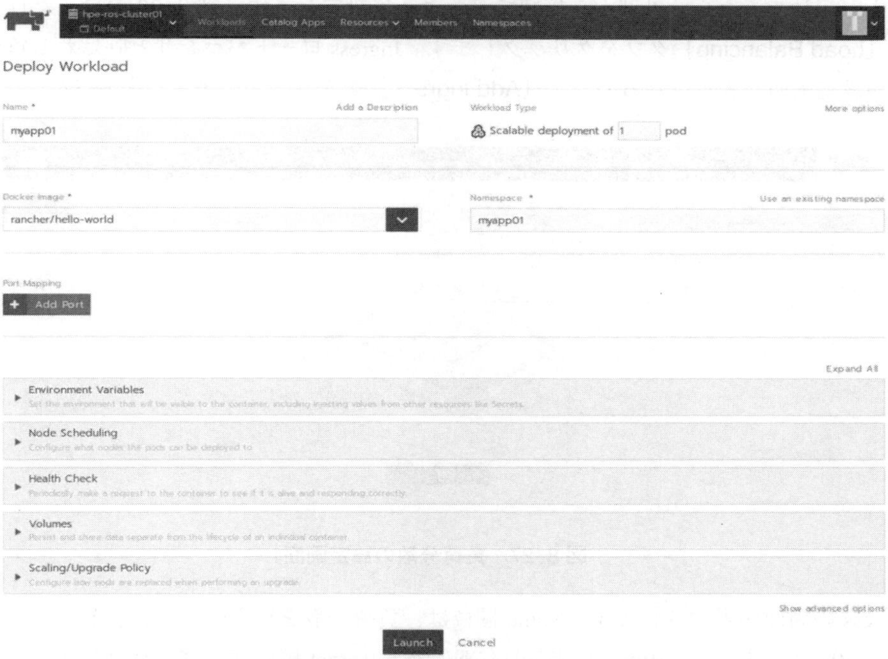

図 8-25　コンテナの名前、使用する Docker イメージ名、名前空間を入力

コンテナ（Pod）の状態が表示されます。Rancher の管理 GUI では、管理対象のコンテナをワークロードと呼びます。コンテナが正常に稼働しているかどうかは、このワークロードの管理画面で確認します（図 8-26）。[†]

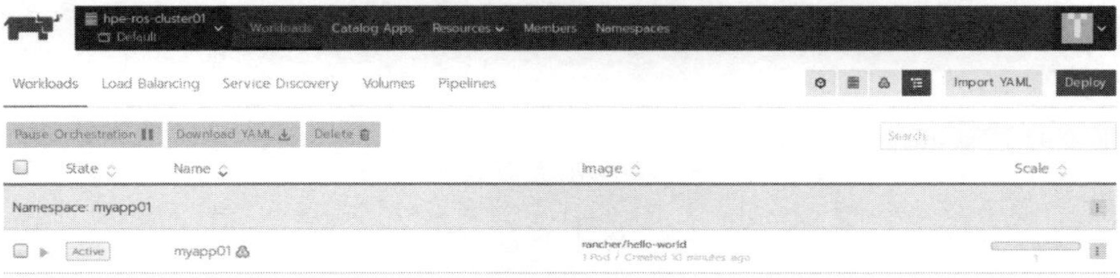

図 8-26　コンテナの状態

367

第 8 章 CoreOS と RancherOS

> † ワークロードの管理画面は、GUI 上部のメニューにあるクラスタ名（hpe-ros-cluster01）をポイントし、プルダウンで表示されたプロジェクト名（今回は、Default）をクリックすれば表示できます。

以上で、無事、コンテナ（Kubernetes における Pod）が起動できました。

■コンテナへの接続確認

コンテナが起動できたら、外部から接続できるように設定します。図 8-26 のワークロードの管理画面上の［Load Balancing］タブをクリックします。Ingress ロードバランサと呼ばれる負荷分散ソフトウェアの設定画面が表示されるので、［Add Ingress］をクリックします（図 8-27）。

図 8-27　負荷分散の設定画面

　Add Ingress の画面が表示されます。Name 欄には、負荷分散を行う管理上の名前を入力します。今回は、ingress01 としました。Rules の枠内の右下にある Target 欄の下のプルダウンメニューをクリックし、myapp01 を選択します。さらに、その右側にある Port 欄に、80 を入力します。入力が終えたら、画面下の［Save］をクリックします（図 8-28）。

● 8-3 RancherOS

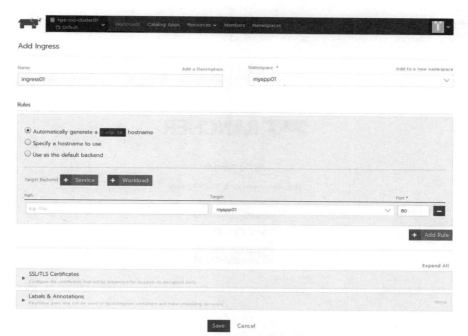

図 8-28　Add Ingress の設定画面

　負荷分散の管理画面が表示されるので、設定が完了するまで、しばらく待ちます。負荷分散の設定が完了すると、負荷分散の管理画面の Targets 列に外部接続用のリンク（今回の場合は、ingress01.mypapp01.172.16.60.105.xip.io）が表示されます。myapp01 の外部接続用のリンク ingress01.mypapp01.172.16.60.105.xip.io をクリックします（図 8-29）。

図 8-29　外部接続用のリンクの表示

369

第 8 章 CoreOS と RancherOS

　myapp01 が提供する Web サイトがブラウザに表示され、外部からコンテナが提供するアプリケーションにアクセスできました (図 8-30)。

図 8-30　myapp01 に外部から接続した様子

8-4　まとめ

　本章では、コンテナ専用 OS である CoreOS と RancherOS のインストールと簡単な管理手順を紹介しました。CoreOS や Rancher OS の独特の管理手法は、慣れるまでに少し時間がかかるかと思います。YML ファイルの記述方法に慣れるまでは、Web サイトに掲載されているサンプルを参照しながら、テスト環境で試して学習する必要があります。日々の運用管理業務で必要となる作業内容に対応した YML ファイルを作成してしまえば、ある程度、構築や設定変更を自動化できるというのもコンテナ専用 OS の特徴といえるので、YML ファイルによる設定方法は、ぜひマスタしてください。

第9章
Docker Enterprise Edition

　Dockerは、開発者やIT部門の管理者などで広く利用されていますが、その多くは、コミュニティ版が利用されています。しかし、企業向けのシステムで利用する場合、部門をまたがる利用を想定したユーザー管理や、Dockerイメージへのアクセス管理、多人数での利用を想定した負荷の監視、そして、高度なセキュリティ管理機能が求められます。そこでDocker社は、2016年にDockerエンジンの商用版であるDocker Datacenter（現在のDocker EE）を製品として投入しました。商用本番利用を想定したDocker EEは、すでに企業や研究所などで利用されており、セキュリティやユーザー管理を強く意識したコンテナ管理ソフトウェア製品として日本でも非常に注目を浴びています。

　本章では、Docker EEのインストールに加え、UCPとDTRによるGUI管理画面の操作、Dockerイメージ管理、セキュリティ管理機能などの具体的な操作手順を紹介します。

第 9 章 Docker Enterprise Edition

9-1　Docker EE の特徴

Docker 社は、Docker エンジンの商用版を提供しています。コミュニティ版にはない機能を有しており、企業における大規模システムでの利用を想定した製品です。Docker EE では、通常、Universal Control Plane（UCP）と、Docker Trusted Registry（DTR）がセットで利用されます。企業での利用では、Docker EE 本体だけでなく、UCP や DTR を駆使することで、エンタープライズレベルの要件を満たす頑健なコンテナ基盤を構築できます。Docker EE の主な特徴を**表 9-1** に示します。

表 9-1　Docker EE の主な特徴

特徴	説明
Docker 運用管理コンソールによるシンプルな運用管理	Universal Control Plane と呼ばれる 1 つのツールから、計算資源の管理、アプリケーションが稼働する Docker コンテナの配備、セルフサービスポータル、Docker コマンドラインインターフェイス、API の利用、アプリケーションの死活監視、スケールなどが可能
セキュリティの高いコンテナイメージ管理リポジトリの提供	コミュニティ版に比べて、エンタープライズレベルのセキュリティ要件に対応できるレジストリ（Docker イメージの保管庫）を使用し、コンテナを社内システム内に配信。Docker Trusted Registry（DTR）と呼ばれる
Docker エンジンの広範なサポート提供	Docker Swarm、および、ビルトインされた Kuberentes によるコンテナのオーケストレーションをサポート。旧バージョンの Docker エンジンに対するホットフィックスやパッチ提供も可能

9-1-1　Docker EE のインストール

商用版の Docker エンジン（Docker EE）のインストールに先立ち、yum のリポジトリとライセンスファイルを入手する必要があります。Docker EE は、有償製品ですが、1 か月間の無償トライアルが可能です。今回は、1 か月の無償トライアルの方法を紹介します。

■ Docker EE の Web サイトにアクセス

まず、Docker 社が提供する Docker EE の Web サイトにアクセスします。CentOS で稼働する Docker EE の Web サイトは、以下のとおりです。

●Docker EE for CentOS の Web サイトの URL：

https://hub.docker.com/editions/enterprise/docker-ee-server-centos

●9-1 Docker EE の特徴

上記の URL にアクセスしたら、画面の［Start 1 Month Trial］をクリックします（図 9-1）。

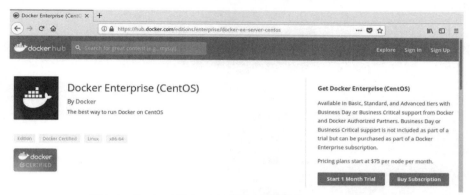

図 9-1　Docker EE for CentOS の試用版ライセンスの入手

■ Docker 社のログイン画面

「Welcome to Docker」を表示されているログイン画面が表示されます。アカウントを作成するために、画面下の［Create Account］をクリックします（図 9-2）。

図 9-2　Docker 社のユーザーアカウントのログイン画面

■アカウントの作成

「Welcome to the Docker Store」が表示されている画面で、Docker EE 用のユーザーアカウントを作成します。「Choose a Docker ID」には、ユーザーアカウントのログイン名、「Email」には、電子メールアドレス、「Password」には、パスワードを入力します。下にあるチックボックスの 3 つに

373

第 9 章 Docker Enterprise Edition

チェックを入れ、「I'm not a robot」にチェックを入れます。最後に、［Sign Up］をクリックします（図 9-3）。

図 9-3　Docker EE 用のユーザーアカウントの作成

登録した電子メールアドレスに Docker 社からメールが送信されます。（図 9-4）。

図 9-4　電子メールの確認を促すメッセージ

● 9-1 Docker EE の特徴

■メールの確認とログイン

　Docker 社から来た電子メールを開き、メールの本文にある［Confirm your mail］をクリックします（図 9-5）。すると、自動的に「Welcome to Docker」の Web ページが開くので、登録したユーザー名とパスワードでログインします（図 9-6）。

図 9-5　電子メールの確認

図 9-6　登録したユーザー名とパスワードを使ってログイン

　ログインすると、Docker EE for CentOS の画面になります。氏名、会社、役職、電話番号を入力し、国を選択後、「I have read and agree to Docker's Software Evaluation Agreement」のチェックボックスにチェックを入れ、最後に［Start your evaluation!］をクリックします（図 9-7）。

375

第 9 章 Docker Enterprise Edition

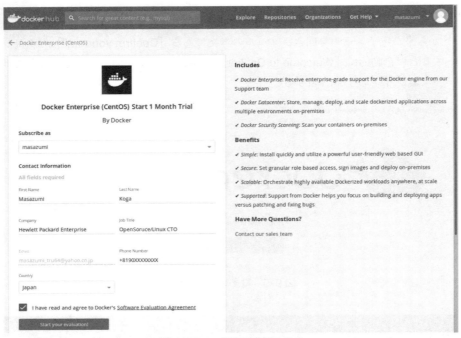

図 9-7　ユーザー情報の入力

■ライセンスキーの入手と yum リポジトリの URL のコピー

　画面右の［License Key］をクリックし、Docker EE のライセンスキーをクライアントに保存します（図 9-8、図 9-9）。

　さらに、図 9-8 の画面右下にある URL をコピーし、テキストファイルにペーストして保存しておきます。これは、Docker EE の RPM パッケージの入手に必要な yum のリポジトリに関する URL なので、インストール時に必要です（図 9-10）。

■互換性情報を確認

　ホスト OS、Docker EE、UCP、DTR のバージョンと、対応しているストレージドライバの種類を注意深く確認してください。

●互換性情報：

https://success.docker.com/article/compatibility-matrix

　UCP サーバーと DTR サーバーには、同じバージョンの Docker EE をインストールします。事前に、UCP サーバーの `n11.jpn.linux.hpe.com` および、DTR サーバーの `n12.jpn.linux.hpe.com`、さらに、

● 9-1 Docker EE の特徴

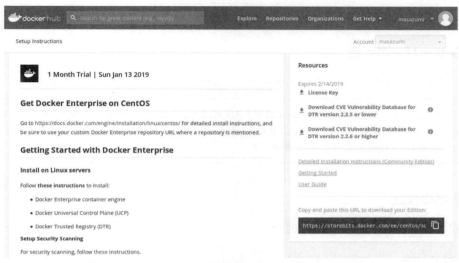

図 9-8　Docker EE のライセンスキーのダウンロード画面

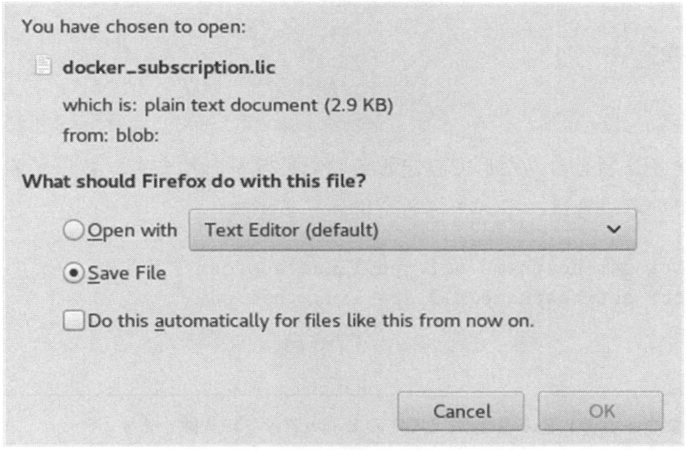

図 9-9　Docker EE のライセンスキーを手元のマシンに保存

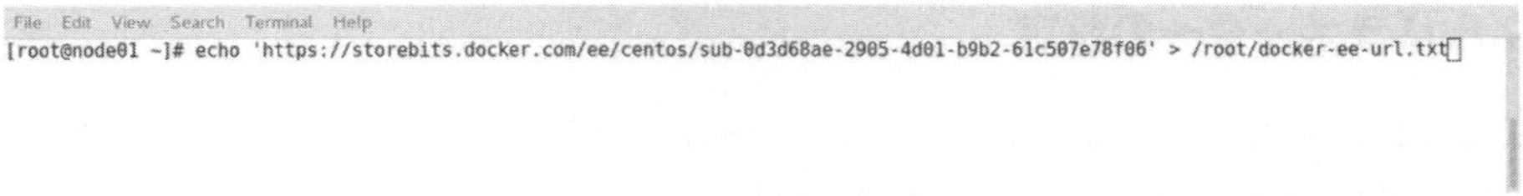

図 9-10　Docker EE の RPM パッケージの入手に必要な yum のリポジトリに関する URL
　　　　　をテキストファイル docker-ee-url.txt に保存

コンテナが稼働する全ワーカーノード群の名前解決ができるように DNS サーバーを設定しておいてください。以下では、全ノードで作業を行う場合のコマンドプロンプトを「#」、UCP ノードのコマンドプロンプトを「n11 #」、DTR ノードのコマンドプロンプトを「n12 #」、アプリケーション入りのコン

377

第 9 章 Docker Enterprise Edition

テナが稼働するワーカーノードのコマンドプロンプトを「n13 #」とします。

■ DNS サーバーの用意

UCP サーバーや DTR サーバーとは異なるマシンに DNS サーバーを別途用意します。[†]

> [†] DNS サービスは、Bind が有名ですが、単純なテスト利用であれば、/etc/hosts を使った簡易的な名前解決
> サービスを提供する dnsmasq などでも構いません。dnsmasq であれば、/etc/hosts で IP アドレスとホスト名の
> 対応付けを設定でき、Bind に比べて管理が簡素です。

■ホスト名の設定

全ノードのホスト名の設定を確認します。

```
n11 # hostname
n11.jpn.linux.hpe.com

n12 # hostname
n12.jpn.linux.hpe.com

...
```

ホスト名は、ドメイン名を含んだ形で設定しておく必要があります。もしドメイン名が含まれない
ホスト名で設定している場合は、ドメイン名を付与します。[†]

```
n11 # hostnamectl set-hostname n11.jpn.linux.hpe.com
n12 # hostnamectl set-hostname n12.jpn.linux.hpe.com
...
```

> [†] ドメイン名を含まないホスト名の場合は、UCP のセットアップに失敗します。

■カーネルパラメーターの設定

以下は、Docker EE をインストールする全サーバー上で作業します。全ノードの IP フォワーディン
グの設定を有効にします。

```
# echo "net.ipv4.ip_forward=1" >> /etc/sysctl.conf
# sysctl --system
# cat /proc/sys/net/ipv4/ip_forward
1
```

● 9-1 Docker EE の特徴

■シェル変数に URL を格納

Docker 社の Web サイトで得られた URL のテキストファイルを開き、URL をシェル変数に格納します。

```
# URL='https://storebits.docker.com/ee/centos/sub-XXXXXXXX-AAAA-BBBB-CCCC-XXXXXXXXXXXX'
```

■リポジトリの設定

Docker EE のリポジトリを設定します。シェル変数の値（URL 情報）を dockerurl ファイルに書き込みます。

```
# echo $URL > /etc/yum/vars/dockerurl
```

リポジトリの設定ファイルを生成します。

```
# yum-config-manager --add-repo $URL/docker-ee.repo
```

標準のリポジトリの設定ファイルでは、Docker EE 17.06 が有効になっており、18.09 が無効になっているので、17.06 を無効にし、18.09 を有効にします。

```
# yum-config-manager --disable docker-ee-stable-17.06
# yum-config-manager --enable docker-ee-stable-18.09
# cat /etc/yum.repos.d/docker-ee.repo
[docker-ee-stable-17.06]
name=Docker EE Stable 17.06 - $basearch
baseurl=$dockerurl/7/$basearch/stable-17.06/
enabled=0
...
[docker-ee-stable-18.09]
name=Docker EE Stable 18.09 - $basearch
baseurl=$dockerurl/7/$basearch/stable-18.09/
enabled=1
...
```

■パッケージのインストール

Docker EE の RPM パッケージをインストールします。

```
# yum clean all && yum makecache fast
# yum search docker-ee
# yum install -y docker-ee
```

379

第 9 章 Docker Enterprise Edition

■プロキシサーバーの設定

　プロキシサーバーに関する設定を追加します。プロキシサーバーを経由しないホストやネットワーク
は、環境変数の「NO_PROXY」に設定します。以下は、NO_PROXY に、ローカルホストと、jpn.linux.hpe.com
ドメインを指定した例です。

```
# mkdir -p /usr/lib/systemd/system/docker.service.d
# vi /usr/lib/systemd/system/docker.service.d/http-proxy.conf
[Service]
Environment="HTTP_PROXY=http://proxy.your.site.com:8080"
Environment="HTTPS_PROXY=https://proxy.your.site.com:8080"
Environment="NO_PROXY=127.0.0.1,localhost,.jpn.linux.hpe.com"
```

■ストレージドライバの設定

　Docker EE が使用するストレージドライバ[†]に関する設定を記述します。CentOS 7.5.1804 で稼働す
る Docker EE 18.09 では、overlay2 が推奨されています。

```
# mkdir -p /etc/docker
# vi /etc/docker/daemon.json
{
  "storage-driver": "overlay2"
}
```

[†]　OS の種類ごとに Docker EE でサポートされているストレージドライバの情報は、以下の URL に記載があり
ます。

● Supported storage drivers per Linux distribution：
https://docs.docker.com/storage/storagedriver/select-storage-driver/#supported-storage-drivers-
per-linux-distribution

　CentOS 7.5.1804 の xfs で、overlay2 を使用する場合は、Docker EE エンジンが利用する/var/lib/docker ディ
レクトリのファイルシステムの xfs フォーマット時に「-n ftype=1」が付与されている必要があります。
　/var/lib/docker ディレクトリが「-n ftype=1」オプション付きでフォーマットされているかどうかを確認する
には、xfs_info コマンドを使用します。

```
# xfs_info /var/lib/docker | grep ftype
naming   =version 2                bsize=4096    ascii-ci=0 ftype=1
```

● 9-1 Docker EE の特徴

■ Docker エンジンの起動

全ノードの systemd に設定ファイルの変更を通知し、Docker エンジンを起動します。

```
# systemctl daemon-reload
# systemctl restart docker
# systemctl status docker
# systemctl enable docker
```

■起動した Docker の状態を確認する

Docker の起動後は、その状態を確認しておきます。まず、ストレージドライバに overlay2 が指定されていることを確認してください。また、/usr/lib/systemd/system/docker.service.d ディレクトリで指定したパラメーターが反映されているかどうかも併せて確認してください。

■バージョンの確認

さらに、インストールした Docker のクライアント、Docker が稼働する OS のアーキテクチャ、Docker のサーバーと API などのバージョンなどを確認しておきます。Client と Server の両方のバージョンが表示されているかを確認してください。

```
# docker version
Client:
Version:          18.09.1
API version:      1.39
Go version:       go1.10.6
Git commit:       20b6775
Built:            Wed Jan  9 16:50:13 2019
OS/Arch:          linux/amd64
Experimental:     false

Server: Docker Engine - Enterprise
Engine:
  Version:          18.09.1
  API version:      1.39 (minimum version 1.12)
  Go version:       go1.10.6
  Git commit:       20b6775
  Built:            Wed Jan  9 16:38:37 2019
  OS/Arch:          linux/amd64
  Experimental:     false
```

第 9 章 Docker Enterprise Edition

■コンテナの動作確認

インターネットを経由して Docker イメージを検索し、入手できるかを確認します。Docker イメージ
を入手したあとには、Docker イメージが稼働できるかを確認します。ここでは、CentOS:6.10 の Docker
イメージを稼働させ、コンテナの OS バージョンを確認しています。

```
# docker image pull centos:6.10
6.10: Pulling from library/centos
...

# docker container run --rm -it centos:6.10 cat /etc/redhat-release
CentOS release 6.10 (Final)
```

以上で、CentOS 6.10 ベースのコンテナが無事、Docker EE 上で起動できました。

9-1-2　Universal Control Plane のインストール

Universal Control Plane（UCP）は、Docker EE 上で稼働する Docker 社純正の GUI 管理ツールです。
ユーザー管理、コンテナの実行、コンテナのオーケストレーション、負荷の監視など、エンタープラ
イズレベルで要求されるさまざまな機能を提供します。特に、最新版の UCP では、Kubernetes による
コンテナオーケストレーションの操作も GUI 画面で簡単に行えるようになっており、大量のコンテナ
が稼働する基盤での管理を大幅に簡素化できます。以下では、UCP のインストール方法と基本的な使
用法を説明します。

■ UCP のインストールと起動

UCP のインストール作業は、Docker EE がインストール済みのマシン n11 で行います。UCP サー
ビスは、Docker コンテナとして起動します。今回、UCP の管理ユーザーは、admin、パスワードは、
password1234 としました。Docker EE のバージョンに対応した適切な UCP のバージョン番号（今回の
場合は、3.1.2）を明示的に指定する必要があるので、注意してください。[†]

> †　UCP のバージョン番号は、以下の URL で参照できます。
>
> ● UCP release notes：
> https://docs.docker.com/ee/ucp/release-notes/

```
n11 # docker image pull docker/ucp:3.1.2
n11 # docker container run \
--rm \
```

382

● 9-1 Docker EE の特徴

```
-it \
-v /var/run/docker.sock:/var/run/docker.sock \
docker/ucp:3.1.2 install \
--host-address 172.16.1.11 \
--interactive \
--admin-username=admin \
--admin-password=password1234
```

■エイリアスの入力

途中で以下のようにエイリアスの入力が求められますが、そのまま Enter キーを押します。†

```
We detected the following hostnames/IP addresses for this system [n11.jpn.linux.hpe
.com 127.0.0.1 172.17.0.1 172.16.1.11]

You may enter additional aliases (SANs) now or press enter to proceed with the abov
e list.
Additional aliases:  ← Enter を押す
```

> †　エイリアス入力の画面で、警告が表示される場合は、ホスト名の設定に不備があるので、再度、Docker EE に
> 関連するパッケージや設定ファイルなどをすべてアンインストールし、ドメイン名が付いたホスト名に再設定が必
> 要です。

無事インストールが終了すると、以下のようなメッセージが出力されます。

```
INFO[0160] Installation completed on n11.jpn.linux.hpe.com (node bfuhfoljfe8mbwlc0j
pxzz21e)
...
INFO[0160] Login to UCP at https://172.16.1.11:443
INFO[0160] Username: admin
INFO[0160] Password: (your admin password)
```

■ UCP 関連のコンテナの確認

UCP サーバーのホスト OS を再起動し、UCP サーバーで稼働しているコンテナを確認します。UCP のすべてのサービスが起動するまでには、しばらく時間がかかります。

```
n11 # reboot
n11 # docker container ls -a
...
```

383

以上で、Docker EE 環境に UCP をインストールできました。

9-1-3　Docker Trusted Registry のインストール

Docker Trusted Registry（DTR）は、Docker イメージの配信サービスを提供します。管理 GUI を提供しており、Docker イメージの登録、セキュリティ脆弱性チェック機能などを提供します。

Note　DTR サーバーと UCP サーバーの構成

DTR サーバーと UCP サーバーを Docker EE 環境が稼働する 1 台のマシンにまとめることはできません。必ず、UCP サーバーと DTR サーバーは、別々のサーバーで構成します。1 台の Docker EE サーバー環境で UCP と DTR を同時に起動させる構成はサポートされません。

■ Docker Swarm クラスタへの参加

DTR ノードを Docker Swarm クラスタのワーカーノードとして参加させます。まず、Docker Swarm クラスタのマネージャノードである UCP サーバーが提供するトークンを表示します。

```
n12 # ssh -l root n11.jpn.linux.hpe.com \
docker swarm join-token -q worker
root@n11.jpn.linux.hpe.com's password: xxxxxxxx
SWMTKN-1-2f24jgb5bwep2fkawvkz2ktn62f4j4yoamhe2lff7h4jsxj70i-64mj274cpvupdkwonuq5rriw5
```

表示されたトークンを使って、ホスト n12 を Docker Swarm クラスタに参加させます。

```
n12 # docker swarm join \
--token \
SWMTKN-1-2f24jgb5bwep2fkawvkz2ktn62f4j4yoamhe2lff7h4jsxj70i-64mj274cpvupdkwonuq5rriw5 \
n11.jpn.linux.hpe.com:2377
```

UCP サーバーの n11 が提供する Docker Swarm クラスタに DTR サーバーの n12 が参加できているかを確認します。

```
n12 # ssh -l root n11.jpn.linux.hpe.com docker node ls
root@n11.jpn.linux.hpe.com's password: xxxxxxxx
ID                HOSTNAME                STATUS    AVAILABILITY    MANAGER STATUS
bfuhf ...      *  n11.jpn.linux.hpe.com   Ready     Active          Leader
m0j2m ...         n12.jpn.linux.hpe.com   Ready     Active
```

■ DTR の起動

　DTR サーバーが Docker Swarm クラスタにワーカーノードとして参加できていることが確認できたら、DTR サービスを Docker コンテナとして起動します。UCP 同様に、Docker EE のバージョンに対応した DTR のバージョン番号（今回の場合は、2.6.1）を明示的に指定する必要があるので、注意してください。† 以上で、Docker EE 環境に DTR をインストールできました。

> † DTR のバージョン番号は、以下の URL で参照できます。
> https://docs.docker.com/ee/dtr/release-notes/

```
n12 # docker image pull docker/dtr:2.6.1
n12 # docker container run \
-it \
--rm \
docker/dtr:2.6.1 install \
--dtr-external-url https://n12.jpn.linux.hpe.com \
--ucp-node n12.jpn.linux.hpe.com \
--ucp-username admin \
--ucp-password password1234 \
--ucp-insecure-tls \
--ucp-url https://n11.jpn.linux.hpe.com
```

■ UCP におけるライセンスの入力

　UCP および、DTR を使用するには、ライセンスの登録が必要です。ライセンスを入力するため、UCP の管理画面にアクセスします（図 9-11）。

```
n11 # firefox https://n11.jpn.linux.hpe.com &
```

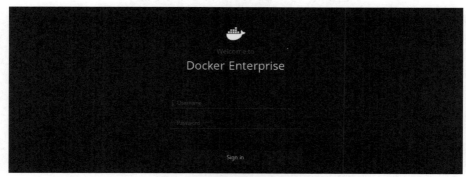

図 9-11　UCP のログイン画面

第 9 章 Docker Enterprise Edition

　UCP の管理ユーザーとパスワードで UCP にサインインします。Username の入力欄に UCP の管理ユーザー名、Password の入力欄にパスワードを入力したら、［Sign in］をクリックします。すると、「`Your system is unlicensed`」と表示されます（図 9-12）。

図 9-12　ライセンスが未登録の状態

　画面上の［Upload License］をクリックします。すると、Web ブラウザを開いている手元のクライアントのローカルディレクトリからファイルをアップロードするための画面が表示されるので、事前に入手しておいたライセンスファイル「`docker_subscription.lic`」を選択し、ファイルをアップロードします（図 9-13）。

図 9-13　ライセンスファイルのアップロード

ライセンスファイルの登録に成功すると、UCPの管理画面が表示されます（図9-14）。

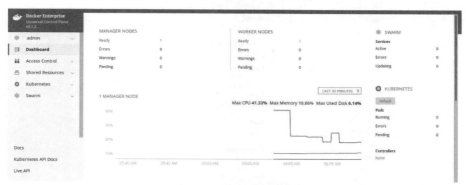

図9-14　UCPの管理画面

■ライセンスの設定

UCP画面の左側にある［admin］をクリックするとプルダウンメニューが表示されるので、［Admin Settings］をクリックします。すると、管理者用の設定画面に切り替わります（図9-15）。

図9-15　管理者用の設定画面

管理者用設定画面の左側にある［License］をクリックします。すると、ライセンスに関する情報が表示されます（図9-16）。以上で、ライセンスが登録され、UCPが利用可能になりました。

第 9 章 Docker Enterprise Edition

図 9-16　ライセンス情報の表示

■ DTR におけるライセンスの入力

　ライセンスの期限切れや DTR のメジャーバージョンアップを行う場合、DTR においてもライセンスの入力が必要です。ライセンス入力は、DTR の管理画面で行えます。まずは、DTR に Web ブラウザでアクセスします[†]。UCP の管理画面を開いた Web ブラウザ上で新しくタブを開いて、DTR にアクセスしても構いません。

```
# firefox https://n12.jpn.linux.hpe.com &
```

> [†] この時点で、Web ブラウザ上に「Failed to establish openid authentication」と表示されて DTR の管理画面が表示されない場合は、UCP サーバーと DTR サーバーの OS が刻む時刻が一致していない可能性があるため、UCP サーバー DTR サーバーが NTP サーバーによって時刻同期できているかを再度確認してください。

DTR において、ライセンス入力が必要な場合、画面上部に警告が表示されます（図 9-17）。

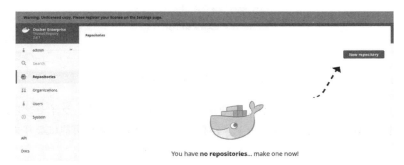

図 9-17　ライセンス入力が必要な場合の DTR の画面

388

DTRの管理画面左側の［System］をクリックします。すると［General］タブにおいて、ライセンスに関する情報が表示されます（図9-18）。

図9-18　DTRの管理画面におけるライセンス情報の表示

画面右側の［Apply new license］をクリックします。すると、UCPにおけるライセンス適用のときと同様に、Webブラウザを開いている手元のクライアントでは、ローカルディレクトリからファイルをアップロードするための画面が表示されるので、事前に入手しておいたライセンスファイル「docker_subscription.lic」を選択し、ファイルをアップロードします（図9-19）。

図9-19　ライセンスファイルのアップロード

Webブラウザの表示を更新します。すると、ライセンスの情報が更新され、ライセンスが登録されていることがわかります（図9-20）。

図9-20　DTRにライセンスを登録し、Webブラウザで更新すると、ライセンス情報の表示が更新される

以上で、UCP と DTR が利用可能になりました。DTR サーバーのホスト OS を再起動し、DTR サーバーで稼働しているコンテナを確認します。DTR のすべてのサービスが起動するまでには、しばらく時間がかかります。

```
n12 # reboot
n12 # docker container ls -a
...
```

9-1-4　リポジトリの作成と Docker イメージの登録

Docker イメージの社内配信用の保管庫であるリポジトリを作成します。DTR の管理画面左側にある ［Repositories］ をクリックします。リポジトリがまったく作成されていない場合は、リポジトリの初期設定画面が表示されます（図 9-21）。

図 9-21　DTR のリポジトリ初期設定画面

DTR のリポジトリの初期設定画面の右側の ［New repository］ をクリックすると、リポジトリの作成画面が表示されます（図 9-22）。デフォルトで用意されているリポジトリ名は「admin/名前」、あるいは、「docker-datacenter/名前」です。

図 9-22 の画面内の New Repository の下にある「Repository」で、［docker-datacenter］ を選択し、スラッシュ記号の右側には、名前を入れます。今回は、repo01 としました。また、「Visibility」は、公開、非公開の設定が可能ですが、今回は、公開するため、［Public］ を選択します。Description の入力は、任意ですが、あとでリポジトリが増えた場合を想定して、管理が煩雑にならないように、わかりやすい説明を入力しておくことをお勧めします。入力が終わったら、画面下の ［Create］ をクリックします。

●9-1 Docker EE の特徴

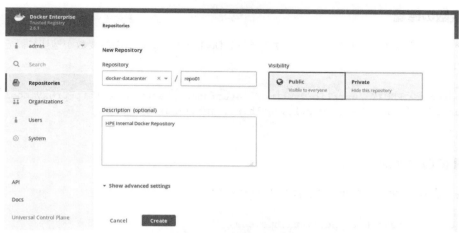

図 9-22　リポジトリの作成

リポジトリが無事作成できたら、画面上にリポジトリの名前が表示されます（図 9-23）。

図 9-23　作成したリポジトリの表示

以上で、DTR 上に Docker イメージの社内配信のためのリポジトリができました。

■ Docker イメージの登録

DTR サーバーにおいて、リポジトリに Docker イメージを登録します。今回は、CentOS 7.5.1804 ベースの Docker イメージを登録します。

■リポジトリに登録したい Docker イメージを入手

まず、DTR サーバー上で、Docker イメージを Docker Hub から入手します。

```
n12 # docker image pull centos:7.5.1804
```

第 9 章 Docker Enterprise Edition

■環境変数の確認

DTR サーバーのリポジトリにアクセスする前に、Docker エンジンに環境変数が適切に設定されているかを確認します。

```
n12 # grep NO_PROXY /usr/lib/systemd/system/docker.service.d/http-proxy.conf
Environment="NO_PROXY=127.0.0.1,localhost,.jpn.linux.hpe.com"
```

■ DTR にログイン

docker login コマンドを使って、DTR にログインします。

```
n12 # docker login n12.jpn.linux.hpe.com
Username (admin): admin
Password: xxxxxxxx
...
Login Succeeded
n12 #
```

DTR へのログインに成功したら、Login Succeeded が表示されます。

■ DTR への Docker イメージのアップロード

先ほど、DTR で作成したリポジトリ docker-datacenter/repo01 に入手した CentOS 7.5.1804 ベースの Docker イメージをアップロードします。入手した Docker イメージにタグを付与します。Docker イメージに付与するタグ名の書式は、以下のとおりです。

●DTR にアップロードする Docker イメージのタグの書式：

<DTR のホスト名 >/<DTR で作成したリポジトリ名 >:< タグ名 >

上記の書式で、docker image tag コマンドにより、CentOS 7.5.1804 の Docker イメージにタグを付けます。今回、タグ名は c75 としました。

```
n12 # docker image tag centos:7.5.1804 \
n12.jpn.linux.hpe.com/docker-datacenter/repo01:c75
```

Docker イメージのタグを確認します。

```
n12 # docker image ls
REPOSITORY                                      TAG ... SIZE
...
```

392

```
n12.jpn.linux.hpe.com/docker-datacenter/repo01    c75 ... 200MB
```

タグが付いたので、`docker image push` コマンドを使って、Docker イメージを DTR にアップロードします。

```
n12 # docker image push n12.jpn.linux.hpe.com/docker-datacenter/repo01:c75
The push refers to repository [n12.jpn.linux.hpe.com/docker-datacenter/repo01]
bcc97fbfc9e1: Pushing [==========================>    ]  160.7MB/199.7MB
n12 #
```

■リポジトリに登録した Docker イメージの確認

DTR の管理画面で、リポジトリに登録された Docker イメージを確認します。DTR の管理画面左側の [Repositories] をクリックし、リポジトリを表示します（図 9-24）。

図 9-24　リポジトリの表示

リポジトリの docker-datacenter/repo01 のスラッシュの右側にある [repo01] をクリックすると、docker-datacenter/repo01 に関する情報が表示されます（図 9-25）。

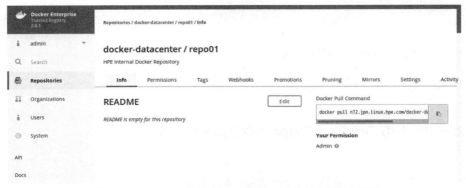

図 9-25　docker-datacenter/repo01 に関する情報を表示

第 9 章 Docker Enterprise Edition

リポジトリ docker-datacenter/repo01 の情報が表示されている画面の［Tags］タブをクリックします。すると、`docker image push` によってアップロードした Docker イメージの情報が表示されます（図 9-26）。

図 9-26　docker image push によってアップロードした Docker イメージの情報を表示

以上で、DTR に Docker イメージが登録され、管理画面で確認できました。

9-1-5　ワーカーノードの追加

Web アプリケーションなどのサービスが稼働するワーカーノードは、UCP サーバーが提供する Docker Swarm クラスタに参加しなければなりません。以下では、ワーカーノードの登録方法と DTR のリポジトリに登録された Docker イメージの利用方法を示します。まず、ワーカーノードでは、UCP および、DTR と同じように、事前に Docker EE をインストールしておきます。

```
n13 # docker version | grep -B 2 Version
Client:
 Version:           18.09.1
--
Server: Docker Engine - Enterprise
 Engine:
  Version:          18.09.1
```

■ワーカーノードの Docker Swarm クラスタへの参加

ワーカーノード n13 を Docker Swarm クラスタに参加させます。Docker Swarm クラスタのマネージャノードである UCP サーバーが提供するトークンを表示します。

● 9-1 Docker EE の特徴

```
n13 # ssh -l root n11.jpn.linux.hpe.com \
docker swarm join-token -q worker
root@n11.jpn.linux.hpe.com's password: xxxxxxxx
SWMTKN-1-2f24jgb5bwep2fkawvkz2ktn62f4j4yoamhe2lff7h4jsxj70i-64mj274cpvupdkwonuq5rriw5
```

表示されたトークンを使って、ワーカーノード n13 を Docker Swarm クラスタに参加させます。

```
n13 # docker swarm join \
--token \
SWMTKN-1-2f24jgb5bwep2fkawvkz2ktn62f4j4yoamhe2lff7h4jsxj70i-64mj274cpvupdkwonuq5rriw5 \
n11.jpn.linux.hpe.com:2377
```

Docker Swarm クラスタに n13 が参加できているかを確認します。

```
n13 # ssh -l root n11.jpn.linux.hpe.com docker node ls
root@n11.jpn.linux.hpe.com's password: xxxxxxxx
ID             HOSTNAME              STATUS  AVAILABILITY  MANAGER STATUS
bfuhf ...    * n11.jpn.linux.hpe.com Ready   Active        Leader
m0j2m ...      n12.jpn.linux.hpe.com Ready   Active
nsz2k ...      n13.jpn.linux.hpe.com Ready   Active
```

ワーカーノード n13 が Docker Swarm クラスタに参加できました。

9-1-6　DTR のリポジトリに登録されている Docker イメージの入手

DTR サーバー上のリポジトリに登録されている Docker イメージをワーカーノードにダウンロード
するには、docker login コマンドを使って、DTR サーバーにログインしますが、ワーカーノードか
ら DTR サーバーにログインするには、DTR サーバーから CA 証明書を入手し、ワーカーノード上に
登録します。

■環境変数の確認

ワーカーノード上の Docker エンジンに環境変数が適切に設定されているかを確認します。

```
n13 # grep NO_PROXY /usr/lib/systemd/system/docker.service.d/http-proxy.conf
Environment="NO_PROXY=127.0.0.1,localhost,.jpn.linux.hpe.com"
```

395

第 9 章 Docker Enterprise Edition

■パッケージのインストール

ワーカーノード上に ca-certificates RPM パッケージをインストールします。

```
n13 # yum install -y ca-certificates
```

■ CA 証明書の入手

curl コマンドを使って、DTR サーバーから CA 証明書を入手します。

```
n13 # curl -sL \
-k n12.jpn.linux.hpe.com/ca \
-o /etc/pki/ca-trust/source/anchors/n12.jpn.linux.hpe.com.crt
```

入手 CA したファイルが CA 証明書かどうかを確認します。

```
n13 # file /etc/pki/ca-trust/source/anchors/n12.jpn.linux.hpe.com.crt
/etc/pki/ca-trust/source/anchors/n12.jpn.linux.hpe.com.crt: PEM certificate

  n13 # cat /etc/pki/ca-trust/source/anchors/n12.jpn.linux.hpe.com.crt
-----BEGIN CERTIFICATE-----
MIIB7zCCAZagAwIBAgIQSvxP7ONHgdYTfsPtDnA5vDAKBggqhkjOPQQDAjBHMQsw
CQYDVQQGEwJVUzEWMBQGA1UEBxMNU2FuIEZyYW5jaXNjbzEPMA0GA1UEChMGRG9j
a2VyMQ8wDQYDVQQLEwZEb2NrZXIwHhcNMTgxMTIxMTQxMzA0WhcNMTkxMTIxMTQx
...
```

CA 証明書のデータベースを更新します。[†]

```
n13 # update-ca-trust
```

> †　CA 証明書のデータベース更新のコマンドは、Linux のディストリビューションによって異なります。

　以上で、CA 証明書が更新され、DTR サーバーに docker login コマンドを使ってワーカーノードがログインできるようになりました。

■ DTR にログイン

ワーカーノードから docker login コマンドを使って、DTR にログインします。

```
n13 # docker login n12.jpn.linux.hpe.com
Username (admin): admin
```

396

● 9-1 Docker EE の特徴

```
Password: xxxxxxxx
...
Login Succeeded
n13 #
```

DTR へのログインに成功したら、Login Succeeded が表示されます。

■ DTR サーバーのリポジトリに登録されている Docker イメージの入手

DTR サーバーに登録されている Docker イメージを入手します。タグを指定して入手します。

```
n13 # docker image pull n12.jpn.linux.hpe.com/docker-datacenter/repo01:c75
c75: Pulling from docker-datacenter/repo01
7dc0dca2b151: Downloading [====================>    ]  29.06MB/74.69MB
```

■入手した Docker イメージの確認

```
n13 # docker image ls
REPOSITORY                                            TAG      ...  SIZE
docker/ucp-pause                                      3.1.2    ...  747kB
docker/ucp-hyperkube                                  3.1.2    ...  541MB
docker/ucp-calico-node                                3.1.2    ...  75.2MB
docker/ucp-calico-cni                                 3.1.2    ...  79.4MB
docker/ucp-agent                                      3.1.2    ...  50.3MB
n12.jpn.linux.hpe.com/docker-datacenter/repo01        c75      ...  200MB
```

■ Docker コンテナの起動

DTR サーバーから入手した Docker イメージを使ってコンテナを起動します。

```
n13 # docker container run \
-it \
--rm \
--name c75test01 \
-h c75test01 \
n12.jpn.linux.hpe.com/docker-datacenter/repo01:c75 \
bash -c "cat /etc/redhat-release"
CentOS Linux release 7.5.1804 (Core)
```

DTR サーバーから Docker イメージを入手し、ワーカーノードでコンテナとして起動できました。

第 9 章 Docker Enterprise Edition

■ Docker イメージのアップロード

ワーカーノードから DTR サーバーのリポジトリにアップロードできるかどうかテストします。DTR
サーバーから入手した Docker イメージを使って、コンテナを起動し、コンテナ上でテキストファイル
hello.txt を作ります。

```
n13 # docker run \
-it \
--name c75test02 \
-h c75test02 \
n12.jpn.linux.hpe.com/docker-datacenter/repo01:c75 \
/bin/bash
[root@c75test02 /]# echo "Hello Docker EE" > /root/hello.txt
[root@c75test02 /]# exit
```

hello.txt を作成したコンテナを Docker イメージ c75:hello-docker-ee として保存します。

```
n13 # docker container commit c75test02 c75:hello-docker-ee
```

Docker イメージにタグを付けます。

```
n13 # docker image tag c75:hello-docker-ee \
n12.jpn.linux.hpe.com/docker-datacenter/repo01:c75-hello-docker-ee
```

タグを確認します。

```
n13 # docker image ls
REPOSITORY                                    TAG                     ... SIZE
c75                                           hello-docker-ee         ... 200MB
n12.jpn.linux.hpe.com/docker-datacenter/repo01   c75-hello-docker-ee ... 200MB
...
```

Docker イメージを DTR サーバーにアップロードします。

```
n13 # docker image push \
n12.jpn.linux.hpe.com/docker-datacenter/repo01:c75-hello-docker-ee
```

アップロードされた Docker イメージを DTR の管理画面で確認します（図 9-27）。

398

●9-2 UCPを使ったコンテナの配備

図9-27　ワーカーノードからアップロードされたDockerイメージの情報をDTRの管理画面で確認

以上で、ワーカーノードからDTRサーバーへDockerイメージをアップロードできました。

9-2　UCPを使ったコンテナの配備

以下では、UCPを使ってコンテナをGUI操作で配備する手順を紹介します。まず、UCPの画面左側の［Swarm］をクリックすると、プルダウンメニューが表示されるので、［Services］をクリックします。画面右上の［Create］をクリックします（図9-28）。

図9-28　UCPのメニューのSwarmからServicesをクリック

「Create Service」画面になるので、「Name」にサービス名と「Image」にDockerイメージ名を入力します（図9-29）。

今回は、サービス名としてhelloworld01、Dockerイメージとしてdockercloud/hello-world:latestを入力しました。Dockerイメージdockercloud/hello-world:latestは、Docker社のロゴ

399

第 9 章 Docker Enterprise Edition

マークと実行しているコンテナのホスト名を表示する Web サーバーが内蔵されているデモプログラムです。

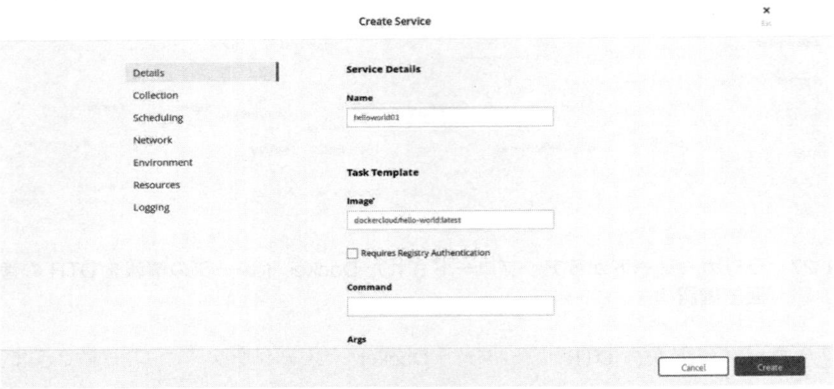

図 9-29　サービス名と Docker イメージ名を入力

　次に、UCP 管理画面の左側の［Network］をクリックします。「Mode」は、VIP を選択し、Ports の右横の［Add Port ＋］をクリックします。すると、「Target Port」の入力欄が表示されるので、そこに 80 を入力します。このターゲットポートは、コンテナ内の Web サーバーが提供するポート番号です。また、さらに画面下の「Published Port」には、外部のクライアントがコンテナに対してアクセスする際に、コンテナが待ち受けるポート番号です。今回は、8092 を入力しました。すなわち、クライアントは、8092 番ポートでコンテナにアクセスすると、コンテナは 80 番ポートにポートフォワードされて Web サービスがクライアントに提供されます。最後に［Confirm］をクリックします（図 9-30）。

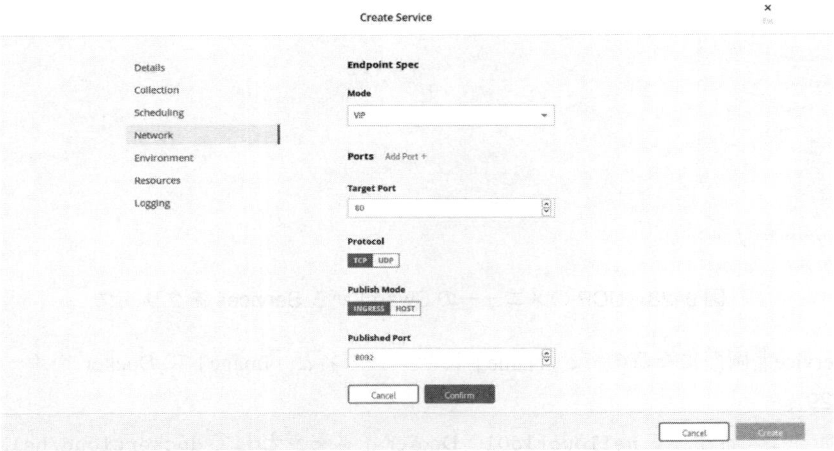

図 9-30　ターゲットポートとパブリッシュポートの入力

400

先ほど設定したターゲットポート、パブリッシュポートが表示されます。次に、画面上の「Networks」の右横の［Attach Network ＋］をクリックします。すると、コンテナで利用するネットワーク一覧がプルダウンで表示されるので、今回は、「bridge」を選択し、画面右下の［Create］をクリックします（図 9-31）。

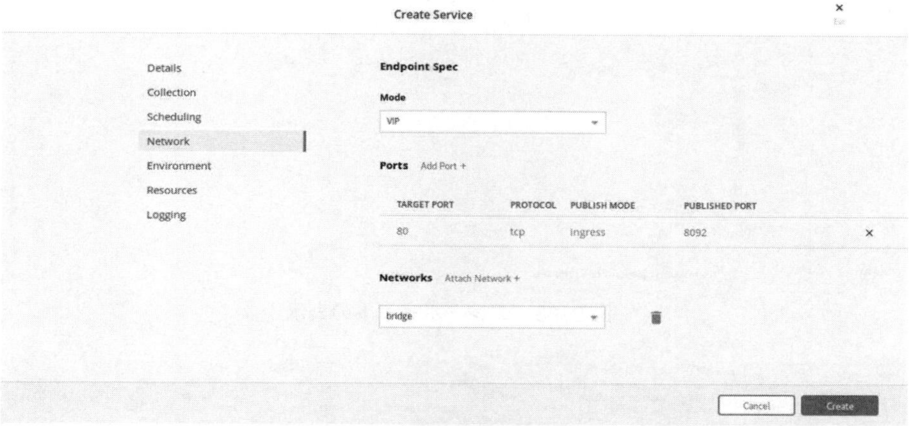

図 9-31　コンテナで利用するネットワークを選択

Docker イメージの `dockercloud/hello-world:latest` がダウンロードされ、しばらくすると、コンテナが Docker Swarm クラスタのサービスとして配備されます。画面に表示されたサービスをクリックします（図 9-32）。

図 9-32　Docker イメージ dockercloud/hello-world:latest からコンテナが Docker Swarm クラスタにサービスとして配備された様子

すると、サービス helloworld01 の概要が表示されます。サービスの概要の画面を下にスクロールさせると、Endpoints に URL（`http://n11.jpn.linux.hpe.com:8092`）が表示されているので（図 9-33）、Web ブラウザでその URL にアクセスします。すると、コンテナが提供する Web コンテンツが表示されます（図 9-34）。

以上で、UCP を使ってコンテナを配備できました。

第 9 章 Docker Enterprise Edition

図 9-33　エンドポイントの表示

図 9-34　コンテナが提供する Web コンテンツの表示

■ UCP を使ったコンテナのスケール

　UCP で配備されたサービスは、複数のワーカーノードに簡単にスケールできます。以下は、UCP を使って、helloworld01 サービスを 3 つにスケールさせる手順です。まず、UCP 管理画面の左側の Swarm から、[Services] をクリックし、現在のサービスを表示します（図 9-35）。

図 9-35　稼働中のサービスを表示

● 9-2 UCP を使ったコンテナの配備

　表示されているサービス（今回の場合は、helloworld）をクリックすると、サービス「helloworld01」の概要の画面が表示されるので、画面右上の**歯車のアイコン**をクリックします。すると、「Update Service」の画面に移ります（図9-36）。

図9-36　サービスの概要の画面で、右上の歯車のアイコンをクリック

　「Update Service」の画面左側の［Scheduling］をクリックします。画面上のScaleの下にある数値に3を入力します。これが、スケールさせたいhelloworld01コンテナの数です。数値を入力したら、［Save］をクリックします（図9-37）。

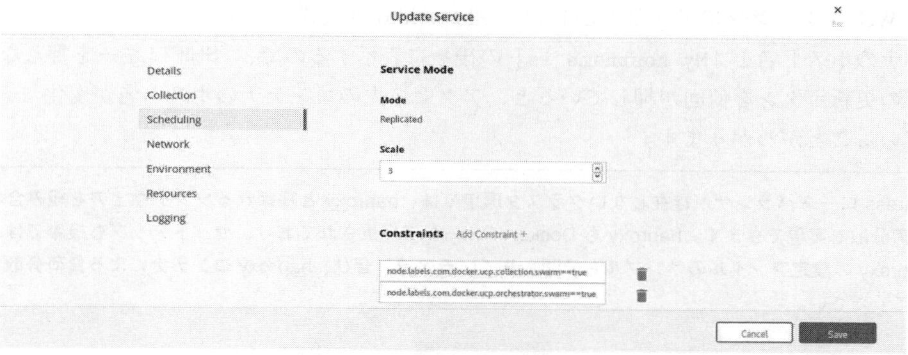

図9-37　スケールの値を入力

　再び、UCP管理画面の左側の［Swarm］をクリックし、［Services］をクリックします。表示されたサービス［helloworld01］をクリックし、hellworld01の概要の画面を表示します。サービスhelloworld01の概要の画面で、［Metrics］タブをクリックし、画面を下にスクロールさせます。すると、サービスhelloworld01が配備されたノードが表示されます。今回の例では、ノードn11、n12、n13でコンテナが稼働していることがわかります（図9-38）。

403

第 9 章 Docker Enterprise Edition

図 9-38　ノード n11、n12、n13 でサービス helloworld01 のコンテナが稼働している

■ 3 つにスケールさせたサービスにアクセス

　Docker EE では、Ingress ロードバランサと呼ばれる負荷分散ソフトウェアが内蔵されています。先ほど、3 つにスケールさせたサービスも、Endpoint にアクセスすると、3 つのコンテナに負荷が分散されて応答します。

　3 つにスケールしたサービスの Endpoint である http://n11.jpn.linux.hpe.com:8092 にアクセスします。ここで、クライアント上において、キーボードの (SHIFT) キーを押しながら、Web ブラウザの更新ボタンを押します。すると、Web ブラウザにキャッシュすることなくサービス helloworld01 が提供する Web コンテンツにアクセスします。helloworld01 が提供する Web コンテンツは、稼働しているコンテナのホスト名を「My hostname is」の後ろに表示するので、(SHIFT) キーを押しながら Web ブラウザの更新ボタンを何回か押していると、アクセス先のコンテナのホスト名が変化し、負荷が分散されていることがわかります。†

---

† Ingress ロードバランサが存在しないクラスタ環境では、haproxy と呼ばれるソフトウェアを組み合わせることで負荷分散を実現できます。haproxy も Docker イメージで提供されており、セットアップも複雑ではありません。haproxy の設定ファイルのサンプルも公開されているので、ぜひ、haproxy コンテナによる負荷分散にも挑戦してみてください。

● Docker Swarm で利用可能な haproxy の設定ファイルと Dockerfile のサンプルの入手先
https://github.com/twtrubiks/docker-swarm-tutorial/tree/master/haproxy-tutorial

9-3　DTRを使ったDockerイメージの脆弱性チェック

　Docker EE環境で提供されるDTRには、Dockerイメージの脆弱性チェック機能が搭載されています。これにより、インターネットから入手したDockerイメージのセキュリティチェック業務を大幅に簡素化できます。脆弱性のチェックは、Common Vulnerabilities and Exposures（CVE）と呼ばれるデータベースを使って行われます。管理者は、DTRの管理画面でCVEデータベースをロードし、DTRに登録したDockerイメージの脆弱性をCVEデータベースと照合してチェックします。

　DTRの管理画面では、CVEデータベースをオンラインでロードする方法と、オフラインでロードする方法が用意されています。オンラインは、インターネットを経由して、CVEデータベースをロードします。一方、オフラインは、CVEデータベースのアーカイブファイルを入手し、DTRサーバーに登録することで、インターネットにアクセスできない環境でもセキュリティの脆弱性チェックが可能になります。

　今回は、CVEのアーカイブファイルを入手し、オフラインでDockerイメージの脆弱性チェックを行います。まず、Docker EEのインストールの際に作成したDocker社が提供するWebサイト用のユーザーアカウントで、`https://hub.docker.com`にサインインします（図9-39）。

図9-39　Docker社のWebサイトにログインし、My Contentをクリック

　Docker社のWebサイトにサインインしたら、右上にある自分のユーザーアカウント名をクリックし、プルダウンメニューに表示された［My Content］をクリックします。

　すると、現在、ユーザーアカウントで利用可能なDocker EEに関する情報が表示されるので、画面右側の［Setup］をクリックします（図9-40）。

第 9 章 Docker Enterprise Edition

図 9-40　ユーザーアカウントで利用可能な Docker EE に関する情報が表示される

　現在利用している Docker EE のライセンスキーと CVE データベースのアーカイブファイルが入手ができる Web ページが表示されます。画面右側の［Download CVE Vulnerability Database for DTR version 2.2.6 or higher］をクリックします。すると、`cve-file.tar` という名前の tar アーカイブファイルがダウンロードされます。この `cve-file.tar` ファイルが CVE データベースのアーカイブファイルです（図 9-41）。

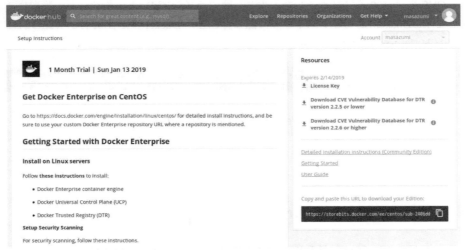

図 9-41　ライセンスキーと CVE のダウンロード画面

■ CVE データベースの登録

　CVE データベースのアーカイブファイルを入手したら、DTR 管理画面の左側の［System］をクリックし、［Security］タブをクリックします。すると、「Image Scanning」の画面になります。

　「Image Scanning」の画面の［Enable Scanning］をクリックし、スキャン機能を有効にします。すると、「Image Scanning Method」の下にある［Online］と［Offline］が選択できるようになるので、［Offline］をクリックします。［Offline］をクリックしたら、さらにその下に「You'll need to download a database」

と表示されます。最下部に表示された［Select Database］のボタンをクリックします（図9-42）。

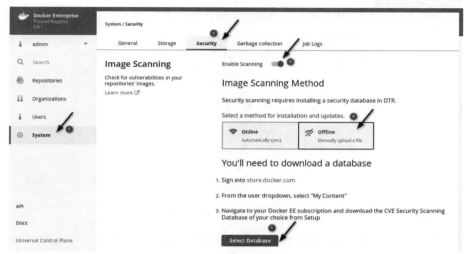

図9-42　CVEデータベースのtarアーカイブファイルのアップロード画面

　Webブラウザを開いている手元のクライアントマシンに保管したcve-file.tarファイルを選択すると、DTRサーバーにCVEデータベースのtarアーカイブがアップロードされます（図9-43）。

図9-43　cve-file.tarファイルを選択し、DTRサーバーにアップロード

　先ほどのCVEデータベースのアップロード画面の最下部に新たに表示された［Sync Database］のボタンをクリックします。これにより、DTRサーバーにCVEデータベースが登録されます（図9-44）。

第 9 章 Docker Enterprise Edition

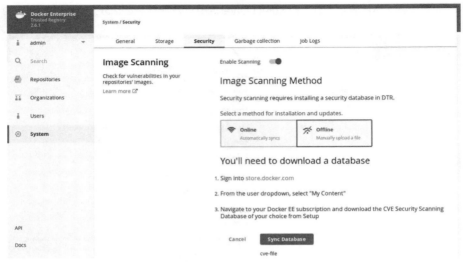

図 9-44　DTR サーバーへの CVE データベースの登録

■ CVE データベースによる脆弱性チェック

　DTR サーバーに CVE データベースを登録できたので、Docker イメージの脆弱性チェックを行います。まず、DTR 管理画面の左側の［Repositories］をクリックし、作成した docker-datacenter/repo01 リポジトリを表示し、repo01 をクリックします（図 9-45）。

図 9-45　docker-datacenter/repo01 リポジトリの repo01 をクリック

　リポジトリが表示されたら、［tags］タブをクリックします。すると DTR サーバー上の docker-datacenter/repo01 リポジトリに登録されている Docker イメージ一覧が表示されます。今回は、タグ名が c75 の Docker イメージのセキュリティスキャンを行います。タグ名 c75 の右側の［Start a scan］をクリックします（図 9-46）。

408

● 9-3 DTR を使った Docker イメージの脆弱性チェック

図 9-46　DTR サーバー上の docker-datacenter/repo01 リポジトリに登録されている Docker イメージ一覧

［Start a scan］をクリックすると、スキャンが開始され、表示が Pending に変わります。スキャンが完了するまで、しばらく時間がかかります（図 9-47）。

図 9-47　Start a scan をクリックすると、表示が Pending に変化

しばらく時間が経過したら Web ブラウザの更新ボタンを押して、ページをリロードします。すると、Pending と表示された箇所にスキャン結果が表示されます（図 9-48）。

409

第 9 章 Docker Enterprise Edition

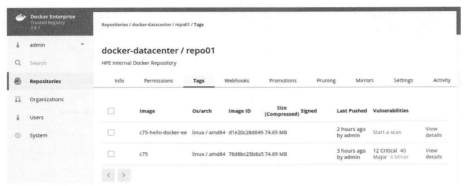

図 9-48　スキャン結果が表示された様子。クリティカルな脆弱性が 12 件見つかったことがわかる

さらに、画面の右端の［View details］をクリックします。すると、Docker イメージに含まれているパッケージごとの脆弱性が表示されます（図 9-49）。

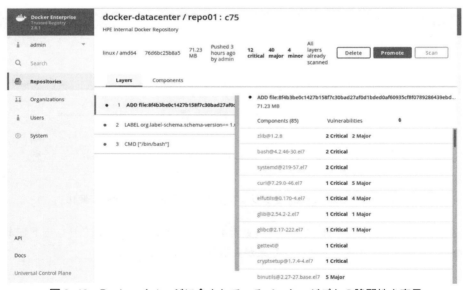

図 9-49　Docker イメージに含まれているパッケージごとの脆弱性を表示

以上で、DTR サーバーによる Docker イメージの脆弱性チェックができました。Docker Hub から入手したイメージに脆弱性が含まれていることがわかります。yum update コマンドで最新の状態に更新した Docker イメージを作成し、DTR サーバーでチェックを行い、どれくらい脆弱性が減るかも確認してみてください。

9-4 まとめ

　本章では、CentOS 7.x で稼働する商用版の Docker EE エンジン 18.09 と、Docker EE で稼働する Docker 社純正の GUI 管理ツールの Universal Control Plane（UCP）、および、Docker Trusted Registry（DTR）のインストール手順と使用法について解説しました。Docker EE、UCP、DTR は、ユーザーアカウントの作成や、セキュリティ機能などを搭載しており、エンタープライズレベルで必要とされるシステム要件を満たすように設計されています。ユーザーのアクセス制御や Docker イメージに対する厳しいセキュリティ対策が求められる社内コンテナ基盤では、ぜひ、Docker EE、UCP、DTR の導入を検討してみてください。

第 9 章 Docker Enterprise Edition

Column　　Docker Bench for Security のススメ

　DTR は、Docker イメージの脆弱性をチェックする非常に強力な機能を備えていますが、Docker イメージだけでなく、Docker エンジンが稼働するシステム全体のセキュリティチェックは、どのように行えばよいのでしょうか。Docker 環境に対応したセキュリティツールが多数存在しますが、その中でも有名なものが、「Docker Bench for Security」です。

　Docker Bench for Security は、Docker エンジンが稼働する Docker ホストにおけるシステム全体をチェックします。たとえば、Docker ホストの/var/lib/docker ディレクトリが別パーティションで構成されているかどうかや、Docker コンテナ内でヘルスチェックが機能しているかどうかなど、かなり厳密に環境をチェックします。Docker Bench for Security 自体は、Docker ホストに導入しますが、導入自体も非常に簡単です。以下、Docker Bench for Security の実行手順を示しますので、DTR と組み合わせて、ぜひ使ってみてください（図 9-50）。

```
# yum install -y git
# export http_proxy=http://proxy.your.site.com:8080
# export https_proxy=http://proxy.your.site.com:8080
# git clone https://github.com/docker/docker-bench-security.git
# cd docker-bench-security/
# ./docker-bench-security.sh
```

図 9-50　Docker Bench for Security の実行の様子

第10章
Kubernetes によるオーケストレーション

　小規模な開発環境では、通常、単体の物理サーバーで Docker コンテナを稼働させるのが一般的です。しかし、エンタープライズレベルの本番環境では、複数の物理サーバーで稼働する Docker コンテナ同士が連携してサービスを提供することが求められます。このようなマルチホスト環境での Docker コンテナの連携を実現する方法としては、weave や Docker 社純正の docker network などがありますが、etcd と flannel と呼ばれるソフトウェアも存在します。本章では、話題の Kubernetes（クーバネティス）と、etcd と flannel を組み合わせて実現するマルチホスト Docker 環境の構築手順、Kubernetes を使った Docker コンテナの管理手順を解説します。また、Kubernetes が提供する基本的な Web インターフェイスも簡単に紹介します。

第 10 章 Kubernetes によるオーケストレーション

10-1 Kubernetes、etcd、flannel とは？

Kubernetes（クーバネティス）は、複数の物理サーバーからなるマルチホストの Docker 環境を統合的に管理するためのフレームワークです。マルチホストにおける Docker コンテナのスケールや、複数の Docker コンテナでサービスを負荷分散させることなども可能です。Kubernetes のコンポーネントとしては、マルチホストの Docker 環境全体を管理する Kubernetes マスタ（マスタノード）と、Docker コンテナが稼働する管理対象ノードから構成されます。マスタノードでは、Kubernetes の GUI 管理画面を提供する Docker コンテナも稼働します。

10-1-1 Pod とは

管理対象ノード上で稼働する複数のアプリケーション（コンテナ）をひとまとめにしたものは、Pod（ポッド）と呼ばれます。Kubernetes は、この Pod という単位でアプリケーションを管理します。

Pod という単位で管理されているアプリケーション群は、通常、同一のホスト OS 上で稼働します。また、Kubernetes では、Pod のレプリカを作成することも可能です。Pod のレプリカを作成しておき、Kubernetes 上で Pod の稼働状況を監視しておくことにより、障害が発生しても、複製された Pod を自動的に起動させることで、サービスを継続させることができます。また、Pod にはラベルを付けることができ、異なる管理対象ノード上のアプリケーションをラベルで区別して管理することが可能です。

10-1-2 マルチホストの Docker 環境

マルチホストの Docker 環境を実現するには、ネットワークで接続された複数の物理サーバーで稼働するコンテナ同士が通信できる必要があります。このマルチホストにおけるコンテナ同士の通信路を提供するのが flannel（フランネル）です。各ホスト OS には、flannel が提供するネットワークインターフェイスが作成され、このネットワークインターフェイスで通信できるネットワークは、flannel overlay network（フランネル・オーバーレイ・ネットワーク）、または、単に flannel ネットワークと呼ばれます。flannel ネットワークの情報は、Kubernetes のマスタノードで稼働する etcd と呼ばれる分散 KVS（Key Value ストア）に情報を保持しています（図 10-1）。

414

● 10-1 Kubernetes、etcd、flannel とは？

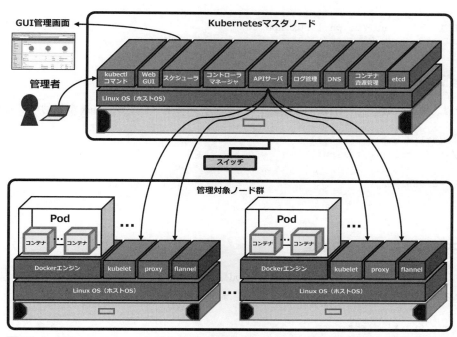

図 10-1　Kubernetes、etcd、flannel によるマルチホスト Docker 環境のアーキテクチャ

10-1-3　ノードのセットアップ

　Kubernetes クラスタの全ノードで必要な構築手順を以下に示します。マスタノードのホスト名を n0170、管理対象ノード（ワーカーノード）群は、n0171、n0172 とします。また、マスタノードのコマンドプロンプトを「master #」とし、管理対象ノード群すべてのコマンドプロンプトを「worker #」で表します。全ノードでの作業が必要な場合は、コマンドプロンプトを単に「#」で表し、ワーカーノード n0171、n0172 のコマンドプロンプトは、それぞれ「n0171 #」「n0172 #」で表します。

■ hosts ファイルの作成

　まず、クラスタを構成するマスタノードとワーカーノードの /etc/hosts を記述します。[†]

> [†]　DNS サーバーによるホスト名の名前解決ができる場合は、/etc/hosts ファイルの記述は不要です。

```
# vi /etc/hosts
172.16.1.170      n0170.jpn.linux.hpe.com
172.16.1.171      n0171.jpn.linux.hpe.com
```

第 10 章 Kubernetes によるオーケストレーション

```
172.16.1.172    n0172.jpn.linux.hpe.com
```

■ファイアウォールの無効化

ここでは、構築手順の説明を簡単にするため、ファイアウォールと SELinux を無効にしておきます。

```
# systemctl disable firewalld
# vi /etc/sysconfig/selinux
...
SELINUX=disabled
...
```

■カーネルパラメーターの設定

ネットワークプラグインを使ってコンテナ（Pod）が通信を行う場合に、iptables プロキシにルーティングされるようにカーネルパラメーターを設定します。

```
# vi /etc/sysctl.d/k8s.conf
net.bridge.bridge-nf-call-ip6tables = 1
net.bridge.bridge-nf-call-iptables = 1
net.ipv4.ip_forward = 1

# sysctl --system
```

IPVS による負荷分散機能を有効にするために、カーネルモジュールをロードします。

```
# modprobe -v ip_vs
# modprobe -v ip_vs_rr
# modprobe -v ip_vs_sh
# modprobe -v ip_vs_wrr

# vi /etc/modules-load.d/ip_vs.conf
ip_vs
ip_vs_rr
ip_vs_sh
ip_vs_wrr
```

416

● 10-1 Kubernetes、etcd、flannel とは？

■スワップの無効化

Kubernetes クラスタでは、全ノードの Linux OS におけるスワップ領域を無効にする必要があります。スワップを無効にするには、/etc/fstab ファイルを書き換えます。まず、システムで有効になっているスワップパーティションを確認します。

```
# cat /proc/swaps
Filename                    Type        Size      Used  Priority
/dev/sda3                   partition   4194300 0       -1
```

/etc/fstab の swap 行の先頭に「#」を挿入します。

```
# sed -e "/^UUID=[a-z0-9-]* swap/s/^/# /" -i.bak /etc/fstab
# cat /etc/fstab
UUID=d6dabeff- ...  /                   xfs       defaults      0 0
UUID=79c0b04d- ...  /boot               xfs       defaults      0 0
# UUID=2c0f8bf6- ... swap                swap      defaults      0 0
/dev/sdb1      ...  /var/lib/docker     xfs       defaults      0 0
```

スワップを無効にします。

```
# swapoff -a
Filename                    Type        Size      Used  Priority
```

■ Docker エンジンのインストール

Kubernetes 1.13.2 は、Docker 18.09 をサポートしておらず、Docker 18.06.1 までをサポートしています。したがって、yum で Docker エンジンをインストールする際に、バージョン番号が付いた形で、Docker の 18.06.1 をインストールします。[†]

```
# vi /etc/yum.repos.d/docker-ce.repo
[docker-ce-stable]
name=Docker CE Stable - $basearch
baseurl=https://download.docker.com/linux/centos/7/$basearch/stable
enabled=1
gpgcheck=1
gpgkey=https://download.docker.com/linux/centos/gpg

# yum install -y docker-ce-18.06.1.ce
```

417

第 10 章 Kubernetes によるオーケストレーション

---

† 入手可能な Docker CE のバージョン一覧を表示するには、以下のように `yum search` コマンドに`--showduplicates`
オプションを付与して検索します。

```
# yum search --showduplicates docker-ce
...
docker-ce-18.06.0.ce-3.el7.x86_64 : The open-source application container engine
docker-ce-18.06.1.ce-3.el7.x86_64 : The open-source application container engine
docker-ce-18.06.1.ce-3.el7.x86_64 : The open-source application container engine
3:docker-ce-18.09.0-3.el7.x86_64 : The open-source application container engine
...
```

■ Docker の設定ファイルの編集

Docker の設定ファイルのうち、デーモンに関連する設定ファイルを編集します。Kubernetes では、
Docker と kubelet において、使用する cgroup ドライバが一致しなければなりません。今回は、Docker
における cgroup ドライバとして systemd を利用するように `daemon.json` ファイルを記述します。

```
# mkdir /etc/docker
# vi /etc/docker/daemon.json
{
  "exec-opts": ["native.cgroupdriver=systemd"],
  "storage-driver": "overlay2"
}
```

さらに、Docker エンジンが利用するプロキシサーバーに関する環境変数を設定します。`HTTP_PROXY`
と `HTTPS_PROXY` だけでなく、`NO_PROXY` も正しく設定する必要があります。

```
# mkdir -p /usr/lib/systemd/system/docker.service.d/
# vi /usr/lib/systemd/system/docker.service.d/http-proxy.conf
[Service]
Environment="HTTP_PROXY=http://proxy.your.site.com:8080"
Environment="HTTPS_PROXY=http://proxy.your.site.com:8080"
Environment="NO_PROXY=127.0.0.1,localhost,.jpn.linux.hpe.com"
```

■設定のロードと Docker デーモンの再起動

設定をロードし、サービスを再起動します。

```
# systemctl daemon-reload
# systemctl restart docker
```

● 10-1 Kubernetes、etcd、flannel とは？

```
# systemctl enable  docker
```

Docker のサービスが起動できているかを確認します。

```
# docker version | grep -B 2 Version
Client:
 Version:           18.06.1-ce
--
Server:
 Engine:
  Version:          18.06.1-ce
```

■リポジトリの設定

Kubernetes を入手するための yum のリポジトリ設定ファイルを作成します。

```
# vi /etc/yum.repos.d/kubernetes.repo
[kubernetes]
name=Kubernetes
baseurl=https://packages.cloud.google.com/yum/repos/kubernetes-el7-x86_64
enabled=1
gpgcheck=1
repo_gpgcheck=1
gpgkey=https://packages.cloud.google.com/yum/doc/yum-key.gpg https://packages.c
loud.google.com/yum/doc/rpm-package-key.gpg
```

■パッケージのインストール

Kubernetes の RPM パッケージをインストールします。パッケージは、kubelet、kubeadm、kubectl、kubernetes-cni です。すべてのノードにインストールしてください。

```
# yum install -y kubelet kubeadm kubectl

# rpm -qa | grep kube
kubelet-1.13.2-0.x86_64
kubeadm-1.13.2-0.x86_64
kubectl-1.13.2-0.x86_64
kubernetes-cni-0.6.0-0.x86_64
```

419

第 10 章 Kubernetes によるオーケストレーション

■サービスの自動起動の有効化

Kubernetes クラスタでは、全ノードで kubelet サービスが稼働します。現時点では、まだサービス自体は、起動させず、OS 起動時の kubelet サービスの自動起動を有効化します。kubelet サービスは、後に説明する初期化処理のときに自動的に起動されます。

```
# systemctl enable kubelet
```

10-1-4 マスタノードの設定

マスタノードにログインし、kubeadm コマンドで初期化処理を行います。初期化では、マスタノードの IP アドレス、サービスに利用するネットワークアドレス、コンテナが利用するオーバーレイネットワークなどを指定します。初期化を行う前に、クラスタを構築する OS 基盤が適切な環境かどうかをチェックします。

■初期化処理

初期者処理を行うコマンドに--dry-run を付与することで、実際には初期化処理を行わない「ドライラン」を実行します。まずは、マスタノードの IP アドレスをシェル変数 IP_MASTER に格納します。このシェル変数は、初期化処理を行う kubeadm init コマンドのオプション指定に必要です。

```
master # IP_MASTER=$(ip -f inet -o addr show eth0 | cut -d' ' -f 7 | cut -d/ -f 1)
master # echo ${IP_MASTER}
172.16.1.170
```

次に、初期化処理のドライランを実行します。ドライランの出力は、ログファイル dyr-run.log に記録します（表 10-1）。

```
master # kubeadm init \
--kubernetes-version 1.13.2 \
--apiserver-advertise-address=${IP_MASTER} \
--service-cidr=10.96.0.0/12 \
--pod-network-cidr=10.244.0.0/16 \
--token-ttl 0 \
--dry-run | tee ./dry-run.log
[init] using Kubernetes version: v1.13.2
...
[dryrun] finished dry-running successfully. Above are the resources that would be c
reated
```

● 10-1 Kubernetes、etcd、flannel とは？

表 10-1　kubeadm コマンドのオプション

オプション	意味
--kubernetes-version	Kubernetes のバージョンを指定
--apiserver-advertise-address	API サーバのリッスン IP アドレス
--service-cidr	サービス用のネットワーク（内部 DNS が所属するネットワーク）
--pod-network-cidr	コンテナが利用するオーバレイネットワーク
--token-ttl	認証トークンの利用期限 ‡
--dry-run	実際の初期化処理は行わない

‡　Kubernetes では、クラスタのワーカーノードを追加する際、認証が必要です。認証では、トークンと呼ばれる一種の文字列を払い出します。トークンは、一般に、利用できる有効期限が設けられており、その有効期限が過ぎると、再びトークンの発行を行って認証します。このトークンの有効期限は、デフォルトで 24 時間に設定されています。「--token-ttl 0」を設定すると、トークンの利用期限を無期限にできます。

　今回、--service-cidr に 10.96.0.0/12 を割り当てていますが、これは、オプションを指定しない場合でもこのネットワークがデフォルトで割り当てられます。--pod-network-cidr では、コンテナが利用するオーバーレイネットワークとして「10.244.0.0/16」を割り当てていますが、これは、オーバーレイネットワークを実現する flannel を利用する場合は、この 10.244.0.0/16 を利用します。後述する flannel のインストールの際に、YAML ファイルを入手しますが、その YAML ファイルに記載されている値は、10.244.0.0/16 であり、入手した YAML ファイルを改変することなくそのまま利用するためにこのネットワークに設定しています。

■初期化処理の実行

　ドライランでエラーなく成功すれば、実際に初期化処理を実行します。出力は、ログファイル kubeadm_init.log に記録します。初期化処理に成功すると、「Your Kubernetes master has initialized successfully!」のメッセージが表示されます。メッセージには、さらに、設定ファイルのコピーに関する手順と、ワーカーノードのクラスタへの参加を行うためのコマンド（kubeadm join で始まる行）が表示されます。

```
master # kubeadm init \
--kubernetes-version 1.13.2 \
--apiserver-advertise-address=${IP_MASTER} \
--service-cidr=10.96.0.0/12 \
--pod-network-cidr=10.244.0.0/16 \
--token-ttl 0 | tee kubeadm_init.log
...
Your Kubernetes master has initialized successfully!
```

第 10 章 Kubernetes によるオーケストレーション

```
To start using your cluster, you need to run the following as a regular user:

  mkdir -p $HOME/.kube
  sudo cp -i /etc/kubernetes/admin.conf $HOME/.kube/config
  sudo chown $(id -u):$(id -g) $HOME/.kube/config

You should now deploy a pod network to the cluster.
Run "kubectl apply -f [podnetwork].yaml" with one of the options listed at:
  https://kubernetes.io/docs/concepts/cluster-administration/addons/

You can now join any number of machines by running the following on each node
as root:

  kubeadm join 172.16.1.170:6443 --token 30m0ag.zwl1ep9qm0kfsvh5 --discovery-token-c
a-cert-hash sha256:04e7685d3f7f2e2b3a0fb62bb94ef0cc4750da829948edf061d5cc69b47bda76
```

上記の出力のログファイル kubeadm_init.log 中にある「kubeadm join ...」の行を kubeadm_join
.sh スクリプトとして書きとどめておきます。

```
master # vi kubeadm_join.sh
#!/bin/bash
kubeadm join 172.16.1.170:6443 --token 30m0ag.zwl1ep9qm0kfsvh5 --discovery-token-ca
-cert-hash sha256:04e7685d3f7f2e2b3a0fb62bb94ef0cc4750da829948edf061d5cc69b47bda76
```

■隠しファイルの設定

初期化処理の出力のメッセージに記載されているとおり、ホームディレクトリに.kube ディレクト
リを作成し、$HOME/.kube/config として格納します。

```
master # mkdir -p $HOME/.kube
master # cp -i /etc/kubernetes/admin.conf $HOME/.kube/config
master # chown $(id -u):$(id -g) $HOME/.kube/config
master # ls -l $HOME/.kube/config
-rw------- 1 root root 5448 Jan 26 03:38 /root/.kube/config
```

■ flannel のインストール

CNI（Container Network Interface）プラグインをインストールします。今回は、Kubernetes 環境で広
く利用されている flannel を利用します。まず、flannel の YAML ファイルを入手します。

```
master # export http_proxy=http://proxy.your.site.com:8080
```

● 10-1 Kubernetes、etcd、flannel とは？

```
master # export https_proxy=http://proxy.your.site.com:8080
master # curl -sSL -O \
https://raw.githubusercontent.com/coreos/flannel/master/Documentation/kube-flannel.yml
```

Column　　CNI とは

　CNI は、コンテナにおけるネットワークインターフェイスを構成するプラグインであり、開発のための仕様、ライブラリなどで構成されているソフトウェアです。Kubernetes だけでなく、CoreOS コミュニティが推奨しているコンテナランタイムの rkt、PaaS ソフトウェアの Cloud Foundry、コンテナ基盤の自動化ソフトウェアである Mesosphere DC/OS などでも利用できます。

　CNI プラグイン自体は、さまざまなコミュニティで開発が進められており、サードパーティ製のものも数多く存在します。Kubernetes 環境では、flannel が広く利用されており、CoreOS コミュニティの成果物でもあるため、非常に有名ですが、そのほかの CNI プラグインも精力的に開発が進められています。代表的なプラグインの特長と情報源を表 10-2 に掲載しました。Kubernetes で動かないものもありますが、それぞれの CNI プラグインの特長を知ると、コンテナベースで構築する仮想ネットワークの最前線を垣間見ることができます。

表 10-2　Container Network Interface プラグイン

プラグイン名	特長	URL
Calico	レイヤー 3 の仮想ネットワークを構成可能	https://github.com/projectcalico/cni-plugin
Cilium	負荷分散、プロトコルのフィルタリングが可能	https://github.com/cilium/cilium
CNI-Genie	複数 NIC に異なるプラグインを割り当て、同時利用が可能	https://github.com/Huawei-PaaS/CNI-Genie
Contiv	ポリシーベースの管理、ACL、QoS	https://github.com/contiv/netplugin
Infoblox	複数の rkt ホストに対応	https://github.com/infobloxopen/cni-infoblox
Linen	仮想スイッチを作成し、VxLAN を構成可能	https://github.com/John-Lin/linen-cni
Multus	複数の CNI プラグインのグループ化が可能	https://github.com/intel/multus-cni
Nuage	オーバレイネットワークを提供。Mesos、Kubernetes、OpenShift に対応	https://github.com/nuagenetworks/nuage-cni
Romana	フラットな L2、L3 に対応	https://github.com/romana/kube
Silk	L3 オーバーレイネットワークを提供。Cloud Foundry で採用	https://github.com/cloudfoundry/silk
Weave	Weaveworks 社が開発。オーバレイネットワークを提供	https://github.com/weaveworks/weave

第 10 章 Kubernetes によるオーケストレーション

■ kube-flannel.yml ファイルの確認

入手した `kube-flannel.yml` ファイルの中身を確認します。flannel で構成するオーバーレイネットワークは、10.244.0.0/16 と定められています。`kube-flannel.yml` ファイルには、10.244.0.0/16 が埋め込まれており、このネットワークアドレスを使用するのが慣例となっています。

```
master # less kube-flannel.yml
...
    {
      "Network": "10.244.0.0/16",
      "Backend": {
        "Type": "vxlan"
      }
    }
...
```

`kubeadm init` による初期化処理の際に、`--pod-network-cidr=10.244.0.0/16` を指定しているので、今回は、この `kube-flannel.yml` ファイルを改変することなくそのまま配備できます。

■ flannel のインストール

flannel を Kubernetes クラスタに配備します。

```
master # export http_proxy=""
master # export https_proxy=""
master # kubectl create -f ./kube-flannel.yml
```

■ ノードの状態確認

`kubectl get nodes` コマンドでノードの状態を確認します。STATUS 列が Ready と表示されれば、そのノードは、ひとまず、Kubernetes クラスタで利用可能な状態です。[†]

```
master # kubectl get nodes
NAME                     STATUS   ROLES    AGE   VERSION
n0170.jpn.linux.hpe.com  Ready    master   10h   v1.13.2
```

> † STATUS 列の表示が、Ready になるまで、しばらく時間がかかる場合があります。

ここで、STATUS 列が Ready にならない場合は、YAML ファイルの内容、コマンド履歴から、初期化時のオプションを確認してください。また、Docker エンジンのプロキシサーバーの設定（`HTTP_PROXY` と `HTTPS_PROXY` と `NO_PROXY`）も確認してください。

● 10-1 Kubernetes、etcd、flannel とは？

■サービスの状態を確認

サービスの状態を確認します。READY 状態にならずに再起動を繰り返している場合は、設定に誤りがあります。注意して、最初から見直してください。特に、初期化の際の IP アドレスの設定、ネットワークアドレス自体の重複、サブネットマスクの指定ミス、初期化の際に指定したネットワーク情報と flannel の設定ファイルの記述に矛盾がないか確認してください。

```
master # kubectl get pods --all-namespaces
NAMESPACE       NAME         ...       READY    STATUS      RESTARTS    AGE
kube-system     coredns-576cbf47c7-s297... 1/1  Running     1           80m
kube-system     coredns-576cbf47c7-tsfz... 1/1  Running     1           80m
kube-system     etcd-n0170.jpn.linux.hp... 1/1  Running     1           79m
kube-system     kube-apiserver-n0170.jp... 1/1  Running     1           79m
kube-system     kube-controller-manager... 1/1  Running     2           79m
kube-system     kube-flannel-ds-amd64-b... 1/1  Running     1           76m
kube-system     kube-flannel-ds-amd64-g... 1/1  Running     1           73m
kube-system     kube-flannel-ds-amd64-j... 1/1  Running     1           79m
kube-system     kube-proxy-6k7br    ...  1/1    Running     1           73m
kube-system     kube-proxy-qxjzw    ...  1/1    Running     1           80m
kube-system     kube-proxy-tcnhs    ...  1/1    Running     1           76m
kube-system     kube-scheduler-n0170.jp... 1/1  Running     1           79m
```

OS を再起動し、再度、サービスの状態を確認し、すべて Running になっていればマスタノードの設定は完了です。

```
master # reboot
master # kubectl get pods --all-namespaces
NAMESPACE       NAME         ...       READY    STATUS      RESTARTS    AGE
kube-system     coredns-...              1/1     Running     1           80m
kube-system     coredns-...              1/1     Running     1           80m
...
```

10-1-5 ワーカーノードの設定

マスタノードが構築できたら、ワーカーノードをクラスタに参加させます。マスタノードにおける初期化処理の際に書きとめておいた kubeadm_join.sh スクリプトをワーカーノードにコピーし、実行します。念のため、中身を確認します。

```
worker # cat kubeadm_join.sh
#!/bin/bash
kubeadm join 172.16.1.170:6443 --token 30m0ag.zwl1ep9qm0kfsvh5 --discovery-token-ca
-cert-hash sha256:04e7685d3f7f2e2b3a0fb62bb94ef0cc4750da829948edf061d5cc69b47bda76
```

425

第 10 章 Kubernetes によるオーケストレーション

クラスタに参加させる前に、全クラスタノードの時計が NTP サーバーによって同期されていること
を確認してください。kubeadm_join.sh スクリプトの実行時に、マスタノードとワーカーノード間で
時刻に差があると、ワーカーノードの登録に失敗します。

```
worker # bash ./kubeadm_join.sh
...
[discovery] Successfully established connection with API Server "172.16.1.170:6443"
...
This node has joined the cluster:
* Certificate signing request was sent to apiserver and a response was received.
* The Kubelet was informed of the new secure connection details.
...
worker #
```

kubeadm join コマンドにより、マスタノードと通信を行い、各種設定ファイルが自動的に生成され
て、ワーカーノードがクラスタに追加されます。クラスタへの参加が成功すると、上記のように「This
node has joined the cluster:」が表示されます。

■ノードの状態確認

マスタノードにおいて、ワーカーノードが参加し、STATUS 列が Ready になっているかどうかを確
認します。[†]

```
master # kubectl get nodes
NAME                      STATUS    ROLES     AGE     VERSION
n0170.jpn.linux.hpe.com   Ready     master    11h     v1.13.2
n0171.jpn.linux.hpe.com   Ready     <none>    107m    v1.13.2
```

> [†] STATUS 列の表示が、Ready になるまでしばらく時間がかかる場合があります。

ワーカーノードをクラスタに参加させることができました。同様の手順で、ワーカーノードを次々
とクラスタに参加させてみてください。

```
master # kubectl get nodes
NAME                      STATUS    ROLES     AGE     VERSION
n0170.jpn.linux.hpe.com   Ready     master    93m     v1.13.2
n0171.jpn.linux.hpe.com   Ready     <none>    80m     v1.13.2
n0172.jpn.linux.hpe.com   Ready     <none>    4m47s   v1.13.2
...
...
```

426

Column　kubectl のコマンドライン補完

　Kubernetes では、kubectl コマンドを多用しますが、指定できる引数やオプションも膨大です。そのため、bash シェルのように、コマンドラインの補完機能を有効にしておくと指定できる引数が列挙されて便利です。Linux の bash シェルにおいて、kubectl のコマンドラインの補完機能を有効にするには、ユーザーの.bashrc ファイルに補完機能を有効にする 1 行を追記します。

```
# vi $HOME/.bashrc
...
source <(kubectl completion bash)
```

　$HOME/.bashrc の記述を有効にします。

```
# source $HOME/.bashrc
```

　これで、kubectl コマンドを入力し、 Tab キーで引数の候補が自動的に表示されます。

10-2　Pod

　Kubernetes では、アプリケーションの配備に関するさまざまな種類のリソースが存在します。ここでいうリソースとは、コンテナの有無に限らず、アプリケーションやコマンドを配備する際の構成要素を意味します。Pod もリソースの一つであり、Kubernetes では、アプリケーションを配備する単位の一つです。

　Kubernetes で構成する Pod は、一般に複数のコンテナで構成しますが、ここでは、Web サーバーを実現する nginx 単体で構成する Pod を作成し、管理する例を示します。

10-2-1　テスト用 Pod の作成

　Kubernetes において、Pod 単位でアプリケーションを管理するには、kubectl コマンドを使用します。Docker リポジトリで配布されている Docker イメージ「nginx」を使って、コンテナ nginx0001 を稼働させてみます。

■ Pod の起動

　Pod 単位でコンテナを起動するには、kubectl コマンドに、サブコマンドの「run」を指定し、コンテナ名（nginx0001 とします）と、元となる Docker イメージを「--image=」に付与し、実行します。

427

第 10 章 Kubernetes によるオーケストレーション

```
master # kubectl run --generator=run-pod/v1 nginx0001 --image=nginx:latest
pod/nginx0001 created
```

　管理対象ノード上に Docker イメージの「nginx」が存在しない場合は、インターネット経由で自動的にダウンロードされます。Pod の状態を確認するには、kubectl コマンドに「get pods」を付けて実行します。

```
master # kubectl get pods
NAME         READY    STATUS             RESTARTS    AGE
nginx0001    1/1      ContainerCreating  0           70s
```

■ Pod の状態確認

　ダウンロードが完了し、コンテナが起動するまでにしばらく時間がかかります。その間は、「STATUS」が「Container Creating」と表示されます。コンテナが稼働したかどうかは、Pod の状態を確認することでわかります。

```
master # kubectl get pods
NAME         READY    STATUS     RESTARTS    AGE
nginx0001    1/1      Running    0           4m25s
```

　上のコマンドの実行結果では、「STATUS」の箇所が「Running」になっており、nginx を含む Pod が稼働していることがわかります。Pod が稼働しているホスト OS の IP アドレスや、ラベル名、コンテナに付与された IP アドレス、死活状況など、より詳細に状態を確認するには、kubectl コマンドに「describe pods」を指定し、Pod 名を付与します。

```
master # kubectl describe pods nginx0001
Name:               nginx0001
Namespace:          default
Priority:           0
PriorityClassName:  <none>
Node:               n0172.jpn.linux.hpe.com/172.16.1.172
Start Time:         Sat, 26 Jan 2019 06:50:21 +0900
Labels:             run=nginx0001
Annotations:        <none>
Status:             Running
IP:                 10.244.2.2
Containers:
  nginx0001:
    Container ID:   docker://d6e4c4e5cb10ee8265b3d4d62b2a197ffab17524f1c5841e2909
caf5d782f4f5
```

428

```
      Image:              nginx:latest
      Image ID:           docker-pullable://nginx@sha256:31b8e90a349d1fce7621f5a5a08e4f
c519b634f7d3feb09d53fac9b12aa4d991
      Port:               <none>
      Host Port:          <none>
      State:              Running
        Started:          Sat, 26 Jan 2019 06:50:29 +0900
      Ready:              True
      Restart Count:  0
      Environment:        <none>
      Mounts:
        /var/run/secrets/kubernetes.io/serviceaccount from default-token-npdhh (ro)
Conditions:
  Type                  Status
  Initialized           True
  Ready                 True
...
...
```

　上のコマンドの実行結果から、ワーカーノード n0172.jpn.linux.hpe.com で Docker コンテナが稼働していることがわかります。また、コンテナの IP アドレスとして、10.244.2.2 が割り当てられていることがわかります。

■コンテナの稼働状況の確認

　念のため、nginx の Docker イメージがワーカーノード n0172.jpn.linux.hpe.com 上に保管され、さらに、コンテナとして稼働しているかも確認しておきます。

```
n0172 # docker image ls
REPOSITORY      TAG         IMAGE ID        CREATED         SIZE
nginx           latest      e81eb098537d    7 days ago      109MB

n0172 # docker container ls -a
CONTAINER ID    IMAGE       COMMAND                 ...     NAMES           ...
d6e4c4e5cb10    nginx       "nginx -g 'daemon of…"  ...     k8s_nginx0001...
```

■コンテナの Web コンテンツにアクセス

　マスタノードでコンテナ「c0003」を起動し、ワーカーノードの n0172 上で稼働する nginx コンテナが提供する Web コンテンツを閲覧できるかどうか、curl コマンドを使って確認します。Nginx が稼働するコンテナの IP アドレスは、kubectl describe pods nginx0001 で得られた IP アドレスの 10.244.2.2 です。

第 10 章 Kubernetes によるオーケストレーション

```
master # docker container run \
-it \
--rm \
--name c0003 \
-h c0003 \
centos:7.5.1804 \
curl http://10.244.2.2
<!DOCTYPE html>
<html>
<head>
<title>Welcome to nginx!</title>
<style>
```

Pod で管理されている nginx コンテナが Web サービスを提供できていることがわかります。[†]

> [†] この時点で、マスタノード上で起動したコンテナから Web コンテンツにアクセスできない場合は、flannel に
> よるオーバーレイネットワークが正常に機能していないため、flannel の再設定が必要です。

　ワーカーノード上 nginx を 1 つ含むコンテナでは、Pod のメリットが明確にはわかりませんが、実際には、複数のコンテナを Pod という単位で管理し、さらに、レプリカを作成しておけば、障害発生時にサービスを自動的に起動できるため、サービスの運用管理の効率向上が期待できます。

10-2-2　YAML ファイルを使った Pod の作成

　Pod を構成するコンテナは、YAML ファイルで定義できます。以下では、Apache Web サーバーを提供する Docker イメージ「httpd:latest」を元に、YAML ファイルにより Docker コンテナを起動する例です。Docker イメージ「httpd」は、先ほどの nginx と同様、Docker リポジトリで配布されている Docker イメージを指定しています。

■ Pod 単位でのコンテナのインストール

　YAML ファイルを作成し、Pod の管理単位でコンテナを稼働させる手順を以下に示します。まず、マスタノードで、YAML ファイルを作成します。[†]

> [†] YAML ファイルは、行頭のインデント（文字の開始位置）を厳密に評価するため、記述に注意してください。

```
master # vi /root/websvr0001.yaml
apiVersion: v1   ← Kubernetes で利用する API のバージョン
kind: Pod   ←種類として「Pod」を指定
```

430

●10-2 Pod

```
metadata:
  name: httpd-pod0001    ←メタデータの名前
spec:
  containers:
  - name: httpd-container
    image: httpd:latest    ← Docker イメージ「httpd:latest」を使用
    ports:
    - containerPort: 80    ← Docker コンテナが外部に提供するサービスのポート番号
```

■ YAML ファイルからの Pod の生成

YAML ファイルから Pod を生成するには、kubectl コマンドに「create」サブコマンドを指定し、-f オプションを付与し、YAML ファイルを指定します。

```
master # kubectl create -f websvr0001.yaml
pods/httpd-pod0001
```

Pod の状態を確認します。少し時間が経過すると、STATUS 列が Running になります。

```
master # kubectl get pod
NAME             READY      STATUS      RESTARTS    AGE
httpd-pod0001    0/1        Pending     0           1m
```

Pod の詳細を確認してみます。

```
master # kubectl describe pods httpd-pod0001
Name:              httpd-pod0001
Namespace:         default
Priority:          0
PriorityClassName: <none>
Node:              n0171.jpn.linux.hpe.com/172.16.1.171
Start Time:        Sat, 29 Dec 2018 09:23:11 +0900
Labels:            <none>
Annotations:       <none>
Status:            Running
IP:                10.244.1.3
Containers:
...
```

上記のように、Pod の状態確認結果から、Apache Web サーバーを提供する Docker コンテナは、ワーカーノードの n0171 で稼働していることがわかります。

431

第 10 章 Kubernetes によるオーケストレーション

■ Docker イメージの稼働状況の確認

念のため、Apache Web サーバーを含む Docker イメージ「httpd:latest」が、ワーカーノード n0171 上に保管され、かつコンテナとして稼働しているかも確認しておきます。

```
# docker image ls
REPOSITORY      TAG         IMAGE ID            CREATED             SIZE
httpd           latest      2a51bb06dc8b        8 days ago          132MB

n0171 # docker container ls
CONTAINER ID    IMAGE       COMMAND             ... NAMES
7155dae105c4    httpd       "httpd-foreground"  ... k8s_httpd-container_...
```

■ Web コンテンツへのアクセス確認

マスタノードでコンテナ c0004 を起動し、コンテナ c0004 から、n0171 上の Apache Web サーバーが稼働している Docker コンテナが提供している Web コンテンツにアクセスできるかを確認します。コンテナの IP アドレスは、`kubectl describe pods httpd-pod0001` で表示されたものです。

```
master # docker container run \
-it \
--rm \
--name c0004 \
-h c0004 \
centos:7.5.1804 \
curl http://10.244.1.3
<html><body><h1>It works!</h1></body></html>
```

Column　Pod の削除

Pod の削除は、`kubectl` コマンドに「`delete pod`」を指定し、Pod 名を指定します。

```
master # kubectl delete pod httpd-pod0001
```

Pod を削除すると、Pod で管理している Docker コンテナは終了しますが、Docker イメージは削除されません。

432

● 10-3 コンテナによる冗長システム

10-3 コンテナによる冗長システム

多くの Web システムでは、Web アクセスが集中し、高負荷になったサーバーがハングアップする、あるいは、施設の一部の電源経路に障害が発生し、まとまった複数台のサーバーがダウンしても、他の Web サーバーが応答できるように、ある一定の個数の Web サービスが常に起動するように設定が施されています。一定数のサービスが自動起動する仕組みにより、障害に強いシステムが作れます。ここでは、サービスを一定数に保つ仕組みを提供する ReplicaSet リソースを使い、スケールするコンテナを設定します。

10-3-1 ReplicaSet リソースを使ったコンテナのスケール

ReplicaSet リソースで配備したコンテナは、指定した個数に複製されてクラスタに配備されます。もし障害が発生しても、指定した個数を維持するようにコンテナが新しく自動起動します。以下では、ReplicaSet によるコンテナの配備を紹介します。

■ YAML ファイルの作成

ReplicaSet リソースは、YAML ファイルで定義できます。以下は、Docker イメージ httpd:latest を使って 3 つのコンテナを配備する YAML ファイルの例です。YAML ファイル内の kind: に ReplicaSet を記述します。また、spec: の replicas: にレプリカ数を指定できます。以下の例では、3 が指定されているので、Docker イメージ httpd:latest から 3 つのコンテナが Kubernetes クラスタに一度に配備されます。

```
master # vi websvr0002.yaml
apiVersion: apps/v1
kind: ReplicaSet
metadata:
  name: webfrontend
  labels:
    app: webfrontend
spec:
  replicas: 3
  selector:
    matchLabels:
      app: webfrontend
  template:
    metadata:
      labels:
        app: webfrontend
```

433

第 10 章 Kubernetes によるオーケストレーション

```
    spec:
      containers:
      - name: webfrontend
        image: httpd:latest
        ports:
        - containerPort: 80
```

■コンテナの配備

YAML ファイルを使ってコンテナを配備します。

```
master # kubectl create -f ./websvr0002.yaml
replicaset.apps/webfrontend created
```

■配備した ReplicaSet リソースの確認

ReplicaSet リソースの情報を見るには、kubectl get replicaset を実行します。以下の例では、webfrontend という ReplicaSet リソースが 3 つ動いていることがわかります。

```
master # kubectl get replicaset
NAME            DESIRED     CURRENT     READY      AGE
webfrontend     3           3           3          23m

master # kubectl get pods -l app=webfrontend
NAME                READY      STATUS      RESTARTS      AGE
webfrontend-88fln   1/1        Running     0             21s
webfrontend-tf4n4   1/1        Running     0             21s
webfrontend-z48h5   1/1        Running     0             21s
```

■ ReplicaSet リソースのコンテナをスケール

ReplicaSet リソースは、レプリカ数を自由に変更できます。現在はコンテナが 3 つ稼働していますが、5 つに増やしてみます。レプリカ数を増やすには、kubectl scale コマンドに--replicas=<レプリカ数>を指定し、さらに、-f オプションに先ほどの ReplicaSet リソースの YAML ファイルを指定します。

```
master # kubectl scale --replicas=5 -f ./websvr0002.yaml
master # kubectl get pods -l app=webfrontend
NAME                      READY    STATUS      RESTARTS    AGE
```

434

● 10-3 コンテナによる冗長システム

```
webfrontend-88fln    1/1        Running    0        2m15s
webfrontend-m2j7v    1/1        Running    0        31s
webfrontend-tf4n4    1/1        Running    0        2m15s
webfrontend-wdlwf    1/1        Running    0        31s
webfrontend-z48h5    1/1        Running    0        2m15s
```

コンテナが 5 つ起動し、スケールに成功しました。

■疑似障害によるテスト

一部のコンテナを強制的に削除し、疑似障害を発生させて、コンテナの数が維持されるかを確認します。

まず、上記の 5 つのうち、リソース webfrontend-88fln が稼働しているワーカーノードを調べます。

```
master # kubectl describe pod webfrontend-88fln | grep "Node:"
Node:                n0172.jpn.linux.hpe.com/172.16.1.172
```

リソース webfrontend-88fln は、ワーカーノードの n0172 で稼働していることがわかります。コンテナを強制的に削除したときに、コンテナ数がどのように変化するかを目視で確認するために、マスタノードの n0170 において、watch コマンドを使って webfrontend リソースの状態を 1 秒ごとに監視しておきます。

```
master # watch -n 1 kubectl get pods -l app=webfrontend
Every 1.0s: kubectl get pods -l app=webfrontend    ... Sat  Jan 26 12:57:23 2019

NAME                 READY     STATUS     RESTARTS    AGE
webfrontend-88fln    1/1       Running    0           22m
webfrontend-m2j7v    1/1       Running    0           20m
webfrontend-tf4n4    1/1       Running    0           22m
webfrontend-wdlwf    1/1       Running    0           20m
webfrontend-z48h5    1/1       Running    0           22m
```

ワーカーノード n0172 上で、webfrontend が含まれるコンテナ ID をリストアップし、それらをすべて削除します。

```
n0172 # docker container list \
-f "Name=webfrontend" \
-qa | xargs docker container rm -f
c499f73a45a0
0365c39f9c0e
1bf82996479c
7a41daeeb12c
```

第 10 章 Kubernetes によるオーケストレーション

　コンテナを削除した直後に、マスタノードで実行している watch コマンドの出力を目視で確認します。

```
Every 1.0s: kubectl get pods -l app=webfrontend    ... Sat   Jan 26 12:57:23 2019

NAME                READY   STATUS              RESTARTS    AGE
webfrontend-88fln   0/1     ContainerCreating   0           25m
webfrontend-m2j7v   1/1     Running             0           23m
webfrontend-tf4n4   1/1     Running             0           25m
webfrontend-wdlwf   0/1     ContainerCreating   0           23m
webfrontend-z48h5   1/1     Running             0           25m
```

　停止したリソースは、READY 列が 0/1 となり、STATUS 列が ContainerCreating と表示され、コンテナが再作成されています。上記の出力から、どうやら、webfrontend-wdlwf もワーカーノードの n0172 で稼働していたコンテナのようです。さらに時間が経過すると、すべて Running に戻りました。

```
Every 1.0s: kubectl get pods -l app=webfrontend    ... Sat   Jan 26 12:57:23 2019

NAME                READY   STATUS    RESTARTS    AGE
webfrontend-88fln   1/1     Running   0           28m
webfrontend-m2j7v   1/1     Running   0           27m
webfrontend-tf4n4   1/1     Running   0           28m
webfrontend-wdlwf   1/1     Running   0           27m
webfrontend-z48h5   1/1     Running   0           28m
```

　以上で、ReplicaSet を使った障害発生時におけるコンテナ数の維持管理の自動化が実現できました。

■レプリカ数を減らす

　他のコンテナにハードウェア資源を譲るような場合は、コンテナを減らす運用も見られます。その場合は、レプリカ数を減らします。レプリカを減らす場合も、増やす場合と同様の操作です。

```
master # kubectl scale --replicas=1 -f ./websvr0002.yaml
master # kubectl get pods -l app=webfrontend
NAME                READY   STATUS    RESTARTS    AGE
webfrontend-z48h5   1/1     Running   0           2m15s
```

■ ReplicaSet リソースの削除

　ReplicaSet リソースを削除するには、kubectl delete コマンドに -f オプションと YAML ファイルを指定します。

● 10-3 コンテナによる冗長システム

```
master # kubectl delete -f websvr0002.yaml
replicaset.apps "webfrontend" deleted

master # kubectl get pods -l app=webfrontend
No resources found.
```

10-3-2 Deployment リソース使った Docker コンテナの世代交代

ReplicaSet リソースと同様に、Deployment リソースもレプリカを保有できます。ReplicaSet は、同じバージョンの Docker イメージのコンテナに絞って複製を自動的に生成しますが、Deployment リソースは、異なるバージョンの Docker イメージを使ったコンテナの世代交代が可能です。Kubernetes では、Deployment リソースを使って Docker イメージのバージョンを上げることをローリングアップデート、バージョンを元に戻すことをロールバックと呼びます。以下では、CentOS ベースの Docker イメージと Docker コンテナバージョンの世代交代の手順を示します。

■ YAML ファイルの作成

まず、CentOS 6.10 ベースの Docker イメージを使ったコンテナを起動する Deployment リソースの YAML ファイルを作成します。kind: に Deployment を指定します。

```
master # vi centos-deploy.yaml
apiVersion: apps/v1
kind: Deployment
metadata:
  name: centos-deploy
spec:
  selector:
    matchLabels:
      app: centos-deploy
  replicas: 1
  template:
    metadata:
      labels:
        app: centos-deploy
    spec:
      containers:
      - name: centos-deploy
        image: centos:6.10
        args:
        - /bin/bash
        - -c
```

437

第 10 章　Kubernetes によるオーケストレーション

```
        - tail -f /dev/null
```

この YAML ファイルでは、centos:6.10 ベースの Docker イメージからコンテナを起動し、コンテナがすぐに終了するのを防ぐために tail -f /dev/null の実行を「args:」以下の 3 行で記述しています。

■ Deployment リソースを配備

作成した Deployment リソースの YAML ファイルを使ってコンテナを配備します。--record オプションを付与しておくと、kubectl rollout history コマンドによる履歴表示が可能になります。

```
master # kubectl create -f ./centos-deploy.yaml --record
deployment.apps/centos-deploy created
```

Pod の状態を確認します。このときの Pod の名前を確認しておきます。

```
master # kubectl get pods
NAME                          READY    STATUS     RESTARTS    AGE
centos-deploy-7dd755c46-2r7kv 1/1      Running    0           45s
```

Deployment リソースの状態を確認するには、kubectl get deployments を実行します。

```
master # kubectl get deployments
NAME            READY    UP-TO-DATE    AVAILABLE    AGE
centos-deploy   1/1      1             1            2m15s
```

■コンテナの CentOS のバージョン確認

稼働しているコンテナの CentOS のバージョンを確認するには、コンテナの/etc/redhat-release ファイルを確認します。コンテナのコマンドラインに入るには、kubectl exec コマンドに Pod 名を付与し、そのあとに「-- sh -c」でコンテナ内のコマンドを指定します。

```
master # kubectl exec \
centos-deploy-7dd755c46-2r7kv \
-- sh -c "cat /etc/redhat-release"
CentOS release 6.10 (Final)
```

一応、コンテナ内の稼働しているプロセスも確認しておきます。tail -f /dev/null のみが実行されているはずです。

438

● 10-3 コンテナによる冗長システム

```
master # kubectl exec centos-deploy-7dd755c46-2r7kv -- sh -c "ps axw"
  PID TTY        STAT    TIME COMMAND
    1 ?          Ss      0:00 tail -f /dev/null
  116 ?          Rs      0:00 ps axw
```

稼働中コンテナの元となる Docker イメージは、CentOS 6.10 ベースであることが確認できました。

■ Docker イメージの世代交代

CentOS の Docker イメージの世代交代を行います。現在は、CentOS 6.10 ベースのコンテナが稼働しているので、これを CentOS 7.5.1804 ベースの Docker イメージに世代交代します。

```
master # kubectl set image \
deployment/centos-deploy centos-deploy=centos:7.5.1804
deployment.extensions/centos-deploy image updated
```

Pod の状態を確認します。

```
master # kubectl get pods
NAME                          READY   STATUS    RESTARTS   AGE
centos-deploy-df875988-5f4lg  1/1     Running   0          59s
```

■ レプリカセットの確認

先ほどと名前が変わったことがわかります。過去のものを含めて Pod の名前を確認する場合は、レプリカセット（Replica Set）の情報を表示します。レプリカセットは、kubectl get rs で表示します。

```
master # kubectl get rs
NAME                     DESIRED   CURRENT   READY   AGE
centos-deploy-7dd755c46  0         0         0       31m
centos-deploy-df875988   1         1         1       5m6s
```

過去の centos-deploy-7dd755c46 と、現在の centos-deploy-df875988 が表示されています。

■ ロールアウトの履歴の確認

この時点で、コンテナの払い出し（ロールアウト）の履歴を確認します。ロールアウトの履歴は、kubectl rollout history コマンドに、deployment/<Deployment リソース名>を指定します。Deployment リソース名は、kubectl get deployments を実行したときの NAME 列に表示される文字列（centos-deploy）です。

439

第 10 章 Kubernetes によるオーケストレーション

```
master # kubectl rollout history deployment/centos-deploy
deployment.extensions/centos-deploy
REVISION   CHANGE-CAUSE
1          kubectl create --filename=./centos-deploy.yaml --record=true
2          kubectl create --filename=./centos-deploy.yaml --record=true
```

リビジョン 1 は、最初の YAML ファイルをロードしたときの処理です。リビジョン 2 は、Docker イメージのアップデート処理が相当します。リビジョン 1 に関する処理内容を確認します。

```
master # kubectl rollout history deployment/centos-deploy --revision=1
deployment.extensions/centos-deploy with revision #1
Pod Template:
  Labels:          app=centos-deploy
          pod-template-hash=7dd755c46
  Annotations:  kubernetes.io/change-cause: kubectl create --filename=./centos-depl
oy.yaml --record=true
  Containers:
   centos-deploy:
    Image:          centos:6.10
...
```

上記より、Docker イメージの centos:6.10 をベースにコンテナが配備されたことがわかります。次に、リビジョン 2 に関する処理内容を確認します。

```
master # kubectl rollout history deployment/centos-deploy --revision=2
deployment.extensions/centos-deploy with revision #2
...
  Containers:
   centos-deploy:
    Image:          centos:7.5.1804
...
```

上記より、Docker イメージの centos:7.5.1804 をベースにコンテナが配備されたことがわかります。再び、稼働しているコンテナの CentOS のバージョンを表示するため、現在稼働中の Pod 名を確認しておきます。

```
master # kubectl get pods
NAME                        READY   STATUS    RESTARTS   AGE
centos-deploy-df875988-5f4lg  1/1   Running   0          59s
```

kubectl exec に Pod 名を指定してコンテナ内のコマンドを実行します。

```
master # kubectl exec centos-deploy-df875988-5f4lg cat /etc/redhat-release
CentOS Linux release 7.5.1804 (Core)
```

確かに、新しい Docker イメージでコンテナが稼働していることがわかります。

■ロールアウトの Undo

ロールアウトによって新しいバージョンの CentOS に切り替わりましたが、逆に元に戻したい場合もあります。Docker イメージを元のバージョンに戻すには、`kubectl rollout undo` に `deployment/<Deployment リソース名>`を付与します。

```
master # kubectl rollout undo deployment/centos-deploy
deployment.extensions/centos-deploy
```

レプリカセット、Pod の状態を確認します。

```
master # kubectl get rs
NAME                      DESIRED   CURRENT   READY   AGE
centos-deploy-7dd755c46   1         1         1       55m
centos-deploy-df875988    0         0         0       29m

master # kubectl get pods
NAME                          READY   STATUS    RESTARTS   AGE
centos-deploy-7dd755c46-g8212 1/1     Running   0          48s
```

Pod 名からコンテナの`/etc/redhat-release` を確認します。

```
master # kubectl exec centos-deploy-7dd755c46-g8212 cat /etc/redhat-release
CentOS release 6.10 (Final)
```

CentOS 6.10 ベースのコンテナが起動できています。ロールアウトの Undo を行った場合も、リビジョンの数が増えます。ロールアウトの履歴を確認します。

```
master # kubectl rollout history deployment/centos-deploy
deployment.extensions/centos-deploy
REVISION   CHANGE-CAUSE
2          kubectl create --filename=./centos-deploy.yaml --record=true
3          kubectl create --filename=./centos-deploy.yaml --record=true
```

上記の出力を見ると、新たにリビジョン 3 があるので詳細を確認します。

```
master # kubectl rollout history deployment/centos-deploy --revision=3
deployment.extensions/centos-deploy with revision #3
...
  Containers:
   centos-deploy:
```

第 10 章 Kubernetes によるオーケストレーション

```
    Image:          centos:6.10
...
```

以上で、Deployment リソースを使った Docker コンテナの世代交代を実現できました。

10-3-3 レプリカ数の変更

Deployment リソースは、ReplicaSet と同様に、Pod の複製を作成できます。以下は、Deployment リソースの centos-deploy の Pod を 3 つに複製する例です。

```
master # kubectl scale deployment centos-deploy --replicas=3
deployment.extensions/centos-deploy scaled
```

Pod の状態を確認します。

```
master # kubectl get pods -l app=centos-deploy
NAME                              READY     STATUS     RESTARTS     AGE
centos-deploy-7dd755c46-8p51d     1/1       Running    0            12s
centos-deploy-7dd755c46-g82l2     1/1       Running    0            39m
centos-deploy-7dd755c46-zn29z     1/1       Running    0            12s
```

Pod が 3 つになっていることがわかります。

10-3-4 Service リソースを使った通信

Kubernetes クラスタに配備したコンテナが提供する Web サービスにクラスタ外のクライアントマシンからアクセスするには、Service リソースの定義が必要です。以下は、Deployment リソースで提供される Web サーバーとそれに対応する Service リソースの YAML ファイルの例です。

```
master # vi deploy-dchw.yaml
apiVersion: apps/v1
kind: Deployment
metadata:
  name: dockercloud
spec:
  selector:
    matchLabels:
      app: dockercloud
  replicas: 1
  template:
    metadata:
```

● 10-3 コンテナによる冗長システム

```
    labels:
      app: dockercloud
  spec:
    containers:
    - name: dockercloud
      image: dockercloud/hello-world:latest
      ports:
      - containerPort: 80
```

Docker イメージ dockercloud/hello-world:latest は、デモ用の Web コンテンツと実行している
コンテナのホスト名を表示します。この Deployment リソースに対応する Service リソースは、以下の
とおりです。

```
master # vi service-dchw.yaml
apiVersion: v1
kind: Service
metadata:
  name: dockercloud
spec:
  type: NodePort
  selector:
    app: dockercloud
  ports:
  - protocol: TCP
    port: 80
    targetPort: 80
```

上記の Service リソースでは、「spec:」配下の「type:」に NodePort が設定されています。この設定
により、コンテナを実行したホスト OS のワーカーノードの IP アドレスと Kubernetes が自動で割り当
てたポートを組み合わせたアドレスを外部に公開します。Deployment リソースと Service リソースの
YAML ファイルを作成したら、kubectl create コマンドでクラスタにリソースを配備します。

```
master # kubectl create -f deploy-dchw.yaml
master # kubectl create -f service-dchw.yaml
```

Deployment リソースの状態を確認します。

```
master # kubectl get deployments dockercloud
NAME            READY    UP-TO-DATE    AVAILABLE    AGE
dockercloud     1/1      1             1            6m23s
```

Service リソースの状態を確認します。出力結果の PORT(S) 例の「80:31227」のうち、外部に公開
されているポート番号は、31227 です。

443

第 10 章 Kubernetes によるオーケストレーション

```
master # kubectl get services dockercloud
NAME           TYPE       CLUSTER-IP       EXTERNAL-IP     PORT(S)        AGE
dockercloud    NodePort   10.108.185.135   <none>          80:31227/TCP   6m54s
```

Service リソースの詳細を確認します。

```
master # kubectl describe services dockercloud
Name:                    dockercloud
Namespace:               default
Labels:                  <none>
Annotations:             <none>
Selector:                app=dockercloud
Type:                    NodePort
IP:                      10.108.185.135
Port:                    <unset>  80/TCP
TargetPort:              80/TCP
NodePort:                <unset>  31227/TCP
Endpoints:               10.244.2.11:80
Session Affinity:        None
External Traffic Policy: Cluster
Events:                  <none>
```

配備した dockercloud の Pod の状態を確認します。kubectl get pods に「-o wide」を指定すると、Pod が稼働しているノードのホスト名がわかります。

```
master # kubectl get pods -l app=dockercloud -o wide
NAME             ...  STATUS    ...  NODE                    ...
dockercloud-7854...  Running   ...  n0171.jpn.linux.hpe.com ...
```

dockercloud がワーカーノードの n0171（IP アドレスは、172.16.1.171）で稼働しているので、外部に公開されている 31227 番ポートを組み合わせてアクセスします（図 10-2）。

```
client # firefox http://172.16.1.171:31227 &
```

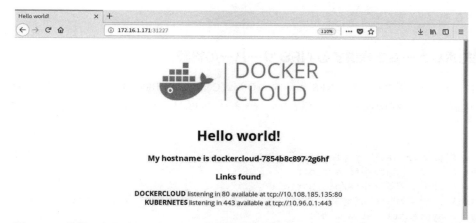

図10-2　外部のクライアントマシンから Kubernetes クラスタのワーカーノード上で稼働するコンテナの Web コンテンツにアクセスした様子

10-3-5　永続的ボリュームの利用

　コンテナ内に含まれる設定ファイルや Web コンテンツは、コンテナが削除されると、Docker イメージとしてコミットしない限り、すべて失われてしまいます。これを回避するには、データを保持した状態のコンテナを Docker イメージとしてコミットすることが考えられますが、データを持った Docker イメージは、情報漏洩の観点においても可搬性が低くなってしまいます。そこで、コンテナ環境に限らず、失いたくないデータは、外部ストレージに保管するのが普通です。たとえば、NFS サーバーなどのファイル共有の仕組みを提供するサービスをコンテナ環境とは別に構築します。コンテナは、そのファイル共有サーバーの共有ディレクトリをリモートマウントします。これにより、コンテナが失われても、データは外部ストレージに残り、再び起動した別のコンテナでも外部ストレージのデータを利用できます。このように、常にデータを保持するストレージ基盤は、**永続的ストレージ**と呼ばれます。この永続的ストレージが提供するデータ用の領域は、一般に、**永続的ボリューム**と呼ばれます。

■ PersistentVolume と PersistentVolumeClaim

　Kubernetes 環境において、コンテナ（Pod）は、この永続的ストレージのボリュームを取り扱えます。すなわち、外部ストレージに Pod 内のデータを格納できます。Kubernetes では、永続的ストレージに関して、**PersistentVolume**（通称、PV）と **PersistentVolumeClaim**（PVC）という 2 つのリソースが存在します。PV は、実際の外部ストレージの領域をどれだけ用意するかを定義します。たとえば、NFS サーバーの公開ディレクトリ名、確保する容量、書込み権限の有無など、永続的ストレージとして利用するボリュームを定義します。

　一方、PVC は、永続的ストレージのボリューム領域を論理的に表現したもので、アプリケーション

445

第 10 章 Kubernetes によるオーケストレーション

が使用する PV の必要な容量などを動的に確保できます。

■永続的ボリュームを提供する NFS サーバーの構築

Web コンテンツを保管しておく NFS サーバー（OS は、CentOS 7.5.1804、IP アドレスは、172.16.60.101/16）
を Kubernetes クラスタ外のサーバーに作成しておきます。NFS サーバーのコマンドプロンプトを「nfssvr
#」とします。

```
nfssvr # yum install -y nfs-utils
nfssvr # mkdir /data/nfs_svr_dir
nfssvr # chmod 755 /data/nfs_svr_dir/
nfssvr # echo "/data/nfs_svr_dir *(rw,no_root_squash)" > /etc/exports
nfssvr # systemctl restart nfs
nfssvr # exportfs -av
exporting *:/data/nfs_svr_dir
```

■ Web コンテンツの格納

永続的ボリュームにテスト用の Web コンテンツを格納します。

```
nfssvr # echo "Hello k8s" > /data/nfs_svr_dir/test.html
```

■ PV の作成

PV リソースを作成します。kind: に PersistentVolume を指定します。capacity: の下の storage: に
確保する容量を指定できます。accessModes: では、複数の Pod から同時に書き込みを許可する場合
は、ReadWriteMany を指定します。nfs: の path: に NFS サーバーが提供するディレクトリ、server: に
NFS サーバーの IP アドレスを指定します。

```
master # vi nfs-pv01.yaml
apiVersion: v1
kind: PersistentVolume
metadata:
  name: nfs-pv01
spec:
  capacity:
    storage: 10Gi
  accessModes:
    - ReadWriteMany
  persistentVolumeReclaimPolicy: Recycle
  storageClassName: slow
```

446

● 10-3 コンテナによる冗長システム

```
  mountOptions:
    - hard
  nfs:
    path: /data/nfs_svr_dir
    server: 172.16.60.101
```

PV の YAML ファイルを記述したら、Kubernetes クラスタに PV を配備します。

```
master # kubectl create -f ./nfs-pv01.yaml
```

PV リソースの情報は、kubectl get pv で確認します。

```
master # kubectl get pv
NAME        CAPACITY    ACCESS MODES    RECLAIM POLICY    STATUS      CLAIM    ...
nfs-pv01    10Gi        RWX             Recycle           Available            ...
```

■ PVC の作成

PV が配備できたので、その PV に対して、PVC を割り当てます。Pod からは、この PVC に対して
アクセスします。PVC も、YAML 形式のファイルを作成します。kind: に PersistentVolumeClaim を
指定します。

```
master # vi nfs-pvc01.yaml
apiVersion: v1
kind: PersistentVolumeClaim
metadata:
  name: nfs-pvc01
spec:
  accessModes:
    - ReadWriteMany
  resources:
    requests:
      storage: 3Gi
  storageClassName: slow
```

YAML ファイルを記述したら、PVC を配備します。

```
master # kubectl create -f ./nfs-pvc01.yaml
```

PVC リソースの情報は、kubectl get pvc で確認します。

```
master # kubectl get pvc
```

447

第 10 章　Kubernetes によるオーケストレーション

```
NAME        STATUS    VOLUME      CAPACITY    ACCESS MODES    STORAGECLASS    AGE
nfs-pvc01   Bound     nfs-pv01    10Gi        RWX             slow            12s
```

PVC と PV の関連を見るには、kubectl get pv の出力結果の NAME 列と CLAIM 例を確認します。

```
master # kubectl get pv
NAME        CAPACITY    ... STATUS    CLAIM                ...
nfs-pv01    10Gi        ... Bound     default/nfs-pvc01    ...
```

PV リソースの詳細を確認します。Claim:行に割り当てられた PVC が表示されます。

```
master # kubectl describe pv nfs-pv01
Name:              nfs-pv01
Labels:            <none>
Annotations:       pv.kubernetes.io/bound-by-controller: yes
Finalizers:        [kubernetes.io/pv-protection]
StorageClass:      slow
Status:            Bound
Claim:             default/nfs-pvc01
Reclaim Policy:    Recycle
Access Modes:      RWX
Capacity:          10Gi
Node Affinity:     <none>
Message:
Source:
    Type:          NFS (an NFS mount that lasts the lifetime of a pod)
    Server:        172.16.60.101
    Path:          /data/nfs_svr_dir
    ReadOnly:      false
Events:            <none>
```

以上で、PV と PVC が作成できたので、Pod から永続的ボリュームを利用できる準備が整いました。

■ PVC を利用する Pod の作成

Docker イメージ httpd:latest を使って、Web サーバーを配備します。Web サーバーのコンテンツは、NFS サーバーが提供する/data/nfs_svr_dir ディレクトリに保管します。これにより、コンテナが削除されても、別のコンテナで NFS サーバー上の Web コンテンツを永続的に利用できます。

Docker イメージ httpd:latest は、コンテナ内の/usr/local/apache2/htdocs ディレクトリ以下の Web コンテンツを外部に公開します。したがって、/usr/local/apache2/htdocs ディレクトリを NFS サーバーの/data/nfs_svr_dir ディレクトリにマウントすれば、NFS サーバーの Web コンテンツを外部に公開できます。以下では、PVC を利用する Deployment リソースの YAML ファイルを記述します。

448

● 10-3 コンテナによる冗長システム

```
master # vi nfs-httpd01.yaml
apiVersion: apps/v1
kind: Deployment
metadata:
  name: nfs-httpd01
  labels:
    app: nfs-httpd01
spec:
  selector:
    matchLabels:
      app: nfs-httpd01
  replicas: 1
  template:
    metadata:
      labels:
        app: nfs-httpd01
    spec:
      containers:
        - image: httpd:latest
          name: nfs-httpd01
          ports:
          - containerPort: 80
            name: nfs-httpd01
          volumeMounts:
          - name: data-nfs-httpd01
            mountPath: "/usr/local/apache2/htdocs"
      volumes:
      - name: data-nfs-httpd01
        persistentVolumeClaim:
          claimName: nfs-pvc01
```

■ Deployment リソースの配備

PVC を利用する Deployment リソースの Pod を配備します。

```
master # kubectl create -f ./nfs-httpd01.yaml
```

Pod が稼働しているかどうかを確認します。

```
master # kubectl get pod -o wide
NAME                        READY  STATUS  ... NODE                    ...
nfs-httpd01-966f7b8d6-4j6k8  1/1    Running ... n0171.jpn.linux.hpe.com ...
```

Pod は、ワーカーノードの n0171 で稼働していることがわかります。コンテナ内の/usr/local/apache2

449

第 10 章 Kubernetes によるオーケストレーション

/htdocs ディレクトリが NFS のマウントポイントになっているかを確認します。

```
master # kubectl describe pod nfs-httpd01 | grep -i -A2 mount
    Mounts:
        /usr/local/apache2/htdocs from data-nfs-httpd01 (rw)
...
```

この状態で、すでに Pod の nfs-httpd01 は NFS サーバーにマウントしている状態なので、コンテナの中に入って確認します。

```
master # kubectl exec nfs-httpd01-966f7b8d6-4j6k8 -- sh -c "df -H"
Filesystem                      Size  Used Avail Use% Mounted on
...
172.16.60.101:/data/nfs_svr_dir  298G   35G  264G  12% /usr/local/apache2/htdocs
...
```

nfs-httpd01 は、コンテナ内の/usr/local/apache2/htdcos ディレクトリを Kubernetes クラスタ外の NFS サーバーの/data/nfs_svr_dir ディレクトリに NFS マウントできました。コンテナ内の/usr/local/apache2/htdocs ディレクトリの中身を確認します。

```
master # kubectl exec nfs-httpd01-966f7b8d6-4j6k8 \
ls /usr/local/apache2/htdocs/
test.html

master # kubectl exec nfs-httpd01-966f7b8d6-4j6k8 \
cat /usr/local/apache2/htdocs/test.html
Hello k8s
```

■ Service リソースの作成

外部のクライアントから Web ブラウザを使って Pod にアクセスできるように、Service リソースを作成します。コンテナが稼働するワーカーノードの IP アドレスと Kubernetes が自動的に割り当てるポート番号を組み合わせて外部のクライアントマシンからアクセスするため、「type: NodePort」を含んだ Service リソースの YAML ファイルを記述します。

```
master # vi nfs-httpd01-svc.yaml
apiVersion: v1
kind: Service
metadata:
  name: nfs-httpd01
spec:
```

450

```
  type: NodePort
  selector:
    app: nfs-httpd01
  ports:
  - protocol: TCP
    port: 80
    targetPort: 80
```

■ **Service リソースの配備**

nfs-httpd01 の Service リソースを配備します。

```
master # kubectl create -f ./nfs-httpd01-svc.yaml
```

■ **クライアントからのアクセス**

ポート番号を確認します。nfs-httpd01 は n0171 で稼働し、公開されているポートは、32704 番なので、外部のクライアントマシンからは、Web ブラウザを使って http://172.16.1.171:32704 で Web コンテンツにアクセスできます。

```
master # kubectl get svc nfs-httpd01
NAME          TYPE       CLUSTER-IP       EXTERNAL-IP   PORT(S)        AGE
nfs-httpd01   NodePort   10.111.110.134   <none>        80:32704/TCP   9s
```

Kubernetes クラスタ外にあるクライアントマシンから Web ブラウザで nfs-httpd01 が提供する Web コンテンツにアクセスします（図 10-3）。

```
client # firefox http://172.16.1.171:32704/test.html &
```

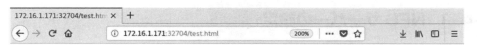

図 10-3　Kubernetes クラスタ外のクライアントマシンから nfs-httpd01 が提供する Web コンテンツ test.html を確認

第 10 章 Kubernetes によるオーケストレーション

NFS サーバー上で別の Web コンテンツ test2.html を追加し、再度、Web コンテンツが表示される
かも確認します（図 10-4）。

```
nfssvr # echo "Hello Docker" > /data/nfs_svr_dir/test2.html

client # firefox http://172.16.1.171:32704/test2.html &
```

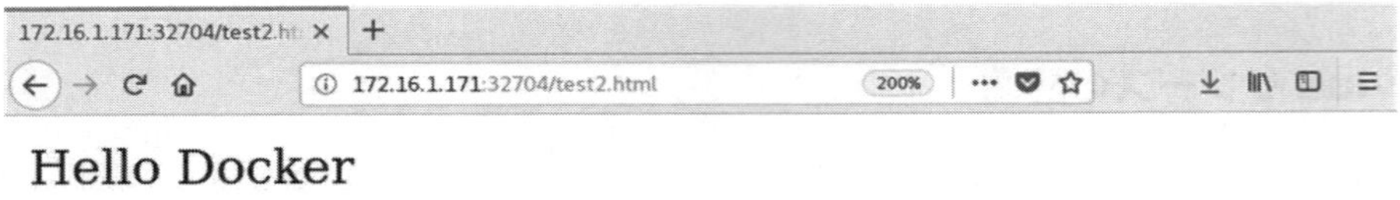

図 10-4　Kubernetes クラスタ外のクライアントマシンから nfs-httpd01 が提供する Web
コンテンツ test2.html を確認

以上で、永続的ボリュームを Kubernetes クラスタで配備したコンテナで利用できました。

10-4 永続的ストレージを使うブログサイトの構築

Kubernetes 環境では、複数の Pod を連携させて稼働させることが少なくありません。特に、Docker
環境では、コンテナを部品として取り扱う傾向が強いため、多くのアプリケーションサーバー環境に
おいてコンテナ同士の連携が見られます。

コンテナ（Pod）の連携は、**オーケストレーション**と呼ばれ、昨今のコンテナ基盤では、オーケスト
レーションをいかに簡単に行うかに注目が集まっています。以下では、非常に簡単なオーケストレー
ションの例として、WordPress と MariaDB によるブログサイトの構築を紹介します。今回は、WordPress
と MariaDB の両方が永続的ストレージを利用します。

10-4-1 NFS サーバーの設定

まず、MariaDB のデータベースの実体と WordPress の Web コンテンツを保管するための永続的スト
レージのディレクトリを NFS サーバーに作成します。

```
nfssvr # mkdir -p /data/nfs_svr_dir/mysql
nfssvr # mkdir -p /data/nfs_svr_dir/wordpress
```

ここで、念のため、NFS サーバー側の**/etc/exports** ファイルと NFS のサービスを確認しておきます。

452

● 10-4 永続的ストレージを使うブログサイトの構築

```
nfssvr # cat /etc/exports
/data/nfs_svr_dir *(rw,no_root_squash)
nfssvr # systemctl status nfs | grep Active
    Active: active (exited) since ...
```

10-4-2 MariaDB の設定

■ MariaDB の PV と PVC の配備

MariaDB の PV と PVC に関する YAML ファイルを作成します。PV と PVC の両方を 1 つの YAML ファイルで記述します。PVC 名は、mysql-pvc としました。これにより、MariaDB の Pod は、mysql-pvc という名前で PVC を利用できます。

```
master # vi mariadb-pv-pvc.yaml
apiVersion: v1
kind: PersistentVolume
metadata:
  name: mysql-pv
  labels:
    app: mysql
spec:
  capacity:
    storage: 20Gi
  accessModes:
    - ReadWriteOnce
  nfs:
    server: 172.16.60.101
    path: "/data/nfs_svr_dir/mysql"
---
apiVersion: v1
kind: PersistentVolumeClaim
metadata:
  name: mysql-pvc
  labels:
    app: mysql
spec:
  accessModes:
    - ReadWriteOnce
  resources:
    requests:
      storage: 10Gi
```

453

第 10 章 Kubernetes によるオーケストレーション

MariaDB 用の PV と PVC を配備します。

```
master # kubectl create -f ./mariadb-pv-pvc.yaml
```

作成した PV と PVC を確認します。[†]

> † kubectl get pv,pvc を実行すると、PV と PVC を連続して表示できます。

```
master # kubectl get pv
NAME          CAPACITY     ACCESS MODES ... CLAIM
mysql-pv      20Gi         RWO              ... default/mysql-pvc

master # kubectl get pvc
NAME          STATUS    VOLUME     CAPACITY    ACCESS MODES    STORAGECLASS    AGE
mysql-pvc     Bound     mysql-pv   20Gi        RWO                             20m
```

■ MariaDB の Deployment リソースの配備

MariaDB の Deployment リソースの YAML ファイルを作成します。MariaDB データベースには、root アカウントでデータベースにアクセスします。パスワードは、password1234 としました。この YAML ファイルでは、Docker イメージの mariadb:latest を利用しています。PVC を利用するので、persistentVolumeClaim: の claimName: に MariaDB 用の PVC 名の mysql-pvc を指定しています。

```
master # vi mariadb-deployment.yaml
apiVersion: v1
kind: Deployment
apiVersion: extensions/v1beta1
metadata:
  name: mysql
  labels:
    app: mysql
spec:
  replicas: 1
  selector:
    matchLabels:
      app: mysql
  template:
    metadata:
      labels:
        app: mysql
        name: mysql
        version: latest
```

454

● 10-4 永続的ストレージを使うブログサイトの構築

```
    spec:
      containers:
      - image: mariadb:latest
        name: mysql
        env:
        - name: MYSQL_ROOT_PASSWORD
          value: password1234
        volumeMounts:
        - name: mysql
          mountPath: /var/lib/mysql
      volumes:
        - name: mysql
          persistentVolumeClaim:
            claimName: mysql-pvc
```

MariaDB の Deployment リソースを配備します。この時点で、MariaDB のコンテナが起動し、NFS
サーバー側の/data/nfs_svr_dir/mysql ディレクトリにデータベースの実体が書き込まれます。

```
master # kubectl create -f ./mariadb-deployment.yaml
```

マスタノードで、別の仮想端末を開き、ログを確認します。Pod のログは、kubectl logs コマンド
に、Pod 名を付与します。また、-f オプションを付与し、ログの出力をリアルタイムで表示します。

```
master # kubectl get pod
NAME                        READY   STATUS    RESTARTS   AGE
mysql-6858f6fc57-gsrjr      1/1     Running   0          115s

master # kubectl logs mysql-6858f6fc57-gsrjr -f
...
2018-12-29 13:37:06 0 [Note] mysqld: ready for connections.
Version: '10.3.11-MariaDB-1:10.3.11+maria~bionic'  socket: '/var/run/mysqld/mysqld.
sock'  port: 3306  mariadb.org binary distribution
```

■ MariaDB の Service リソースの配備

MariaDB の Service リソースを配備します。データベースの接続用のポートは、3306 番を使用しま
す。また、MariaDB の Pod は、WordPress の Pod とオーバーレイネットワークで通信します。

```
master # vi mariadb-service.yaml
apiVersion: v1
kind: Service
metadata:
```

455

第 10 章 Kubernetes によるオーケストレーション

```
  name: mysql
spec:
  type: ClusterIP
  ports:
  - name: mysql
    port: 3306
    protocol: TCP
    targetPort: 3306
  selector:
    app: mysql

master # kubectl create -f ./mariadb-service.yaml
```

MariaDB の Service リソースが配備されているかを確認します。

```
master # kubectl get svc
NAME            TYPE        CLUSTER-IP       EXTERNAL-IP     PORT(S)     AGE
kubernetes      ClusterIP   10.96.0.1        <none>          443/TCP     39h
mysql           ClusterIP   10.106.178.139   <none>          3306/TCP    28s
```

以上で、MariaDB に関するサービスが起動できました。

■データベースのアクセス権限の設定

MariaDB コンテナで稼働しているデータベースへのアクセス権限を設定します。データベースへのアクセス権限を設定する SQL 文を作成しておきます。

```
master # vi grant.sql
echo 'grant all privileges on *.* to root@"%" identified by \
"password1234" with grant option;' | mysql
```

SQL 文を MariaDB コンテナで実行するため、コンテナの Pod 名を確認しておきます。

```
master # kubectl get pod -l app=mysql
NAME                     READY    STATUS     RESTARTS    AGE
mysql-6858f6fc57-gsrjr   1/1      Running    1           114m
```

SQL 文を実行します。kubectl exec コマンドでコンテナ内のコマンドを実行できますが、マスタノードに格納された SQL 文を実行するには、kubectl exec のコマンド実行オプションにおいて「--sh -c "$(cat マスタノードに格納された SQL 文)"」を付与します。

```
master # kubectl exec -it mysql-6858f6fc57-gsrjr -- sh -c "$(cat ./grant.sql)"
```

456

● 10-4 永続的ストレージを使うブログサイトの構築

以上で、WordPress から MariaDB にコンテンツを格納できるようになりました。

10-4-3 WordPress の設定

次に、ブログサイトを実現する WordPress のサービスを起動します。MariaDB と同様に、PV、PVC、Deployment、Service リソースを起動します。

■ WordPress の PV と PVC の配備

WordPress の PV と PVC に関する YAML ファイルを作成します。PVC 名は、wordpress-pvc としました。これにより、WordPress の Pod は、wordpress-pvc という名前で PVC を利用できます。

```
master # vi wordpress-pv-pvc.yaml
apiVersion: v1
kind: PersistentVolume
metadata:
  name: wordpress-pv
  labels:
    app: wordpress
spec:
  capacity:
    storage: 20Gi
  accessModes:
    - ReadWriteOnce
  nfs:
    server: 172.16.60.101
    path: "/data/nfs_svr_dir/wordpress"
---
apiVersion: v1
kind: PersistentVolumeClaim
metadata:
  name: wordpress-pvc
  labels:
    app: wordpress
spec:
  accessModes:
    - ReadWriteOnce
  resources:
    requests:
      storage: 5Gi
```

WordPress 用の PV と PVC を配備します。

457

第 10 章 Kubernetes によるオーケストレーション

```
master # kubectl create -f ./wordpress-pv-pvc.yaml
```

作成した PV と PVC を確認します。

```
master # kubectl get pv
NAME            CAPACITY      ACCESS MODES ... CLAIM
mysql-pv        20Gi          RWO          ... default/mysql-pvc
wordpress-pv    20Gi          RWO          ... default/wordpress-pvc

master # kubectl get pvc
NAME            STATUS    VOLUME          CAPACITY      ACCESS MODES ...
mysql-pvc       Bound     mysql-pv        20Gi          RWO          ...
wordpress-pvc   Bound     wordpress-pv    20Gi          RWO          ...
```

■ WordPress の Deployment リソースの配備

WordPress の Deployment リソースの YAML ファイルを作成します。PVC を利用するので、persistentVolumeClaim: の claimName: に WordPress 用の PVC 名の wordpress-pvc を指定しています。

```
master # vi wordpress-deployment.yaml
apiVersion: apps/v1
kind: Deployment
metadata:
  name: wordpress
  labels:
    app: wordpress
spec:
  selector:
    matchLabels:
      app: wordpress
  strategy:
    type: Recreate
  template:
    metadata:
      labels:
        app: wordpress
    spec:
      containers:
      - image: wordpress:latest
        name: wordpress
        ports:
          - containerPort: 80
            name: http
        volumeMounts:
```

● 10-4　永続的ストレージを使うブログサイトの構築

```
        - name: wordpress
          mountPath: /var/www/html
      volumes:
        - name: wordpress
          persistentVolumeClaim:
            claimName: wordpress-pvc
```

WordPress の Deployment リソースを配備します。この時点で、WordPress のコンテナが起動し、NFS サーバー側の /data/nfs_svr_dir/wordpress ディレクトリに WordPress のファイルの実体が書き込まれます。

```
master # kubectl create -f ./wordpress-deployment.yaml
```

マスタノードで、別の仮想端末を開き、ログを確認します。Pod のログは、kubectl logs コマンドに、Pod 名を付与します。また、-f オプションを付与し、ログの出力をリアルタイムで表示します。

```
master # kubectl get pod
NAME                          READY    STATUS     RESTARTS    AGE
mysql-6858f6fc57-gsrjr        1/1      Running    0           115s
wordpress-69bd97cf49-4hngk    1/1      Running    0           2m48s

master # kubectl logs wordpress-69bd97cf49-4hngk -f
...
[Thu Dec 29 13:54:03.978266 2018] [core:notice] [pid 1] AH00094: Command line: 'apa
che2 -D FOREGROUND'
```

■ WordPress の Service リソースの配備

WordPress の Service リソースを配備します。WordPress を外部からアクセスするため、YAML ファイル内において、NodePort を指定します。

```
master # vi wordpress-service.yaml
apiVersion: v1
kind: Service
metadata:
  name: wordpress
spec:
  ports:
  - name: http
    port: 80
    protocol: TCP
    targetPort: 80
```

第 10 章 Kubernetes によるオーケストレーション

```
    selector:
      app: wordpress
    type: NodePort

master # kubectl create -f ./wordpress-service.yaml
```

WordPress の Service リソースが配備されているかを確認します。

```
master # kubectl get svc
NAME         TYPE        CLUSTER-IP       EXTERNAL-IP      PORT(S)         AGE
kubernetes   ClusterIP   10.96.0.1        <none>           443/TCP         39h
mysql        ClusterIP   10.106.178.139   <none>           3306/TCP        28s
wordpress    NodePort    10.108.126.90    <none>           80:31594/TCP    10s
```

以上で、WordPress に関するサービスが起動できました。

10-4-4 WordPress への接続確認

WordPress の初期設定画面を開くため、配備されたワーカーノードを調べます。

```
master # kubectl get pod -o wide -l app=wordpress
NAME                        READY   STATUS     ... NODE
wordpress-69bd97cf49-4hngk  1/1     Running    ... n0172.jpn.linux.hpe.com
```

実行結果からワーカーノード n0172 で WordPress のコンテナが稼働していることがわかります。したがって、先ほど実行した kubectl get svc の出力結果から、WordPress の Service リソースのポートが 31594 番なので、Kubernetes クラスタ外に存在するクライアントから WordPress の初期設定画面へは、172.16.1.172:31594 にアクセスすればよいことがわかります。

```
client # firefox http://172.16.1.172:31594 &
```

WordPress の設定画面が表示されたら、まずは、WordPress への接続に成功しています。画面下の [Let's go] をクリックします（図 10-5）。すると、MariaDB への接続設定の画面が表示されます（図 10-6）。

460

● 10-4 永続的ストレージを使うブログサイトの構築

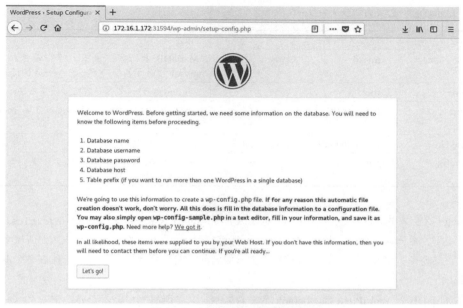

図 10-5　WordPress の設定画面

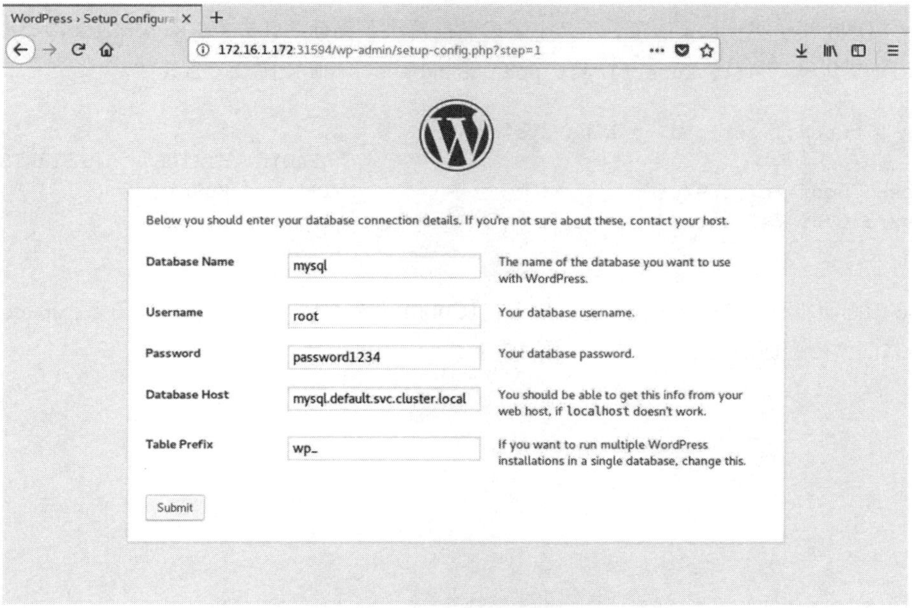

図 10-6　MariaDB への接続設定の画面

入力するパラメーターは、表 10-3 のとおりです。

第 10 章 Kubernetes によるオーケストレーション

表 10-3　MariaDB への入力パラメーター

入力項目	パラメーター	説明
Database Name	mysql	MariaDB 上にデフォルトで作成されている mysql という名前のデータベースに接続
Username	root	wordpress データベースに接続するユーザー名
Password	password1234	wordpress データベースに接続する root ユーザーのパスワード
Database Host	mysql.default.svc.cluster.local	データベースのホスト名
Table Prefix	wp_	複数の WordPress を単一のデータベースで稼働させる場合の識別子

　Kubernetes クラスタにおいて、データベースホストは、mysql.<ネームスペース>.svc.cluster.local で指定します。ネームスペースとは、Kubernetes 環境において、Pod などのリソースが所属する名前空間であり、業務やアプリケーションの種類によって名前空間を分けることで、それらをグルーピングできます。

　今回、MariaDB と WordPress は、default ネームスペースに所属しているため、データベースを提供するコンテナのホスト名は、mysql.default.svc.cluster.local となります。このホスト名は、ドメイン名が、default.svc.cluster.local であるため、短いホスト名は、mysql であり、Kubernetes が内部で持つ DNS サーバーによって、ホスト名の名前解決が実行されます。Kubernetes にビルトインされている DNS サービスは、kubectl get pod -n kube-system で確認できます。

```
master # kubectl get pod -n kube-system
NAME                          READY    STATUS     RESTARTS    AGE
coredns-576cbf47c7-s297p      1/1      Running    2           47h
coredns-576cbf47c7-tsfz6      1/1      Running    3           47h
...
```

　図 10-6 の画面でパラメーターを入力したら、[Submit] をクリックします。すると、wp-config.php ファイルに関する画面が表示されます（図 10-7）。

● 10-4 永続的ストレージを使うブログサイトの構築

図10-7　反転文字の部分をすべてコピーペーストし、wp-config.phpファイルとして保存

画面上で反転表示されているテキストをwp-config.phpというファイル名で保存します。

```
client # vi wp-config.php
```

wp-config.phpファイルをNFSサーバーのWordPressのディレクトリにコピーし、アクセス権を変更します。

```
client # scp wp-config.php 172.16.60.101:/data/nfs_svr_dir/wordpress/
client # ssh -l root 172.16.60.101
Password: xxxxxxxx
nfssvr # chmod 666 /data/nfs_svr_dir/wordpress/wp-config.php
```

あとは、WordPressの設定画面に従ってください。

Column　Kubernetes における DNS サービス

　Kubernetes にビルトインされている DNS サービスは、kube-dns という名前でしたが、Kubernetes のバージョン 1.11 からは、CoreDNS が搭載されています。コンテナ同士の連携では、アプリケーションが接続先の指定にホスト名を指定することが少なくありません。コンテナは、起動するたびに IP アドレスが変わります。そのため、アプリケーション側で接続先にホスト名を指定しておけば、IP アドレスの値が変化しても接続を維持できます。

　このようなアプリケーション連携では、DNS による名前解決が不可欠です。Kubernetes にビルトインされている CoreDNS により、アプリケーション連携の際のホスト名の名前解決が可能です。念のため、WordPress コンテナから、データベースホストの mysql.default.svc.cluster.local の名前解決ができるかどうかを試してみてください。以下は、WordPress コンテナにログインし、名前解決できるかをどうかを試す例です。WordPress コンテナのコマンドプロンプトは、「wp #」で表します。

```
master # kubectl exec -it wordpress-69bd97cf49-4hngk /bin/bash
wp # export http_proxy=http://proxy.your.site.com:8080
wp # export https_proxy=http://proxy.your.site.com:8080
wp # apt-get update && apt-get install -y dnsutils
wp # cat /etc/resolv.conf
nameserver 10.96.0.10
search default.svc.cluster.local svc.cluster.local cluster.local jpn.linux.hpe.com
options ndots:5
```

　/etc/resolv.conf ファイル内の 10.96.0.10 は、今回の Kubernetes クラスタ内で割り当てられた CoreDNS サービスの IP アドレスです。さらに、search 行には、ドメイン名が記述されているため、接続先となるデータベースのホスト名が、mysql.default.svc.cluster.local の場合、ホスト名の mysql だけを指定しても、ドメイン名を補う形で名前解決が行われます。

```
wp # dig mysql.default.svc.cluster.local
...
mysql.default.svc.cluster.local. 5 IN    A       10.106.178.139
...
```

　試しに、WordPress コンテナ上に、mysql クライアントをインストールして、mysql.default.svc.cluster.local で稼働するデータベースにアクセスできるかも試してください。Kubernetes が提供する CoreDNS による名前解決が正常に稼働できていれば、mysql コマンドの-h オプションに、IP アドレスではなく、MariaDB コンテナのホスト名を指定してデータベースに接続できます。

```
wp # apt-get install -y mariadb-client
wp # mysql -uroot -ppassword1234 -hmysql.default.svc.cluster.local
Welcome to the MariaDB monitor.  Commands end with ; or \g.
...
MariaDB [(none)]> show databases;
+--------------------+
| Database           |
```

●10-5 Kubernetes の GUI

```
+--------------------+
| information_schema |
| mysql              |
| performance_schema |
| test               |
+--------------------+
4 rows in set (0.01 sec)

MariaDB [(none)]>
```

以上で、永続的ストレージを利用するブログサイトが構築できました。

10-5　Kubernetes の GUI

Kubernetes では、Web ブラウザを使った管理が可能です。ここでは、最も基本的なダッシュボードによる管理画面を表示する手順と、簡単な管理方法を紹介します。

10-5-1　GUI 環境のインストール

Kubernetes の管理画面は、Docker コンテナで稼働させることができます。

■ YAML ファイルの入手

このコンテナのための YAML ファイル kubernetes-dashboard.yaml を curl コマンドで入手します。プロキシサーバーを経由してインターネットにアクセスする場合は、環境変数を事前にセットしておきます。

```
master # export http_proxy=http://proxy.your.site.com:8080
master # export https_proxy=http://proxy.your.site.com:8080
master # curl -sSL -O \
https://raw.githubusercontent.com/kubernetes/dashboard/master/aio/deploy/recommended/kubernetes-dashboard.yaml
```

■ YAML ファイルの編集

入手した kubernetes-dashboard.yaml を編集します。Service に関するセクションで、「spec:」の下に「type: NodePort」を記述します。また、その下の「ports:」のセクションの「targetPort: 8443」

465

第 10 章 Kubernetes によるオーケストレーション

の下に、「nodePort: 32111」を追加します。外部のクライアントから接続する際に必要なポート番号
です。[†]

> [†] 今回、nodePort に指定するポート番号を 32111 にしていますが、Kubernetes のダッシュボードは、30000 か
> ら 32767 の範囲が指定可能です。

```
master # vi kubernetes-dashboard.yaml
...
kind: Service
...
spec:
  type: NodePort
  ports:
    - port: 443
      targetPort: 8443
      nodePort: 32111
  selector:
    k8s-app: kubernetes-dashboard
...
```

■ GUI 用 Pod の起動

入手した kubernetes-dashboard.yaml から Kubernetes の GUI 管理画面を提供する Pod を起動し
ます。

```
master # kubectl apply -f ./kubernetes-dashboard.yaml
```

ダッシュボードの Pod が起動しているかを確認します。Kubernetes のダッシュボードは、kube-system
と呼ばれる名前空間を利用しているので、Pod の情報を確認するには、kubectl get pod に -n kube-system
の指定が必要です。

```
master # kubectl get pod \
-n kube-system \
-o wide | grep dashboard
kubernetes-dashboard-77fd78f978-7zqr2 ... Running ... n0171.jpn.linux.hpe.com
```

ダッシュボードがワーカーノードの n0171 で稼働していることがわかります。さらに、ポート番号
を確認します。

```
master # kubectl get svc \
-n kube-system \
```

● 10-5 Kubernetes の GUI

```
-o wide -l k8s-app=kubernetes-dashboard
NAME                    TYPE        ... PORT(S)        ...
kubernetes-dashboard    NodePort    ... 443:32111/TCP ...
```

■管理ユーザーの作成と管理者権限の付与

Kubernetes のダッシュボードに管理者権限でログインするには、管理者アカウントの作成とトークンによる認証方式を必要とします。管理者アカウントは、YAML ファイルで定義します。ユーザー名は admin01 としました。

```
master # vi add-user-admin01.yaml
apiVersion: v1
kind: ServiceAccount
metadata:
  name: admin01
  namespace: default
```

YAML ファイルを読み込みます。

```
master # kubectl apply -f ./add-user-admin01.yaml
```

次に、ダッシュボードの GUI 上で管理を行う権限を付与します。具体的には、ユーザー admin01 に管理者のロールを割り当てます。ユーザー admin01 に管理者のロールを割り当てる YAML ファイルを作成します。

```
master # vi add-role-admin01.yaml
apiVersion: rbac.authorization.k8s.io/v1
kind: ClusterRoleBinding
metadata:
  name: admin01
roleRef:
  apiGroup: rbac.authorization.k8s.io
  kind: ClusterRole
  name: cluster-admin
subjects:
- kind: ServiceAccount
  name: admin01
  namespace: default
```

YAML ファイルをロードします。

```
master # kubectl apply -f ./add-role-admin01.yaml
```

467

第 10 章 Kubernetes によるオーケストレーション

Kubernetes の管理 GUI で管理権限を保有するユーザー admin01 が作成できました。

■ トークンの生成

管理者 admin01 でログインするには、トークン（文字列）が必要です。管理者 admin01 用のトークンは、コマンドで生成可能です。このトークンは、Kubernetes の GUI のログイン画面で入力します。

```
master # USER=admin01
master # SECRET=$(kubectl get secrets | grep $USER | awk '{print $1}')
master # TOKEN=$(kubectl describe secret $SECRET \
| grep -E '^token' | cut -f2 -d':' | tr -d '\t')
master # echo $TOKEN
eyJhbGciOiJSUzI1NiIsImtpZCI6IiJ9.eyJpc3MiOiJrdWJlcm5ldGVzL3NlcnZpY2VhY2NvdW50Iiwia3
ViZXJuZXRlcy5pby9zZXJ2aWNlYWNjb3VudC9uYW1lc3BhY2UiOiJkZWZhdWx0Iiwia3ViZXJuZXRlcy5pb
y9zZXJ2aWNlYWNjb3VudC9zZWN...
```

10-5-2　Web ブラウザを使った管理

■ Kubernetes GUI 管理画面のログイン

Web ブラウザから https://172.16.1.171:32111 あるいは、https://n0171.jpn.linux.hpe.com:32111 にアクセスします。ホスト名は、/etc/hosts または、DNS サーバーによる名前解決が必要です。ログイン画面で、ラジオボタンの［Token］をクリックします。すると、その下に［Enter token］と表示された入力欄が表示されるので、ここにトークンをコピーペーストします。トークンをコピーペーストしたら［SIGN IN］をクリックします（図 10-8）。

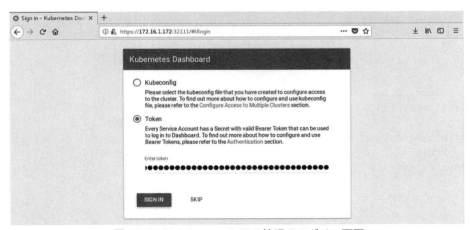

図 10-8　Kubernetes の GUI 管理のログイン画面

● 10-5 Kubernetes の GUI

■管理項目の表示

GUI 管理画面にアクセスすると、Deployment、Pod、ReplicaSet などの現在の状況が表示されます（図10-9）。

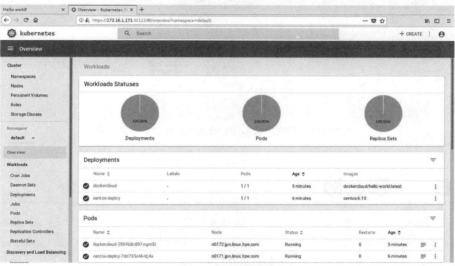

図 10-9　GUI 管理画面

管理画面の左側の［Nodes］をクリックすると Kubernetes クラスタを構成する全ノードの情報が表示されます（図 10-10）。

図 10-10　ノード一覧

管理画面の左側の［Services］をクリックするとServiceリソースの情報が表示されます（図10-11）。

図10-11　現在稼働しているServiceリソース一覧

10-6　まとめ

　本章では、Kubernetesを使ったマルチホストDocker環境の構築手順を紹介しました。Kubernetesは、Dockerコンテナのオーケストレーションツールとして非常に人気が高まっています。Kubernetesに不慣れな段階では、アプリケーションのスケールや設定変更などをYAMLファイルによって管理する独特の作法や構文に戸惑うことも多いかもしれません。しかし、コミュニティによって膨大なYAMLファイルのサンプルが公開されているので、まずは、非常に簡単なWebアプリケーションから始めて、徐々に慣れるようにしてください。

Coffee Brake　21世紀おけるにITインフラの仮想化とコンテナ化の風景

●仮想化基盤の普及

　2000年代の中頃から、ほとんどの企業において　IT資源の利用効率の解決策の一つとして、ハイパーバイザー型の仮想化基盤ソフトウェアの導入が相次ぎました。ハイパーバイザー型の仮想化基盤ソフトウェアを駆使すれば、少ないサーバー台数で異なる種類のOSが同時に稼働できるため、物理システムの初期導入コストや維持コストが低減できたのです。また、ハイパーバイザー型の仮想化基盤ソフトウェアを駆使したITシステムは、従来の物理サーバー基盤でのOS導入手順や運用手法が仮想化基盤でも通用するため、瞬く間に全世界に広がり、ITインフラに採用されるようになり、大手企業や公共機関だけでなく、中小企業などでも積極的に採用され、システム統合と標準化が進みました。仮想化技術の導入によって、物理的なサーバーシステムの集約だけでなく、電気代の節約、OS、ミドルウェア、アプリケーションの移植性、メンテナンス効率も大幅に改善されました。

●クラウドサービス化へ

　さらに、2010年代初頭、多くの企業では、グローバル展開を推し進めるために、業務アプリケーションのWebサービス化や地理的な制約を受けないホスティングサービスの利用といった、いわゆる「クラウドサービス化」への方向転換が迫られました。それを支えるIT基盤にも、ビジネスの急激な変化に即座に対応できる敏捷性が求められるようになります。しかしながら、仮想化基盤で利用する業務アプリケーション環境の肥大化、ハイパーバイザーエンジンが介在することによる性能劣化問題、クラウド基盤ソフトウェア自体のコンポーネントの急激な増加と複雑化によるメンテナンスやトラブル対応の工数の増大など、仮想化、クラウド基盤特有の不満も噴出するようになったのです。

　これらの諸問題に対応すべく、多くの企業では、従来の仮想化やクラウド基盤とは比較にならないレベルの自動化、省力化が本格的に検討されるようになりました。今までのハイパーバイザー型の仮想化基盤やクラウド基盤に比べて、非常に簡素なシステムでありつつも、高い柔軟性、可搬性、配備のスピードを獲得しなくてはならなくなったのです。具体的には、限られた自社のIT資源であるプロセッサ、メモリ、ストレージ、ネットワーク機器の設定をソフトウェアを使って柔軟に変更できる「ソフトウェア定義型インフラストラクチャ」を導入することで、OS環境や業務アプリケーションを自動的にパッケージ化し、開発部門や顧客へ迅速に配備し、簡単に利用できる簡素なIT基盤です。このようなIT基盤を実現するには、今までのハイパーバイザー型の仮想化基盤にはない、まったく新しい仕組みが必要になったのです。

●Dockerコンテナへの移行

　2013年頃から、米国では、従来の仮想化技術とは異なり、「コンテナ」と呼ばれる非常に軽量なアプリケーション環境を実現する「Docker」が大きな注目を浴びました。Dockerの台頭により、ソフトウェアの開発、OSやアプリケーション配備のスピードを劇的に向上させることが可能になったのです。さらに、Dockerを駆使した「マイクロサービス」と呼ばれる非常に小さなソフトウェアの部品を組み合わせ、ソフトウェア実行環境の生成と廃棄を繰り返して機能拡張や修正を迅速に行う開発手法も生み出されました。また、これに伴い、Webシステムだけでなく、性能劣化が許されないハイパーフォーマンスコンピューティング、人工知能、機械学習、計算資源の非常に限られたIoT（Internet of Things：モノのインターネット）、ビッグデータ基盤のソフトウェア開発環境やアプリ

第 10 章 Kubernetes によるオーケストレーション

ケーション実行環境としてコンテナが利用され始めました。

●コンテナ環境とセキュリティの強化のニーズ

2017 年頃から、米国では、金融システムや機密情報を取り扱う研究所などにおいて、非常に高度なセキュリティ機能を有する IT 基盤を Docker で検討するようになりました。IT 部門の手間を大幅に削減しつつも、しかるべき利用権限を持つユーザー部門に、セキュリティを担保しつつ、利便性の高い業務アプリケーションをすぐに利用できる環境が求められるようになってきたのです。このように、しかるべき権限のユーザーに適切なマイクロサービスの環境を割り当てるといった柔軟性に富んだ IT システムを実現するには、非常に高度な「コンテナ管理の仕組み」が必要です。Docker は、高度なコンテナ管理機能を提供していますが、企業向けの本格的なセキュリティ管理機能やユーザー管理機能を適用するには、商用版の Docker Enterprise Edition（Docker EE）が必要です。無償版の Docker および商用版の Docker EE は、最先端技術をいち早く採用する金融システム、製造業、通信事業者、情報サービス業、研究機関など、さまざまな分野で採用されています。

付録 A docker コマンドと使用例

付録 A
docker コマンドと使用例

以下は、Docker で利用される主な docker コマンド一覧です。
対応する Docker エンジンのバージョンは、18.09.0 のコミュ
ニティエディションです。表の上段左側にコマンドの形式、右側
に説明、下段にコマンドの実行例を記載しました。

●情報源：

https://docs.docker.com/engine/reference/run/

docker image build	Dockerfile を使って Docker イメージをビルド
# docker image build -f ./Dockerfile -t centos:foo2 .	
docker image history	Docker イメージの履歴を表示
# docker image history centos:7.5.1804	
docker image import	tar アーカイブから Docker イメージをインポートする
# cat c67test01.tar |docker image import - c67:test01	
docker image inspect	Docker イメージの詳細情報を表示する
# docker image inspect --format="{{ .Config.OnBuild }}" c75:web-base01	
docker image load	tar アーカイブまたは標準入力から Docker イメージをロードする
# docker image load -i centos-6.9.tar	
docker image ls	Docker イメージの一覧を表示する
# docker image ls	

```
REPOSITORY              TAG                    IMAGE ID            CREATED           SIZE
centos                  6.10                   30e66b619e9f        7 weeks ago       194MB
```

docker image prune	使用されていない Docker イメージを削除する
# docker image prune -f	
docker image pull	Docker Hub や Docker レジストリから Docker イメージを入手する
# docker image pull centos:7.5.1804	
docker image push	Docker Hub や Docker レジストリに Docker イメージをアップロードする
# docker image push 172.16.1.100:5000/ubuntu:18.04	
docker image rm	Docker イメージを削除する
# docker image rm centos:7.5.1804	
docker image save	Docker イメージを tar アーカイブとして保存する
# docker image save centos:6.9 > centos-6.9.tar	
docker image tag	Docker イメージに別名となるタグを付ける

473

付録 A docker コマンドと使用例

```
# docker image tag centos:6.10 172.16.1.100:5000/centos:6.10
```

docker container attach	稼働中の Docker コンテナに入る

```
# docker container attach c610test01
[root@c610test01 /]#
```

docker container commit	コンテナから Docker イメージを作成する

```
# docker container commit container01 c610:myimage01
```

docker container cp	ホスト OS とコンテナ間でファイルをコピーする

```
# docker container cp /etc/hosts container01:/root/
# docker container cp container01:/tmp/yum.log /home/koga/
```

docker container create	コンテナを生成する

```
# docker container create -it --name c0001 -h c0001 centos:6.10 /bin/bash
```

docker container diff	コンテナ作成後に変更されたファイルやディレクトリを一覧表示する

```
# docker container diff c0001
C /root
A /root/.bash_history
```

docker container exec	稼働中のコンテナ内のコマンドを実行する

```
# docker container exec -it c0001 /bin/bash -c "ps -ef |grep -v ps"
UID        PID   PPID  C STIME TTY       TIME CMD
root         1      0  0 10:49 pts/0     00:00:00 /bin/bash
```

docker container export	コンテナのファイルシステムを tar アーカイブとして保存する

```
# docker container export c0001 > c0001.tar
```

docker container inspect	コンテナの詳細情報を表示する

```
# docker container inspect --format='{{.NetworkSettings.IPAddress}}' c0001
172.17.0.2
```

docker container kill	稼働中のコンテナを kill する

```
# docker container kill c0001
```

docker container logs	コンテナのログを表示する

```
# docker container logs --details -f websvr01
 172.17.0.1 - - [01/Dec/2018:11:18:15 +0000] "GET / HTTP/1.1" 200 1351 "" "curl/7.29.0"
 172.17.0.1 - - [01/Dec/2018:11:18:23 +0000] "GET /test.html HTTP/1.1" 404 0 "" "curl/7.29.0"
```

docker container ls	コンテナの一覧を表示する

```
# docker container ls --format 'table {{.Image}}\t{{.Status}}\t{{.Names}}'
IMAGE              STATUS            NAMES
larsks/thttpd      Up 5 minutes      websvr01
```

docker container pause	コンテナを一時的に停止する

```
# docker container pause websvr01
```

docker container port	コンテナのポートマッピング一覧を表示する

```
# docker container port websvr02
80/tcp -> 0.0.0.0:8081
```

docker container prune	停止しているすべてのコンテナを削除する

```
# docker container prune -f
```

docker container rename	コンテナの名前を変更する

```
# docker container rename websvr02 websvr03
```

docker container restart	コンテナを再起動する

```
# docker container restart websvr03
```

docker container rm	コンテナを削除する

付録 A docker コマンドと使用例

```
# docker container rm -f websvr03
```

docker container run	新しいコンテナを生成し、コマンドを実行する

```
# docker container run -it --name c610n01 centos:6.10 /bin/bash
```

docker container start	停止したコンテナを開始する

```
# docker container start c0001
```

docker container stats	コンテナのリソース使用率を表示する

```
# docker container stats c0001 --no-stream
CONTAINER ID   NAME     CPU %    MEM USAGE / LIMIT    MEM %    NET I/O     BLOCK I/O    PIDS
27d22ce1380c   c0001    0.00%    348KiB / 31.26GiB    0.00%    648B / 0B   0B / 0B      1
```

docker container stop	稼働中のコンテナを停止する

```
# docker container stop c0001
```

docker container top	コンテナ内で稼働しているプロセスの情報を表示する

```
# docker container top c0001 -x
PID              TTY              STAT              TIME              COMMAND
4042             pts/0            Ss+               0:00              /bin/bash
```

docker container unpause	一時的に停止していたコンテナを再開する

```
# docker container unpause c0001
```

docker container update	コンテナを稼働したまま、設定情報を更新する

```
# docker container update --cpuset-cpus=3 websvr01
```

docker container wait	コンテナが停止するまで待ち続け、その後に終了コードを表示する

```
# docker container run -itd --rm --name c01 centos:6.9 sleep 30
# docker container wait c01
0
```

docker network connect	コンテナを指定したネットワークに接続する

```
# docker network connect mynet01 c02
```

docker network create	コンテナ用のネットワークを作成する

```
# docker network create --subnet 10.0.0.0/24 --attachable mynet01
```

docker network disconnect	指定したネットワークへの接続を切る

```
# docker network disconnect mynet01 c02
```

docker network inspect	指定したネットワークの詳細情報を表示する

```
# docker network inspect mynet01 -f '{{range .IPAM.Config}}{{.Subnet}}{{end}}'
10.0.0.0/24
```

docker network ls	Docker デーモンが管理しているネットワーク一覧を表示する

```
# docker network ls -f DRIVER=bridge
NETWORK ID         NAME              DRIVER            SCOPE
77e4bb37c4d0       bridge            bridge            local
9029887f9a25       mynet01           bridge            local
```

docker network prune	未使用のネットワークを削除する

```
# docker network prune -f
Deleted Networks:
mynet01
```

docker network rm	ネットワークを削除する

```
# docker network rm mynet02
```

docker login	Docker レジストリにログインする

```
# docker login n12.jpn.linux.hpe.com
```

docker logout	Docker レジストリからログアウトする

475

付録 A docker コマンドと使用例

```
# docker logout n12.jpn.linux.hpe.com
```

| docker plugin create | Docker プラグインを作成する |

```
# docker plugin create myplugin01 myplugin01dir
```

| docker plugin disable | Docker プラグインを無効にする |

```
# docker plugin disable myplugin01
```

| docker plugin enable | Docker プラグインを有効にする |

```
# docker plugin enable myplugin01
```

| docker plugin inspect | Docker プラグインの詳細情報を表示する |

```
# docker plugin inspect tiborvass/sample-volume-plugin:latest
```

| docker plugin install | Docker プラグインをインストールする |

```
# docker plugin install store/hpestorage/hpedockervolumeplugin:2.1 --disable --alias hpe
```

| docker plugin ls | Docker プラグインの一覧を表示する |

```
# docker plugin ls --format "{{.ID}}: {{.Name}}"
```

| docker plugin push | Docker プラグインを Docker レジストリにアップロードする |

```
# docker plugin push n12.jpn.linux.hpe.com:5000/pluginreg01/plugin
```

| docker plugin rm | Docker プラグインを削除する |

```
# docker plugin rm tiborvass/sample-volume-plugin:latest
```

| docker plugin set | Docker プラグインの設定を変更する |

```
# docker plugin set myplugin mydevice.path=/dev/bar
```

| docker plugin upgrade | Docker プラグインを更新する |

```
# docker plugin upgrade --grant-all-permissions myplugin:latest myplugin:latest
```

| docker search | Docker Hub に登録されている Docker イメージを検索する |

```
# docker search --filter stars=3 centos
```

| docker system df | Docker が消費しているディスク容量を表示する |

```
# docker system df -v
```

| docker system events | 発生しているイベントをリアルタイムで表示する |

```
# docker system events --filter 'image=centos'
```

| docker system info | インストールされている Docker に関する情報を表示する |

```
# docker system info
```

| docker system prune | 停止したコンテナ、未使用のイメージ、ボリューム、ネットワークを削除する |

```
# docker system prune -f
```

| docker trust inspect | キーとシグニチャに関する情報を表示する |

```
# docker trust inspect centos:7.5.1804
```

| docker trust key generate | Docker イメージの署名用のキーを生成する |

```
# docker trust key generate hpe-prod-use
```

| docker trust key load | 秘密鍵のファイルをロードする |

```
# docker trust key load /root/.docker/trust/private/xxxx.key
```

| docker trust revoke | Docker イメージの署名を破棄する |

```
# docker trust revoke n12.jpn.linux.hpe.com/myrepo01:c75n01
```

| docker trust sign | Docker イメージに署名する |

```
# docker trust sign n12.jpn.linux.hpe.com/myrepo01:c75n01
```

| docker trust signer add | 署名者を追加する |

```
# docker trust signer add --key /root/hpe-prod-use.pub koga n12.jpn.linux.hpe.com/myrepo01
```

| docker trust signer remove | 署名者を削除する |

```
# docker trust signer remove -f koga n12.jpn.linux.hpe.com/myrepo01
```

付録 A docker コマンドと使用例

docker version	Docker のバージョン情報を表示する
# docker version --format '{{.Server.Version}}'	
docker volume create	ボリュームを作成する
# docker volume create myvol01	
docker volume inspect	ボリュームの詳細情報を表示する
# docker volume inspect myvol01 --format '{{ .Mountpoint }}'	
docker volume ls	ボリュームの一覧を表示する
# docker volume ls -f driver=local	
docker volume prune	使用していないボリュームを削除する
# docker volume prune -f	
docker volume rm	ボリュームを削除する
# docker volume rm myvol01	

付録 B Dockerfile の命令一覧

付録 B
Dockerfile の命令一覧

以下は、Dockerfile 内の命令をまとめたものです。対応する
Docker エンジンのバージョンは、18.09.0 のコミュニティエ
ディションです。表の上段左側に Dockerfile 内で使用する命令、
右側に説明、下段に Dockerfile の例を記載しました。

●情報源

https://docs.docker.com/engine/reference/builder/

ADD	ファイルやディレクトリをコピーし、アーカイブファイルを指定した場合は、展開する
FROM centos:7.5.1804	
RUN mkdir -p /root/dir_add	
ADD testfile.tgz /root/dir_add/	
ADD testdir /root/testdir	
ARG	docker image build コマンドの引数を渡す
FROM centos:7.5.1804	
ARG http_proxy	
ARG https_proxy	
CMD	コンテナ内でコマンドを実行する（docker container run 時のコマンド指定で上書き）
FROM centos:7.5.1804	
CMD ["cat", "/etc/redhat-release"]	
COPY	ファイルやディレクトリをコピーする
FROM centos:7.5.1804	
RUN mkdir -p /root/dir_copy	
COPY testfile.tgz /root/dir_copy/	
ENTRYPOINT	コンテナ内でコマンドを実行する
FROM centos:7.5.1804	
ENTRYPOINT ["uname", "-r"]	
ENV	コンテナ内で環境変数を設定する
FROM centos:7.5.1804	
ENV NO_PROXY 127.0.0.1,localhost,172.16.1.2,n002	
CMD ["printenv", "NO_PROXY"]	
EXPOSE	コンテナ起動時に指定したポートでリッスンする
FROM nginx:latest	
EXPOSE 8081	

478

付録 B Dockerfile の命令一覧

FROM	ベースイメージを取得する

```
FROM opensuse:latest
CMD ["cat", "/etc/os-release"]
```

HEALTHCHECK	コンテナ内のアプリケーションの死活監視を行う

```
FROM nginx:mainline-alpine
HEALTHCHECK --timeout=5s --interval=1s \
CMD wget -q -O - http://localhost/index.html || exit 1
```

LABEL	Docker イメージにメタデータ情報（ビルド日時、ライセンス、メンテナンス担当情報など）を付加する

```
FROM centos:7.5.1804
LABEL vendor=Hewlett\ Packard\ Enterprise\
 com.hpe.linux.jpn.is-beta="No" \
 com.hpe.linux.jpn.is-production="App Test Phase 0001" \
 com.hpe.linux.jpn.version="1.0.0-prod" \
 com.hpe.linux.jpn.release-date="2020-12-11"
CMD ["tail", "-f", "/dev/null"]
```

ONBUILD	親となる Dockerfile.ops 内の ONBUILD で指定したコマンドが、子の Dockerfile.dev のビルド時に実行される

```
# vi Dockerfile.ops
FROM httpd:latest
ONBUILD COPY ./dev01.html /usr/local/apache2/htdocs/
# vi Dockerfile.dev
FROM httpd:base01
```

RUN	Docker イメージに含まれているコマンドを実行する

```
FROM httpd:latest
RUN echo "Hello Docker" > /usr/local/apache2/htdocs/index.html
```

SHELL	シェルを変更する

```
FROM centos:7.5.1804
ENV http_proxy=http://proxy.your.site.com:8080
RUN yum install -y zsh
SHELL ["/bin/zsh","-c"]
RUN echo $0 > /tmp/log
ENTRYPOINT ["cat", "/tmp/log"]
```

STOPSIGNAL	コンテナ終了時に送信するシステムコールシグナルを設定する

```
FROM centos:7.5.1804
STOPSIGNAL SIGKILL
```

USER	ユーザーを切り替える

```
FROM centos:7.5.1804
RUN useradd -m koga
USER koga
RUN whoami >> /tmp/user.log
ENTRYPOINT ["cat","/tmp/user.log"]
```

VOLUME	指定したディレクトリを Docker ボリュームとして取り扱う

```
FROM centos:7.5.1804
VOLUME ["/cdir"]
```

WORKDIR	作業ディレクトリを変更する

```
FROM centos:7.5.1804
```

479

付録 B Dockerfile の命令一覧

```
WORKDIR /tmp
ENTRYPOINT "pwd"
```

付録 C
Docker Swarm のコマンド一覧

以下は、Docker Swarm クラスタで利用されるコマンドの一覧です。対応する Docker エンジンのバージョンは、18.09.0 のコミュニティエディションです。表の上段左側にコマンドの形式、右側に説明、下段にコマンドの実行例を記載しました。

●情報源：

https://docs.docker.com/engine/reference/commandline/swarm/

docker swarm ca	ルート CA を表示、あるいは、ローテートする
# docker swarm ca --rotate	
docker swarm init	Swarm を初期化する
# docker swarm init --advertise-addr=172.16.1.176	
docker swarm join	Docker Swarm クラスタに参加する
# docker swarm join --token SWMTKN-1-323dv4... obc7by6ll 172.16.1.176:2377	
docker swarm join-token	ノードを追加するためのトークンを含んだコマンドを表示する
# docker swarm join-token manager	
# docker swarm join-token worker	
docker swarm leave	Docker Swarm クラスタから離脱する
# docker swarm leave	
docker swarm unlock	現在稼働中の Docker Swarm クラスタのロックを解除する
# docker swarm unlock	
docker swarm unlock-key	docker swarm init --autolock で作成したロック解除用キーを表示する
# docker swarm unlock-key -q	
docker swarm update	Docker Swarm クラスタの設定を更新する
# docker swarm update --autolock=true	
docker node demote	マネージャノードをワーカーノードに降格させる
# docker node demote n0177.jpn.linux.hpe.com	
docker node inspect	Docker Swarm クラスタノードの詳細情報を表示する
# docker node inspect n0176.jpn.linux.hpe.com	
docker node ls	Docker Swarm クラスタノードの一覧を表示する

```
# docker node ls --format 'table {{.Hostname}}\t{{.Status}}\t{{.ManagerStatus}}'
HOSTNAME                 STATUS              MANAGER STATUS
n0176.jpn.linux.hpe.com  Ready               Leader
n0177.jpn.linux.hpe.com  Ready
```

付録 C Docker Swarm のコマンド一覧

docker node promote	ワーカーノードをマネージャノードに昇格させる
# docker node promote n0177.jpn.linux.hpe.com	
docker node ps	Docker Swarm クラスタで稼働しているタスク一覧を表示する
# docker node ps --format 'table {{.Name}}\t{{.Image}}\t{{.Node}}\t{{.DesiredState}}'	
docker node rm	Docker Swarm クラスタのノードを削除する
# docker node rm n0177.jpn.linux.hpe.com	
docker node update	Docker Swarm クラスタのメタデータ情報を更新する
# docker node update n0177.jpn.linux.hpe.com --role manager	
docker service create	Docker Swarm クラスタのサービスを作成する
# docker service create --name websvr httpd:latest	
docker service inspect	Docker Swarm クラスタのサービスの詳細情報を表示する
# docker service inspect websvr --pretty	
docker service logs	Docker Swarm クラスタのサービスのログを表示する
# docker service logs websvr	
docker service ls	Docker Swarm クラスタのサービス一覧を表示する
# docker service ls --format 'table {{.Name}}\t{{.Replicas}}\t{{.Image}}'	

```
NAME                REPLICAS            IMAGE
websvr              1/1                 httpd:latest
```

docker service ps	Docker Swarm クラスタのサービスのタスク一覧を表示する
# docker service ps websvr	
docker service rm	Docker Swarm クラスタのサービスを削除する
# docker service rm websvr	
docker service rollback	Docker Swarm クラスタのサービスを以前の状態に戻す
# docker service rollback websvr	
docker service scale	Docker Swarm クラスタのサービスをスケールする
# docker service scale websvr=10	
docker service update	Docker Swarm クラスタのサービスの設定を更新する
# docker service update --limit-cpu 2 websvr	
docker config create	コンテナに入れるファイル（例：nginx.conf）の config を作成する
# docker config create myconf01 nginx.conf	
docker config inspect	コンテナに入れるファイルの config に関する詳細情報を表示する
# docker config inspect myconf01	
docker config ls	コンテナに入れるファイルの config をリストアップする
# docker config ls	

```
ID                          NAME        CREATED             UPDATED
xxhedl00icjvqgxjmp96z5vqz   myconf01    4 minutes ago       4 minutes ago
```

docker config rm	コンテナに入れるファイルの config を削除する
# docker config rm myconf01	
docker stack deploy	新しいスタックの配備、あるいは、既存スタックを更新する
# docker stack deploy -c ./wp-mysql.yaml blogsite01	
docker stack ls	スタックの一覧を表示する
# docker stack ls	

```
NAME                SERVICES            ORCHESTRATOR
blogsite01          2                   Swarm
```

docker stack ps	スタックのタスクを表示する

付録 C Docker Swarm のコマンド一覧

```
# docker stack ps blogsite01 --format "table {{.Name}}\t{{.Image}}\t{{.Node}}"
```

docker stack rm	スタックを削除する

```
# docker stack rm blogsite01
```

docker stack services	スタックのサービス一覧を表示する

```
# docker stack services blogsite01
```

付録 D Docker Compose のコマンド一覧

付録 D
Docker Compose のコマンド一覧

以下は、docker-compose コマンドの一覧です。対応する Docker エンジンのバージョンは、18.09.0 のコミュニティエディションです。表の上段左側にコマンドの形式、右側に説明、下段にコマンドの実行例を記載しました。

●情報源：

https://docs.docker.com/compose/reference/overview/

docker-compose build	サービスをビルドする

```
# vi ./webapp/Dockerfile
# vi ./docker-compose.yml
# docker-compose build
```

docker-compose bundle	Docker Compose の YAML ファイルから Docker バンドルを生成する

```
# docker-compose bundle
```

docker-compose config	Docker Compose の YAML ファイルの妥当性をチェックする

```
# docker-compose config --services
dbsvr
websvr
```

docker-compose down	コンテナ、イメージ、ネットワーク、ボリュームを停止し、削除する

```
# docker-compose down
Stopping dc01_websvr_1_c2ea46048601 ...
Stopping dc01_dbsvr_1_f1b516961b67  ...
```

docker-compose events	コンテナからのイベントをリアルタイムに受信する

```
# docker-compose events
2018-12-26 14:15:13.373019 container create 5ced793aea...
2018-12-26 14:15:13.393904 container attach 5ced793aea...
2018-12-26 14:15:15.380143 container start 5ced793aea...
```

docker-compose exec	稼働中のコンテナ内でコマンドを実行する

```
# docker-compose exec websvr ps axw
  PID TTY      STAT      TIME COMMAND
    1 ?        Ss        0:00 /bin/sh /usr/sbin/apachectl -D FOREGROUND
...
```

docker-compose help	コマンドのヘルプを表示する

```
# docker-compose help
```

484

付録 D Docker Compose のコマンド一覧

docker-compose images	イメージ一覧を表示する

```
# docker-compose images
         Container           Repository     Tag        Image Id       Size
------------------------------------------------------------------------------
dc01_dbsvr_1_aa85b688a7df    mysql          latest     f991c20cb508   463 MB
dc01_websvr_1_393c4dfc774a   apache         latest     0e3da7daf9ed   311 MB
```

docker-compose kill	コンテナを kill する

```
# docker-compose kill websvr
Killing dc01_websvr_1_393c4dfc774a ... done
```

docker-compose logs	コンテナのログを出力する

```
# docker-compose logs websvr
Attaching to web
websvr_1_393c4dfc774a | AH00558: apache2: Could not reliably determine the server...
```

docker-compose pause	サービスを一時停止する

```
# docker-compose pause websvr
Pausing dc01_websvr_1_393c4dfc774a ... done
```

docker-compose port	パブリックポートを表示する

```
# docker-compose port websvr 80
0.0.0.0:8003
```

docker-compose ps	コンテナ一覧を表示する

```
             Name                  Command          State          Ports
-------------------------------------------...---------------------------------
dc01_dbsvr_1_aa85b688a7df      docker-entry...      Up       3306/tcp, 33060/tcp
dc01_websvr_1_393c4dfc774a     apachectl -D...      Up       22/tcp, 0.0.0.0:8003->80/tcp
```

docker-compose pull	サービス用の Docker イメージをダウンロードする

```
# docker-compose pull dbsvr
Pulling dbsvr ... done
```

docker-compose push	Docker イメージをレジストリ（例：n0170 が DPR）にアップロードする

```
# docker image tag apache:latest n0170:5000/apache:latest
# sed -i -e s"/apache:latest/n0170:5000\/apache:latest/"g .env
# docker-compose push websvr
```

docker-compose restart	サービスを再起動する

```
# docker-compose restart websvr
Restarting dc01_websvr_1_393c4dfc774a ... done
```

docker-compose rm	コンテナを削除する

```
# docker-compose rm -sf websvr
Stopping dc01_websvr_1_393c4dfc774a ... done
Going to remove dc01_websvr_1_393c4dfc774a
Removing dc01_websvr_1_393c4dfc774a ... done
```

docker-compose run	サービスに所属するコンテナ内のコマンドを実行する

```
# docker-compose run --no-deps --rm websvr grep VERSION= /etc/os-release
VERSION="16.04.1 LTS (Xenial Xerus)"
```

docker-compose start	サービスを開始する

```
# docker-compose start dbsvr
Starting dbsvr ... done
```

docker-compose stop	サービスを停止する

付録 D Docker Compose のコマンド一覧

```
# docker-compose stop dbsvr
Stopping dc01_dbsvr_1_aa85b688a7df ... done
```

| docker-compose top | 稼働中のプロセスを表示する |

```
# docker-compose top dbsvr
dc01_dbsvr_1_aa85b688a7df
   UID      PID     PPID     C   STIME   TTY      TIME       CMD
--------------------------------------------------------------------
polkitd    26212    26195    2   16:54    ?     00:00:04    mysqld
```

| docker-compose unpause | サービスの一時停止を解除する |

```
# docker-compose unpause websvr
Unpausing dc01_websvr_1_393c4dfc774a ... done
```

| docker-compose up | コンテナを生成し、起動する |

```
# docker-compose up -d
Creating network "dc01_default" with the default driver
Creating dc01_dbsvr_1_7f225deedaf3 ... done
Creating dc01_websvr_1_3b5b028eef66 ... done
```

| docker-compose up --scale | サービスをスケールさせる |

```
# docker-compose up -d --scale websvr=3
dc01_dbsvr_1_aa85b688a7df is up-to-date
WARNING: The "websvr" service specifies a port on the host. If multiple containers for this service
are created on a single host, the port will clash.
Starting dc01_websvr_1_8a2728ff86d1 ... done
Creating dc01_websvr_2_cbac49738777 ... done
Creating dc01_websvr_3_66c25aae835f ... done
```

| docker-compose version | Docker Compose のバージョン情報を表示する |

```
# docker-compose version --short
1.23.1
```

上記のコマンドの実行例を得るための Docker Compose のディレクトリ、YAML ファイル、Docker file、.env ファイルの内容と作成手順を以下に示します。

```
# mkdir -p /root/dc01/webapp
# cd /root/dc01
# echo "Hello Docker Compose" > ./webapp/index.html
# vi ./webapp/Dockerfile
FROM tecadmin/ubuntu-ssh:16.04
ARG  http_proxy
ARG  https_proxy
RUN  apt-get update && apt-get install -y apache2
COPY index.html /var/www/html/
CMD ["apachectl", "-D", "FOREGROUND"]
EXPOSE 80

# vi ./docker-compose.yml
version: '3'
services:
```

付録 D Docker Compose のコマンド一覧

```
  dbsvr:
    image: ${IMAGE_DB}
    restart: always
    environment:
      - MYSQL_ROOT_PASSWORD=${PASS}
  websvr:
    image: ${IMAGE_WEB}
    build:
      context: ./webapp
      args:
      - http_proxy=http://proxy.your.site.com:8080
      - https_proxy=http://proxy.your.site.com:8080
    depends_on:
    - dbsvr
    restart: always
    ports:
    - "8000-8100:80"

# vi ./.env
IMAGE_DB=mysql:latest
IMAGE_WEB=apache:latest
PASS=password1234
```

付録 E Docker Machine のコマンド一覧

付録 E
Docker Machine のコマンド一覧

以下は、docker-machine のコマンド一覧です。対応する Docker エンジンのバージョンは、18.09.0 のコミュニティエディションです。表の上段左側にコマンドの形式、右側に説明、下段にコマンドの実行例を記載しました。

●情報源

https://docs.docker.com/machine/reference/

docker-machine active	アクティブな仮想マシンを表示する

```
# docker-machine ls --format '{{.URL}}'
tcp://192.168.99.100:2376
# export DOCKER_HOST=tcp://192.168.99.100:2376; docker-machine active
vm01
```

docker-machine config	仮想マシンへの接続に関する設定を表示する

```
# docker-machine config vm01
--tlsverify
--tlscacert="/root/.docker/machine/machines/vm01/ca.pem"
--tlscert="/root/.docker/machine/machines/vm01/cert.pem"
--tlskey="/root/.docker/machine/machines/vm01/key.pem"
-H=tcp://192.168.99.100:2376
```

docker-machine create	Docker エンジン入りの仮想マシンを作成する

```
# docker-machine create --driver virtualbox \
--engine-env HTTP_PROXY=http://proxy.your.site.com:8080 \
--engine-env HTTPS_PROXY=http://proxy.your.site.com:8080 vm01
```

docker-machine env	指定した仮想マシンに対する環境変数と設定方法を表示する

```
# docker-machine env vm01
export DOCKER_TLS_VERIFY="1"
export DOCKER_HOST="tcp://192.168.99.100:2376"
export DOCKER_CERT_PATH="/root/.docker/machine/machines/vm01"
export DOCKER_MACHINE_NAME="vm01"
# Run this command to configure your shell:
# eval $(docker-machine env vm01)
```

docker-machine help	ヘルプを表示する

```
# docker-machine help
```

docker-machine inspect	仮想マシンの詳細情報を表示する

```
# docker-machine inspect vm01 -f '{{.HostOptions.AuthOptions.StorePath}}'
```

488

付録 E Docker Machine のコマンド一覧

```
/root/.docker/machine/machines/vm01
```

docker-machine ip	仮想マシンの IP アドレスを表示する

```
# docker-machine ip vm01
192.168.99.100
```

docker-machine kill	仮想マシンを kill する

```
# docker-machine kill vm01
Killing "vm01"...
Machine "vm01" was killed.
```

docker-machine ls	仮想マシンをリストアップする

```
# docker-machine ls
NAME    ACTIVE      DRIVER      STATE     URL                          SWARM   DOCKER     ERRORS
vm01    -           virtualbox  Running   tcp://192.168.99.100:2376            v18.09.0
```

docker-machine mount	sshfs を使って VM のディレクトリをマウントする

```
# yum install -y fuse-sshfs
# mkdir /workdir
# docker-machine mount vm01:/home/docker /workdir
# echo "Hello Docker" > /workdir/testfile.txt
# umount /workdir
```

docker-machine provision	作成済みの仮想マシンのプロビジョニングを再実行する

```
# docker-machine provision vm01
```

docker-machine regenerate-certs	TLS 証明書などを再び生成する

```
# docker-machine regenerate-certs -f vm01
```

docker-machine restart	仮想マシンを再起動する

```
# docker-machine restart vm01
```

docker-machine rm	仮想マシンを削除する

```
# docker-machine rm -f vm01
```

docker-machine scp	仮想マシンとクライアント間でファイルをセキュアコピーする

```
# docker-machine scp vm01:/etc/os-release /tmp/
```

docker-machine ssh	仮想マシンに SSH 接続する

```
# docker-machine ssh vm01 ip -4 addr show dev eth1 |grep inet
    inet 192.168.99.100/24 brd 192.168.99.255 scope global eth1
```

docker-machine start	仮想マシンを起動する

```
# docker-machine start vm01
```

docker-machine status	仮想マシンの状態を表示する

```
# docker-machine status vm01
Stopped
```

docker-machine stop	仮想マシンを停止する

```
# docker-machine stop vm01
```

docker-machine upgrade	仮想マシンの Docker エンジンを最新バージョンにアップグレードする

```
# docker-machine upgrade vm01
```

docker-machine url	仮想マシンの URL を表示する

```
# docker-machine url vm01
tcp://192.168.99.100:2376
```

索 引

Symbols

.dockerignore	178
.kube ディレクトリ	422
/dev/sdb	62
/etc/hosts	192

A

Apache Web サービス	90
aufs ストレージドライバ	48, 56

B

bridge ネットワーク	201
btrfs ストレージドライバ	48, 56
busybox	113

C

CA 証明書	396
CentOS	64
CentOS Atomic Host	41
cgroups	31, 34
cloud-config.yml	341
CMD 命令	149
CNI	422
Cockpit	321
Container Network Interface	422
COPY 命令	141
CoreDNS	464
CoreOS	41, 338
CoreOS ISO イメージ	339
coreos-install コマンド	343
CoreOS のインストール	339
CoreOS の情報	344
CoreOS の設定	345
CPU コアの変更	237
CPU 数	58
CPU の資源管理	232
CPU の割当時間	232
CPU リソースの使用上限	240
CREATED	73
CRIU プロジェクト	323
curl コマンド	142
CVE データベースの登録	406

D

Deployment リソース	437
devicemapper ストレージドライバ	48, 56
DevOps	18

DevOps 環境	16
Docker	14
Docker Bench for Security	412
Docker CE	43, 65, 66
Docker Compose	276
docker container attach コマンド	84, 92
docker container commit コマンド	77, 82
docker container exec コマンド	92, 94
docker container ls コマンド	77
docker container rm コマンド	81, 85
docker container run コマンド	74
docker container start コマンド	85
docker container stats コマンド	126
docker container stop コマンド	89, 95
Docker EE	50
Docker EE のインストール	372
Docker EE の特長	372
Docker for Mac	43
Docker for Windows	44
docker image build コマンド	134
docker image load コマンド	125
docker image ls コマンド	73
docker image push コマンド	393
docker image rm コマンド	86
docker image save コマンド	125
docker image tag コマンド	392
docker info コマンド	67
docker login コマンド	392, 395
Docker Machine	294, 300
docker network create コマンド	209
docker network ls コマンド	208
docker network コマンド	218
docker node ls コマンド	207
Docker Private Registry	303
docker service ps コマンド	215
docker service scale コマンド	214
docker service コマンド	211
docker stack コマンド	224
Docker Swarm	204
docker swarm init コマンド	207
Docker Swarm Visualizer	320
Docker Swarm クラスタ	205, 384
Docker Trusted Registry	372
Docker Trusted Registry のインストール	384
docker-compose ps コマンド	281
docker-compose コマンド	278
docker-compose のインストール	276
docker-machine create コマンド	298
Dockerfile	132

索引

Dockerfile の作成 · 132
Docker イメージ · · · · · · · · · · · · · · · · · 71, 73, 77
Docker イメージの削除 · · · · · · · · · · · · · · · · · · 86
Docker イメージの作成 · · · · · · · · · · · · · · · · · · 79
Docker エンジン · 71
Docker エンジンの起動 · · · · · · · · · · · · · · · · · · 67
Docker クライアント · 72
Docker コンテナ · 71
Docker コンテナ同士の通信 · · · · · · · · · · · ·203
Docker デーモン · 71
Docker の状態 · 67
Docker の導入 · 40
Docker ハブ · 71
Docker ホストの管理 · · · · · · · · · · · · · · · · · · ·294
dockly ·319
dotCloud 社 · 14
DPR ·303
DPR への Docker イメージの登録 · · · · · · · ·307
DTR · 372, 384
DVD ドライブ ·261
dyr-run.log ·420

E

ELREPO リポジトリ ·326
ENTRYPOINT 命令 ·144
environment ·280
etcd ·204

F

Fedora Atomic Host · 41
flannel · 204, 414, 422
flannel overlay network · · · · · · · · · · · · · · · · ·414
FROM 命令 ·134

G

GNOME デスクトップ環境 · · · · · · · · · · · · · ·253
GPT パーティション · 62
GUI アプリケーション用コンテナ · · · · · · ·251
GUI 管理ツール ·311
GUI 用 Pod の起動 ·466

H

HEALTHCHECK ·169
htop コマンド ·235

I

I/O 帯域幅 ·243
I/O 優先度 ·243
IaaS · 16
IMAGE ID · 73
Immutable Infrastructure · · · · · · · · · · · · · · · · · 20
Infrastructure as a Service · · · · · · · · · · · · · · · · 16
Ingress ロードバランサ · · · · · · · · · · · · · · · ·368
Inter-Process Communication · · · · · · · · · · · · · 31

ipc 名前空間 · 31
iproute パッケージ ·137
ip コマンド ·137
IT インフラの現場 · 15

K

kubeadm_nit.log ·421
kubectl create コマンド · · · · · · · · · · · · ·431, 443
kubectl delete コマンド · · · · · · · · · · · · · · · · ·432
kubectl describe コマンド · · · · · · · · · · · · · · · ·428
kubectl exec コマンド · · · · · · · · · · · · · · · · · ·438
kubectl get deployments コマンド · · · · · · · · ·440
kubectl get nodes コマンド · · · · · · · · · · · · · ·424
kubectl get pv コマンド · · · · · · · · · · · · · · · · ·447
kubectl get replicaset コマンド · · · · · · · · · · ·434
kubectl logs コマンド · · · · · · · · · · · · · · · · · ·455
kubectl rollout history コマンド · · · · · · ·438, 439
kubectl rollout undo コマンド · · · · · · · · · · · ·441
kubectl run コマンド · · · · · · · · · · · · · · · · · · ·427
kubectl scale コマンド · · · · · · · · · · · · · · · · · ·434
kubectl コマンド ·427
kubelet ·418
Kubernetes ·414
Kubernetes の GUI ·465
KVS ·204

L

LAMP サーバー ·186
LAMP スタック ·186
link ·192
links：· ·280
LXC · 29
LXD · 29

M

Macvlan ·217
MariaDB · 186, 189
Mediawiki サーバー ·186
mnt 名前空間 · 31
motion.conf ·269
mplayer ·264

N

namespace · 30
net 名前空間 · 31
Nginx ·139
nginx.conf ·139

O

ONBUILD 命令 ·159
openssl コマンド ·344
OpenVZ · 29
OS の選択要件 · 39
OS バージョン · 65
OS 領域 · 59

491

索引

overlay2 ストレージドライバ・・・・・・・・・・・47, 55

P

parted コマンド・・・・・・・・・・・・・・・・・・・・343
PersistentVolume・・・・・・・・・・・・・・・・・・445
PersistentVolumeClaim・・・・・・・・・・・・・445
pid 名前空間・・・・・・・・・・・・・・・・・・・・・・31
Pod・・・・・・・・・・・・・・・・・・414, 427, 430
Pod の起動・・・・・・・・・・・・・・・・・・・・・427
Pod の削除・・・・・・・・・・・・・・・・・・・・・432
Pod の生成・・・・・・・・・・・・・・・・・・・・・431
Portainer・・・・・・・・・・・・・・・・・・・・・・311
Project Atomic・・・・・・・・・・・・・・・・・・・・41
pulseaudio・・・・・・・・・・・・・・・・・・・・・262
PV・・・・・・・・・・・・・・・・・・・・・・・・・・445
PVC・・・・・・・・・・・・・・・・・・・・・・・・・445

Q

qcow2 形式・・・・・・・・・・・・・・・・・・・・・117

R

RancherOS・・・・・・・・・・・・・・・・・・・・・353
RancherOS のインストール・・・・・・・・・・・353
RancherOS の設定・・・・・・・・・・・・・・・・360
Red Hat Enterprise Linux Atomic Host・・・・・・41
ReplicaSet リソース・・・・・・・・・・・・・・・433
REPOSITORY・・・・・・・・・・・・・・・・・・・・73
RUN 命令・・・・・・・・・・・・・・・・・・・・・134

S

scale オプション・・・・・・・・・・・・・・・・・290
seccomp-bpf・・・・・・・・・・・・・・・・・・・・・35
SELinux・・・・・・・・・・・・・・・・・・・・・・・64
Service リソース・・・・・・・・・・・・・・・・・442
SIZE・・・・・・・・・・・・・・・・・・・・・・・・・73
Snappy Ubuntu Core・・・・・・・・・・・・・・・・41
SSH ログイン・・・・・・・・・・・・・・・・・・・300
systemd・・・・・・・・・・・・・・・・・・・・・・・88

T

TAG・・・・・・・・・・・・・・・・・・・・・・・・・73
tar・・・・・・・・・・・・・・・・・・・・・・・・・115
tc コマンド・・・・・・・・・・・・・・・・・・・・250
tigervnc サーバー・・・・・・・・・・・・・・・・254
tmpfs mount・・・・・・・・・・・・・・・・・・・・108

U

UCP・・・・・・・・・・・・・・・・・・・・・372, 382
UCP のインストール・・・・・・・・・・・・・・・382
Universal Control Plane・・・・・・・・・・・・・372
Universal Control Plane のインストール・・・・・382
Unix Time-Sharing System・・・・・・・・・・・・32
Upstart・・・・・・・・・・・・・・・・・・・・・・・95
user_data ファイル・・・・・・・・・・・・・・・345
user 名前空間・・・・・・・・・・・・・・・・・・・31

UTS・・・・・・・・・・・・・・・・・・・・・・・・・31
uts 名前空間・・・・・・・・・・・・・・・・・・・31

V

vfs ストレージドライバ・・・・・・・・・・・・・49
vhost.conf・・・・・・・・・・・・・・・・・・・・139
virt-tar-out コマンド・・・・・・・・・・・・・118
Virtual Box・・・・・・・・・・・・・・・・・・・295
Virtuozzo・・・・・・・・・・・・・・・・・・・・・28
VNC サーバー・・・・・・・・・・・・・・・・・254
VNC サーバーの起動・・・・・・・・・・・・・261
VNC ビューワー・・・・・・・・・・・・・・・・256
Volume・・・・・・・・・・・・・・・・・・・・・104

W

weave・・・・・・・・・・・・・・・・・・・・・・204
Web カメラ・・・・・・・・・・・・・・・・・・・267
WordPress・・・・・・・・・・・・・・・・・・・・284
WORKDIR・・・・・・・・・・・・・・・・・・・・180

X

xfs_info コマンド・・・・・・・・・・・・・・・380

Y

YAML ファイル・・・・・・・・・・・・・・・・430
YML 形式の設定ファイル・・・・・・・・・・・338
YML ファイル・・・・・・・・・・・・・・・・・279

Z

zfs ストレージドライバ・・・・・・・・・・49, 56

あ

アジャイル開発・・・・・・・・・・・・・・・・・19

い

異種 Linux OS 環境・・・・・・・・・・・・・・・28
イミュータブル・インフラストラクチャ・・・・・20
イメージ・・・・・・・・・・・・・・・・・・・・・73
イメージ ID・・・・・・・・・・・・・・・・・・・73
イメージの一覧・・・・・・・・・・・・・・・・・77
インストールメディア・・・・・・・・・・・・・60
インメモリ・・・・・・・・・・・・・・・・・・・108

う

ウィキ名・・・・・・・・・・・・・・・・・・・・197

え

永続的ストレージ・・・・・・・・・・・・・・・445
永続的なデータの保存・・・・・・・・・・・・・280
永続的ボリューム・・・・・・・・・・・・・・・445
エディション・・・・・・・・・・・・・・・・・・42
エミュレーション・・・・・・・・・・・・・・・30

索引

お
オーケストレーション ························· 26
オーバレイネットワーク ···················· 205

か
カーネルパラメーター ······················· 64
開発系システム ······························· 20
仮想環境 ····································· 15
仮想マシン ··································· 29
稼働アプリケーション数 ···················· 159
環境変数 ··································· 192
管理工数の軽減 ······························· 25

き
キャッシュ ································· 179
キャパシティプランニング ···················· 26

く
クラスタの登録 ····························· 362
クラスタリング機能 ························· 204

け
検討項目 ··································· 38

こ
固定 IP アドレス ·························· 202
個別最適化 ··································· 20
個別システムの弊害 ························· 19
コミュニティ版の Docker ···················· 39
コンテナ ID ································· 82
コンテナ一覧 ······························· 77
コンテナからの離脱 ························· 78
コンテナ環境 ······························· 30
コンテナ専用 OS ···················· 40, 42, 338
コンテナによる冗長システム ················ 433
コンテナの IP アドレス ····················· 75
コンテナのインポート ······················ 118
コンテナのエクスポート ···················· 120
コンテナの起動 ····························· 74
コンテナのコミット ························· 77
コンテナの削除 ····························· 81
コンテナの終了 ····························· 76
コンテナのスケール ························· 289
コンテナの生成 ····························· 78
コンテナの破棄 ····························· 85
コンテナのホスト名 ····················· 75, 83

さ
サーバー OS ································· 42
サーバー OS 選定 ··························· 40
サービス ··································· 224
最新カーネル ······························· 296
最大メモリ容量 ····························· 240
サウンド再生 ······························· 267

サウンドプレイヤ
サウンドプレイヤ ··························· 262
作成日 ····································· 73

し
シェルスクリプト ··························· 146
シェル変数 ··································· 82
死活監視 ··································· 173
死活状態 ··································· 170
シグナル ··································· 89
資源管理 ··································· 232
時刻 ······································· 272

す
スケールアウト ····························· 290
スタティックバイナリ ························· 46
ストレージエンジン ························· 197
ストレージドライバ ······················ 46, 66

た
タグ ······································· 73

ち
チェックポイント ··························· 331

て
ディスク I/O 帯域幅 ························· 244
ディスク容量 ······························· 59
ディスポーザブル・コンポーネント ············· 20
データ専用コンテナ ···················· 112, 113
データボリューム ······················ 110, 123

と
ドライラン ································· 420

な
名前空間 ································· 30, 31

ね
ネットワーク帯域幅 ························· 245

は
パーティショニング例 ······················· 61
廃棄可能な部品 ····························· 24
ハイパーバイザー型 ························· 29
バックグラウンド実行 ······················ 148
パッケージ選択 ····························· 63
パブリッククラウド ························· 16
パブリッククラウドのサービス ················ 15

ふ
ファイアウォール ····························· 64
ファイルシステム ····························· 62
ファイルシステムの分離 ····················· 33
負荷テスト ································· 239
プライベートレジストリ ····················· 71

493

索引

フランネル・オーバーレイ・ネットワーク ···· 414
プロキシサーバー ························ 66, 70
プロセスの分離 ························· 31
分散 KVS ·························· 414

へ

ベースイメージ ························· 71

ほ

保管庫 ····························· 17
ホスト OS ··························· 60
ボリューム ·························· 104
ボリュームのアクセス確認 ············· 111
ボリュームの設定 ··················· 110
ボリュームのバックアップ ············· 114
本番系システム ····················· 20

ま

マルチステージビルド ················· 164
マルチホスト ······················ 203
マルチホストの Docker 環境 ············· 414

み

ミッションクリティカルシステム ··········· 24
ミッションクリティカル領域 ············· 26

め

メモリ資源管理 ···················· 240
メモリ容量 ························· 59

ら

ライブマイグレーション ·········· 28, 323, 330
ラッパースクリプト ··················· 154

り

リストア先コンテナ ··················· 116
リポジトリ ···················· 18, 65, 73
リポジトリの機能 ··················· 15
リポジトリの作成 ··················· 390

れ

レジストリ ·························· 71

ろ

ローリングアップデート ················· 437
ロールアウトの Undo ················· 441
ロールアウトの履歴 ··················· 439
ロールバック ······················ 437
録画サーバー ······················ 267
ログの出力 ························· 292
ログファイル ······················ 145

わ

ワイルドカード（docker container exec） ···· 157

●著者紹介

古賀 政純（こが まさずみ）

兵庫県伊丹市出身。1996 年頃からオープンソースに携わる。2000 年に入社後、UNIX サーバーの SE
及びスーパーコンピューターの並列計算プログラミング講師を担当。科学技術計算サーバーの SI の
経験も持つ。2005 年、大手企業の Linux サーバー提案で社長賞受賞。2006 年、米国ヒューレット・
パッカードから Linux 技術の伝道師として「OpenSource and Linux Ambassador Hall of Fame」を 2 年
連続受賞。オープンソースを活用したサーバーの SE としてプリセールス MVP を 4 度受賞。現在は、
Hadoop を軸にオープンソースを駆使する大規模サーバーのプリセールス SE として、技術検証及び執
筆に従事。Red Hat Certified Engineer、Novell Certified Linux Professional、Red Hat Certified Virtualization
Administrator、EXIN Cloud、Red Hat OpenStack、HPE ASE、Hadoop（CCAH）などの技術者認定資格
を保有。著書に「Hadoop クラスター構築実践ガイド」「Mesos 実践ガイド」「OpenStack 実践ガイド」
「CentOS 7 実践ガイド」などがある。趣味はレーシングカートとビリヤード。

●お断り

　IT の環境は変化が激しく、特にを Docker はじめとするコンテナの世界は、その先端分野ともいえま
す。本書に記載されている内容は、2018 年 12 月時点のものですが、機能の改善や仕様の変更は、日々
行われているため、本書の内容と異なる場合があることは、ご了承ください。また、本書の実行手順
や結果については、筆者の使用するハードウェアとソフトウェア環境において検証した結果ですが、
ハードウェア環境やソフトウェアの事前のセットアップ状況によって、本書の内容と異なる場合があ
ります。この点についても、ご了解いただきますよう、お願いいたします。

●正誤表

　インプレスの書籍紹介ページ「https://book.impress.co.jp/books/1118101052」からたどれる「正誤表」
をご確認ください。これまでに判明した正誤があれば「お問い合わせ／正誤表」タブのページに正誤
表が表示されます。

●スタッフ

カバーデザイン：岡田 章志＋ GY
イラスト：亀谷里美
編集・レイアウト：TSUC

■ 商品に関する問い合わせ先
インプレスブックスのお問い合わせフォームより入力してください。
https://book.impress.co.jp/info/
上記フォームがご利用頂けない場合のメールでの問い合わせ先
info@impress.co.jp

- 本書の内容に関するご質問は、お問い合わせフォーム、メールまたは封書にて書名・ISBN・お名前・電話番号と該当するページや具体的な質問内容、お使いの動作環境などを明記のうえ、お問い合わせください。
- 電話やFAX等でのご質問には対応しておりません。なお、本書の範囲を超える質問に関しましてはお答えできませんのでご了承ください。
- インプレスブックス (https://book.impress.co.jp/) では、本書を含めインプレスの出版物に関するサポート情報などを提供しておりますのでそちらもご覧ください。
- 該当書籍の奥付に記載されている初版発行日から3年が経過した場合、もしくは該当書籍で紹介している製品やサービスについて提供会社によるサポートが終了した場合は、ご質問にお答えしかねる場合があります。

■ 落丁・乱丁本などの問い合わせ先
　TEL　03-6837-5016　FAX　03-6837-5023
　service@impress.co.jp
　(受付時間／10:00-12:00、13:00-17:30 土日、祝祭日を除く)
- 古書店で購入されたものについてはお取り替えできません。

■ 書店／販売店の窓口
　株式会社インプレス 受注センター
　TEL　048-449-8040
　FAX　048-449-8041
　株式会社インプレス 出版営業部
　TEL　03-6837-4635

Docker実践ガイド 第2版
2019年2月21日　初版発行

著　者　古賀政純

発行人　小川 亨

編集人　高橋隆志

発行所　株式会社インプレス
　　　　〒101-0051 東京都千代田区神田神保町一丁目105番地
　　　　ホームページ https://book.impress.co.jp/

本書は著作権法上の保護を受けています。本書の一部あるいは全部について(ソフトウェア及びプログラムを含む)、株式会社インプレスから文書による許諾を得ずに、いかなる方法においても無断で複写、複製することは禁じられています。

Copyright © 2019 Masazumi Koga. All rights reserved.

印刷所　大日本印刷株式会社
ISBN978-4-295-00552-0　C3055
Printed in Japan